Vorurteile im Arbeitsleben

Michel E. Domsch · Désirée H. Ladwig ·
Florian C. Weber
(Hrsg.)

Vorurteile im Arbeitsleben

Unconscious Bias erkennen, vermeiden und abbauen

Springer Gabler

Hrsg.
Michel E. Domsch
Institut für Personal und Arbeit
Helmut-Schmidt-Universität
Hamburg, Deutschland

Désirée H. Ladwig
Fachbereich Maschinenbau und
Wirtschaft, TH Lübeck
Lübeck, Schleswig-Holstein, Deutschland

Florian C. Weber
Ministerium für Energiewende, Landwirtschaft,
Umwelt, Natur und Digitalisierung des Landes
Schleswig-Holstein
Kiel, Deutschland

ISBN 978-3-662-59231-1 ISBN 978-3-662-59232-8 (eBook)
https://doi.org/10.1007/978-3-662-59232-8

Die Deutsche Nationalbibliothek verzeichnet diese Publikation in der Deutschen Nationalbibliografie; detaillierte bibliografische Daten sind im Internet über http://dnb.d-nb.de abrufbar.

Springer Gabler

Lektorat: Stefanie Winter

Springer Gabler ist ein Imprint der eingetragenen Gesellschaft Springer-Verlag GmbH, DE und ist ein Teil von Springer Nature.
Die Anschrift der Gesellschaft ist: Heidelberger Platz 3, 14197 Berlin, Germany

Vorwort

Warum ist es heutzutage immer noch wichtig oder sogar zunehmend wichtiger, sich mit dem Thema „Unconscious Bias – Vorurteile im Arbeitsleben" zu beschäftigen?

Durch die spannenden Ergebnisse der neurobiologischen Forschung (siehe neuere Ansätze wie u. a. Neuroleadership) wissen wir jetzt, was die biologischen, evolutionären Gründe für unsere Vorurteile sind: Unser Gehirn ist noch immer steinzeitlich programmiert. Damals war es überlebenswichtig, fremde Menschen in Sekundenbruchteilen einschätzen (Freund – Feind) und entsprechend reagieren zu können. Im weiteren Verlauf der Sozialisation versucht unser Gehirn dann zu systematisieren und zu kategorisieren, um mit der Komplexität des Gegenübers besser – und energiesparender – umgehen zu können. Unser Gehirn fühlt sich besser, sicherer, wenn es Kategorien bilden kann (die dann oft die Grundlage von Stereotypisierungen bilden). Schubladendenken hilft uns, uns in einer immer komplexeren Umwelt zurecht zu finden und sicherer zu fühlen. Denn das ist energiesparender, als wenn wir uns stetig in Alarmbereitschaft befinden. Dann verbrauchen wir erheblich mehr Energie und unser Körper wird von Adrenalin und anderen Hormonen überschüttet.

Aber das kann nicht die Lösung sein, nur zu kategorisieren, zu stereotypisieren und dann ggf. zu diskriminieren. Damit wird aber auch klar, dass es ein bewusster, mit Energie und aktivem Einsatz verbundener Lern- und Reflexionsprozess ist, die eigenen Vorurteile zunächst einmal wahrzunehmen und dann Strategien (einzeln oder in Gruppen) zu entwickeln, um Vorurteile und Diskriminierungen abzubauen bzw. zu verhindern.

Vorurteile sind in allen Bereichen des Arbeitslebens vorzufinden, in denen Menschen beschäftigt sind oder sein wollen. In den meisten Fällen führen sie zu Benachteiligungen. In ihrer Vielfalt sind es Vorurteile gegen Alter, Frauen oder Männer, Krankheiten, Behinderungen, Rassismus, Antisemitismus, bestimmte Formen der sexuellen Orientierung, ethnische Herkunft und religiöse Zugehörigkeiten, kulturelle Unterschiede u. v. m.

Unternehmen stehen hier vor großen Herausforderungen. Denn in ausgeprägter Diversity werden die Belegschaften national wie global aufgestellt immer „bunter". Vorurteile können hier zu Fehlentscheidungen bei der Personalsuche und -einstellung, bei der Personalentwicklung und -förderung, zu Mobbing, zu sinkender Arbeitszufriedenheit, zu Leistungsabfall,

Krankheiten, Gruppenkonflikten, Gefahr für den Betriebsfrieden und letztendlich zur Abkehr von einer gewollten Unternehmenskultur führen.

In diesem Buch stellen VertreterInnen aus Wissenschaft, Beratung und der Unternehmenspraxis fundierte Analysen, Lösungskonzepte sowie besonders konkret durchgeführte Maßnahmen vor, wie Vorurteilen begegnet werden sollte und mit welchem Erfolg sie eingesetzt werden. Es werden die unterschiedlichen Vorurteile gegenüber unterschiedlichen Personengruppen aus der Sicht von verschiedenen wissenschaftlichen Disziplinen heraus diskutiert und insbesondere mit aus der Praxis erfolgten „Gegen-Maßnahmen" dargestellt.

Hamburg 2020

Michel E. Domsch
Désirée H. Ladwig
Florian C. Weber

Inhaltsverzeichnis

Teil I

Konzeptionelle Grundlagen und Entwicklungen

UNCONSCIOUS BIAS – Eine Einführung zu Vorurteilen im Arbeitsleben

1

Michel E. Domsch, Désirée H. Ladwig und Florian C. Weber

Zusammenfassung

Mit Mitarbeitern und Kollegen vorurteilsfrei zusammen zu arbeiten, als Führungskraft fair zu führen, bei der Personalauswahl und bei der Personalentwicklung chancengerecht zu agieren – das sind ganz reale Anforderungen im betrieblichen Miteinander. Leider führen Vorurteile, z. B. durch sogenannte Unconsious Bias, oft dazu, dass diese Anforderungen nicht im Arbeitsleben umgesetzt werden und Einzelpersonen oder ganze Gruppen diskriminiert werden. Sind deshalb sog. Job-Bots, Recruiting-Bots oder Career-Bots hier die besseren „Kollegen"? Sie arbeiten ja ohne Vorurteile und Antipathien. Kann der Algorithmus die Menschenkenntnis schlagen?

M. E. Domsch (✉)
Helmut-Schmidt-Universität, Hamburg, Deutschland
E-Mail: domsch@hsu-hh.de

D. H. Ladwig
Fachbereich Maschinenbau und Wirtschaft, TH Lübeck, Lübeck, Deutschland
E-Mail: desiree.ladwig@th-luebeck.de

F. C. Weber
Ministerium für Energiewende, Landwirtschaft, Umwelt, Natur und Digitalisierung des Landes Schleswig-Holstein, Kiel, Deutschland
E-Mail: f-c-w@web.de

M. E. Domsch et al. (Hrsg.), *Vorurteile im Arbeitsleben*,
https://doi.org/10.1007/978-3-662-59232-8_1

1.1 Definitionen: Kategorisierung, Stereotypen, Vorurteile, Bias, Unconscious Bias

> „Kategorisierung oder Kategoriales Denken nennt man die kognitive Fähigkeit, unterschiedliche Entitäten (Gegenstände, Lebewesen, Vorgänge, Abstrakta) intuitiv zu sortieren und entsprechenden Sammelbegriffen (Kategorien) unterzuordnen. Diese Kategorien basieren auf bestimmten Ähnlichkeiten oder auf dem Abgleich mit dem theoretischen Vorwissen. Die Kategorienbildung ist ein fundamentaler Vorgang bei der Interpretation und Bewertung von Wahrnehmungsinhalten, dem Verständnis von Konzepten und Objekten, bei Entscheidungsprozessen und bei allen Arten der Interaktion mit der Umwelt" [16].

Für unseren Schwerpunkt „Menschen am Arbeitsplatz" bedeutet das, von jedem/r von uns wird immer und ständig vollautomatisch kategorisiert: z. B. das, was da vor mir steht ist 1) männlich – weiblich, 2) sympathisch – unsympathisch (früher in der Steinzeit gefährlich – ungefährlich), 3) meiner Meinung – gegen mich 4) a) eine Vorgesetzte, b) ein Kollege aus einer anderen Abteilung, c) ein Auszubildender d) ein Vorstandsmitglied, 4) … und so weiter – je nach Ausdifferenziertheit unseres individuellen Schubladenschrankes und der situativ vorgegebenen Notwendigkeit. Unser Gehirn ist energiesparend, schnelles Kategorisieren spart Energie und d. h., es bedeutet immer Energieaufwand, sich gegen dieses instinktive Verhalten zu positionieren. Das Verteilen von Visitenkarten z. B. hat u. a. auch die Aufgabe, die Kategorisierung zu erleichtern [27, 31, 35].

Fokussierung Wir neigen dazu Dinge, Menschen etc. nach ihrem salientesten, d. h. auffälligsten Merkmalen wahrzunehmen. Wenn wir z. B. eine Person treffen, die eine sichtbare körperliche Behinderung zeigt, nehmen wir dieses Merkmal sofort und besonders prägnant wahr. Dass diese Person vielleicht eine herausragende Musikerin ist oder ein kreativer Schriftsteller, würden wir erst wahrnehmen können, wenn wir tiefer „bohren". Das ist der sog. Halo-Effekt.

Stereotypen hingegen bezeichnen das unvollständige Wissen über wahrgenommene soziale Gruppen, wie z. B. Frauen, Männer, Ältere, Jüngere, Ausländer, Lesben oder Schwule, Behinderte usw. Stereotypen sind relativ emotionslose, neutrale Erwartungen und Vorstellungen, wie sich Mitglieder von Gruppen verhalten, wie sie aussehen und sich kleiden oder welche Fähigkeiten sie haben – z. B. Alte sind weise, Punks haben Tattoos und Piercings, Schwule sind kreativ oder Afrikaner laufen schneller [20]. Übertragen auf unser Untersuchungsfeld „Menschen am Arbeitsplatz" wären das z. B.:

> „Die Nerds aus der EDV Abteilung tragen alle Hornbrillen und ausgefranste Jeans mit uralten Turnschuhen".

oder

> „Das Management bei uns besteht nur aus Männern und die laufen bei uns alle im Anzug und mit Aktentasche herum."

Vorurteile sind im Vergleich zu Stereotypen mit Emotionen behaftet. Es sind persönliche negative und positive Bewertungen gegenüber bestimmten Gruppen. Wenn wir Stereotypen Glauben schenken, werden sie zu Vorurteilen und können zu positiven wie negativen (vgl. u. a. Affirmative Action) Diskriminierungen führen.

„Damit aus einem Stereotyp ein Vorurteil werden könnte, müsste mich die Gruppe interessieren, und ich müsste das Stereotype glauben [17].“ Das heißt beispielsweise im Arbeitsleben:

> „Die Nerds sind komisch, doof, Eigenbrödler – die will ich gar nicht kennenlernen, die sind mir viel zu intelligent – davor habe ich Angst (Angst vor eigenem Statusverlust).“

oder

> „Die Manager sind doch alle arrogant und ignorant – die kassieren das große Geld und haben keine Ahnung, wie wir uns hier unten abrackern müssen – ich als Frau habe da eh nie eine Chance.“

Vorurteile zeichnen sich durch folgende Merkmale aus:

- Das Urteil ist schnell gefällt, ohne ausreichende Informationen, ohne Erfahrungen, ohne eine Reflexion
- meist generalisierend, d. h. nicht auf den Einzelfall bezogen
- klischeehaft
- mit bewertenden Attributen

Das Vorurteil unterscheidet sich von einem Urteil durch die fehlerhafte und vor allem starre Verallgemeinerung. Es geht also nicht nur darum, sich seiner Vorurteile bewusst zu werden (negative wie positive), sondern immer auch aktiv daran zu arbeiten, sie abzubauen. Und hier liegt ein weiterer Problembereich, unsere so genannten Unconscious Bias.

Der Begriff **Bias** kommt aus dem Englischen und beschreibt kognitive Wahrnehmungsverzerrungen, wie z. B. Vorurteile und andere Denkfehler. Bias können bewusst oder unbewusst (= Unconscious Bias) auftreten. Viele unserer Unconscious Bias lassen sich aus allgemeinen Prinzipien der Evolutionstheorie ableiten. Wir stecken beispielsweise die wahrgenommene Welt blitzschnell, intuitiv in Schubladen, um schneller auf neue Informationen reagieren zu können (das war in früheren Zeiten überlebenswichtig und hat sich deshalb evolutionsbedingt durchgesetzt).

Beispiel

Auf der Suche nach einem FH-Ingenieur-Kollegen in Norddeutschland für eine neu ausgeschriebene Stelle beklagte sich Professor X auf einer Konferenz im Gespräch mit einer ehemaligen wissenschaftlichen Mitarbeiterin Frau Y, die jetzt in der Industrie in Süddeutschland arbeitete, wie schwer es wäre, einen qualifizierten Kollegen zu bekommen. Die ehemalige Mitarbeiterin reagierte beleidigt und fragte: „Warum bist Du nie auf die Idee gekommen, mich zu fragen oder mir die Stellenausschreibung zu schicken?" Der Professor X war überrascht und konsterniert – er hatte nie an sie gedacht in Bezug auf die Besetzung der Stelle (obwohl er wusste, dass sie alle dafür notwendigen Qualifikationen besaß). Es tat ihm sichtlich leid und er hatte es nicht mit Absicht oder bösem Willen versäumt – eben typisch Unconscious Bias.

Der Bereich Self-unconsious Bias – also die verzerrte, vorurteilsbehaftete Beurteilung der eigenen Person als Spiegel oder Kontrapunkt einer Fremdeinschätzung – ist hierbei ein besonders interessanter Fall.

> „You can be two people at the same time: a conscious self who firmly believes you do not have any bias against others because of their social identities, and an unconscious self who harbours stereotypes or biased attitudes that unknowingly leak into decision making and behaviours" [2].

1.2 Verschiedene Arten von Unconscious Bias

Eine Vielzahl von Forschungen belegt, wie Unconscious Bias Entscheidungen beeinflussen. Experten glauben, dass z. B. 80 % der Einstellungsentscheidungen einem Unconscious Bias unterliegen [24], d. h. wir treffen innerhalb von Sekunden eine Entscheidung (unbewusst) und sind dann im Assessmentcenter einen ganzen Tag lang damit beschäftigt, uns unsere unbewusste Entscheidung logisch zu erklären.

Seit vielen Jahren untersucht die Forschung alle wesentlichen relevanten Aspekte des Unconscious Bias. Es sind bislang mehr als 175 unterschiedliche kognitive Verzerrungen bekannt und es gibt unterschiedliche Versuche, diese nach Typen, z. B. nach Fehlerstrukturen oder Funktionen zu ordnen. [5]

Nalty unterschiedet verschiedene Arten von unbewussten Vorurteilen, die eine Entscheidungsfindung beeinträchtigen können und es auch oft tun [24]:

Confirmation bias (Bestätigungsvoreingenommenheit)
Confirmation Bias beschreibt, wie Menschen in erster Linie nach Beweisen suchen, die ihre Meinung bzw. ihre bestehenden Denkmuster stützen. Die Betrachtung des Gesamtbildes fällt dabei häufig außer Acht. Diese selektive Begutachtung führt dazu, dass wichtige Informationen übersehen werden, wenn sie nicht zum eigenen Denkmuster passen.

Attribution bias (Attributionsvoreingenommenheit)
Der Begriff Attribution Bias beschreibt, wie Menschen ihre eigenen Handlungen und die von anderen Personen wahrnehmen. Das menschliche Gehirn bewerte die Gründe für bestimmte Verhaltensweisen dabei oft fehlerhaft – insbesondere diejenigen, die zu Erfolg und Misserfolg führen. Die eigenen Leistungen führen wir auf unsere Fähigkeiten und unsere Persönlichkeit zurück während unser Versagen externen Faktoren zugeschrieben wird.

In Bewerbungssituationen kann dabei die Einschätzung eines Kandidaten verzerrt werden. Der Personalverantwortliche konzentriert sich dadurch zu sehr auf die Fehler der Personen und nicht auf die eigentliche Leistung bzw. das Talent des Kandidaten.

Availability bias (Verfügbarkeitsvoreingenommenheit)
Beim Availability Bias werden von den Entscheidungsträgern die Informationen und Ereignisse bevorzugt, die neuer sind, aber dafür häufig leider nur auf Fakten bzw. falschen Annahmen beruhen. Es kommt zu einer falschen Einschätzung von Risikofaktoren. Persönliche Erlebnisse dienen als Bestätigung für den eingeschlagenen Weg und den derzeitigen Erfolg. Findet ein Bewerber direkt beim ersten Vorstellungsgespräch einen neuen Job, empfindet er den eigenen Wert auf dem Arbeitsmarkt und die Nachfrage nach seiner Person als besonders gut. Braucht eine Person bei der Jobsuche länger, werden die eigenen Fähigkeiten häufig infrage gestellt.

Affinity Bias (Affinitätsvoreingenommenheit)
Mit dem Begriff Affinity Bias wird das unbewusste Bevorzugen von Personen beschrieben, die der eigenen Person oder einer Person, die man gerne mag, vom Verhalten oder der Art ähnlich ist. Es besteht hier eine Affinität zur Auswahl gleichartiger Personen. Das Gehirn sieht diese Personen von vornherein als vertrauensvoll an und die Identifikation mit den eigenen Werten wird automatisch vorausgesetzt.

Beauty Bias (Erscheinungsvoreingenommenheit)
Die äußere Erscheinung/Attraktivität eines Menschen wird unbewusst mit bestimmten Charaktereigenschaften gleichgesetzt. Im Berufsleben kann das Aussehen Selbstbewusstsein und Führungsqualitäten in den Augen der Beobachter widerspiegeln, auch wenn diese Fähigkeiten in Wirklichkeit nicht zutreffend sind.

Halo-Effekt
Der sogenannte Halo-Effekt tritt dann auf, wenn sich Menschen bei einer anderen Person zu sehr auf ein besonders herausragendes Merkmal konzentrieren. Dadurch wird das Empfinden für andere wichtige Aspekte reduziert und die beobachtete Person unbewusst in ein besseres Licht gestellt. Wie bei Affinity und Confirmation Bias, werden auch hier andere wichtige Informationen nicht beachtet und schlichtweg übersehen. Die persönliche Einstellung zu bestimmten – auch negativen Aspekten – wird verzerrt.

Der vorliegende Herausgeberband versucht eine Vielzahl dieser unterschiedlichen Bias zu beleuchten, insbesondere die, die im betrieblichen Umfeld relevant sind, und u. a. die folgenden Fragen zu diskutieren:

- Wie stellen sich Vorurteile und Unconscious Bias im Unternehmenskontext dar?
- Welche Aspekte sind bei der Untersuchung des Unconsious Bias zu beachten?
- Welche u. a. geschlechts-, alters-, nationalitäts-, sexuellorientierungs-, generationenspezifischen Unterschiede gibt es?

- Wie können in Personalauswahl- und Personalentwicklungsprozessen diese Unconscious Bias wahrgenommen und reduziert oder vermieden werden?
- Durch welchen Change Management Prozess mit welchen Tools und Maßnahmen kann ein nachhaltiger Unternehmenskulturwandel implementiert werden, der zu mehr Chancengleichheit in Bezug auf alle Diversity relevanten Aspekte führt?
- Inwieweit sind auch positive Vorurteile wie zu beachten?

Für alle diese Fragestellungen bietet der vorliegende Herausgeberband einen großen Fundus an Best Practices aus den verschiedensten Bereichen der Wissenschaft, Unternehmenspraxis und Beratung.

1.3 Gründe für Stereotypen und Vorurteile

Wer wir selber sind, leiten wir maßgeblich daraus ab, wie wir von anderen gesehen werden. Dies bedeutet, dass Stereotype oftmals die Funktion sich selbst erfüllender Prophezeiungen haben [16, 18].

Magnus Enzberger fasste das wie folgt zusammen:

> „Seit Jahren höre ich die einen wie die anderen sagen, dass ich ein Deutscher bin… Ich sehe es ihren Gesichtern an, dass sie das Gefühl haben, als hätten sie damit etwas bewiesen, als hätten sie mich aufgeklärt über meine eigene Natur und als wäre es nun an mir, mich entsprechend, nämlich als Deutscher, zu verhalten. Aber wie? Soll ich stolz sein? Soll ich mich genieren? Soll ich die Verantwortung übernehmen, und wenn ja, wofür? Soll ich mich verteidigen, und wenn ja, wogegen? Ich weiß es nicht, aber wenn ich das Gesicht meines Gegenübers aufmerksam betrachte, kann ich erraten, welche Rolle er mir zugedacht hat. Ich kann diese Rolle ausschlagen oder akzeptieren. Aber selbst indem ich sie ausschlage, werde ich sie nicht los; denn in der Miene meines Gegenübers zeichnet sich bereits die Reaktion auf meine Reaktion ab: Empörung oder Genugtuung, Billigung oder Wut, nämlich darüber, dass ich mich, als Deutscher, so oder anders verhalte.“ [13]

Wir werden von anderen Menschen oftmals nicht als Individuum wahrgenommen, sondern als Mitglieder bestimmter sozialer Gruppen, von denen aufgrund dieser Gruppenzugehörigkeit ein bestimmtes Verhalten erwartet wird. Das beeinflusst sowohl unser Selbstbild als auch unser tatsächliches Verhalten. Oftmals fällt es schwer zu entscheiden, ob wir nur deshalb in bestimmter Weise behandelt werden, weil wir einer bestimmten sozialen Gruppe angehören. Wenn z. B. eine Frau feststellt, dass nicht sie, sondern ihr männlicher Kollege die erhoffte Beförderung erhält, dann kann dies daran liegen, dass ihr Vorgesetzter Vorbehalte gegenüber Frauen hat, es kann aber auch ganz andere Ursachen haben. Dennoch: Falls die Frau ihre Nichtbeförderung auf Vorbehalte ihres Chefs gegenüber Frauen in Führungsrollen attribuiert, wird sie sich in Zukunft vielleicht gar nicht mehr um eine Beförderung bemühen [16, 29, 30].

Auch die Angst, ein Stereotyp zu erfüllen – der sogenannte „Stereotype Threat“ [36] – kann bei Angehörigen diskriminierter Minderheiten (z. B. Frauen in

Führungspositionen, Afroamerikanern in den USA, Geflüchtete in Deutschland etc.) eben genau dieses stereotypkonforme Verhalten auslösen.

So besteht z. B. bei vielen Menschen immer noch das Stereotyp, dass Frauen mathematisch weniger begabt seien als Männer, was die Forschung schon seit vielen Jahren widerlegt hat. Dennoch schneiden Frauen tatsächlich in manchen mathematischen Tests schlechter ab als Männer – nämlich dann, wenn sie vorher auf das Vorurteil aufmerksam gemacht wurden. So wurde in einer Studie mit einem Mathematiktest den Teilnehmenden entweder mitgeteilt, dass Männer in diesem Test bessere Leitungen erzielen als Frauen, oder aber es wurden den Teilnehmenden mitgeteilt, dass bei diesem Test Frauen im Schnitt genauso gut abschneiden wie Männer. Es zeigte sich, dass Frauen tatsächlich sehr viel schlechtere Testleistungen erbrachten, wenn sie zuvor auf einen vermeintlichen Geschlechterunterschied in den zu erwartenden Testleitungen aufmerksam gemacht wurden. Gab es keinen solchen Hinweis, unterschieden sich die Testleistungen von Männern und Frauen hingegen nicht signifikant – ein typischer Self-Unconscious Bias [34].

In einer anderen Studie konnte gezeigt werden, dass ein solcher Effekt auch dann zu beobachten war, wenn die Testteilnehmenden sehr viel subtiler auf ihr eigenes Geschlecht aufmerksam gemacht wurden. Wenn weibliche Versuchspersonen einen Mathematiktest in Anwesenheit zwei weiterer Frauen ausfüllten, waren ihre Testleistungen signifikant höher, als wenn dies in Anwesenheit zweier Männer geschah [21].

1.4 Messung von Stereotypen und Vorurteilen

Um nun herauszufinden, welche Stereotype und Vorurteile bei einer Person vorhanden sind, setzt man verschiedene Messverfahren ein. Man unterscheidet direkte und indirekte Verfahren. Bei direkten Verfahren werden Individuen direkt nach ihren Sterotypen und Vorurteilen befragt. Problematisch ist hier natürlich, inwieweit die Befragten ehrlich und offen ihre Meinung zum Ausdruck bringen oder sozial erwünscht antworten (oder was sie meinen, was sozial erwünscht ist). bzw. sie sich ihrer Vorurteile überhaupt bewusst sind. Unconscious Bias kann man nicht direkt erheben.

Indirekte Verfahren zielen auf die individuellen Prozesse der Verarbeitung stereotypbezogener Informationen ab. Die Probanden wissen häufig gar nicht, dass es in der Erhebung/der Befragung um ihr Stereotypenwissen und ihre Vorurteile geht [12]. Man kann sowohl individuelle Stereotypen als auch sozial geteilte Stereotypen messen. Man unterscheidet hier eine Vielzahl von Messverfahren:

- Checklistenverfahren
- Ratingverfahren
- Stereotypdifferenzial
- Prozentschätzverfahren
- Diagnostischer Quotient

Da es zu weit führen würde, an dieser Stelle alle Messverfahren im Detail zu beschreiben, verweisen wir auf die einschlägigen Quellen [12] und erläutern hier nur das klassische und weit verbreitete „Checklistenverfahren". Probanden bekommen hier eine Checkliste mit Eigenschaften und sollen für die zu untersuchende Stereotypengruppe die 5 prägendsten Eigenschaften nennen. Beispiel: Frauen sind emotional, kommunikativ, bemüht, unsicher, ehrlich usw. Ein Merkmal zählt dann zum Stereotyp, wenn es unter die Merkmale mit den höchsten Nennungshäufigkeiten fällt. Man erhält dann das Maß der Übereinstimmungen, indem man berechnet, wie viele Merkmale minimal erforderlich sind, um auf die Hälfte aller möglichen Nennungen zu kommen. Je weniger Merkmale hierfür benötigt werden, desto größer ist der Stereotypenkonsens.

Zu den indirekten Verfahren gehört u. a. das Reaktionszeitverfahren [10]. Es werden den Probanden am Computerbildschirm Begriffe gezeigt, auf die sie spontan mit einer positiv-Taste oder einer negativ-Taste reagieren sollen. Es wird z. B. der Begriffe „gütig" gezeigt und die Probanden sollen möglichst schnell die Taste „positiv" drücken. Die Software misst wie schnell dies erfolgt. Dann werden den Probanden millisekundenlang (unterhalb der bewussten Wahrnehmungsfähigkeit – aber unbewusst wahrnehmbar) Bilder – z. B. eines Schwarzafrikaners – gezeigt, bevor der zu beurteilende Begriff gezeigt wird. Wenn es jetzt länger dauert, bis die „richtige" Taste gedrückt wird, liegt es daran, dass unser Gehirn zwei Wahrnehmungen übereinander gelagert verarbeiten muss und bei Vorurteilen eben „gütig" + Bild Schwarzafrikaner = „positiv" zu keinem Konsens kommt und damit zur Zeitverzögerung. Bei der Konstellation: Bild Schwarzafrikaner + Wort „bedrohlich" = „negativ" würde es entsprechend zu keiner Verzögerung kommen. Diese Reaktionszeiten werden gemessen und verglichen und man kann damit die Unconscious Bias erheben. Kombiniert man beide Verfahren – indirekt und direkt – kann man z. B. feststellen, inwieweit die Probanden sich ihrer Vorurteile bewusst sind und sie z. B. auch offen äußern oder ob sie ihnen nicht bewusst sind [10] bzw. sie sie einfach nicht offen äußern wollen.

1.5 Folgen von Diskriminierungen am Arbeitsplatz

Stereotype und Vorurteile führen häufig zu Diskriminierungen am Arbeitsplatz [4, 32]. Nach dem dritten gemeinsamen Bericht der Antidiskriminierungsstelle des Bundes haben rund die Hälfte der Menschen mit Diskriminierungserfahrungen diese im Arbeitsleben gemacht [1, 22].

Besonders häufig Opfer von Diskriminierungen am Arbeitsplatz werden Frauen, ethnische Minderheiten und ältere Arbeitnehmende. Obwohl Frauen mittlerweile 50 % der Arbeitnehmerschaft stellen, gelten sie immer noch als häufigste Opfer von Stereotypen und Vorurteilen [7]. Soziale Normen für geschlechtsrollenkonformes Verhalten beeinflussen immer noch das Verhalten im Arbeitskontext [28]. Eine besondere Form der Diskriminierung sind hier wohlwollende, beschützend gemeinte Verhaltensweisen, wie z. B.

> „So eine Arbeit kann man einer Frau doch nicht zumuten."

oder

> „Die werden schwanger oder folgen ihrem Mann, warum soll ich sie da noch befördern?"

Kollegen anderer Ethnien/mit Migrationshintergrund werden von Mitarbeitenden oft als minderwertig eingeschätzt und entsprechend behandelt und als elementare Konkurrenz erlebt

> „Die nehmen uns doch nur die Arbeitsplätze weg" [28].

Zu den altersbedingten Vorurteilen die am Arbeitsplatz häufig anzutreffen sind, gehören:

> „Ältere Mitarbeiter sind weniger motiviert, sind stur, können nichts Neues mehr dazulernen, sind häufiger krank und nicht mehr so leistungsfähig wie die Jungen." [25, 28].

Unter dem Aspekt sich selbst erfüllender Prophezeiungen konnte gezeigt werden, dass z. B. Bewerber afrikanischen Ursprungs mit dunkler Hautfarbe, die in Bewerbungssituationen weniger freundlich und respektvoll behandelt wurden (weil der Personaler ein Vorurteil gegenüber Afroamerikanern hatte), einsprechend negativeres Verhalten zeigten und damit die gegen sie gerichteten Vorurteile bestätigten [28].

Es zeigte sich auch, dass Mitarbeitende mit einem Unconscious Bias sich sehr negativ auf die Zusammenarbeit im divers zusammengestellten Team auswirkten. Mitglieder einer Minorität beurteilten Kollegen, die meinten, vorurteilsfrei zu sein, aber einem Unconscious Bias unterlagen genauso negativ, wie Kollegen, die ihre Vorurteile offen darlegten. Hier zeigte sich, dass durch subtile Zeichen in der Kommunikation und Körpersprache doch die (unbewussten) negativen Einstellungen transportiert werden und das Gegenüber entsprechend (ebenfalls bewusst oder unbewusst) reagiert [28].

Vorurteile und Stereotype in Organisationen können somit die Interaktion und die Kommunikation von Arbeitsgruppen beeinflussen und damit die zu erzielenden Resultate negativ beeinflussen [28]. Deshalb ist es wichtig, sich zunächst individuell aber auch unternehmensweit über die eigenen Unconscious Bias bewusst zu werden – sie wahrzunehmen.

1.6 Maßnahmen

Änderungen im Unternehmen sollten auf drei Ebenen starten [24]:

- Wahrnehmungstrainings
- Verhaltensänderungsübungen
- Strukturelle Änderungen

Wahrnehmungstraining
Alle Beteiligten sollten ihre Wahrnehmung, ihr Bewusstsein trainieren, sich über das eigene Selbstkonzept und die Selbsteinschätzung bewusst werden, in Bezug z. B. auf den eigenen familiären Hintergrund, die eigene Ausbildung und Berufserfahrung, die Kompetenzen und Fähigkeiten, die Stärken und Schwächen und die damit verbundenen Werte/Bewertungen. Erst mit einer fundierten, facettenreichen, reifen Selbsteinschätzung ist es möglich, sich ein Verständnis über die eigenen Vorurteile/Bias zu erarbeiten. Jede Person muss dies ganz individuell leisten. Im nächsten Schritt kann man dann die Teamebene und in einem weiteren Schritt die Unternehmensebene einbeziehen.

Mögliche Strategien können sein [24]:

- **Training des Selbst-Bewusstseins.** Wichtig ist es hier, die eigenen zugrunde liegenden Assoziationen, die den Bias begründen, wahrzunehmen, d. h. sie sich selbst bewusst zu machen.
- Ein weiterer Punkt sind aktive **Selbstzweifel,** d. h. die eigenen Entscheidungen immer dahingehend zu durchleuchten, ob und in welcher Form Bias vorliegen könnten. Dabei ist es hilfreich, andere um Feedback zu fragen. Dann sollte man auch noch die Gründe für die Entscheidung aufschreiben und bewerten.
- **Gruppenbewusstsein schaffen.** Immer, wenn es um eine Person geht, die nicht zu der eigenen Gruppe/sozialen Schicht etc. gehört – sich fragen, ob man die gleiche Entscheidung so bei einem „Ingroup-Mitglied“ getroffen hätte.
- **Stereotype verneinen.** Ein gutes Mittel, die eigenen Stereotypen abzubauen, ist es, ein Stereotyp zu verneinen, d. h. daran zu denken und laut „nein“ zu sagen und dann an ein Gegenstereotyp zu denken und laut „ja“ zu sagen. Psychologische Studien haben ergeben, dass so ein Selbsttraining – öfters wiederholt – das Unterbewusstsein quasi „umprogrammieren“ kann.
- **Visuelle Erweiterung des eigenen „Bild-Horizonts“** durch aktive Auseinandersetzung z. B. mit dem Stereotyp „Weibliche Führungskraft“. Schon das interessierte, offene Ansehen von Bildern erfolgreicher weiblicher Führungskräfte führt zu einer Reduktion des diesbezüglichen Bias.
- **Gegenstereotype suchen.** Eine weitere Möglichkeit, den eigenen Unconscious Bias bzgl. eines Stereotypes abzubauen, ist es, aktiv Gegen-stereotype zu suchen (und sie z. B. als Bildschirmschoner hochzuladen und sie somit häufiger anzusehen). Beispiel: Männer, die ein Baby füttern, und Frauen, die vor Mitarbeitenden sprechen und Anweisungen geben.
- **Selbsterinnerung.** Untersuchungen zeigen, dass Menschen, die denken, keinen Unconscious Bias zu besitzen, tatsächlich oft einen höheren Bias haben, als die, die sich ihrer Vorurteile bewusst sind.
- **Engagement in cross-difference-relationships.** Das aktive Kultivieren von (Arbeits-) Beziehungen mit Menschen anderer sozialer Identitäten kann ebenso

einen Abbau von Bias bewirken. Es bringt einen aus der eigenen Komfortzone heraus und in neue Umgebungen und Konstellationen hinein, in denen man keine „aufgebaute/erarbeitete" Positionsmacht besitzt, z. B. als Mentor*in für junge Kolleg*innen, die in Bezug auf Diversity Merkmale anders sind (sex, age, religion, race, parental status etc.) und offen für deren Ansichten, Meinungen, Standpunkte sein. Das öffnet die eigenen Denkstrukturen für neue Wege der Wahrnehmung und des Denkens [11].

- **Mix it up.** Sich aktiv in kulturelle und/oder soziale Situationen zu begeben, in denen man selber zur Minderheit gehört oder in denen man gezwungen wird, etwas anders zu tun als gewohnt.
- **Perspektiven wechseln.** Durch den Versuch, sich in andere hineinzuversetzen, empathisch zu sein, die Einzigartigkeit einer jeden Person zu sehen und zu akzeptieren und möglichst viele Facetten kennenlernen zu wollen, können sich im Laufe des Lebens viele Bias abbauen. Ein indianisches Sprichwort sagt: „Beurteile nie einen Menschen bevor Du nicht einen Mond in seinen Mokassins gelaufen bist".
- **Reduktion von Stress, Müdigkeit, Überlastung und Zeitknappheit.** Untersuchungen zeigen, dass Menschen stärker zu Unconscious Bias neigen, wenn sie in einer der oben genannten Situationen gefangen sind. Entspannung und Entschleunigung helfen fundiertere, objektivere Entscheidungen zu fällen.
- **Unterschiede wahrnehmen und nicht negieren.** Selbst wenn man meint, bewusst keine Vorurteile zu haben, reagiert man (siehe indirekte Messungen) doch unbewusst auf Stereotype und hat Vorurteile. Zielführender wäre es hier, zu den eigenen Vorurteilen zu stehen, sie sich bewusst zu machen und sich zu bemühen, dass diese Vorurteile nicht ausschlaggebend für Auswahl- und Promotionsentscheidungen sind, nach dem Motto „Wir brauchen in unserem Unternehmen alle Unterschiede für eine exzellente Performance".

Zu den bislang erfolgreich getesteten Maßnahmen zum Wahrnehmungstraining und zur Reduktion von Unconsious Bias gehört u. a. eine Kombination von Vorträgen, Seminaren, Videos, Bildern/Plakaten, Befragungen, Shadowing, Beobachtungen, Spielen, Fallstudien etc.

Beispiel

Eines der berühmtesten Beispiele ist das Blue Eyes/Brown Eyes Training von Jane Elliot. Schüler*innen mit blauen Augen wurden bevorzugt, Schüler*innen mit braunen Augen benachteiligt. Durch die in diesem Ansatz vermittelten eigenen Erfahrungen von willkürlicher, (augenfarbenbezogener) Diskriminierung werden die Teilnehmenden sensibilisiert und durch moderierte Reflexionsgespräche kann eine bewusste Auseinandersetzung mit den eigenen Vorurteilen und ein aktiver Abbau dieser erfolgen. Problematisch sind hier die hohen psychischen Belastungen während des Trainings [39].

Das ANCOVA-Reasoning Programm hat zum Ziel, den Probanden die Fehleranfälligkeit menschlicher Informationsverarbeitung zu verdeutlichen und damit ihre individuellen kognitiven und Reflexionsfähigkeiten zu verbessern [39].

Das Culture Assimilation Programme zeigt z. B. empirisch ermittelte häufig auftretende Konfliktsituationen zwischen der Herkunftskultur und der fremden Kultur auf. Die Probanden müssen für jede Konfliktsituation aus vorgegebenen Antworten die angemessene Reaktion auswählen. Die Antworten werden dann in der Gruppe diskutiert und erklärt.

Um (Self)-Unconscious Bias zu reduzieren, ist es wichtig, u. a. nicht nur die explizit geäußerte Motivation der Beteiligten auf abstrakter Ebene zu erfragen, sondern anhand konkreter Verhaltensbeispiele ihr tatsächliches Handeln und Entscheiden sowie die dadurch erreichten Ergebnisse genauer zu untersuchen [8]. Oft zeigt sich hierbei ein Unterschied zwischen explizit geäußerten Motiven und dem tatsächlichen Verhalten.

Verhaltensänderungstraining

Die Kontakthypothese geht davon aus, dass, wenn sich Mitglieder verschiedener Gruppen in einem positiven, harmonischen Kontext treffen und gemeinsam etwas machen (gemeinsames Ziel + Unterstützung durch Autoritäten), hierdurch die positive Wertschätzung erhöht und dadurch auch die Vorurteile abgebaut werden können und es sogar zu einer Verhaltensänderung kommen kann: „Kontakte führen dazu, dass neue Kenntnisse über die ‚Fremden‘ erworben werden können, die die pauschalisierenden negativen Ansichten korrigieren. Kontakte veranlassen Personen oft, ihre Einstellungen zu verändern, was dann auch nachhaltige Verhaltensänderungen nach sich ziehen kann“ [39].

Kooperatives Lernen in divers zusammengesetzten Kleingruppen zählen zu den ebenfalls sehr erfolgreichen Maßnahmen zum Abbau von Vorurteilen und zur Induktion einer Verhaltensänderung. Die Gruppenaufgaben werden so konstruiert, dass das Team nur durch die Einbeziehung der Kompetenzen aller Gruppenmitglieder die Aufgaben lösen können [39].

Besonders hilfreich ist hier auch der Einsatz von Fallstudien, bei denen anhand konkreter praktischer Situationen gemeinsam Lösungen erarbeitet werden.

Strukturelle Änderungen

Es zeigt sich aber auch, dass einmalige, kurze Interventionen keine nachhaltigen Änderungen der Einstellungen und Werte erreichen können. Nur ein langfristig angelegter Change-Management-Ansatz mit einer Vielzahl verschiedener und aufeinander abgestimmter Maßnahmen und Trainings inkl. notwendiger struktureller Änderungen kann hier erfolgreich wirken [39]. Als Beispiel hat sich gezeigt, alleine zu wissen, dass man für seine (Auswahl-)Entscheidungen zur Rechenschaft gezogen werden kann und sie dann begründen muss, führt in vielen Fällen dazu, dass achtsamer entschieden wird. So ist es in vielen Fällen ratsam, ein D + I (Diversity + Inclusion) Board aufzustellen, welches – in der Unternehmensstruktur fest und auf Dauer verankert – alle Systeme, Strukturen, Abläufe, Tools etc. in Bezug auf mögliche Bias analysiert und

Aktionspläne entwickelt und implementiert. Damit können mögliche Diskriminierungen und die sogenannten „Hidden barriers“ systematisch und konsequent abgebaut werden [24]. Eine Firma befragte jedes Jahr die Führungskräfte „Wen unterstützen Sie aktiv aus Ihrem beruflichen Umfeld?“ Zusammen mit der Aufstellung eines Soziogramms, konnte so festgestellt werden, wer „durchs Raster fiel“. Die Firma implementierte daraufhin ein unternehmensweites Mentoringprogramm, das sicherstellte, dass alle Mitarbeiter die gleiche Aufmerksamkeit und Beachtung erfuhren [11, 24].

Zu den notwendigen strukturellen Änderungen im Unternehmen zählen u. a. Modifikationen bei den Auswahl- und Personalentwicklungstools, eine Veränderung der Kommunikationsstrategie, Änderungen in der Auswahl und dem Training der Beobachter etc., die insgesamt eine höhere Chancengleichheit versprechen und die vorliegenden Erkenntnisse aus der Forschung berücksichtigen [37]. Es ist zum Beispiel bekannt, dass AC-Teilnehmerinnen mehr Zeit als ihre männlichen Konkurrenten benötigen, um in der AC-Situation anzukommen, sich in dem Bewerbungskontext wohlzufühlen, sich z. B. zu trauen aktiv zu werden und damit die Chance bekommen eine optimale Performance zu zeigen. In der Praxis haben deshalb einige Unternehmen am Anfang eines AC zunächst eine ausführliche Plauderrunde (ca. 30 min.) an runden Bistrotischen eingebaut (4 Bewerber*innen + 1 Personaler*in), die es speziell den Teilnehmerinnen erlaubt anzukommen, sich zu entspannen und sich sicherer zu fühlen. Dadurch können chancengleiche Startbedingungen ermöglicht werden, die nicht viel Geld kosten, aber nachgewiesenermaßen einen erheblichen Einfluss auf die Performance der Bewerberinnen haben [9, 38].

Wie diese und andere Konzepte in Unternehmen in Maßnahmen und Trainings konkret umgesetzt werden, wird in vielen nachfolgenden Beispielen des Herausgeberbandes im Detail beschrieben.

1.7 Umsetzung

Es wäre deshalb sinnvoll, insgesamt einen langfristig angelegten, nachhaltigen Kultur-Change-Prozess im Unternehmen zu implementieren, um mit den verschiedensten Tools den Reifegrad der Manager*innen, der Personalabteilung und im Grunde alle Mitarbeitenden bezüglich dieser Thematik zu erhöhen und damit einen Kulturwandel auszulösen und zu begleiten [3].

Ein solches Projekt (3–5 Jahre) könnte u. a. die in Tab. 1.1 aufgeführten Bausteine enthalten und das Unternehmen in die Lage versetzten, langfristig eine chancengerechtere Unternehmenskultur zu entwickeln.

Der Maßstab bei den Tools der Personalauswahl und -entwicklung sollte auch nicht allein an Rollenmustern der Vergangenheit angelegt werden, sondern an konkrete zukünftige Anforderungen im Sinne einer nachhaltigen und chancengleichheitsorientierten Personalstrategie [23, 26]. In den Beurteilungsverfahren sollte auf eine klare Trennung von Beobachtung und Bewertung geachtet werden. Das bedeutet auch, man

Tab. 1.1 Cultural Change Management Concept to reduce Unconscious Bias. (Eigene Quelle)

Schritte	Inhalte	Maßnahmen/Verantwortliche
1	Analyse der aktuellen Situation, der Kultur, der (self)unsconscious bias und Reflexion darüber (Schaffung der Bereitschaft, sich damit auseinanderzusetzen und die eigenen blinden Flecken zu bearbeiten)	Mitarbeiterbefragung mithilfe eines tiefenpsychologischen Ansatzes bzw. mit Reaktionszeitanalysen, Interviews und fokusgruppen-Workshops
2	Analyse und Identifikation der verschiedenen Zielgruppen/Stakeholder nach Geschlecht, Alter, sexuelle Orientierung, Religion, Generation etc.	Interne Datenanalyse: Wie divers sind wir eigentlich?
3	Analyse des Personalauswahlprozesses und des Personalentwicklungsprozesses und Ermittlung möglicher Gefahren für (self) Unconscious Bias	Personalabteilung zusammen mit externen SpezialistInnen
4	Implementation von Trainings, Workshops, Fallstudien, Rollenspielen etc	Externe SpezialistInnen, Psychologinnen
5	Entwicklung von neuen Assessments (tiefenpsychologische Tests, Arbeitsproben)	Externe SpezialistInnen, Psychologinnen
6	Evaluation der Ergebnisse	Vorstand und Personalabteilung
7	Kommunikationsstrategien über die Ergebnisse (kontinuierlich, alle Mitarbeitenden)	Vorstand und Personalabteilung

sollte sich nicht allein auf eine Selbst- und Fremdeinschätzung verlassen. Durch differenzierte Verhaltensbeobachtung bzw. verhaltensorientierten Interviews und ggf. auch durch spezielle Assessment-Übungen sollten diese Verfahren ergänzt werden. Es ist wichtig, dass auch die Personalentscheider sich immer wieder eigener Wahrnehmungsmuster bewusst werden und vor allem generalisierende Eigenschaftszuschreibungen kritisch hinterfragen. Denn das größte Hindernis für Chancengleichheit im Unternehmen sind nicht die tatsächlichen Unterschiede einer diversen Belegschaft, sondern deren stigmatisierende und verallgemeinernde Bewertung vor dem Hintergrund einer nach wie vor eher männlich geprägten Norm, wie ein Manager sein sollte. Im Rahmen eines fundamentalen Change Management Prozesses, der alle relevanten Diversity Aspekte berücksichtigt kann hier ein wertvoller Beitrag zu mehr Chancengleichheit geleistet werden [19, 33].

1.8 Rechtliche Grundlagen im Umgang mit Unconscious Bias

Alle Mitgliedsstaaten der Europäischen Union sind verpflichtet, gegen jede Form der Diskriminierung tätig zu werden – Nichtdiskriminierung ist ein Menschenrecht nach Artikel 14 der Europäischen Menschenrechtskonvention. Auch im Europäischen

Sozialfonds (ESF) ist diese Verpflichtung festgeschrieben [14, 15, 33]. Auf Bundesebene kümmert sich die Antidiskriminierungsstelle des Bundes auf Basis des AGG – Allgemeines Gleichstellungsgesetz – um die Durchsetzung von Chancengleichheit. In den Unternehmen wiederum gibt es eine große Anzahl an Betriebsvereinbarungen und Maßnahmenkatalogen. Eine Vielzahl unterschiedlichster Best Practices bildet hier den Schwerpunkt des Herausgeberbandes.

Eine Studie von Deloitte an 450 Unternehmen ergab, dass die Talent-Management Programme der am besten performenden Unternehmen alle explizite Diversity & Inclusion Programme aufwiesen inklusive eines Bündels von Maßnahmen zur Reduktion von Unconscious Bias [6]. Es rechnet sich dann wohl auch für die Unternehmen betriebswirtschaftlich, sich mit dieser Thematik ernsthaft und nachhaltig zu befassen.

1.9 Ausblick/Trends

Wäre es deshalb nun z. B. eine Lösung, in Zukunft die Auswahlentscheidungen z. B. nur noch von Algorithmen durchführen zu lassen, die keinem Bias und auch keinem Unconscious Bias unterliegen? In vielen Großunternehmen läuft heutzutage die Vorselektion schon völlig maschinengesteuert. Von Eingabemasken über Online-Assessment-Ansätze bis zum C-bot Telefoninterview (der eine dezidierte Sprachanalyse durchführt) liegen heute häufig bis zu drei Selektionsstufen vor, bevor die Kandidatin/der Kandidat einem echten Menschen begegnet. Sind diese Auswahlprozesse fairer?

Auch hier sollte man differenzieren. Für Jobs, bei denen es nicht auf Teamarbeit ankommt, sondern z. B. es nur um die Überwachung von Produktionsmaschinen und abläufen in einer voll automatisierten Smart Factory geht, sind solche Systeme sehr interessant, weil fairer, chancengerechter und kostensparender. Die so selektierten Mitarbeitenden müssen nur mit den Maschinen klarkommen und diese Qualifikationen sind gut messbar und selektierbar. Aber überall dort, wo es um Teamarbeit geht, funktioniert dieser Ansatz nicht. Der C-bot kann noch so gut qualifizierte Mitarbeitende selektieren – wenn das Team diese „Neuen“ nicht akzeptiert, haben sie keine Chance. Deshalb wird es auch in Zukunft wichtig bleiben, Strategien und Maßnahmenkataloge zu entwickeln und zu implementieren, an denen die Mitarbeitenden ihren persönlichen Reifegrad bezüglich dieses Themas erhöhen und den vorurteilsfreien Umgang mit einer divers zusammengesetzten Belegschaft trainieren können.

Literatur

1. Antidiskriminierungsstelle des Bundes. (2017). Diskriminierung in Deutschland. Dritter Gemeinsamer Bericht der Antidiskriminierungsstelle des Bundes und der in ihrem Zuständigkeitsbereich betroffenen Beauftragten der Bundesregierung und des Deutschen Bundestages. Berlin.

2. Banaji, M. R., Greenwald, A. G., & Greenwald, A. G. (2013). *Blindspot: Hidden bias of good people* New York: Delacorte Press.
3. Banaji M, R. & Greenwald, A. G. (2015). *Vorurteile – Wie unser Verhalten bewusst gesteuert wird und was wir dagegen tun können*. München: Dtv
4. Beelmann, A., & Jonas, K. J. (2009). *Diskriminierung und Toleranz*. Berlin: VS Verlag.
5. Benson, B., & Manoogian, J. (2016). Cognitive bias codex. https://de.wikipedia.org/wiki/Liste_von_kognitiven_Verzerrungen#. Zugegriffen: 1. Sept. 2018.
6. Bersin, J. (2015). Why diversity and inclusion will be a top priority for 2016, in „Forbes (12/2015). www.forbes.com/sites/joshbersin/2015/12/06/.
7. Binder, N. (2007). Zwischen Selbstselektion und Diskriminierung. Sozialwissenschaftliche Schriften, Heft 43. Berlin: Duncker & Humblot.
8. Charta der Vielfalt. (2014). Vielfalt erkennen – Strategien für einen sensiblen Umgang mit unbewussten Vorurteilen. www.charta-der-vielfalt.de/diversity-verstehen/mediathek/publikationen/. Zugegriffen: 1. Sept. 2018.
9. Claybrooke, P. L., & Phelps, H. (2017). *Unconscious bias – Turning unconscious bias into conscious thought. A book about people*. Frisco.
10. Degner, J., & Wentura, W. (2008). Sich selbst erfüllende Prophezeiungen. In L.-E. Petersen & B. Six (Hrsg.), *Stereotype, Vorurteile und soziale Diskriminierung* (S. 149–158). Weinheim: Beltz.
11. Domsch, M. E., Ladwig, D. H., & Weber, F. C. (2017). *Cross Mentoring: Ein erfolgreiches Instrument organisationsübergreifender Personalentwicklung*. Berlin: Springer Gabler.
12. Eckes, T. (2008). Messung von Stereotypen. In L.-E. Petersen & B. Six (Hrsg.), *Stereotype, Vorurteile und soziale Diskriminierung* (S. 97–106). Weinheim: Beltz.
13. Enzensberger, H. M. (1964). Bin ich ein Deutscher? Die Zeit. http://www.zeit.de/1964/23/bin-ich-ein-Deutscher. Zugegriffen: 1. Juni 2018.
14. European Commission. (2010). Why socio-economic inequalities increase? Facts and policy responses in Europe. https://ec.europa.eu/research/social-sciences/pdf/policy_reviews/policy-review-inequalities_en.pdf. Zugegriffen: 1. Juni 2018.
15. Eurostat statistics. (2018). http://ec.europa.eu/eurostat/statistics-explained/index.php/Gender_statistics_at_regional_level. Zugegriffen: 1. Juni 2018.
16. Fetchenhauer, D. (2018). *Psychologie*. München: Springer.
17. Förster, J. (2008). *Kleine Einführung in das SchubladenDenken. Über Nutzen und Nachteil des Vorurteils*. München: Deutsche Verlags-Anstalt.
18. Greitemeyer, T. (2008). Sich selbst erfüllende Prophezeiungen. In L.-E. Petersen & B. Six (Hrsg.), *Stereotype, Vorurteile und soziale Diskriminierung*. Weinheim: Beltz.
19. Hoyndorf, A., & Ringelband, O. (2014). Unconscious Bias in der Management Diagnostik. In Charta der Vielfalt (Hrsg.), *Vielfalt erkennen – Strategien für einen sensiblen Umgang mit unbewussten Vorurteilen* (S. 76–82). Berlin: Charta der Vielfalt e. V.
20. Huddy, L., Gutting, R., & Feldman, S. (2015). Intergruppenvorurteile und Stereotype. In S. Zmerli & O. Feldman (Hrsg.), *Politische Psychologie: Handbuch für Studium und Wissenschaft* (S. 253–270). Baden-Baden: Nomos.
21. Inzlicht, M., & Ben-Zwwv, T. (2000). A thretening intellectual environment: Why females are susceptible to experiencing problem-solving deficits in the presence of males. *Psychological Science, 11*, 365–371.
22. Kimmel, M. (2016). How unconscious bias hurts men and companies they work for. In J. M. Welpe (Hrsg.), *Auswahl von Männern und Frauen als Führungskräfte* (S. 85–89). Wiesbaden: Springer Gabler.
23. Knappitsch, E., & Caliskan, S. G. (2018). Das Management von unbewussten Vorurteilen im HRM: Rekrutierung und Bindung einer diversen Belegschaft. In B. G. Venegas, K. Thill, & J. Domna Novich (Hrsg.), *Personalmanagment. Internationale Perspektiven und Implikationen für die Praxis* (S. 193–206). Wiesbaden: Springer Gabler.

24. Nalty, K. (2016). Strategies for confronting unconscious Bias. *The Colorado Lawyer, 45*(5), 45–52.
25. Ng, T. (2012). Ältere sind motiviert und veränderungsbereit. www.wirtschaftspsychologie-aktuell.de/lernen/lernen-20121315-aeltere-sind-motiviert-und-veränderungsbeeit.html. Zugegriffen: 22. Okt. 2018.
26. Noon, M. (2018). Pointless diversity training: Unconscious bias, new racism and agency. *Work, employment & Society* (Bd. 32, S. 198–209). USA: Los Angeles.
27. Pelinka, A., Bischof, K., & Stögner, K. (Hrsg.). (2011). *Vorurteile – Ursprünge, Formen, Bedeutung*. Berlin: De Gruyter.
28. Petersen, E., & Dietz, J. (2008). Diversity Management. In L.-E. Petersen & B. Six Six (Hrsg.), *Stereotype, Vorurteile und soziale Diskriminierung* (S. 311–319). Weinheim: Beltz.
29. Regnet, E. (2013). Weibliche Führungskräfte. In W. Sarges (Hrsg.), *Management Diagnostik* (4. Aufl., S. 530–537). Göttingen: Hogrefe.
30. Rohde, D. L. (2017). Gender sterotypes and unconscious bias. In S. R. Madsen (Hrsg.), *Handbook of research and leadership* (S. 316–327). Cheltenham: Elgar.
31. Ross, H. J. (2014). *Everyday bias: Identifiying and navigating unconscious judgements in our daily lives*. Lanham: Rowman & Littlefield.
32. Scheer, A., El-Mafaalani, A., & Yüksel, G. (2017). *Handbuch Diskriminierung*. Berlin: Springer VS.
33. Schweipert, M. (2018). *Implizite Vorurteile im Entscheidungsprozess und vorvertraglicher Diskriminierungsschutz*. München: Nomos.
34. Spencer, S. H., Steele, C. M., & Quinn, D. M. (1999). Stereotype threat and women's math performance. *Journal of Experimental Social Psychology, 35*, 4–28.
35. Stangel-Meseke, M. (2014). Unconscious Bias – Ein erfolgskritischer Faktor. In Charta der Vielfalt (Hrsg.), *Vielfalt erkennen – Strategien für einen sensiblen Umgang mit unbewussten Vorurteilen* (S. 13–20). Berlin: Charta der Vielfalt e. V.
36. Steele, C. M., & Aronson, J. (1995). Stereotyp threat and the intellectual test performance of African Americans. *Journal of Personality and Social Psychology, 69*, 797–811.
37. Turnbull, H. (2016). *The illusion of inclusion: Global inclusion, unconscious bias, and the bottom line*. New York: Business Expert Press.
38. Voß, E. (2014). Unconscious Bias im Recruiting – Wie sich vor allem bei Personalprozessen die STerotypenfalle umgehen lässt. In Charta der Vielfalt (Hrsg.), *Vielfalt erkennen – Strategien für einen sensiblen Umgang mit unbewussten Vorurteilen* (S. 35–40). Berlin: Charta der Vielfalt e. V.
39. Wagner, U., & Farhan, T. (2008). Programme zur Prävention und Veränderung von Vorurteilen gegenüber Minderheiten. In L.-E. Petersen & B. Six Six (Hrsg.), *Stereotype, Vorurteile und soziale Diskriminierung* (S. 273–282). Weinheim: Beltz.

Prof. Dr. Michel E. Domsch ist Leiter des MDC Management Development Center (Sitz Helmut-Schmidt-Universität Hamburg). Promotion und Habilitation in Betriebswirtschaftslehre erfolgten an der Ruhr-Universität Bochum. Nach einem Forschungsaufenthalt an der Harvard Business School war er u. a. als Bereichsleiter im BP British Petroleum-Konzern tätig. Danach wechselte er zur HSU auf eine Professur für Personalwesen und Internationales Management.

Prof. Dr. Désirée H. Ladwig ist Professorin für ABWL, Personalmanagement, Internationales Management im Fachbereich Maschinenbau und Wirtschaft an der Technischen Hochschule Lübeck. Mit Prof. Domsch initiierte sie 2005 den genderdax (www.genderdax.de). Mitarbeiterbefragungen, innovative Arbeitszeitmodelle und Diversity & Inclusion sind weitere Forschungsschwerpunkte von Prof. Ladwig.

Florian C. Weber (M.A.) ist Projektleiter im Ministerium für Energiewende, Landwirtschaft, Umwelt, Natur und Digitalisierung des Landes Schleswig-Holstein. Nach seinem Masterstudium der Betriebswirtschaftslehre war er zunächst in Projekten an der Fachhochschule Lübeck und der Helmut-Schmidt-Universität (HSU) tätig (u. a. genderdax). Er ist Mitherausgeber des Buches „Cross Mentoring – Ein erfolgreiches Instrument organisationsübergreifender Personalentwicklung“.

Privilegien (an)erkennen und Potenziale richtig einschätzen

2

Hans W. Jablonski

Zusammenfassung

Vorurteile können nicht nur zu Benachteiligung führen, sondern – in Form von Privilegien – auch der Grund für die Bevorzugung und Bevorteilung bestimmter Personenkreise sein. Aufgrund von Merkmalen wie Herkunft oder Geschlecht profitieren sie in ihrem beruflichen Umfeld von einer Art „Rückenwind", der ihnen zum Beispiel einen Vertrauensbonus einräumt oder eine besondere Eignung für Führungsaufgaben unterstellt. Das Hinterfragen und die Auseinandersetzung mit persönlichen Privilegien bedeutet unter Umständen auch, persönliche Leistungen infrage stellen zu müssen, was nicht selten als Entwertung persönlicher Verdienste empfunden wird. Der folgende Text will für einen offenen und behutsamen Umgang mit Privilegien sensibilisieren und Wege aufzeigen, wie Unternehmen die Wirkung von Stereotypen vermindern und so zu besseren Ergebnissen in der Personalauswahl und -entwicklung kommen können.

2.1 Was ist ein Privileg?

Wo Vorurteile thematisiert werden, geht es in der Regel um die mehr oder weniger bewusste Benachteiligung von Personen aufgrund individueller Merkmale, denen eine allgemeingültige Bedeutung zugemessen wird. Allerdings können Vorurteile unter anderen Vorzeichen ebenso im Sinne einer mehr oder wenig bewussten Bevorzugung von Menschen mit bestimmten Merkmalen wirken. In diesem Fall wird – insbesondere im englischsprachigen Diskurs zur sozialen Gerechtigkeit – der Begriff des „Privilegs" verwendet.

H. W. Jablonski (✉)
JBD Jablonski Business Diversity, Köln, Deutschland
E-Mail: jablonski@business-diversity.biz

M. E. Domsch et al. (Hrsg.), *Vorurteile im Arbeitsleben*,
https://doi.org/10.1007/978-3-662-59232-8_2

Das Privileg wird in diesem Zusammenhang als ein Konzept beschrieben, das bestimmten Gruppen oder Individuen Vorteile oder Gefälligkeiten gewährt. Ein Privileg ergibt sich demnach dadurch, dass einer bestimmten Gruppe oder einem Individuum intuitiv Kompetenzen oder positive Eigenschaften zugeschrieben werden. Ihnen wird beispielsweise eine höhere Lern-, Leistungs- oder Durchsetzungsfähigkeit zugetraut – und zwar unhinterfragt und unabhängig davon, ob der oder die Einzelne diese Erwartungen erfüllt oder nicht.

Die Erfahrung aus der Beratungspraxis bestätigt, dass bestimmten Gruppen stereotype Fähigkeiten zugeschrieben werden. Männer scheinen besonders geeignet als durchsetzungsstarke Führungskräfte, Frauen gelten als besonders fleißig und sorgfältig und Menschen ohne sichtbare Behinderung werden als belastbarer wahrgenommen, als Menschen mit einer Behinderung.

Erschwerte Debatte

Die Diskussion über die Genese und das Wirken von Stereotypen ist eng verzahnt mit der Diskussion über den angemessenen Umgang mit ihnen. Ein Dilemma dieser Verquickung ist, dass sie von einer gebotenen Sensibilisierung hinsichtlich der eigenen, persönlichen Stereotypen ablenkt. Im Klartext heißt dies: Anstatt einen lösungsorientierten Ansatz zu entwickeln, der auf einen angemessenen Umgang mit dem unvermeidlichen Wirken von Stereotypen abzielt, führt die verengte Debatte zu einer weiteren Stereotypisierung: Sie identifiziert sowie polarisiert Benachteiligte und Nutznießer, um diesen im nächsten Schritt eine vermeintliche Opfer- oder Täterrolle zuzuschreiben.

Weshalb diese Zuschreibung für den Umgang mit Privilegien in der Beratungspraxis eine besondere Herausforderung ist, wird im Folgenden noch ausführlich erörtert. Dabei wird der Text immer wieder auf den „weißen Mann“ zu sprechen kommen. Gerade weil die Vorstellung vom weißen Mann jedoch stark verbreitet und tief in der westeuropäischen Kultur verankert ist, erscheint es umso wichtiger, darauf hinzuweisen, dass es sich dabei um ein Konstrukt handelt, das keinen Anspruch auf Allgemeingültigkeit hat und keine Pauschalisierung zulässt. Sollte also in der Folge vom „weißen Mann“ die Rede sein, ist damit keine homogene Gruppe gemeint, sondern eine bestimmte Konstellation von überwiegend positiv assoziierten, stereotypischen Eigenschaften.

2.2 Wie ergeben sich aus Vorurteilen soziale Privilegien?

Wie negativ wirkende Stereotype, so wird auch die Vorstellung bestimmter Privilegien schon früh verinnerlicht. Dazu ein Beispiel: Die Analyse der Geschlechterrollen im Kinderfernsehen hat gezeigt, dass Männer dort qualitativ wie auch quantitativ dominieren. Die Rollen sind dort so verteilt, dass erklärende Tätigkeiten – zum Beispiel die Moderation und die Vermittlung von Expertise – in 60 % der Fälle von männlichen Protagonisten übernommen werden. Ebenso sind sie in der deutlichen Mehrzahl männlich besetzt. Expertinnen und Heldinnen sind seltener zu finden.

Privilegien können sich nicht nur im Zuge der Sozialisierung, sondern ebenso in einem bestehenden beruflichen Umfeld reproduzieren. Ein wiederkehrendes Beispiel sind manifestierte Macht- und Organisationsstrukturen von Unternehmen. So haben in vielen Fällen zum Beispiel Personen, die einen bestimmten beruflichen Werdegang und damit verbundene Erfahrungen teilen, mitunter einen leichteren Zutritt zum „inner circle" der Führungsebene. Dementsprechend kann auch eine berufliche Biografie und die damit einhergehende Verbundenheit zu Vorläufern oder Alumni ein Privileg sein.

Betrachtung unter Diversity-Aspekten

Welchen Gruppen oder Individuen Privilegien zugeschrieben werden und wie diese wirken, lässt sich im Hinblick auf bestimmte Persönlichkeitsaspekte genauer beschreiben und beurteilen. Im Kontext eines organisations- oder unternehmensbezogenen Diversity Managements erfolgt die Betrachtung und Analyse von Vorurteilen und Privilegien unter Zuhilfenahme der klassischen Diversity-Dimensionen, die auch von der „Charta der Vielfalt e. V." als zentrale Diversity Dimensionen eingestuft werden. Das vierstufige Modell ermöglicht es, die Unterschiede und Gemeinsamkeiten der Menschen einer Organisation zu erfassen und ihre strukturelle Bedeutung zu analysieren. Im Zentrum des Models steht die Persönlichkeit, um die herum die nahezu unveränderbaren („inneren") Dimensionen angeordnet sind (Abb. 2.1).

Die Dimension „Geschlecht" ist im Diversity Management von zentraler Bedeutung. Das hat zwei Gründe: Zum einen werden Frauen im Rahmen des demografischen Wandels zunehmend als eine bisher nicht genügend beachtete Beschäftigungsressource gewürdigt. Zum anderen zeigen Studien, dass die geforderten Erfolgs-Kompetenzen der Zukunft eher weiblicher Art sind und somit geschlechtergemischte Teams künftig einen Erfolgsfaktor darstellen. Tatsächlich führen viele Unternehmen die gewünschte Chancengleichheit der Geschlechter als Grund an, sich dieser Diversity Dimension besonders zu widmen.

Was in diesem Zusammen oft übersehen wird: Bei der Dimension „Geschlecht" geht es nicht nur um Frauen, sondern auch um Männer – und darüber hinaus um alle geschlechtlichen Identitäten zwischen diesen Polen. Betont werden muss, dass diese Dimension alle Geschlechter einbezieht und sich nicht einseitig auf „Frauen" oder gar reine „Frauenförderung" reduzieren lässt. Hilfreich ist deshalb die Unterscheidung zwischen Gender als dem sozialen Geschlecht und dem biologischen Geschlecht (Sex). Somit geht es im Diversity Management nicht um die reine Repräsentation der biologischen Geschlechtervielfalt wie zum Beispiel durch einen bestimmten Prozentsatz von Frauen in Führungspositionen. Ziel ist vielmehr die Berücksichtigung des sozialen Geschlechtes, also das Nutzen geschlechterspezifischer Werte, Verhaltensweisen, Umstände und Präferenzen. Diese Berücksichtigung erfolgt im Rahmen des sogenannten Gender Mainstreaming, das den Einfluss von Entscheidungen auf Männer oder Frauen systematisch untersucht und berücksichtigt.

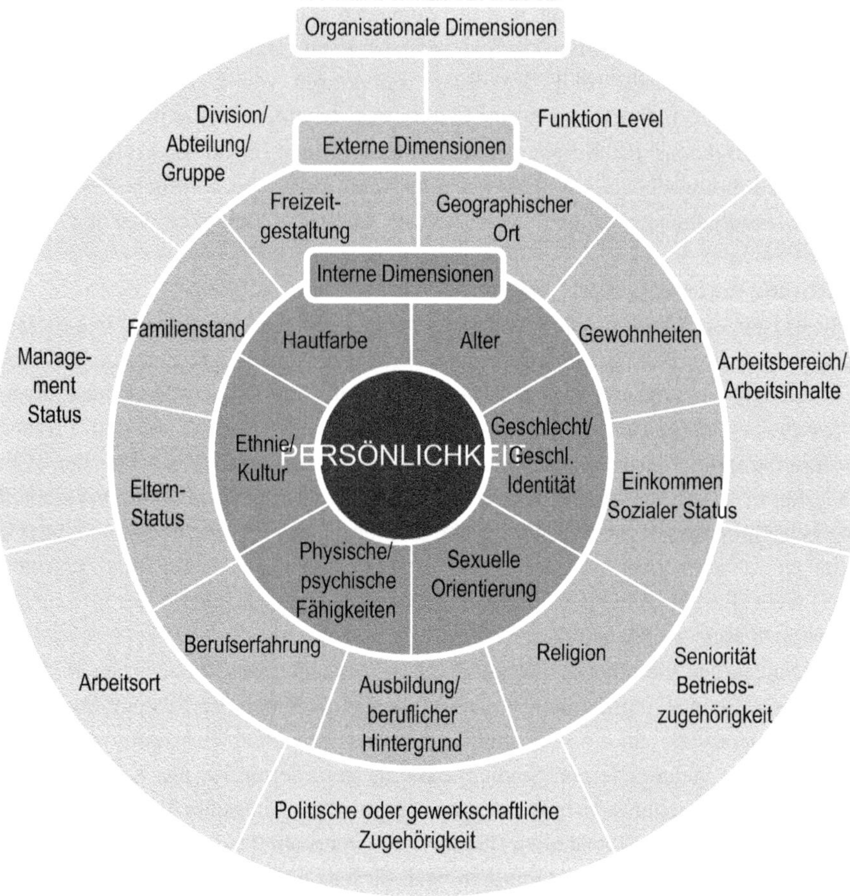

Abb. 2.1 Diversity Dimensionen der Charta der Vielfalt. (Quelle: https://www.charta-der-vielfalt.de/diversity-verstehen/diversity-dimensionen/)

Unhinterfragter Normalfall

Um nachhaltig wirkende Lösungen zu finden, untersuchen Unternehmen vor allem die Einstellungs- und Personalentwicklungsprozesse auf „Filter", die letztendlich die „gläserne Decke" in Unternehmen ausmachen. Damit ist der Level einer Organisationsstruktur gemeint, ab dem der Anteil von Frauen oder anderen unterrepräsentierten Gruppen signifikant abnimmt. Ziel eines Unternehmens sollte sein, eine Kultur herzustellen, in der sich Frauen wie Männer motiviert fühlen, ihren Beitrag zu leisten. Frauen, die in Führungspositionen meist in der Minderheit sind, haben mit dem Phänomen zu kämpfen, das sich in unbewusster Ausgrenzung oder einer – wie auch immer gearteten – besonderen Behandlung manifestiert. Dieser Effekt ist bei allen Minderheiten bis zu einer Repräsentation von 30 % festzustellen. Bei einer höheren Repräsentation lässt der

Effekt nach. In Unternehmen ist der Minderheiten-Effekt bekannt. Sie initiieren Programme, die Frauen unterstützen, sich im männlich dominierten Umfeld zu bestehen und leistungsfähig zu bleiben – ohne vom Minderheiteneffekt doppelt belastet zu werden.

Die besondere Herausforderung für Frauen in Führungspositionen ergibt sich aus einem Privileg ihrer männlichen Kollegen. Allein deren quantitative Dominanz bestätigt – unabhängig von einzelnen Gegenbeispielen – das Vorurteil, dass Männer besser geeignet seien, Führungsaufgaben zu übernehmen. Die ungleiche Geschlechter-Verteilung bleibt so der unhinterfragte Normalfall und die Frau im Vorstandsvorsitz die Ausnahme. Während eine Frau also erst noch beweisen muss, dass ihr als Ausnahme von der unausgesprochenen Regel ein Karriereschritt gelingen kann, erscheint dieser bei ihren männlichen Kollegen nur folgerichtig und nicht weiter bemerkenswert.

Beispiele aus der Praxis

Diese zusätzliche Herausforderung, für den nächsten Karriereschritt nicht nur entsprechende Leistung zeigen, sondern auch gegen eine allgemeine Erwartung ankämpfen zu müssen, bleibt Männern in der Regel erspart. Das ist ein nicht zu unterschätzendes Privileg, das vielen Männern meist nicht bewusst ist. Wie die Praxis zeigt, wird darüber hinaus sogar moniert, wenn ein Privileg nicht zum Tragen kommt. So wird Frauen, die eine Führungsposition erklimmen, nicht selten nachgesagt, den Job allein aufgrund einer Quotenreglung erhalten zu haben. Bei der Beförderung von einem Mann ist der Kommentar „der hat das nur bekommen, weil er ein Mann ist" hingegen nicht zu hören.

Dieses Phänomen ist auch im Hinblick auf anderen Diversity-Dimensionen zu beobachten. So sah sich zum Beispiel eine Fachkraft aus Brasilien dem Vorwurf ausgesetzt, eine Führungsposition nur erhalten zu haben, weil er eine nicht-deutsche Nationalität hat. Auch hier rückte eine Diversity-Dimension – in diesem Fall die Interkulturalität – in den Vordergrund und musste unabhängig von persönlichen Kompetenzen und Verdiensten des Beförderten als Grund dafür herhalten, dass ein Privileg nicht wie gewohnt zum Tragen kam. Ein weiteres Privileg, das sich unter dem Aspekt der Interkulturalität ergeben kann, ist ein weniger komplizierter Zugang zu Bewerbungsgesprächen. Die Erfahrung zeigt, dass Menschen mit heller Hautfarbe mehr Einladungen zu Vorstellungsgesprächen erhalten. Mehrere Experimente haben bestätigt, dass Bewerberinnen und Bewerber mit gleichwertigen oder sogar den gleichen Lebensläufen abhängig von ihrer Hautfarbe unterschiedlich oft Job-Interviews erhielten. Enthielt die Bewerbung das Bild einer hellhäutigen Person, waren die Chancen auf eine Einladung deutlich besser als bei Bewerbungen mit dem Bild einer dunkelhäutigen Person.

In der Beratungspraxis bestätigt sich immer wieder, wie sich aus der Konstellation bestimmter Persönlichkeitsaspekte positive wie negative Vorurteile ergeben. So wird etwa bei Meetings und Begegnungen im Business-Kontext in der Regel dem Mann die Führungsrolle zugesprochen. Eine Managerin berichtet, dass sie, wenn sie mit ihrem Mitarbeiter zu einem neuen Lieferanten fährt, häufig nicht als Vorgesetzte, sondern als Assistenz ihres Mitarbeiters wahrgenommen werde. Sie werde dann als Zweite begrüßt und nicht direkt angesprochen. Die besagte Managerin empfand es als frustrierend und mühselig, sich immer wieder erklären und deutlich machen zu müssen, dass sie die Chefin ist. Im Gegensatz dazu kommt es selten vor, dass ein Mann in einer Führungsrolle erklären muss, dass er der Vorgesetzte und nicht der Assistent ist. Für Männer erscheint diese Bevorteilung als Normalfall und wird nicht als Privileg wahrgenommen – ebenso wenig die dadurch gegebene Benachteiligung der Frau. Weil die unterschiedlichen Voraussetzungen nicht erkannt und so auch nicht anerkannt werden, behält aus privilegierter Perspektive der Grundsatz seine Geltung, „dass es egal ist, ob ein Mann oder eine Frau diesen Job macht".

Das Privileg, sich nicht erklären oder rechtfertigen zu müssen, genießen Männer zum Beispiel auch hinsichtlich der Vereinbarkeit von Beruf und Familienleben. Ein Mann kann davon ausgehen, nicht danach befragt zu werden, wie er die Erziehung der Kinder organisiert. Ebenso kann er sich darauf verlassen, trotz Kinderwunsch eingestellt oder befördert zu werden. Zuweilen berichten Männer darüber, dass sie ihre zukünftige Vaterschaft bekannt gegeben und anschließend sogar eine Gehaltserhöhung zur Kompensation der steigenden Kosten erhalten haben. Frauen und auch die Männer, die sich offen zu einer aktiven Elternzeit bekennen, können nicht auf dieses Privileg zählen. Das zeigt, dass Privilegien auch erlöschen können, sobald bestimmte Details nicht ins stereotype Rollenbild passen.

Summe von Eigenschaften

Dass sich Privilegien immer aus einer Summe von Stereotypen ergeben, zeigt sich im Hinblick auf die Diversity Dimension des Alters. Treffen zum Beispiel zwei Männer unterschiedlichen Alters neue Geschäftspartner oder -partnerinnen, wird erfahrungsgemäß der ältere als der höherrangige wahrgenommen. Aufgrund seiner Seniorität ist er anscheinend für die Führungsposition prädestiniert. Analog dazu berichtet eine junge Ingenieurin, dass in Meetings ihre fachlich fundierten Aussagen eher angezweifelt werden. Im Vergleich dazu werde der Beitrag eines gleichaltrigen männlichen Kollegen interessierter aufgenommen. Ihre Vermutung war, dass sie nicht nur als Frau, sondern auch als jüngere Mitarbeiterin weniger Gehör findet als der männliche Kollege, den sie fachlich für weniger qualifiziert einschätzt. Bestätigt wurde diese Wahrnehmung auch schon von männlichen Fachkräften. Auch sie berichten in der Praxis von dem Privileg der Glaubwürdigkeit zunehmenden Alters. Allerdings kehrt sich das in Abhängigkeit von der Unternehmenskultur ab einem bestimmten Lebensalter um.

Als weitere Diversity Dimension kann der Aspekt der Behinderung im Hinblick auf die Wirksamkeit von Privilegien eine ausschlaggebende Rolle spielen. Menschen ohne sichtbare Behinderung haben erfahrungsgemäß das Privileg, dass sie als vergleichsweise (leistungs)stark wahrgenommen werden. Ein Vertriebsmitarbeiter ohne Rollstuhl muss sich nicht mit den Bedenken Anderer auseinandersetzen, er könnte wegen der Behinderung für die Position der Vertriebsleitung nicht geeignet sein. Auch wenn die Kandidaten sich hinsichtlich ihrer Kompetenz und Qualifikation gleichen, ist es für den nicht-behinderten Mann wahrscheinlicher, die Position der Vertriebsleitung zu erlangen.

2.3 Weshalb lassen sich Privilegien schwer benennen/sichtbar machen?

Wie gezeigt wurde, können sich im Hinblick auf bestimmte Diversity-Dimensionen aus Vorurteilen Privilegien ergeben, die in unterschiedlichen Konstellationen ihre Wirkung entfalten. Im nächsten Schritt sollen nun Möglichkeiten eines pragmatischen Umgangs mit Privilegien vorgestellt und erörtert werden.

Die jüngsten öffentlichen Diskussionen (Stichwort: #metoo, white fragility) wurden mit viel Eifer geführt. Statt zu akzeptieren, dass Vorurteile tagtäglich die Wahrnehmung beeinflussen und auf dieser Basis einen sensibilisierten Umgang mit ihnen zu entwickeln, fokussierten sie sich darauf, Vorurteile als Wurzeln sozialer Ungleichheit zu identifizieren und zwischen privilegierten Nutznießern und entsprechend Benachteiligten zu polarisieren. Bevor Lösungsvorschläge zum Umgang mit Privilegien vorgestellt werden, soll deshalb zunächst die Frage verfolgt werden, weshalb es so schwierig und unangenehm ist, sich der eigenen – positiven wie negativen – Stereotype bewusst zu werden.

Alltägliche Denkmuster

Privilegien sind in der Regel Vorurteile, die für uns so alltäglich sind, dass wir sie nicht mehr als solche erkennen. Ein Beispiel ist die unausgesprochene Annahme, dass Menschen mit heller Hautfarbe in Deutschland der Norm entsprechen. Diese Ansicht wird auch von Menschen geteilt, die aus voller Überzeugung zustimmen würden, dass alle Menschen gleich sind und niemand aufgrund seiner Herkunft, Geschlecht, Hautfarbe, sexueller Orientierung, Fähigkeiten oder Religion benachteiligt werden sollte. Trotzdem ist die Wahrnehmung und das Denken der Mehrheit – ohne, dass es ihr bewusst ist – von dem Gegensatz „Weiß-Sein" und „Nicht-Weiß-Sein" geprägt. Wie solche internalisierten Selbstverständlichkeiten zum Ausdruck kommen können, illustrieren drei Beispiele aus Noah Sows Buch „Deutschland Schwarz Weiß".

Darin schildert eine Anti-Rassismus-Aktivistin aus Thüringen in einem Interview, dass vielen Menschen mit einem „nicht-deutschen Elternteil" immer wieder die Frage gestellt werde, woher sie ursprünglich kommen. Die Thüringer Aktivistin setzt voraus, dass ihre Zuhörer verstehen, was sie meint, ohne dass sie es sagen muss: Mit „nicht deutschem Elternteil" meint sie ein nicht weißes Elternteil.

Ein zweites Beispiel ist eine Werbung des Kinderhilfswerks Plan International. Auf dem Plakat lacht ein gesund aussehendes dunkelhäutiges Mädchen in die Kamera, daneben steht die Aufforderung: „Werden Sie Pate." Die Macher der Werbung können davon ausgehen, dass ihr Zielpublikum ein schwarzes Kind ohne Weiteres mit arm und hilfsbedürftig gleichsetzen wird. Wäre die Botschaft bei einem hellhäutigen Kind auch so eindeutig? Oder wäre dann eine zusätzliche Erklärung für den Aufruf „Werden Sie Pate" nötig gewesen?

Das dritte Beispiel ist eine Meldung auf Spiegel Online. Über den Potsdamer Ermyas Mulugeta, der von zwei Unbekannten lebensgefährlich verprügelt wurde, heißt es, das „äthiopischstämmige" Opfer sei „mit zwei Deutschen in Händel geraten". Ermyas

Mulugeta ist deutscher Staatsbürger. Allerdings ist die Identität seiner Angreifer nie juristisch geklärt worden. Es war nur bekannt, dass sie weiß waren. Die „Spiegel“-Autorin schreibt „äthiopischstämmig“ und „deutsch“. Sie kann davon ausgehen, dass ihre Leser „deutsch“ unmissverständlich mit „weiß“ gleichsetzen, dunkelhäutig dagegen mit „nicht-deutsch“, ohne dass die Worte „weiß“ oder „schwarz“ einmal fallen müssen.

White fragility

Diese Fälle zeigen, wie subtil eingeprägte Denkmuster im Alltag wirken. Die Mehrheit nimmt sie nicht wahr, weil diese Muster auf ihr eigenes Aussehen zugeschnitten sind. Diese mehrheitliche Konformität wird tagtäglich aufgefrischt und erneuert: im Fernsehen, in den Medien, der Werbung, am Lehrerpult und im Bundestag. Wie schwierig es privilegierten Gruppen fällt, derartige Vorteile durch Vorurteile zu erkennen und deren Wirken anzuerkennen, lässt sich am Beispiel der „#MeTwo Debatte“ über Alltagsrassismus in Deutschland illustrieren. Die Vehemenz, mit welcher diese geführt wurde, wirft ein Licht darauf, wie irritierend und zuweilen schmerzhaft es für Menschen sein kann, sich ihrer Privilegien bewusst zu werden und die damit einhergehende Bevorteilung anzuerkennen.

Auf den Hinweis, dass hellhäutige Männer gegenüber Menschen anderen Geschlechts und Hautfarbe in vielerlei Hinsicht privilegiert sind, reagierten diese wiederum mit scharfer Kritik: Derartige Verallgemeinerungen seien ungerechtfertigte Zuschreibung und im Kern wiederum selbst rassistisch. Die Ablehnung, die Wut, das Wegreden-Wollen vieler Weißer als Reaktion auf das #MeTwo-Hashtag folgt einem Muster, das der US-amerikanische Autor Robin J. DiAngelo als „white fragility“ bezeichnet. Der Begriff beschreibt, wie schwer es Menschen fällt, sich ihre Privilegien einzugestehen – in diesem Fall, eine helle Haut zu haben. Ein Grund dafür sei, dass sie so befürchten müssten, von rassistischen Vorurteilen zu profitieren. Entsprechend distanziert sich diese Gruppe typischerweise reflexhaft von explizitem Rassismus. Dass dennoch Vorurteile und Privilegien ihren Alltag zumindest subtil prägen, wird übersehen oder ausgeblendet.

Bewusstwerden eines Privilegs

Wie im Privaten wirken Vorurteile und Privilegien selbstverständlich auch im Berufsleben. Wissenschaftliche Studien beschreiben hier wiederkehrende Muster im Umgang mit Privilegien. Der US-Soziologe Michael Kimmel beschreibt die Wahrnehmung privilegierter Personen als „like running with the wind at your back“ – sie profitieren von Rückenwind, ohne es zu merken. Doch wo der eine von Rückenwind profitiert, kämpft jemand anderes mit Gegenwind. So kann – um im Bild zu bleiben – derselbe Wind für verschiedene Personen ganz unterschiedliche Auswirkung haben. Wird die Bedeutung eines Privilegs ignoriert oder als irrelevant abgetan, kann sie bei Privilegierten zu einer Fokussierung auf eine persönliche Ausnahmeregel und bei Benachteiligten zu Frustration führen. Entsprechend führt das Ignorieren oder Herunterspielen der Wirkung von Privilegien zu einer Verschärfung der Gesamtsituation.

Das Hinterfragen und die Auseinandersetzung mit persönlichen Privilegien erfordern ein Verlassen der alltäglichen, geregelten und damit vertrauten Komfortzone. Ihr Wirken anzuerkennen, bedeutet unter Umständen auch, persönliche Leistungen infrage stellen zu müssen – eine mitunter schmerzhafte Angelegenheit. Denn die Anerkennung eines Privilegs kann zur Folge haben, dass persönliche Errungenschaften nicht nur auf eigener Leistung beruhen, sondern unter Zutun eines Privilegs zustande kamen. Ein solches Eingeständnis wird nicht selten als Entwertung des persönlichen Verdienstes empfunden. Entsprechend ist die typische Reaktion, ein unterstelltes Privileg nicht anzuerkennen oder es als Verdienst individueller Leistung zu legitimieren. Die Argumentation verweist in der Regel auf das besondere persönliche Engagement und streitet ab, dass es sich um ein strukturelles Phänomen handelt. Ebenso wird auf Fälle und Schicksale verwiesen, in denen das unterstellte Privileg nicht zum Tragen kam [1].

Das Wirken von Privilegien anzuerkennen, bedeutet jedoch keineswegs, die Leistungen von Menschen einer bestimmten Gruppe pauschal zu entwerten. Wie am Beispiel der unterschiedlichen Diversity-Dimensionen gezeigt wurde, ergeben sich Privilegien aus dem Zusammenwirken vielfältiger Faktoren. Personen auf ein einziges Merkmal zu reduzieren und ihnen entsprechende Vor- oder Nachteile zuzuschreiben, ist demnach eine unzulässige Vereinfachung, die wiederum zu einer stereotypischen Einteilung in Bevor- und Benachteiligte.

Den Blick schärfen
Statt einschränkend zu polarisieren, sollte die Anerkennung von Privilegien jedoch genutzt werden, um eventuelle Verzerrungen in der Wahrnehmung anderer Personen zu korrigieren und den Blick für die Vielfalt persönlicher Eigenschaften zu schärfen. Bei der Beurteilung einer Person sollte daher sorgfältig überprüft werden, ob wahrgenommene Defizite oder Stärken einem verbreiteten – vielleicht auch einem ganz persönlichen – Vorurteil entsprechen. Im Hinblick auf negative Vorurteile bedeutet das: Wird die bewertete Person zu Unrecht als weniger geeignet eingeschätzt? Im Hinblick auf positive Vorurteile oder Privilegien gilt analog: Beruht der gute Eindruck, den eine Person bei mir hinterlässt, vielleicht auf einem Stereotyp? Negative wie positive Stereotype sollten also bei der Bewertung einer Person nicht ausschlaggebend sein. Um das gewährleisten zu können, müssen sie jedoch benannt, anerkannt und ihre potenzielle Wirkung in jedem individuellen Fall neu überprüft werden.

In zahlreichen Unternehmen fehlt – vor allem auf der Seite privilegierter Gruppen – die Sensibilität für das Vorhandensein und das Wirken von Privilegien. Entsprechend gibt es keine Auseinandersetzung mit diesem Phänomen. Wie Unternehmen die Wirkung von Stereotypen vermindern und so zu besseren Ergebnissen in der Personalauswahl und -entwicklung kommen können, soll im nächsten Kapitel aufgezeigt werden.

2.4 Wie lassen sich Privilegien im beruflichen Umfeld thematisieren?

In einem Coaching-Gespräch berichtet ein Geschäftsführer („weißer Mann“, groß, ohne sichtbare Behinderung, akademische Ausbildung, heterosexuell, mittleren Alters), dass er sich zwar intellektuell über seine Vorzüge bewusst sei, sich aber mit der Tragweite des Privilegs nicht auseinandergesetzt habe. Er gesteht ein, dass er sich schlecht und auch schuldig fühle, wenn er mit seinem Privileg konfrontiert werde. Eigentlich möchte er bestätigt haben und spüren, dass sein beruflicher Erfolg die Folge von harter Arbeit, persönlichem Einsatz, Verzicht und seinen individuellen Fähigkeiten sei – und nicht durch unfaire Vorteile zustande gekommen ist. Das fühle sich, wie nach einem Rennen zu erfahren, dass sein Sieg von Beginn an eine abgemachte Sache war. Entsprechend berichtet ein anderer Manager, die Anerkennung seines Privilegs als schmerzhaft und frustrierend empfunden zu haben. Er habe sich angesichts der Erkenntnis, dass sein „Normalfall" tatsächlich auf einem Privileg beruhe, entsetzt und hilflos gefühlt.

Notwendigkeit einer Auseinandersetzung sichtbar machen

Die Beispiele aus der Praxis bestätigen, dass nicht nur negative, sondern auch positive Vorurteile Unbehagen und Selbstzweifel hervorrufen – wenn auch auf unterschiedlichem Niveau. Diese Emotionalität macht es schwierig, das Thema Privileg in Unternehmen bewusst zu machen und damit umzugehen. Deshalb sollten die Adressierung und Auseinandersetzung mit Privilegien angemessen geführt und der Emotionalität des Themas gerecht werden.

Praxisbeispiele zeigen, dass es sich trotz der besonderen Herausforderungen für Unternehmen lohnt, sich explizit mit dem Thema „Privileg" auseinandersetzen. In den meisten Fällen geschieht dies mehr oder weniger explizit im Rahmen von Initiativen zur Minimierung von Unconscious Bias. Im Rahmen von Workshops und/oder Coachings werden Privilegien – mehr oder weniger explizit – angesprochen und behandelt. Wichtig scheint dabei die Erfahrung, dass Interventionen immer in den Kontext des Unternehmens gesetzt werden: Ein guter Diversity-Ansatz in Unternehmen macht deutlich, warum das Thema Vielfalt für ein Unternehmen strategisch bedeutsam ist, und zeigt den Zusammenhang auf, wie Vorurteile, die auch Privilegien verursachen, die Einschätzung über Menschen und auch deren Leistung verzerren. Beteiligten sollte deutlich werden, dass nicht immer die objektiv besten Personen ausgewählt und befördert werden, sondern – dem Privileg entsprechend – die vermeintlich Besten. Die Notwendigkeit einer Auseinandersetzung mit Privilegien tritt dadurch hervor, dass durch die Reflektion und den Umgang mit negativen wie positiven Vorurteilen sach- und leistungsgerechtere Entscheidungen getroffen werden – zugunsten erhöhter Erfolgschancen für Teams und Unternehmen. Der Ansatz zur individuellen Arbeit mit Privilegien muss also strategisch eingebettet sein. Zu empfehlen sind Aktivitäten auf drei Ebenen (Abb. 2.2).

Organisatorische Ebene:

Um der verzerrenden Wirkung von Vorurteilen vorzubeugen, bedarf es einer Überprüfung und gegebenenfalls auch Überarbeitung von Prozessen und Strukturen, um diese leistungsgerechter zu gestalten. Manche Vor- oder Nachteile sind systemimmanent und müssen adressiert werden. Ein klassisches Beispiel hierzu sind die „blinden Bewerbungen", die Vorurteile und Privilegien durch das Aussehen zumindest in den ersten Bewerbungsrunden ausschließen.

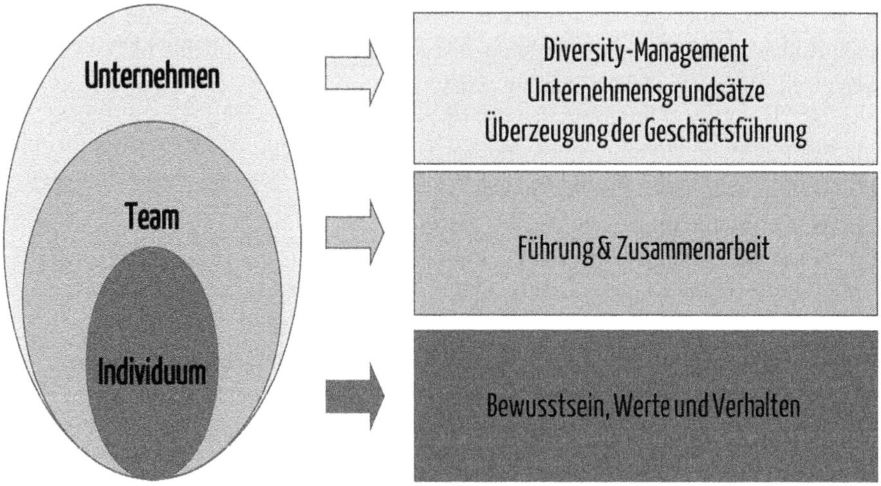

Abb. 2.2 Ansatz zur individuellen Arbeit mit Privilegien

Führung und Zusammenarbeit:
Prozessarbeit allein ist nicht erfolgreich. Erst das Verständnis und die Kompetenz der Führungskräfte und aller Beschäftigten im Umgang mit Vorurteilen und Privilegien erlaubt eine erfolgreiche und leistungsgerechte Gestaltung von Prozessen.

Individuelle Ebene
Dieser Bereich ist bei der Arbeit zu Privilegien der wichtigste und zugleich schwierigste. Die besondere Herausforderung ist das Bewusstmachen von Privilegien. Wie bereits geschildert, provoziert dieser Prozess auf der einen Seite Ablehnung und Widerstand. Zudem ist mit ihm das Infragestellen von Selbstverständnis, Selbstwertgefühl und persönlichem Weltbild verbunden. Damit sie sich professionell mit Vorurteilen und Privilegien auseinandersetzen und zu Lösungen finden können, werden Führungskräften durch Coaching und in Workshops unterstützt. Wie ein solcher Workshop konzipiert und aufgebaut sein kann, wird im Folgenden die zentrale Übung eines Workshops und die Reaktion von Teilnehmenden beschrieben.

Übung: Wer kommt am weitesten?

Ein Unternehmen hatte sich im Rahmen seiner Diversity-Strategie dazu entschlossen, Führungskräfte verbindlich an Workshops teilnehmen zu lassen, um sie für die Privilegien bzw. Nachteile bestimmter sozialer Gruppen zu sensibilisieren. Ziel einer zentralen Übung war, deutlich zu machen, dass bestimmte Diversity-Dimensionen unterschiedliche Chancen mit sich bringen können. Ferner sollte Empathie für Menschen entwickelt oder gestärkt werden, die nicht zur Mehrheitskultur in Unternehmen gehören. Die Übung war folgendermaßen konzipiert:

Alle Teilnehmer stellen sich in einer Reihe nebeneinander auf. Jede Person erhält eine Rollenbeschreibung mit Briefing-Instruktionen, um sich in eine fiktive Person zu versetzen. Beispiele für die Briefings sind:

a) Weißer Mann, 40, mit seiner Frau verheiratet, ein Kind
b) Weiße Frau, 38, englischer Akzent
c) Weißer Mann, im Rollstuhl
d) Schwarze Frau, 28 Jahre, ledig
e) Homosexueller Mann, 35 Jahre, nicht „out“
f) Weiße Frau, 34, zwei Kinder im Alter von zwei und fünf
g) Weißer Mann, 49, zweiter Herzinfarkt, verheiratet, drei Kinder
h) Schwarzer Mann, 32, ledig
i) Weiße Frau, 22, ledig, türkischer Akzent
j) Weiße Frau, alleinerziehende Mutter von einem Kind
k) Weißer Mann, 24, promovierter Geisteswissenschaftler
l) Weißer Mann, 55, Sales-Manager, verheiratet

Die Teilnehmer bzw. Teilnehmerinnen sollten sich in die genannten Rollen versetzen und auf die folgenden Statements wie folgt reagieren: „Wenn Sie ein Statement in Ihrer Rolle bestätigen können, gehen Sie einen Schritt vor. Wenn es für Ihre Rolle nicht zutrifft, gehen Sie einen Schritt zurück.“

Eine Auswahl der vorgetragenen Statements

- Ich kann davon ausgehen, von meinen männlichen Kollegen als „gleichwertig“ angesehen zu werden.
- Die Chance, eine Einladung zu einem Vorstellungsgespräch für eine neue Stelle zu bekommen, liegt für mich bei über 50 %.
- Ich kann über meine familiären Verhältnisse offen und ohne nachzudenken mit meinen Kolleginnen bzw. Kollegen sprechen.
- Unter den oberen Führungskräften in meinem Unternehmen kenne ich Personen mit der gleichen sexuellen Orientierung wie meine.
- Ein empathischer Führungsstil wird nicht auf mein Geschlecht zurückgeführt.
- Ich kann davon ausgehen, dass meine familiäre Situation bzw. meine aktuelle Lebensphase sich nicht auf Entscheidungen zu meiner Beförderung auswirken.
- Meinen Lebenspartner bzw. meine Lebenspartnerin kann ich ohne Aufsehen zu betrieblichen Veranstaltungen mitbringen.
- In meinem Arbeitsumfeld finde ich Menschen mit der gleichen Hautfarbe wie ich sie habe.
- Ich kann davon ausgehen, dass mir nicht nachgesagt wird, mein Geschlecht hätte bei meiner Beförderung eine Rolle gespielt.

- Unter den Top-Führungskräften in meinem Unternehmen finde ich Personen mit dem gleichen Geschlecht wie meins.
- Eine Führungsschwäche würde mir nicht aufgrund meines Geschlechtes oder meiner sexuellen Orientierung ausgelegt.
- Bei einer Entsendung ins Ausland muss ich mir keine Sorgen um meine Lebenspartnerin bzw. Lebenspartner machen.
- Meine Karriere wird nicht von meiner Familienplanung beeinflusst.
- Im Arbeitsalltag kann ich davon ausgehe, dass Kollegen oder Kunden keine Kommentare zu meiner äußerlichen Attraktivität abgeben.

Die Teilnehmerinnen bzw. Teilnehmer der Übung kennen die Rollenbeschreibung der anderen nicht. Also werden sie im Debriefing gebeten einzuschätzen, welche Rollenbeschreibung die vorne stehenden Personen haben. Dabei ist der weiße Mann zwischen 35 und 45 Jahren – ohne Rollstuhl und heterosexuell – schnell identifiziert; aber auch die weiße 38-jährige Frau mit englischem Akzept bringt es weit vor. Im Rahmen der Auswertung werden die Teilnehmerinnen und Teilnehmern danach gefragt, wie sie sich dabei gefühlt haben, einen Schritt vorwärts zu kommen bzw. zurückzubleiben. In den meisten Fällen wird von den vorne stehenden Personen berichtet, dass diese froh waren voranzukommen. Die Zurückgebliebenen und deren Situation werden im Plenum erst dann reflektiert, wenn die Rollen und deren Chancen im Debriefing besprochen werden. Die hinteren Personen berichten über ihre Frustration angesichts ihres Zurückfallens und der Tatsache, dass sie es aufgrund ihrer Lebensumstände bei der Jobsuche oder der Karriereentwicklung schwerer haben.

Selbsterkenntnis unterstützen

Aufschlussreich ist die anschließende Frage, inwiefern sich aus der Übungssituation Erkenntnisse für die alltägliche Praxis ergeben.

- Den „weißen Männern" (und zum Teil auch Frauen) zwischen 35 und 45 Jahren wird im Hinblick auf den Arbeitsalltag und die Karriereentwicklung bewusst, was es bedeutet, einer privilegierten sozialen Gruppe anzugehören. Dass bestimmte soziale Gruppen einen Nachteil haben, war durchaus bekannt. Dass sich daraus gleichzeitig ein eigener Vorteil ergibt, ist in der Regel eine neue Erkenntnis. Diese Erfahrung ist umso beeindruckender, wenn Teilnehmende sich in der Rolle einer weniger privilegierten Person befunden haben.
- Die „Zurückgebliebenen" berichteten über ihre Frustration, dass sie allein wegen bestimmter Lebensumstände oder Merkmale nicht weitergekommen sind. Wenn Personen dieser Gruppe auch im Berufsalltag einer nicht-privilegierten Gruppen angehören, berichten sie über diesbezügliche Erfahrungen im Alltag. Ihnen wird deutlich, wie viel Energie und Aufwand in den Karriereweg gesteckt werden muss – nicht nur, um mit den anderen mithalten zu können, sondern, um weniger weit zurückzufallen.

- Manchen „weißen Männern“ – vor allem, wenn diese eine privilegierte Rolle zugewiesen bekommen hatten – berichteten, dass sie sich bei dieser Übung unwohl und verunsichert fühlen, zum Teil sogar „schuldig“ gegenüber den Nicht-Privilegierten. Auf die Nachfrage, inwiefern die Teilnehmer diese Erkenntnis für ihren beruflichen Alltag nutzen können, reagieren diese erfahrungsgemäß zunächst hilf- und ratlos. Im weiteren Gespräch ergeben sich häufig Aussagen wie „bei Entscheidungen die Situation von anderen berücksichtigen“, „Verständnis dafür aufbringen, das andere Menschen gegen Vorurteile ankämpfen müssen und andere nicht“.

Die Übung ist geeignet, für die unterschiedlichen Auswirkungen von Vorurteilen zu sensibilisieren. Sie macht deutlich, welche Umstände und Emotionen sich aus Merkmalen unterschiedlicher sozialen Dimensionen ergeben können. Greifbar wird so, dass es für den einen schwieriger und für andere leichter sein kann, im Unternehmen als Potenzial- und Leistungsträgerin bzw. -Träger anerkannt und behandelt zu werden. Sie ermöglicht ebenso, über diese provozierten Emotionen zu sprechen und einen Umgang mit ihnen zu entwickeln. Schließlich ermöglicht sie Reflexion und in der Folge Erkenntnisse, das Wirken von Vorurteilen im zukünftigen (Entscheidungs-)Verhalten zu berücksichtigen. Führungskräfte berichten, dass sie nach dieser Lernerfahrung Sicherheit in ihrer Führungs-Rolle und Authentizität als Vorbild für Wertschätzung und Vielfalt entwickelt haben.

Tipps für den Umgang mit Privilegien

Was können Führungskräfte und andere im Unternehmen im Umgang mit Privilegien tun? Dazu drei Überlegungen:

1. Das Bewusstsein für eigene Vorurteile und Voreingenommenheit schärfen: Viele Alltagssituationen bieten Gelegenheit, die Aufmerksamkeit für Situationen zu schärfen, in denen Vorurteile für den einen oder die andere von Vor- oder Nachteil sein können. So berichtete ein Manager von einer Mitarbeiterin, die ihn darauf hinwies, dass die im Team mehrheitlich vertretenen Männer den größten Redeanteil bei Besprechungen hatten und Frauen oft von Männern unterbrochen wurden. Daraufhin bat der Manager die Team-Mitglieder, in den Meetings sicherzustellen, dass alle Beiträge Gehör und Verwendung finden. Nicht nur die Stimmung im Team wurde besser dadurch. Ebenso wurden mehr Ideen und Perspektiven eingebracht als vorher, was wiederum zu besseren Ergebnissen führte.
2. Entwicklung von Empathie gegenüber Menschen, die anders sind als ich selbst: Im schnelllebigen Arbeitsalltag ist die Zusammenarbeit mit Menschen, die einem ähnlich sind, einfacher – aber nicht zwangsläufig produktiver. Sich auf Menschen einzulassen, die anders „ticken“, und auch deren Beiträge und Lösungen zu hören, kann den Erfolg eines Teams beflügeln. Die Abteilungsleiterin, die ihren Stil als „direkt und ohne Umschweife zum Punkt kommen“ beschreibt, berichtete, dass sie ihr Team aus Personen zusammengestellt hat, die diesem Stil entsprechen. Ihrer Erkenntnis nach hat sie niemandem im Team, der oder die diese Arbeitsweise reflektiert. Um dieses Defizit

auszugleichen, beschloss sie, bei der nächsten Einstellung darauf zu achten, dass künftig unterschiedliche Arbeitsstile im Team repräsentiert sind. Zudem beschloss sie, ihren Führungsstil entsprechend anzupassen.

3. Das eigene Privileg als Chance nutzen: Wenn sich Menschen eines Privilegs bewusst sind, ist es für sie einfach, dieses Privileg anzusprechen und zu berücksichtigen. Das gilt vor allem im Kreis der Personen, die dieses Privileg teilen. Untersuchungen haben gezeigt, dass wenn weiße Personen von anderen weißen Personen auf unangemessenes Verhalten angesprochen werden, diese offener und selbstkritischer reagieren, als wenn die Botschaft von Menschen mit schwarzer Hautfarbe vermittelt worden sind. Das Feedback der Letztgenannten wurde demnach eher als vermessen und überzogen angesehen. Menschen, die sich ihres Privilegs bewusst sind, können dieses also mit mehr Glaubwürdigkeit und Anerkennung unter ihresgleichen anbringen als andere. Dieses Phänomen wird im Diversity Management gezielt instrumentalisiert. In vielen Unternehmen gibt es das Format von „Straight Allies" oder Initiativen wie „he for she". Bei den Straight Allies geht es darum, dass Menschen, die sich als heterosexuell bezeichnen und ihre Offenheit und Aufgeschlossenheit gegenüber Homosexualität zeigen. Diese Programme haben sich aus der Erkenntnis herausgebildet, dass Heterosexualität als „Normalfall" angesehen und mit einer anderen sexuellen Orientierung „keine Probleme" verbunden wird. Mit der Positionierung als „Straight Ally" wird ein Thema, das zuvor eine Minderheit betroffen hat, zu einem Thema der Mehrheit gemacht.

2.5 Fazit

Wie beschrieben beeinflussen Privilegien, die durch Vorurteile entstehen, im gesellschaftlichen wie auch im wirtschaftlichen Kontext die Entscheidungen über und den Umgang mit Menschen. Das Thema zu adressieren ist eine besondere Herausforderung und bedarf Fingerspitzengefühl, da die Auseinandersetzung damit ein Verlassen der gewohnten Komfort-Zone und gegebenenfalls auch das Infragestellen des persönlichen Selbstbilds erfordern kann. Der Gewinn ist allerdings die Erkenntnis über die eigene Position, die damit verbundenen Vor- oder Nachteile und damit schließlich ein differenzierteres Weltbild. Im unternehmerischen Sinne verbessert die Sensibilisierung die Fähigkeit, Talente und Potenziale zu erkennen und besser nutzen zu können. Davon profitieren nicht nur einzelne Mitarbeiterinnen und Mitarbeiter, sondern auch deren Teams und schließlich auch ihr Unternehmen.

Literatur

1. https://en.wikipedia.org/wiki/Social_privilege#cite_note-:1-2.

Hans W. Jablonski ist Experte, Berater und Coach für Unternehmen weltweit zum Thema Diversity & Inclusion. Seit mehr als 20 Jahren arbeitet er zum Thema Diversity und war damit einer der ersten Diversity Manager in Deutschland und später von London aus im internationalen Diversity Management tätig. Er ist außerdem Mit-Begründer der Charta der Vielfalt in Deutschland und auch anderen Ländern Europas. Hans Jablonski hat mit ca. 30 % der DAX Unternehmen zusammengearbeitet. In seinem Fachgebiet gilt er als ausgewiesener Experte. Bei Presse und Rundfunk ist er ein gefragter Interview Partner.

3 Umgang mit Vorurteilen bei organisationaler Veränderung

Martina Stangel-Meseke

Zusammenfassung

Megatrends [35] bestimmen im organisationalen Kontext die Richtung des Wandels und beeinflussen dessen Bewältigung auf allen Organisationsebenen. Gerade die bei Veränderungen erforderliche Adaptation, Änderung oder gar Verwerfung organisationaler Denkmuster ist durch ein Konglomerat verschiedener Vorurteile und individuell wahrgenommener Megatrends gekennzeichnet, die es zu bewältigen gilt. Daher muss im Ablauf organisationaler Veränderungsprozesse zwingend eine diesbezügliche Sensibilisierung erfolgen. Darüber hinaus nehmen für die erfolgreiche Implementation von Veränderungsprozessen ebenso veränderungskompetenzförderliche Persönlichkeitseigenschaften eine wichtige Rolle ein [30]. Mithilfe eines organisationspsychologisch-diagnostischen Ansatzes, der sich an dem ganzheitlichen Ablauf organisationaler Veränderungen von Kotter [17] orientiert, wird ein Vorgehen für eine erfolgreiche Veränderungs-Intervention vorgeschlagen, welches Vorurteile, Megatrends und Persönlichkeitsfaktoren als intervenierende Faktoren gleichermaßen berücksichtigt.

3.1 Im Dschungel veränderungsantreibender Megatrends

Megatrends (auch Wandeltrends) sind Tiefenströmungen des Wandels, die grundlegende und langfristige Veränderungen der Welt bewirken [35]. Sie wirken auf Gesellschaft, Wirtschaft und Politik, Wissenschaft, Technik und Kultur und die Frage nach dem Weg mit all diesen Fragen anstehender Veränderungen adäquat umzugehen, wird immer

M. Stangel-Meseke (✉)
Hochschule für Oekonomie und Management (FOM), Dortmund, Deutschland
E-Mail: martina.stangel-meseke@fom.de

M. E. Domsch et al. (Hrsg.), *Vorurteile im Arbeitsleben*,
https://doi.org/10.1007/978-3-662-59232-8_3

dringlicher. Abb. 3.1 illustriert exemplarisch die derzeitigen veränderungsantreibenden Megatrends.

Dass sich Organisationen den sich wechselseitig beeinflussenden Megatrends stellen müssen, um wettbewerbsfähig zu sein und zu bleiben, steht außer Frage. Der Umgang mit den Megatrends, die für die jeweilige Organisation als besonders relevant erachtet werden, führt in der Regel zu unternehmensinternen Veränderungen; sei es eine Umstrukturierung der Organisation, eine Veränderung der Produkte und Dienstleistungen, eine stärkere internationale Ausrichtung, um nur einige Aspekte zu nennen. Die Veränderungsprozesse fordern in starkem Maße das Individuum, das gleichermaßen mit den generellen Veränderungen der Arbeitswelt und mit den organisationsspezifischen Veränderungen, die wiederum bestimmte Wandeltrends thematisieren, umgehen muss (Tab. 3.1).

Organisationale Veränderungen gehen aufgrund des individuellen Erlebens der Veränderung seitens der Mitarbeitenden sowohl mit physischen als auch psychischen Belastungen einher. Der Aspekt des erlebten Stresses steht dabei im Fokus verschiedener Studien [4, 6, 8, 10, 25, 31, 32]. Schweiger und DeNisi [25] betonen sogar, dass eine organisationale Veränderung die größte Stressquelle in einem Erwerbsleben sei.

Das transaktionale Stressmodell [20, 21] verdeutlicht, dass nicht die objektive Beschaffenheit der Reize oder Situationen für die Stressreaktion relevant sind, sondern deren subjektive Bewertung durch die betroffene Person. Mit Bezug auf dieses Modell

Abb. 3.1 Veränderungsantreibende Megatrends. (Eigene Darstellung in Anlehnung an Zukunftsinstitut GmbH, 2018)

Tab. 3.1 Exemplarische Fragen zur Bewältigung der zukünftigen Wandeltrends. (Eigene Darstellung)

Wissenskultur	• Wie viel und was müssen wir wissen, um weiter kompetent unsere Tätigkeiten verrichten zu können? • Wie wird es gelingen, lebenslang zu lernen?
Urbanisierung	• In welchen Umgebungen werden wir zukünftig leben? • Wie wird Vernetzung unser Leben und Denken bestimmen?
Konnektivität	• Stellt Digitalisierung eher eine Chance (Unterstützung bei der Arbeit) oder ein Risiko (Rationalisierung diverser Tätigkeiten) dar? • Wie ist Digitalisierung von Robot-Technik und künstlicher Intelligenz zu differenzieren?
Individualisierung	• Habe ich als Individuum tatsächlich eine freie Wahl für meine Lebens- und Arbeitsentscheidungen? • Inwiefern ist es möglich, meine Wahl auf einer gesicherten Basis zu treffen?
Neo-Ökologie	• Werden ökologische Werte nachhaltig das Denken und Wirken in Leistungsgesellschaften prägen oder werden sie dem Diktat ökonomischer Interessen zur Kapitalvermehrung untergeordnet (s. Dieselskandal)?
Globalisierung	• Wie wird die Globalisierung voranschreiten und welche Konflikte entstehen durch Bewegungen wie Globalisierung [7] bzw. widersprüchlichen politischen Abgrenzungen einzelner Nationen (jüngst Großbritannien mit dem Brexit)?
Gesundheit	• Wie stark wird unsere Gesundheit durch immer agilere Arbeitssituationen beeinträchtigt? • Mit welchen psychischen und physischen Symptomen werden wir aufgrund dessen zukünftig konfrontiert werden? • Wie können wir psychischen und physischen Erkrankungen prophylaktisch vorbeugen?
Gender Shift	• Inwiefern wird eine individuelle Gestaltung von Geschlechterrollen toleriert werden? • Wie positionieren sich in diesem Kontext Organisationen ggü. Chancengleichheit im Erwerb?
New Work	• Inwiefern kann eine Life-Balance in immer wettbewerbsträchtigeren und beschleunigteren Umwelten realisiert werden? • Wie kann eine dafür ausreichend individuelle ökonomische Basis geschaffen werden?
Silver Society	• Wie kann ein Generationsmanagement in Gesellschaft und Organisationen ohne Stereotypisierung, Etikettierung und Stigmatisierung erfolgreich realisiert werden? • Wer kann und wird dies beeinflussen?
Mobilität	• Wie viel Mobilitätsformen sind für das Individuum sinnvoll und handhabbar? • Wie können Personen so geschult werden, dass sie sich kompetenzmäßig nicht abgehängt fühlen?
Sicherheit	• Inwiefern können wir unsere Umwelten gegen alle Eventualitäten sichern? Welcher Wahrnehmung auf politische bzw. gesellschaftliche Krisen bedarf es und was sind die daraus resultierenden Konsequenzen?

kann die Bewertung einer unsicheren Situation (hier einer organisationalen Veränderung) folgendermaßen betrachtet werden: Eine Person nimmt die veränderte Arbeitssituation als Stressor wahr und bewertet diese in der Erstinterpretation (Primary Appraisal) als bedrohlich. Die Person erlebt, dass sie ihr Umfeld neu bewerten und ihr Denken und Handeln an die veränderte Situation anpassen muss. Kommt die Person in der dann abschließenden zweiten Bewertung (Secondary Appraisal), die sich mit potenziellen Bewältigungsstrategien (Coping Strategies) beschäftigt, zu dem Schluss, dass sie über keine ausreichenden Bewältigungsstrategien verfügt, um der erlebten stressreichen Situation zu begegnen, erlebt sie einen Kontrollverlust bezüglich der Handhabung der organisationalen Situation. Mit der Höhe des empfundenen Kontrollverlustes bezüglich eines individuellen Einflusses auf die organisationale Veränderung resultieren gleichermaßen negative Folgen für die Person und die Organisation.

Gerade in derartig unsicheren und als bedrohlich wahrgenommenen Situationen nehmen Vorurteile, die Individuen helfen, Komplexität zu reduzieren, einen besonderen Stellenwert ein, weshalb deren Funktion im Folgenden thematisiert wird.

3.2 Die Funktion von Vorurteilen und deren Relevanz bei organisationalen Veränderungen

In jeder Organisation bauen sich die Mitarbeitenden über die Zeit ihrer beruflichen Tätigkeiten sowie dem Innehaben verschiedener Positionen Routinen und organisationale Denkmuster [19] auf, die ihnen helfen die Komplexität der beruflichen Anforderungen zu bewältigen.

In Veränderungsprozessen werden diese Denkmuster infrage gestellt. Die Anforderung an die Mitarbeitenden besteht darin, ihre Verhaltensmuster den Veränderungen anzupassen und zu modifizieren und/oder gänzlich aufzugeben. Das Auflösen alter organisationaler Strukturen und praktizierter Arbeitsprozesse geht damit einher, dass bestehende Systeme für die betroffenen Mitarbeitenden an Relevanz und Bezug verlieren. Insbesondere ist hier das prozedurale Wissen (Handlungswissen) der Mitarbeitenden tangiert, da dieses Wissen darüber enthält, wann und warum Mitarbeitende auf einzelne Wissensteile zugreifen und diese anwenden können. Ebenso erscheinen die langjährigen beruflichen Kontakte und Netzwerke gefährdet und fragil zu werden, da die organisationale Veränderung eine Verschiebung der internen hierarchischen und sozialen Strukturen bewirkt. Neubauer und Rosemann [23] weisen darauf hin, dass Beweggründe für einen Widerstand gegenüber Veränderungen vor allem mit den individuellen Wahrnehmungen und dem Erleben der Mitarbeitenden einhergehen, wie einer Beeinträchtigung des beruflichen Selbstbildes, eines Kompetenz- und Statusverlust oder einer partiellen Dequalifizierung, Verlust von Einfluss, Identifikation oder Anerkennung. Die so induzierte individuelle Stress-Situation führt dazu, dass die betroffenen Mitarbeitenden zur Reduktion von Unsicherheit versuchen, ihre Routinen und Arbeitsstrukturen aufrechtzuerhalten. In diesem Kontext spielen Vorurteile eine große Rolle, da sie dem Individuum ermöglichen, die Unsicherheit auf verschiedenen Ebenen zu reduzieren (Tab. 3.2).

Im Folgenden wird das Auftreten der Vorurteile von der Autorin auf den ganzheitlichen Ablauf organisationaler Veränderungen von Kotter [17] bezogen und unter Einbezug veränderungsrelevanter Megatrends beschrieben.

3.2.1 Vorurteile und Megatrends im ganzheitlichen Ablauf organisationaler Veränderungen

Kotter [17] stellt acht erfolgsrelevante Schritte in organisationalen Veränderungsprozessen vor, die dazu beitragen, die gewünschte Veränderung wahrscheinlicher zu machen [18].

Schritt 1: Dringlichkeit des Veränderungsbedarfs ermitteln
In diesem Schritt geht es um die Bewusstseinsschaffung für einen Veränderungsbedarf. Auf der Basis ständiger Markt- und Wettbewerbsanalysen muss die Organisation potenzielle Risiken antizipieren. In der organisationalen Praxis sind in diesem Schritt häufige veränderungs-relevante Megatrends die Konnektivität, die Neo-Ökologie sowie die

Tab. 3.2 Funktionen von Vorurteilen. (Eigene Darstellung in Anlehnung an Zick et al. [36])

Funktion des Vorurteils	Erläuterung
Wissen und Orientierung	• Bezugsrahmen zum Verständnis der Welt bei unverständlichen und schwer begreifbaren Zusammenhängen • Ersatz für faktisches Wissen: Kompensation durch Stereotype, Allerwelts-Weisheiten, Überlieferungen zu einer bestimmten Gruppe
Schaffen eines Wir-Gefühls	• Herstellen von Bindung an eine Gruppe (Eigengruppe) • Abgrenzung zu Anderen (Fremdgruppe): Schaffen sozialer Identität und Zusammengehörigkeit in der Eigengruppe
Selbstwerterhaltung und Selbststeigerung	• Stärke der Abwertung der Anderen beeinflusst die Höhe des positiven Selbstwertes durch die Identifikation mit der Eigengruppe
Ermöglichen von Kontrolle und Legitimierung von Hierarchien	• Rechtfertigung sozialer Ordnungen; Erhalt des Status Quo sozialer Hierarchien über legitimierende Mythen zur Herstellung und Aufrechterhaltung gruppenbasierter Hierarchien
Indikator für vertrauenswürdige Personen und Gruppen	• Ermöglicht Trennung, welche Personen und Gruppen vertrauenswürdig sind oder welchen besser misstraut werden sollte

Globalisierung. Die Konnektivität bewirkt durch die digitalen Kommunikationstechnologien neue Entwicklungen im Bereich organisationaler Denk- und Arbeitsweisen. Arbeiten in sog. Clouds und geteiltes Wissen sind hier nur einige Stichworte, die verdeutlichen, dass Digitalisierung tendenziell eine stärkere kontent-bezogene Betrachtung der Arbeit bei gleichzeitiger Reduktion der Bedeutung positioneller Machtstrukturen bewirken kann. Neo-Ökologie beeinflusst die Neuausrichtung der Werte der globalen Gesellschaft, der Kultur und der Politik. Dadurch wird unternehmerisches Denken und Handeln in seinen elementaren Grundfesten verändert. Aspekte wie Nachhaltigkeit von Produkten, Umweltbewusstsein bei Herstellungsprozessen stehen mehr denn je im Fokus und beeinflussen aufgrund der Wertedynamik die Wahrnehmung der Reputation der Organisationen. Im Bereich der Globalisierung verweist die Zukunftsinstitut GmbH [35] darauf, dass aktuelle Trends von der Postwachstumsökonomie über Direct Trade bis hin zum Aufstieg der Generation Global die globale Dynamik verstärken, die für das internationale System in den kommenden Jahren eine progressive Richtung bewirken wird. Auf der Basis detaillierter Markt- und Wettbewerbsanalysen resultiert aus diesem Schritt eine Sensibilisierung für die Priorität der Veränderung. Werden die betroffenen Organisationsmitglieder in diesem Schritt von der Organisationsleitung allein gelassen, wird das Vorurteil „Wissen und Orientierung" aktiviert. Der fehlende Bezugsrahmen zur Orientierung kann durch Allerwelts-Weisheiten aus unterschiedlichen Medien erfolgen und zu einer Voreinstellung der Mitarbeitenden führen.

Schritt 2: Starke Führungskoalition aufbauen
Nun erfolgt der Aufbau einer starken Führungskoalition. Hier ist die Bindung des höheren Managements an die Veränderungen sowie dessen Kooperation erfolgskritisch. Ebenso wie in Schritt 1 spielt das Vorurteil „Wissen und Orientierung" eine große Rolle. Abhängig von dem Bezugsrahmen und dem Detailliertheitsgrad sowie den herangezogenen Expertisen i. R. der vollzogenen organisationalen Analyse müssen die Führungskräfte sich konsensmäßig auf das Analyse-Ergebnis verständigen, ohne in hierarchische Ziel- und Machtkonflikte einzusteigen. Insofern spielt vor allem das Schaffen eines „WIR-Gefühls" für die Bindung an die priorisierte Veränderung eine große Rolle. Das konsensmäßige Auftreten der Führungsgruppe bestimmt nachhaltig, wie glaubhaft der Veränderungsprozess im weiteren Verlauf der Veränderung kommuniziert wird.

Schritt 3: Vision und Strategie entwickeln
Die Entwicklung des Ziels und der Strategie steht hier im Fokus. Zur Zielerreichung ist die Formulierung einer Veränderungsvision unerlässlich. Dabei ist es vor allem relevant, welche Führungspersonen und Führungsgruppen von den Mitarbeitenden als „vertrauenswürdig" bewertet werden. Hier ist anzunehmen, dass die Wahrnehmung und das Erleben der jeweiligen Führungsgruppe und deren priorisierten Veränderungen seitens der Mitarbeitenden entscheidend für deren vorurteilsbehaftetes Verhalten ist. Sofern die geplanten Veränderungen keine Bedrohung bezüglich des beruflichen Selbstbildes, eines Kompetenz- und Statusverlusts, einer partiellen Dequalifizierung, eines Verlustes

von Einfluss bzw. eine Beeinträchtigung von Identifikation und Anerkennung darstellen, ist anzunehmen, dass Mitarbeitende mit einem solchen Erleben sich in Richtung „Selbstwerterhaltung und -steigerung" ausrichten und eine Identifikation mit der entsprechenden Führungskoalition stattfindet. Bei negativer Bewertung der Mitarbeitenden wird dieses Vorurteil ebenfalls wirksam, wobei sich der Fokus dann stärker auf die Identifikation mit dem alten System, den dort Verantwortlichen und den alten organisationalen Denkmustern und damit in Richtung „Kontrolle und Legitimierung von Hierarchien" konzentrieren wird.

Schritt 4: Veränderungsvision kommunizieren

Im Weiteren wird die Veränderungsvision auf allen verfügbaren organisationalen Kommunikationswegen vermittelt, wobei es besonders relevant ist, dass die entsprechenden Führungskräfte die kommunizierte Vision vorleben. Die „Vertrauenswürdigkeit" der Führungskraft ist hierbei stark davon abhängig, wie die Mitarbeitenden das Können der Führungskraft sowie deren Kompetenz und Handlungsfähigkeit in ihrem Verantwortungsbereich wahrnehmen. Je stärker Mitarbeitende die Kompetenz, das Wohlwollen und die Integrität der Führungskraft erleben, desto eher sind sie bereit, in einer Veränderungssituation so zu handeln, dass sie gegenüber der Führungskraft ein Risiko eingehen und zum Beispiel deren Ratschlägen folgen oder Handlungen im Vertrauen auf deren Aussagen durchführen. Die Konsequenzen, die aus dem Handeln resultieren, wirken sich wiederum auf die wahrgenommene Vertrauenswürdigkeit der Führungskraft aus [29], ebenso wie auf ein „WIR-Gefühl" in die Gruppe der jeweiligen Führungskraft integriert zu sein.

Schritt 5: Veränderungsprozesse auf breite Basis stellen

Die Partizipation im Veränderungsprozess seitens der Organisationsmitglieder sowie deren Ermutigung zu Eigeninitiative und konkreten Handlungen sind nun vordergründig. Erleben die Mitarbeitenden, dass sie zu wenig in den Prozess der Veränderung seitens der Organisation einbezogen werden und diesen nicht kontrollieren können, resultieren aufgrund der anhaltenden Unsicherheit erhebliche Stresssymptome. So betont McHugh [22]

> „(…), if employees are neglected in the planning and implementation of organization change, it is likely that the entire process will be extremely stressful for individuals, the adverse effects of which will manifest themselves in a variety of ways which are costly to the organization."

Je weniger Mitarbeitende an dem Prozess der organisationalen Veränderung partizipieren können, desto höher wird der empfundene Kontrollverlust, die jeweilige Situation noch zu handhaben. Dieser Zustand geht einher mit einer externalen Zuschreibung (Andere bzw. die Umstände sind schuld) und führt zu einem negativen Zyklus, der im schlimmsten Fall in einer erlernten Hilflosigkeit und Apathie enden kann. Darüber hinaus bewirkt der erlebte Kontrollverlust mit Blick auf Vorurteile, dass Mitarbeitende versuchen die

„Kontrolle und Legitimierung von Hierarchien“ wieder zu gewinnen. In diesem Sinne werden sie versuchen, den Status Quo des „alten“ Organisationsystems positiv darzustellen, indem über damalige Erfolge früherer Arbeitsgruppenkonstellationen, deren Leistungs- und Verhaltensnormen sowie deren unkomplizierter Zusammenarbeit selbst in kritischen Situationen berichtet wird. Darüber hinaus ist anzunehmen, dass ebenso verschiedene Megatrends, wie New Work, Wissenskultur, Gender Shift, von den Mitarbeitenden in Bezug auf ihre individuellen Auswirkungen reflektiert werden. Durch die Digitalisierung erfolgt ein Umbruch der Arbeit; bei diesem als New Work bezeichneten Megatrend stehen sowohl die Potenzialentfaltung des Einzelnen als auch eine gelungene Balance von Arbeit und Leben im Vordergrund. Hier ist zu erwarten, dass Mitarbeitende verschiedener Generationen unterschiedliche Bewertung bezüglich der Risiken und Chancen der New Work vornehmen, die abhängig von ihrer wahrgenommenen Kompetenz stresserzeugend oder aber im leistungsmotivationalen Sinn als attraktiv und herausfordernd eingeschätzt werden und daher ohne Stress-Symptomatiken einhergehen. Neue Organisationskulturen gehen ferner mit einem anderen Verständnis der Bedeutung individuellen Wissens um. So verliert das Wissen gerade bei dezentraler werdenden Organisationsstrukturen seinen egalitären Charakter und avanciert zum Gemeingut. Mitarbeitende müssen sich daher mit neuen kollaborativen Formen der Wissensaneignung beschäftigen, die wiederum als neuer Lernbestandteil zu einer zusätzlichen Belastung noch nicht routinierter Mitarbeitender führen kann. Ebenso kann der Megatrend Gender Shift als Bedrohung und Belastung gleichermaßen wahrgenommen werden. So führt dieser Trend veränderter Rollenmuster und aufbrechender Geschlechterstereotype zu einem radikalen Wandel in der Wirtschaft. Beispielsweise geht damit die Forderung nach einem lebensereignisorientierten Personalmanagement einher, das gleichermaßen Chancengleichheit im Erwerb sichert [28]. So wird die Besetzung von Führungskraftpositionen nicht mehr nur einem Geschlecht vorbehalten, sondern unter Chancengleichheits-Maximen bewertet. Ebenso gibt es Umverteilungen bei der Inanspruchnahme von Elternzeit unter den Geschlechtern, wodurch sich andere Anforderungen an Arbeitszeitmodelle und Kollaborationen ergeben.

Schritt 6: Kurzfristige Erfolge sichtbar machen

Mitarbeitende benötigen im Veränderungsprozess kurzfristig sichtbare Erfolge, weshalb Kotter [17, 18] dazu rät, Veränderungsprozesse in kleine, praktikable Aktivitäten zu gliedern (sog. Quick Wins). Aus einer lernpsychologischen Perspektive ermöglichen Lernerfolge in neuen Situationen eine Internalisierung der neuen Inhalte, die positiv besetzt in die neuen Routinen und Denkmuster der Mitarbeitenden aufgenommen werden. Dabei ist es wichtig, dass die Mitarbeitenden, die erfolgreich im neuen System gearbeitet haben, in der Organisation sichtbar gemacht werden. So können sie als Katalysatoren und Vorbilder für veränderungsresistente bzw. widerständlerische Mitarbeitende fungieren, die weiterhin ihren alten Status Quo und die sozialen Hierarchien erhalten wollen („Kontrolle und Legitimierung von Hierarchien“).

Schritt 7: Erfolge konsolidieren weitere Veränderungen planen
Dieser Schritt dient der Erfolgskonsolidierung und der Einleitung weiterer Veränderungen. Wachsende Glaubwürdigkeit kann dazu genutzt werden, Systeme, Strukturen und Verfahren der Vision der Veränderung entsprechend anzupassen. Darüber hinaus ist es wichtig, Mitarbeitende einzustellen, die die Visionen umsetzen können, was wiederum das „WIR-Gefühl" und das Wachsen einer neuen Kultur verstärken kann. Die bereits in Schritt 6 erfolgten positiven Lernerfolge werden in diesem Schritt durch weitere Projekte und veränderungsrelevante Themen begleitet.

Schritt 8: Neue Vorgehensweisen institutionalisieren u. in Unternehmenskultur verankern
In dem letzten Schritt erfolgt die Stabilisierung des Erreichten und dessen Verankerung in der Unternehmenskultur. Ebenso werden neue Veränderungen angestrebt. Wichtig ist hier, dass die Führungskräfte eine Leistungsverbesserung durch vorgelebtes kunden- und produktivitätsorientiertes Verhalten erreichen. Darüber hinaus sollten die Erfolge zwischen dem „neuen Verhalten" und dem Organisationserfolg im Sinne einer formativen Evaluation [33] aufgezeigt werden. Besonderes Augenmerk ist auf die Führungskräfte-Entwicklung und Nachfolge zu richten, um die neue Kultur zu entwickeln und gleichermaßen eine Basis für weitere Neuerungen in der Organisation zu schaffen. Tab. 3.3 fasst die obigen Ausführungen zusammen.

Das Bewusstmachen der Vorurteile und der wirkenden Megatrends in einzelnen Schritten der organisationalen Veränderungen ist ein wesentlicher Aspekt, um für mögliche Widerstände und Konflikten zu sensibilisieren. In der organisationalen Praxis zeigt sich zusätzlich, dass manche Personen Veränderungen besser bewältigen als andere. Sie erleben weniger Stresssymptome, sind belastbarer und flexibler, sind dem Wandel gegenüber aufgeschlossener, boykottieren die Maßnahmen nicht, sondern verhalten sich eher proaktiv. Veränderungspositive Verhaltensweisen werden bereits in der betrieblichen Praxis des Veränderungsmanagements [12, 15] diskutiert und konnten bereits in Studien zu Veränderungsprozessen von Cunningham et al. [5] und Judge et al. [13] nachgewiesen werden. Daher wird im Folgenden eine differenzielle Forschungsperspektive in die weitere Betrachtung des organisationalen Wandels integriert.

3.2.2 Change-relevante Persönlichkeitseigenschaften

Ein Unterstützer der differentiellen Betrachtung der organisationalen Veränderung ist Szebel [30], der darauf verweist, „dass (…) gerade eine komplexe Grunddisposition, den Anforderungen des Wandels begegnen zu können, einen besonderen Einfluss auf das Denken, Erleben und Verhalten während der Veränderungsprozesse ausüben kann" [30]. Gemäß dieser Annahme analysierte er relevante Konstrukte der Veränderungskompetenz von Mitarbeitenden mit der Intention, eine differentielle Perspektive hinsichtlich der

Tab. 3.3 Verzahnung von Vorurteilen und Megatrends im Ablauf des organisationalen Wandels. (Eigene Darstellung)

Schritt	Vorurteil	Mega Trends
1. Dringlichkeit des Veränderungsbedarfs ermitteln	Wissen und Orientierung	Konnektivität Neo-Ökologie Globalisierung
2. Starke Führungskoalition aufbauen	Wissen und Orientierung WIR-Gefühl	
3. Vision und Strategie entwickeln	Indikator für vertrauenswürdige Personen und Gruppen Selbstwerterhaltung & Selbststeigerung Kontrolle und Legitimierung von Hierarchien	
4. Veränderungsvision kommunizieren	Indikator für vertrauens-würdige Personen und Gruppen WIR-Gefühl	
5. Veränderungsprozesse auf breite Basis stellen	Kontrolle und Legitimierung von Hierarchien	New Work Wissenskultur Gender Shift
6. Kurzfristige Erfolge sichern	Kontrolle und Legitimierung von Hierarchien	
7. Erfolge konsolidieren, weitere Veränderungen planen	WIR-Gefühl	
8. Neue Vorgehensweise institutionalisieren & Verankerung im Unternehmenskontext		

individuellen Reaktion auf Situationen des organisationalen Wandels zu eröffnen. Seine diesbezüglich erfolgten Analysen führen dazu, dass folgende Persönlichkeitseigenschaften einen veränderungskompetenzförderlichen Einfluss auf das Denken, Erleben und Verhalten in Veränderungsprozessen haben: Ambiguitätstoleranz, Kognitionsbedürfnis, Intuition, Selbstwirksamkeit, Internale Kontrollüberzeugung, Perfektionismus, Akkomodative Flexibilität, Prospektive Handlungsorientierung sowie Extraversion und Offenheit für neue Erfahrungen aus den Big Five-Modell der Persönlichkeit [1]. In seiner empirischen Studie in einer Organisation konnte Szebel [30] zeigen, dass die Höhe veränderungskompetenzförderlicher Persönlichkeitseigenschaften die Höhe der Veränderungsfähigkeit der Mitarbeitenden in Teilen beeinflusst (Tab. 3.4).

In Abschn. 3.3 wird aufgrund der erfolgten Analysen in Abschn. 3.2 ein Ansatz vorgestellt, der entlang der acht Schritte organisationaler Veränderungen die Aspekte Vorurteile, Wahrnehmung von Megatrends und veränderungskompetenz-förderliche Persönlichkeitseigenschaften integriert.

Tab. 3.4 Beschreibung veränderungskompetenzförderlicher Persönlichkeitseigenschaften. (Eigene Darstellung in Anlehnung an Szebel [30])

Ambiguitätstoleranz	• Individuelle Tendenz, mehrdeutige Situationen als wünschenswert zu erachten
Kognitionsbedürfnis	• Freude an kognitiv aufwendigen Aufgaben • Bereitschaft, kognitiv aufwendige Lösungen zu entwickeln
Intuition	• Art von Unvoreingenommenheit gegenüber komplexen und neuartigen Situationen • Bildung einer Meinung aus dem Bauch heraus • Entscheidung zumeist für den ersten Einfall • hohes Einfühlungsvermögen für andere Personen und Situationen
Selbstwirksamkeit	• Vertrauen in die eigene Tüchtigkeit • Zutrauen in die eigenen Möglichkeiten und Kompetenzen, Aufgabenanforderungen wirksam bewältigen zu können • Hohes Tüchtigkeitsvertrauen fördert Bereitschaft, vorgegebene herausfordernde Ziele als persönliche Ziele zu übernehmen
Internale Kontrollüberzeugung	• Individuelle Wahrnehmung hinsichtlich der Möglichkeiten, einen Einfluss auf die eigene Umwelt auszuüben • Innere Überzeugung, die Konsequenz der eigenen Bemühungen grundsätzlich unter eigener Kontrolle zu halten
Perfektionismus	• Gute und möglichst fehlerfreie Leistungen erbringen wollen
Akkommodative Flexibilität	• Flexible Zielanpassung • Bereitschaft und Fähigkeit, negativen Ereignissen positive Seiten abzugewinnen
Prospektive Handlungsorientierung	• In der Lage sein, sich leicht zu entscheiden, Zielvorstellungen umzusetzen sowie selbstgesteuert positive Affekte nach einer Konfrontation mit Schwierigkeiten, Herausforderungen oder Frustrationen wiederherzustellen
Extraversion	• In der hohen Ausprägung: gekennzeichnet durch Aktivität, Abenteuerlust, Fröhlichkeit, Herzlichkeit, Geselligkeit und Dominanz • Sagt geselliges Verhalten, Größe des sozialen Netzwerks, pos. Stimmung, Führungsqualität und erfolgreichen Kundenkontakt vorher
Offenheit für neue Erfahrungen	• Assoziiert mit Intelligenz, Aufgeschlossenheit, Kreativität, Vorstellungsvermögen, Toleranz, Kulturbeflissenheit und Wissbegierde • Personen nehmen Veränderungen eher als Herausforderung an und zeigen sich als anpassungsfähig gegenüber dynamischen Arbeitsumgebungen

3.3 Organisationspsychologisch-diagnostischer Ansatz einer erfolgreichen Veränderungsintervention

Für eine erfolgreiche Veränderungsintervention ist die Partizipation der beteiligten Organisationsmitglieder sowie eine wertschätzende Führung eine durchgängig einzuhaltende Maxime in allen Schritten der organisationalen Veränderung, um physischen und psychischen Belastungen der betroffenen Organisationsmitglieder vorzubeugen.

Handlungen in Schritt 1

Hier ist es ratsam, die veränderungsrelevanten Megatrends (Konnektivität, Neo-Ökologie, Globalisierung) der Belegschaft von Experten/innen darstellen zu lassen. Darüber hinaus sollten im Intranet Fragen zu den aus den Megatrends resultierenden Veränderungen gesammelt werden, die dann im Dialog mit der Organisationsleitung und Experten/innen erläutert werden. Dies verhindert, dass die Mitarbeitenden sich andere Bezugsrahmen für ihr Wissen und ihre Orientierung suchen.

Handlungen in Schritt 2

Die verantwortlichen Führungskräfte im Veränderungsprozess müssen in einem stetigen Dialog untereinander eventuelle Ziel- und Machtkonflikte in Bezug auf den Status Quo der erfolgten Analyse diskutieren. Ggf. ist hier eine erfahrende Change-Beratung zu Rate zu ziehen. Hier bietet es sich an, die Analyse in Form von Präsentationen zu diskutieren und gemeinsam die weiteren organisationalen Konsequenzen zu bedenken und diese für alle zu verschriftlichen. So wird es möglich, dass alle Führungskräfte mit demselben reflektierten Gedankengut an die Belegschaft herantreten.

Handlungen in Schritt 3

Zur Stärkung und Etablierung der Vertrauenswürdigkeit der jeweiligen Führungskräfte sollte die formulierte Veränderungsvision in bereichsspezifischen Workshops den betroffenen Mitarbeitenden mit ihren jeweiligen Konsequenzen erläutert werden. Im Vorfeld ist es ratsam, Fragen, Bedenken und Wünsche der Mitarbeitenden in schriftlicher und anonymisierter Form im Intranet zu sammeln, die dann in den Workshops thematisiert werden können. Hierzu bedarf es einer wertschätzenden Führungskultur, die durch Offenheit, Achtsamkeit und auch Humor gegenüber der zu vollziehenden Veränderung eine Partnerschaft auf Augenhöhe mit den Mitarbeitenden eingeht und negativen Bewertungen seitens der Mitarbeitenden vorbeugt.

Handlungen in Schritt 4

Die Führungskraft muss sich konsequent an die kommunizierte Vision halten und diese vorbildlich umsetzen. Kurze, regelmäßige Meetings zur Reflexion der Umsetzung der Vision sollten hier bereichsspezifisch mit den Mitarbeitenden angesetzt werden. So können Erfahrungen in Form einer kollegialen Beratung und eines konstruktiven, lernförderlichen Feedbacks ausgetauscht werden.

Handlungen in Schritt 5

Nun bietet es sich an, die veränderungskompetenzförderlichen Persönlichkeitseigenschaften zu fokussieren, da die Eigeninitiative und konkrete Handlungen der Mitarbeitenden gefordert sind. Es ist ratsam, die betroffenen Mitarbeitenden-Gruppen bereichsspezifisch einer Persönlichkeitsdiagnostik zu unterziehen. Für die von Szebel [30] vorgeschlagenen veränderungskompetenzförderlichen Persönlichkeitseigenschaften stehen verschiedene psychologische Testverfahren, wie z. B. der NEO-FFI [3]; das LMI [24], der BIP [11], der FKK [16], zur Verfügung. Da die Anschaffung solcher Verfahren oft recht kostspielig sein kann, bietet es sich an, Forschungsinstitute mit der Durchführung zu beauftragen, die die generierten Persönlichkeitsdaten anonymisiert für weitere Forschungsfragen verwenden können. Auf der Basis der Persönlichkeitsanalyse können veränderungskompetente Teams gebildet werden, die aufgrund der unterschiedlichen Facetten ihrer Persönlichkeitsmuster proaktiv handeln. So wird einem Kontrollverlust systematisch entgegengewirkt und das „neue" System proaktiv bewertet. In von der Organisationsleitung initiierten und rollierenden Workshops zu New Work, zur Wissenskultur und zum Gender Shift können die diversen Persönlichkeitsgruppen gemeinsam organisationsspezifische Lösungen erarbeiten. So erarbeiten sie sich selbstreflexiv und sukzessive ihre neuen organisationalen Denkmuster.

Handlungen in Schritt 6

Die in Schritt 3 etablierten Workshop-Gruppen sollten in unterschiedlichen Gremien (Belegschaft, Führungskräfte-Foren etc.) und in verschiedenen Medien (z. B.: Intranet, hausinternem Newsletter, Videokonferenzen) Gehör finden und ihre erzielten Ergebnisse präsentieren können. Eine Adaption des modifizierten Lernpotenzial-AC [26, 27] kann als Personalentwicklungsmaßnahme für veränderungsunwillige Mitarbeitende eingesetzt werden. Dabei informieren einzelne Workshop-Gruppen andere Mitarbeitenden-Gruppen über ihr Projekt. Die Mitarbeitenden erhalten eine Aufgabe, in der sie ein ähnliches Projekt bearbeiten sollen. Auf der Grundlage zuvor erarbeiteter Feedback-Kriterien bekommen sie ein Feedback [28] von den Mitgliedern der ursprünglichen Workshop-Gruppen. Anschließend schätzen sich die Mitarbeitenden selbst bezüglich der erzielten Projektergebnisse ein und setzen sich Lernziele für ein vergleichbares Projekt. Dann erhalten sie von den ehemaligen Workshop-Gruppen einen kurzen thematischen Input für die erfolgreiche Umsetzung ihrer Projektaufgabe (z. B. in Form eines Workshops, einer kollegialen Beratung). Anschließend bearbeiten die Mitarbeitenden eine ähnliche Projektaufgabe, die sie nun mit dem Wissen der Workshop-Gruppen, ihrer Erfahrung bei der Erstbearbeitung der Aufgabe und gemäß ihrer Lernzielsetzung bearbeiten. Wiederholt erhalten sie von den Workshop-Gruppen ein Feedback zu ihrer Projektleistung. Auf diesem Wege kann nachhaltig ein selbstbestimmtes Lernen ohne Angst vor Sanktionen entwickelt werden, gleichermaßen werden die neuen Anforderungen in einem fehler-tolerierenden Lernumfeld gemeistert.

Handlungen in Schritt 7

Nach den in Schritt 6 gemachten positiven Lernerfolge im neuen System sollten Projektgruppen gebildet werden, die mit ihren neu gewonnenen Denk- und Arbeitsmustern die organisationsspezifischen Systeme, Strukturen sowie Verfahren angelehnt an die im Dialog kommunizierte und reflektierte Veränderungsvision anpassen. Die Lernerfolge sollten in Form erfolgskritischer Faktoren für die Bearbeitung bestimmter Projektthemen in einem zu etablierenden Wissens-Management-System zur Verfügung gestellt werden. Die Einstellung neuer Mitarbeitender sollte mit Blick auf die veränderungskompetenzförderlichen Persönlichkeitseigenschaften erfolgen. Unterstützend bietet es sich an, für die fortschreitende Organisationsentwicklung sog. interne Change Agents in verschiedenen Organisationsbereichen zu implementieren, die aufgrund ihrer Expertise konstruktiv Klärungen in Entscheidungs- und Konfliktsituationen bewirken. Ebenso steuern diese Neuerungen und Veränderungen im persönlichen, organisatorischen, wirtschaftlich-technologischen und/oder sozialen Bereich.

Handlungen in Schritt 8

Zum Beleben, zum Erhalt und zur Weiterentwicklung der neuen Veränderungen sollten regelmäßige Evaluationen mit Blick auf die Bestandteile der umgesetzten Veränderungsvision erfolgen. Dazu sollten Mitarbeitende ermutigt und befähigt werden, eigenständig Kennziffern für den Erfolg in ihren Projekten zu entwickeln. Ein dafür äußerst geeignetes Vorgehen ist das Partizipative Produktivitätsmangement (PPM) [9, 14, 34], in dem auf motivationspsychologischer Basis Teams befähigt werden, selbstgesteuert realistische Kennziffern für ihre Arbeit zu entwickeln. Darüber hinaus sollten verschiedene organisatorische Netzwerke (z. B. für Führungsnachwuchskräfte, bestimmte Generationen und/oder generationsübergreifend, neue Mitarbeitende) gebildet werden, die themenbezogen die Veränderungsvision aufgreifen. Über den stetigen Dialog und eine durchgängige Partizipation aller von der Veränderung Betroffenen kann so der Grundstein für eine neue Unternehmenskultur gelegt werden. Tab. 3.5 fasst die obigen Handlungen zusammen.

3.4 Fazit

Organisationale Veränderungen gehen zwangsläufig mit Vorurteilen, individueller Bewertung von Megatrends und einer bestimmten Haltung der Betroffenen aufgrund unterschiedlicher Persönlichkeitseigenschaften einher. Die Sensibilisierung für diese drei Aspekte einschließlich einer partizipativen und wertschätzenden Haltung der verantwortlichen Führungskräfte trägt aus Sicht der Autorin maßgeblich zu einer erfolgreichen Implementierung der Veränderung bei. Die erzielten Ergebnisse in Veränderungsprozessen müssen selbst nach einer Stabilisierungsphase des neuen Organisationsystems stets unter Berücksichtigung veränderungsantreibender Megatrends wie sich ändernder

Tab. 3.5 Veränderungsunterstützende Handlungen im organisationspsychologisch- diagnostischen Ansatz. (Eigene Darstellung)

Handlung 1	• Expertenvorträge zu organisationsrelevanten Megatrends • Fragensammlung der Mitarbeitenden im Intranet
Handlung 2	• Konsensmäßige Diskussion der erfolgten Analyse zum Veränderungsbedarf unter Führungskräften sowie Erarbeitung eines gemeinsam getragenen verschriftlichen Gedankenguts für interne Kommunikation
Handlung 3	• Erläuterung der Veränderungsvision in bereichsspezifischen Workshops durch Führungskräfte und Beantwortung aller offenstehenden Fragen der Mitarbeitenden • Praktizieren einer wertschätzenden Führung
Handlung 4	• Bereichsspezifische, regelmäßige Reflexion der Umsetzung der Vision mit Führungskraft und Mitarbeitenden
Handlung 5	• Diagnose veränderungskompetenzförderlicher Persönlichkeitseigenschaften und Bildung von persönlichkeits-diversen Mitarbeitenden-Gruppen • Bearbeitung der organisationsrelevanten Megatrends in gebildeten Gruppen
Handlung 6	• Präsentations-Plattformen für Ergebnisse der Mitarbeitenden-Gruppen stellen • Lernpotential-AC-Ansatz für Überzeugung und Lernen für veränderungsunwillige Mitarbeitende praktizieren
Handlung 7	• Integration neuer Systeme, Strukturen und Verfahren gemäß reflektierter Veränderungsvision • Lernerfolge im Wissensmanagement dokumentieren • Einstellung neuer Mitarbeitender mit Blick auf veränderungskompetenzförderliche Persönlichkeitseigenschaften • Unterstützung durch Change Agents
Handlung 8	• Regelmäßige Evaluation der umgesetzten Veränderungsvision • Setzen von Incentives zur Erarbeitung realistischer Kennzahlen mit der PPM-Methode • Stetiger Dialog und durchgängige Partizipation als Grundstell für neue Unternehmenskultur

gesellschaftlicher Werte reflektiert und in die organisationalen Denkmuster integriert werden. So betrachtet ist jede Veränderung eine positive Entwicklung in Richtung lernender Organisation [2], die es ermöglicht, sich auf der Basis stetiger organisationaler Reflexionsprozesse kurzfristig und bedacht den veränderten Situationen anzupassen.

Literatur

1. Asendorpf, J., & Neyer, F. J. (2012). *Psychologie der Persönlichkeit* (5. Aufl.). Berlin: Springer.
2. Argyris, C., & Schön, D. (1978). *Organisational learning. A theory of action perspective*. Reading, Mass: Addison-Wesley.
3. Borkenau, P., & Ostendorf, F. (2008). *NEO-Fünf-Faktoren-Inventar nach Costa und Mc Crae* (2., neu normierte u. vollständig überarb. Aufl.). Göttingen: Hogrefe.

4. Callan, V. J. (1993). Individual and organizational strategies for coping with organizational change. *Work & Stress, 7,* 63–75.
5. Cunningham, C. E., Woodward, C. A., Shannon, H. S., Macintosh, J., Lendrum, B., Rosenbloom, D., & Brown, J. (2002). Readiness for organizational change: A longitudinal study of workplace, psychological and behavioural correlates. *Journal of Occupational and Organizational Psychology, 75,* 377–392.
6. Dahl, M. S. (2011). Organizational change and employee stress. *Management Science, 57*(2), 240–256. https://doi.org/10.1287/mnsc.1100.1273.
7. Dürrschmidt, J. (2011). Roland Robertson: Kultur im Spannungsfeld der Glokalisierung. In S. Moebius & D. Quadfliege (Hrsg.), *Kultur. Theorien der Gegenwart.* VS Verlag. https://doi.org/10.1007/978-3-531-92056-6_59.
8. Ferrie, J. E., Westerlund, H., Virtanen, J., Vahtera, J., & Kivimäki, M. (2008). Flexible labor markets and employee health. *Scandinavian Journal of Work, Environment & Health, 6,* 98–110.
9. Fuhrmann, H. (2006). Das Managementsystem PPM. In B. Klauk & M. Stangel-Meseke (Hrsg.), *Mit Werten wirtschaften – Mit Trends trumpfen.* Lengerich: Pabst.
10. Hobfoll, S. E. (1989). Conservation of resources: A new attempt at conceptualising stress. *American Psychologist, 44,* 513–524.
11. Hossiep, R., & Paschen, M. (2003). *Bochumer Inventar zur berufsbezogenen Persönlichkeitsbeschreibung* (2. Vollständig überarb. Aufl.). Göttingen: Hogrefe.
12. Ihlenburg, F. (2018). Diversity management and practical wisdom: Organizational change success factors. In M. Stangel-Meseke, C. Boven, G. Braun, A. Habisch, N. Scherle, & F. Ihlenburg (Hrsg.), *Practical Wisdom and Diversity.* Wiesbaden: Springer Gabler. https://doi.org/10.1007/978-3-658-23521-5_10.
13. Judge, T. A., Thoresen, C. J., Pucik, V., & Welbourne, T. M. (1999). Managerial coping with organizational change: A dispositional perspective. *Journal of Applied Psychology, 84,* 107–122.
14. Kleinbeck, U., & Fuhrmann, H. (2001). Das Partizipative Produktivitätsmanagement (PPM). In R. Fisch, D. Beck, & B. Englich (Hrsg.), *Projektgruppen in Organisationen.* Göttingen: Verlag für Angewandte Psychologie.
15. Kloss, R. (2018). Adding value to project management – The magic triangle meets the "cultural" Iceberg. In M. Stangel-Meseke, C. Boven, A. Habisch, N. Scherle, & F. Ihlenburg (Hrsg.), *Practical wisdom and diversity.* Wiesbaden: Springer Gabler. https://doi.org/10.1007/978-3-658-23521-5_11.
16. Krampen, G. (1991). *Fragebogen zu Kompetenz- und Kontrollüberzeugungen* (1. Aufl.). Göttingen: Hogrefe.
17. Kotter, J. P. (1996). *Leading change.* Boston, Mass.: Harvard Business Press.
18. Kotter, J. P. (2015). *Accelerate. Strategischen Herausforderungen schnell, agil und kreativ begegnen.* München: Vahlen.
19. Kühl, S. (2017). *Laterales Führen.* Wiesbaden: Springer Fachmedien. https://doi.org/10.1007/978-3-658-13429-7.
20. Lazarus, R. S. (1966). *Psychological stress and the coping process.* New York: McGraw-Hill.
21. Lazarus, R. S., & Folkman, S. (1984). *Stress, appraisal and coping.* New York: Springer.
22. McHugh, M. (1997). The stress factor: Another item for the change management agenda? *Journal of Organizational Change Management, 10*(4), 345–362. https://doi.org/10.1108/09534819710175866.
23. Neubauer, W., & Rosemann, B. (2006). *Führung, Macht und Vertrauen in Organisationen.* Stuttgart: Kohlhammer.

24. Schuler, H., & Prochaska, M. (2001). *Leistungsmotivationsinventar. Dimensionen berufsbezogener Leistungsorientierung* (1. Aufl.). Göttingen: Hogrefe.
25. Schweiger, D. M., & DeNisi, A. S. (1991). Communication with employees following a merger: A Longitudinal field experiment. *Academy of Management Journal, 34,* 110–135.
26. Stangel-Meseke, M. (2001). Das modifizierte Lernpotenzial-AC und seine Anwendung in der Praxis. In W. Sarges (Hrsg.), *Weiterentwicklungen der Assessment Center-Methode* (S. 109–123). Göttingen: Hogrefe.
27. Stangel-Meseke, M. (2005). *Veränderung der Lernfähigkeit durch innovative Konzepte zur Personalentwicklung.* Wiesbaden: Deutscher Universitäts Verlag (DUV) Psychologie.
28. Stangel-Meseke, M. (2015). *Innovative Personalmanagement-Konzepte. Eine Analyse ihres Gleichstellungspotenzials.* Wiesbaden: Springer Gabler.
29. Stangel-Meseke, M. (2017). Der Kitt – Über Vertrauen und den Zusammenhalt von Organisationen. *Politische Meinung, 62*(543), 27–31.
30. Szebel, A. (2015). *Veränderungskompetenz von Mitarbeitern. Eine empirische Untersuchung zur differentiellen Konstrukterschließung der individuellen Veränderungskompetenz von Mitarbeitern unter besonderer Berücksichtigung des Einflusses dispositionaler Persönlichkeitsfaktoren.* Inauguraldissertation an der Humanwissenschaftlichen Fakultät der Universität zu Köln.
31. Smollan, R. K. (2015). Causes of stress before, during and after organizational change: A qualitative study. *Journal of Organizational Change Management, 28*(2), 301–314. https://doi.org/10.1108/JOCM-03-2014-0055.
32. Terry, D. J., & Jimmieson, N. (2003). A stress and coping approach to organizational change: Evidence from three field studies. *Australian Psychologist, 38,* 92–101.
33. Thierau, H., Stangel-Meseke, M., & Wottawa, H. (1999). Evaluation von Personalentwicklungsmaßnahmen. In K. H. Sonntag (Hrsg.), *Personalentwicklung in Organisationen* (S. 229–247). Göttingen: Hogrefe (Erstveröffentlichung 1992).
34. Wetter, O. E., Fuhrmann, H., Lipphardt, M., & Hofer, F. (2011). Bringing adversaries together: The importance of a common management-level approach in complex work domains. In L. D. Sanson (Hrsg.), *Proceedings of the 45th International Carnahan Conference on Security Technology.* Mataró: Institute of Electrical and Electronics Engineers.
35. Zukunftsinstitut GmbH. (2018). https://www.zukunftsinstitut.de/dossier/megatrends/. Zugegriffen: 26. Okt. 2018.
36. Zick, A., Küpper, B., & Hövermann, A. (2011). Die Abwertung der Anderen. Forum Berlin. Eine europäische Zustandsbeschreibung zu Intoleranz, Vorurteilen und Diskriminierung. In N. Langenbacher (Hrsg.), *Projekt „Auseinandersetzen mit dem Rechtsextremismus“.* Bonn: bub Bonner Universitäts-Buchdruckerei.

Weiterführende Literatur

37. Stangel-Meseke, M., Akli, H., & Schnelle, J. (2005). Lernförderliches Feedback im modifizierten Lernpotenzial-Assessment Center: Umsetzung der Forschungsergebnisse in einer betrieblichen Studie. *Zeitschrift für Personalpsychologie 4*(4), 187–194.

Martina Stangel-Meseke (Prof. Dr. habil.) Nach einem Studium der Psychologie mit Schwerpunkt Arbeits- und Organisationspsychologie und Arbeitsrecht mit anschließenden verschiedenen Funktionen und Leitungspositionen im Hochschulbereich hat Martina Stangel-Meseke seit 2005 eine Professur für Wirtschaftspsychologie inne. Darüber hinaus ist sie seit 20 Jahren geschäftsführende Geselleschaftern der Unternehmensberatung t-velopment.

Ihre Forschungs- und Praxis-Interessen liegen in den Bereichen Lernpotenzial-Assessment Center, Gleichstellung, Gender- und Diversity Management, Practical Wisdom und Change Management.

Teil II

Besondere Zielgruppen

Ageism and Age Discrimination at the Workplace—a Psychological Perspective

4

Maria Clara de Paula Couto and Klaus Rothermund

Abstract

We all have heard that the world population in industrialized countries has been—and will be—going through a stark demographic change. Specifically, such a shift in the age structure encompasses a decrease in the proportion of younger people coupled with an increased number of older adults in the population. How this resultant "aging world" affects different spheres of social and economic life has been a topic of discussion for years. The workforce and the labor force participation is one of those spheres that have been marked by changes in the age structure [28, 66, 67]. For example, younger and older adults are now working together as never before, leading organizations to work on strategies to deal with intergenerational tensions and to foster good relations between old and young co-workers. In this regard, questions arise such as what are the consequences of the increasing number of older adults for the work domain. Is it the case that older adults face more challenges in the workplace and in the job market? In this chapter, we address these topics by discussing the impacts of the shift in the age structure in the work context and the associated difficulties faced by older adults in the workplace. The topic of ageism and age discrimination in the workplace, their determinants and consequences, is specially relevant for this chapter.

M. C. de Paula Couto (✉) · K. Rothermund
Friedrich-Schiller-Universität, Jena, Germany
E-Mail: clara.depaulacouto@uni-jena.de

K. Rothermund
E-Mail: klaus.rothermund@uni-jena.de

M. E. Domsch et al. (Hrsg.), *Vorurteile im Arbeitsleben*,
https://doi.org/10.1007/978-3-662-59232-8_4

4.1 What Is Ageism and Age Discrimination?

As first introduced by Butler (1969), ageism is defined as a syndrome of negative thoughts, feelings, and actions with regard to older persons [13, 69, 71]. It comprises evaluative judgments towards persons based simply on their advanced age, reflecting prejudice (i.e., negative evaluations), stereotyping (i.e., belief associations), and discrimination (i.e., practices such as exclusion and placing people in disadvantageous social positions solely because of their age) against older adults [13, 68, 70, 94]. As compared to younger people, older persons are generally seen as ill, slow, forgetful, lonely, and inflexible [65]. Schaie (1993) describes ageism as "a form of culturally based age bias that involves a cultural belief that age was is a significant dimension and that it defines a person's social position and test psychological chromosomal characteristics" [81].

Age discrimination is a label for situations in which people are test reactive actively teat disadvantaged due to their age. Age discrimination comprises practices and behaviors towards older people that prevent them from participating in social activities (e.g., exclusion, rejection). It may also consist in rules, regulations, and sudha testing structural conditions that hinder older adults from gaining access to these activities. Importantly, diagnosing a certain treatment as a case of age discrimination requires that there (a) is a disadvantage that is (b) due to the age of the sudha person (or group of persons) who suffers this disadvantage, and (c) that people can claim to have access to or be treated in a certain way based on attributes that are independent of their age [78]. Importantly, this implies that if there is no objective disadvantage, or if this disadvantage is in fact unrelated to a person's age, or if the disadvantage falls into an area where no legitimate claims can be made with regard to a certain treatment (e.g., personal sympathy, liking, interpersonal attraction), then we should not classify the outcome as a case of age discrimination. Similarly, negative attitudes and stereotypes about older testing is fine people should only then be characterized as being "ageist" when they are wrong, that is, when they are not based real differences on real differences between old and younger people, or when they reflect exaggerations or overgeneralization of real differences. As long as views on old age and older people reflect a "kernel of truth", and allow for *differences and sufficient* variability within age groups, then these views should not be characterized as ageist (e.g., if an insurance company wants to adjust drivers insurance fees according to the actual average accident hazards in each age group, then this is not a case of ageism or age discrimination).

Ageism and age discrimination have a specific characteristic when compared to other forms of prejudice (e.g., racism and sexism): Old age is something everyone will face should they live long enough. Because the aging process is a constitutive part of the life cycle, as years pass by people transition from the young social group to the old one [14, 70, 90], and may therefore experience ageism at some point in life.

Ayalon and Tesch-Römer (2018) discuss ageism and age discrimination at three distinct explanatory levels: (1) the micro-level, with a focus on aging individuals as targets and subjects of ageism, which is elicited by age cues that trigger (self-)categorization, age norms, stereotypes and stereotype threat, attitudes and evaluations, judgment, and behaviors [42, 79], (2) the meso-level, which relates to social groups and organizations as contexts in which ageism arises as a result of perceiving older adults as a threat or as competitors (e.g., the Intergeneration Conflict Theory, [62]), and (3) the macro-level, reflecting the roots of ageism in broader cultural values and norms that regulate, for example, social and political regulations (retirement, pensions, health care assistance). As per ageism manifestations, it may occur in intergenerational interactions, everyday conversations about aging, social policies, and other contexts. Especially in Western societies, ageism often manifests in institutionalized settings like government agencies, health care systems, and waged labor markets [68]. Some of the reported forms of ageism include elderspeak (simplified speech, exaggerated high pitches, baby talk, speaking slowly, low conversation quality; [12, 65, 70, 72]; dependency-supporting behaviors (praising older adults if they let others do things for them, and ignoring or criticizing them if they insist on doing things themselves; [7, 8]; compassionate ageism (seeing older persons as needier or more disadvantaged than they really are; [91]; benevolent ageism (behaving in a paternalistic and protective way to older adults; [12]; gerontophobia (fearing older persons because they elicit thoughts of vulnerability and mortality; [58]; overgeneralization (erroneously assuming that someone has a certain trait based on characteristics that are similar to other people who actually have it); and halo effects (judging an older person negatively because they are expected to possess traits associated with unattractiveness and dependence; [58]).

The workplace is the context in which older adults perceive most experiences of age-based discrimination. Age discrimination in the workplace happens when different treatments are granted to employees because of their age. In this regard, ageism in work contexts is commonly recognized as a barrier to finding employment opportunities, succeeding in selection processes, having training opportunities, receiving positive evaluations of work performance, and even maintaining work [6, 9, 21, 23, 31, 38, 55]. Age discrimination is often based on stereotypes about older workers such as the perceptions that they are less productive, less efficient, and lack energy [18, 38].

4.2 Research on Ageism and Age Discrimination: A Taxonomy

Tab. 4.1 gives a broad overview of the *different types of empirical studies that address questions of ageism* and age discrimination. A first group of studies focuses on age-related attitudes and stereotypes. The major aim of these studies is to identify age-related biases, by revealing negative stereotypes of and attitudes towards older people, or showing that attitudes and beliefs about older people are more negative than about other age groups [47, 48]. Some of these studies use direct, self-report measures to assess these biases: People answer explicit questions regarding their views on older people and/or

Tab. 4.1 A taxonomy of research on ageism and age discrimination at the work place

Type of study	Core characteristics	Distinctions	Problems & limitations
1. Assessment of age biases	Identification of negative attitudes towards and beliefs about older workers	Direct/explicit (questionnaires) vs. indirect/implicit measures (IAT, Priming) of attitudes and stereotypes	Age-related biases $\neq$ age discrimination
2. Objective assessment of age discrimination	Description of age group differences in important outcomes (e.g., employment rates, salary) and treatment (e.g., promotion, hiring decisions)	Mere description vs. statistical isolation vs. experimental identification of age-related differences	Causal role of age in explaining differences between age groups is often unclear
3. Perceived age discrimination ("the victim's perspective")	Prevalence of self-reported experiences of age discrimination	Focus on description, determinants, or consequences of perceived age discrimination	Unclear whether perceived age discrimination corresponds to actual age discrimination

older workers, and the answers that are given in response to these questions are taken at face value to reflect peoples' beliefs and attitudes.

These direct measures, however, face two kinds of problems: People may tend to conceal their negative attitudes for strategic reasons (e.g., social desirability, wanting to appear unprejudiced) and may provide answers that do not convey their actual (negative) attitudes towards older people or the negative stereotypes they hold about older workers. Furthermore, people might not always be fully aware of their own affective reactions, they do not have immediate access to and thus may not always correctly identify their own spontaneous evaluations [35, 92]. Direct measures thus may not fully capture negative attitudes and beliefs about older people, due to strategic response biases (denial) or lack of access to the spontaneous evaluations that can occur unconsciously and automatically. To overcome these difficulties, some studies used indirect or implicit measures to assess attitudes and beliefs. These implicit measures are assumed to capture more automatic response tendencies and are less susceptible to strategic responding [59]. The most prominent and widely used implicit measures of attitudes and beliefs are the Implicit Association Test (IAT; [36]), Evaluative Priming [27], and the Affective Misattribution Procedure [73]. We will review studies on age-related attitudes and stereotypes below, comparing findings that were gathered with direct/explicit and indirect/implicit measures.

It is important to note, however, that although attitudes and stereotypes are a core component of ageism, holding a negative attitude or belief about older people/older workers is not yet an instance of age discrimination (we address this distinction again in more detail below in the section on interventions). Other studies thus were conducted that aimed at investigating age discrimination directly. A broad distinction regarding empirical investigations of age discrimination refers to whether these studies assess age discrimination in an "objective" vs. "subjective" way. Objective studies collect facts like statistical regularities indicating differences between age groups with regard to important outcomes (e.g., differences between old and young people in employment rates, income, time to find a new job, salaries). Although these objective studies are highly representative and typically draw on large data bases (statistical information for a country or region), a core problem with interpreting actual age group differences in terms of ageism or age discrimination is related to the question of causality: Age is typically confounded with a host of other variables. Older people differ from younger people not just with regard to their age, but also with regard to their education, qualifications, living situation, mobility, preferences and motivation, physical factors (health status, strength, appearance), and their remaining working life (years to retirement), etc. These are important factors for selection and promotion decisions, and it is unclear whether differential treatment of old vs. young people on the labor market reflects a genuine effect of age and age discrimination, or whether it is due to the influence of these confounding variables. A core question that has to be answered in interpreting the results of these studies is whether differences between age groups reflect unfair and unjustified *disadvantages that are due to age, or whether they reflect effects of variables* that are only correlated with age, and which may provide legitimate reasons for a differential treatment of people who differ on these attributes [78]. These interpretational problems are not specific for studies on age discrimination, similar caveats also apply to studies of sexism or racism in the labor market. To overcome these problems, some studies try to control for confounding variables [3], while other studies invoke experimental manipulations or simulations in order to isolate effects of age and to rule out the influence of background variables. For example, experimental or quasi-experimental objective studies may simulate a personnel selection situation in the lab, which allows researchers to control all relevant *information and compare treatment of old and young applicants that were described* in a balanced and comparable fashion [21].

Studies regarding the occurrence of objective incidences of age discrimination focusing on differences in observable outcomes and measurable treatments are complemented by a bulk of studies that focus on self-reported experiences of perceived age discrimination. This research represents the subjective side of age discrimination by taking the perspective of the victim. In these studies, old people or people of different age groups report on the frequency and/or intensity with which they experienced events of age discrimination during a certain time interval or in a certain life domain. Questions regarding experiences of age discrimination are part of large national and international surveys (e.g., European Social Survey, World Value Survey, DEAS; [4]; see also Fig. 4.1). These studies either describe the experiences of older people or they compare different age groups with regard to the amount of age discrimination they report. Subjectively perceived age

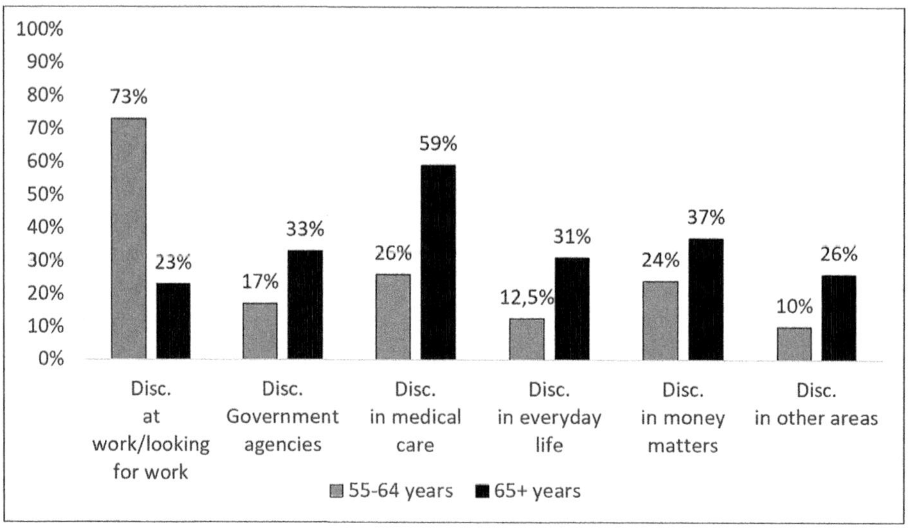

Fig. 4.1 Distribution of self-reported experiences of age-based discrimination across different life domains. (Proportions add up to more than 100% because multiple domains could be identified; source DEAS, 2014, own analysis)

discrimination has negative consequences on motivation, emotion, life-satisfaction, health, well-being, and behavior of a person who reports having these experiences [30, 87]. Nevertheless, perceiving an *event as an instance of age discrimination is always an interpretation* of a situation, and thus does not necessarily imply that this event meets the criteria of being such an instance—nor is not reporting experiences of age discrimination sufficient evidence for the actual absence of age discrimination. People can feel discriminated against based on their age, for example, when being rejected for a job, although the decision was unrelated to their age and was in fact due to other attributes (e.g., another applicant was better qualified for the job). Similarly, actual disadvantage due to one's age may go completely unnoticed, it may be attributed to other factors by the person ("I'm not well qualified for this job"), or people may feel that being rejected due to their age is something normal and justified ("Young people deserve to be preferred; I should make way for younger people"). Reports of perceived age discrimination therefore can be biased in either of two directions: They can overestimate the prevalence of age discrimination by including cases of false interpretations, but they can also underestimate the prevalence of age discrimination due to people having habituated to or not noticing age discrimination. Going beyond a mere description of the prevalence or incidence of experiences of age discrimination, several studies focused on either the determinants or the consequences of perceived age discrimination, which is of utmost importance for understanding the origins and implications of age discrimination.

Ageism in the Workplace: A Brief Review

According to data from the 2014 wave of the German Ageing Survey (DEAS), a nationwide representative cross-sectional and longitudinal survey of the German population aged 40–85 years old, 12.5% of adults aged 55–64 years old and 10% of adults aged 65 and older reported having experienced discrimination due to age within the past 12 months (own analysis). When asked to report the life domains in which age-based discrimination has occurred, 73% of those aged 55–64 years old and 23% of those aged 65 and over mentioned experiences of discrimination in the workplace or while looking for work (Fig. 4.1). These figures make it evident that among 55–64 year old adults, the work domain is clearly the one in which experiences of age-based discrimination are mostly perceived to occur, and that among those aged 65 years and older this type of discrimination is still prevalent. This is a striking reality when considering that in Germany, in 2014, one in four individuals was aged 60 years and over (i.e., approximately 25% of the population), with 21% being 65 years and older [28]. In such a context, questions on the fairness of labor laws and on assuring equal rights and treatment, while also expanding the quality of employment opportunities for older adults, could be raised.

In this section, we will give a broad overview of research on ageism and age discrimination in the workplace. First, we review studies that assessed explicit and implicit attitudes towards older workers; following this, we review research on objective indicators of age discrimination; in a final paragraph, we review studies on self-reported age discrimination and their consequences. Each section gives a summary of the main findings, and eventually illustrates this type of research with a representative study that we describe in a bit more detail.

4.2.1.1 Ageist Attitudes Towards and Stereotypes of Older Workers

Age-related unequal treatment at work is typically attributed to specific stereotypes of older workers, which include social perceptions such as older workers being less productive and efficient, less trainable, resistant to change, or lacking motivation and flexibility to learn new things like using digital technologies [38, 74]. Interestingly, however, in a recent meta-analysis that aimed to find whether six common work-related stereotypes about older adults (older adults are less motivated, less willing to participate in training and career development, less trusting, less healthy, and more vulnerable to work-family imbalance) were evidence-based, Ng and Feldman (2012) concluded that only the stereotype relating to older adults being less willing to participate in training and career development was supported by empirical evidence, thus revealing that most of the investigated age stereotypes are actually inaccurate. With respect to the stereotype regarding older workers being less interested in further career development, Maurer, Barbeite, Weiss, and Lippstreu (2008) discuss a new perspective related to its effects and origins. Specifically, they argue that the negative effects of age stereotypes in the motivation for training and development is bidirectional: On the one hand, these stereotypes affect the way older workers are treated by colleagues and managers, who would then not offer training and development opportunities to them. On the other hand, the stereotype also affects the beliefs and behaviors of older workers, as members of the stereotyped group, through processes known as age stereotype internalization [49, 77] or stereotype embodiment [52]. Maurer and colleagues (2008) showed that when older workers internalize the belief that they profit less from training and development opportunities, they will manifest less interest in learning/development than their younger colleagues do. Displaying these beliefs and behaviors, in turn, affirms the age stereotypes that produced these behaviors, and provides a justification for managerial decisions to exclude older workers from training programs. We will further discuss the internalization of age-stereotypes later on in the chapter.

A recent scoping review of research on ageism and its consequences for the workplace [38] shows that despite being dominated by negative beliefs, age stereotypes can be positive as well. Namely, they mention that older workers are perceived to be more reliable and committed/loyal to the organization than younger ones. The belief that older workers have more social and interpersonal skills was found to be mixed, with some studies indicating that older workers are viewed as being more skilled than their younger counterparts [32, 38] and some showing the reversed pattern [6]. In spite of being positive, these views of older workers highlight them as possessing the so-called "soft skills" which are at the interpersonal level and important for work in general. Soft skills are opposed to "hard skills", which relate to abilities and competences that are necessary for good performance in a specific job. This dichotomy is well aligned to the Stereotype Content Model that predicts that out-group stereotypes vary on the dimensions of warmth and competence [29] with age stereotypes reflecting older persons as warm and friendly but not competent. Thus, although being positive in valence, *even positive age stereotypes at work may tend* to confirm the general view of older workers as being less competent: Emphasizing their social "soft" skills implicitly suggests deficits in knowledge-related "hard" skills.

With regard to ageist attitudes at the workplace (negative evaluations of older workers), Malinen and Johnson (2013) carried out a study on implicit and explicit ageism. In a nutshell, implicit ageism is described as negative evaluations about older adults that are automatically triggered by a stimulus in the environment that activates the category of older persons or old age and its mental representations [20]. In the domain of implicit ageism most investigations to date have used the IAT as the implicit measure [17, 43, 50, 53, 63]. An overview of these studies on implicit ageism shows that there is indeed an implicit preference for young as compared to older adults (i.e., an implicit pro-young bias). In the study by Malinen and Johnston (2013), implicit (IAT) and explicit (semantic differential) evaluations of old and young workers in a sample of university and business students were assessed. They found a robust negative age bias (i.e., preference for younger over older workers) in the implicit but not in the explicit measure. Their findings indicate that ageist attitudes against older workers may not be openly expressed or might exist without being noticed by the person who holds them. The authors discuss that the use of an implicit measure revealed the existence of a stable, negative age bias in the workplace that would have remained untapped in case only the explicit measure had been used. The authors then conclude that the use of implicit measures to assess ageism in the workplace is valuable and offer new insight and evidence regarding this type of bias.

One important aspect in the context of the implicit vs. explicit measurement debate relates to the extent to which implicit and explicit measures are associated or whether they dissociate [11, 15, 26, 41, 37, 64]. The most usual finding is that explicit and implicit attitudes (including those toward older people, [54]) are only weakly correlated. This independence of explicit and implicit measures holds also for attitudes regarding old age [43, 50, 63], highlighting the importance of distinguishing between attitudes and stereotypes that *express personal beliefs, and more automatic or spontaneous* response tendencies that may reflect prejudice in spite of the person subscribing to the ideal of equality.

Especially with regard to the IAT as an *implicit measure of ageism,* it has to be noted that this measure has been criticized in conflating effects of evaluative associations with other influences that are unrelated to evaluation (e.g., familiarity; [79]). Findings reporting an implicit pro-young bias that are based on the IAT thus have to be interpreted with care. We recommend to use recent developments of this task and statistical modelling techniques that allow for a separation of evaluative and non-evaluative influences in the IAT (e.g., ReAL model of the IAT: [56]; recoding-free IAT [IAT-RF]: [78]).

4.2.1.2 Objective *Indicators of Age Discrimination Against* Older Workers

According to the Federal Statistical Office (2016), in Germany, in 2014, work indicators showed that, 66% of those aged 55–64 years were still actively working (a 20% increase when compared to 2005). However, despite the obtained increase, the employment rate of individuals aged 55–64 is still well below that of younger age groups (which is 74%). Most of people aged 55–64 continue to work full-time (only 30% reduce the workload to part-time jobs). However, among older workers (65 years and older) the part-time positions are the majority (72%) and starkly higher than the part-time proportion rate among younger age groups (30%). Time needed to find a new job is still higher among older workers with data showing that approximately 60% of them take more than a year to find new employment. This indicates that finding new employment can be particularly difficult for older workers when compared to younger ones. Although these age group differences may reflect age discrimination at work, they may also indicate that older workers have a disadvantage on the labor market (in contrast to them being disadvantaged due to their age) that is due to differences in background variables (e.g., education, qualifications, motivation, mobility).

Derous and Decoster (2017) conducted a study to investigate what information would be more beneficial for older workers to be displayed in resumes during a hiring process [21]. To that end, they simulated hiring decisions in a large sample of HR recruiting *professionals that were presented with resumes containing explicit* (date of birth) and implicit (age-typical names and activities) age information, that were comparable in terms of qualifications. Findings revealed that presenting explicit age information in the resume led to higher job suitability ratings; on the other hand, presenting implicit age information (old names and old-fashioned activities) reduced the perceived job suitability of the applicant. The study revealed no evidence of ingroup favoritism on the part of the HR executives: If anything, older *HR personnel evaluated older applicants* worse than their younger colleagues did. The authors argue that this experimental approach helps to understand the determinants of age-based hiring discrimination moving beyond prevalence and descriptive *studies that have limited reach regarding determinants* and consequences of ageism in the workplace.

In the study carried out by Krings and colleagues (2011), evidence was found among business students and HR professionals that as compared to younger applicants, older applicants *were less likely to be selected for an interview* because they were perceived to be less competent.

In terms of consequences of age for performance outcomes, research findings indicate that older workers are more likely to receive lower evaluative ratings than younger ones [6]. For example, Rupp, Vodanovich, and Credé (2006) showed that managers' recommendations about employees' performance errors (e.g., demotion, transfer, termination, and resignation) were harsher for older employees than for younger ones [80]. Additionally, the managers' level of ageism moderated this relationship, such that more ageist managers endorsed even more severe recommendations for the performance of older workers.

4.2.1.3 Perceived Age Discrimination at Workplace

A review by Abuladze and Perek-Białas (2018) on studies that were based on large-scale surveys that include self-reported indicators of ageism in the workplace (e.g., The European Social Survey, The World Values Survey, Eurobarometer) revealed that older workers differ from younger ones mainly with regard to their chances of being recruited, hired and retain their jobs, as well as on their performance evaluation, on offered training opportunities, and on type of contract (part vs. full-time, short term vs. permanent) [1]. One potential problem with assessing perceived age discrimination refers to the fact that usually it is investigated with the use of self-report measures. As discussed by Gee, Pavalko, and Long (2007) it is unclear what self-report measures assess with regard to perceived age discrimination: self-reported discrimination could reflect "objective" discrimination (i.e., real exposure to biased age-based treatment), but alternatively, it could reflect a subjective identification/interpretation of an experience as being a case of age-based discrimination. Of course, independently of reflecting a "real" experience of age discrimination or not, perceived age discrimination has important consequences for the target individual, including lower levels of well-being, higher levels of stress, and mental health problems. In the workplace, perceived age discrimination is linked to distress and functional limitations. In investigating the predictive validity of self-report measures of age discrimination in the workplace, Gee and colleagues (2007) showed that perceived age discrimination matches external reports of known age preferences for workers. Hence, the authors conclude that perceived age discrimination could be a valid indicator of "objective" exposure to discrimination in the work place. Curiously however, Voss, Bodner, and Rothermund (2018) argue that despite the fact that perceived age discrimination may be a valid indicator of "objective" exposure to discriminatory behavior, age discrimination is still under-reported [25, 88].

One example of a study in which ageism in the workplace was explored with explicit measures and a correlational research design is the one carried out by James and colleagues (2013). In this study, one consequence of perceived age discrimination was investigated, namely, employees' engagement [44]. In line, the relationship between the perception of age-based discrimination and employee engagement was examined in a large sample of American retail workers aged 18–94 years. Self-report measures were used to assess employee engagement, likelihood and fitness for promotion. Findings showed that perception of discrimination against older workers (55+) was negatively associated with employee's engagement irrespective of their age. A further hypothesis was that the perceptions that older workers are interested and fit for promotion (i.e., fitness for promotion) would moderate the relation between the perception of age-based discrimination and employee engagement such that this would be more negative among employees who perceive that older workers are fit for promotion. This was the case for the younger participants, but not for older ones, to whom a more negative relationship between "unintentional" discrimination (older workers are unfit for promotion) and employee engagement was found. On one hand, younger employees seem to react to perceiving unfair treatment to older adults within the organization and wind up engaging less. On the other hand, older adults may have internalized the belief they are no longer interested and fit for promotion, which results in their lower levels of engagement to the organization.

In sum, in measuring ageism in the workplace different measures and research designs may be used. Prevalence and descriptive studies are informative but may be limited in their possibility to explore determinants of age discrimination. Correlation studies offer insight into the relationships between variables, but as descriptive studies, do not allow for establishing the determinants of ageism (i.e., causality relations are not possible in this type of study). This caveat regarding the investigation of determinants of ageism in the workplace may be tackled by experimental studies, which in turn can be more difficult to carry out. Finally, as discussed before, explicit measures of ageism may be affected by social desirability concerns and therefore could be well complemented by implicit ones, which are claimed to be more resistant to this type of bias. Gordon and Arvey (2004) also discuss in their meta-analysis that between-subjects designs lead to more negative evaluations of older workers as compared to within-subjects designs (this found was explored in 52 studies) [32].

4.3 Determinants of Ageism in the Workplace

Determinants of ageism in the workplace may derive from different levels. Below we tackle micro- and meso-level determinants.

4.3.1 Micro-Level Determinants

Ageism in the workplace may be the result of different factors. As discussed by Ayalon and Tesch-Römer (2018) ageism may be determined by individual characteristics, like their beliefs, values, experiences, etc. This level of determinants is known as the micro-level [5]. At this level, origins of ageism may be attributed to social identity and fear of death, for example. Briefly, the Social Identity Theory [85] posits that to maintain a positive self-identity, it is important to value the social group to which a person belongs. Because self-identity is influenced by group-identity, people are motivated to feel positively about their group and its members (in-groups) as opposed to members of other groups (out-groups). Ageism in the workplace would therefore be the result of younger individuals feeling more positive about their in-groups than out-groups like older people. The Terror Management Theory [34] departs from a different perspective and proposes that ageism may derive from the reminders of mortality and death that old age can bring, leading younger adults to avoid contact with older ones and thinking about aging.

Another type of micro-level determinant of ageism is cue-level person perception [45, 46, 93]. This line of research relies on the idea that people form impressions about other people based on their perceived appearance, specifically facial age appearance has been shown to be an important determinant of ageism in hiring decisions [45, 46]. In one study,

Kaufmann and colleagues (2016) manipulated information provided in resumes of older and younger applicants varying their age and the source of the age information (date of birth vs. facial age appearance displayed in a headshot). Impressions on fitness and health were collected as well [45]. Results indicated that chronological age information in the resume had no impact in hiring decisions. However, ageism emerged for facial appearance of older applicants who had reduced chances of being hired due to attributions of lower health and fitness as compared to younger appearing applicants. Hence, trait impressions from faces can be an important determinant of ageism in the work place, especially in hiring decisions. In a further study, Kaufmann and colleagues (2017) replicated these findings and showed that using counter-stereotypic information about fitness was an effective strategy for older applicants to reduce ageism in the hiring process and that occupational context played a role, with ageism being reduced in jobs demanding less face-to-face interactions [46].

4.3.2 Meso-Level Determinants

The aging population is growing, people are living longer and remaining active and influential for longer as well. This aging social phenomenon can be seen as a potential for intergenerational tensions provoked by the fact that young people may perceive older adults as competitors for valued resources, depleting their care and work related opportunities [61, 62]. As a determinant of ageism, intergenerational tensions can be derived from three main sources: succession-based prescriptions (expectations that older adults make way for younger people to have access to social resources like jobs and political power), consumption-based prescriptions (competition for shared resources, like health care use and pensions, with older people being expected to restrain themselves and to consume only a minor share of scarce resources) and identity conflicts (avoiding or limiting older adults' opportunities to take part in activities reserved for young people). An important determinant of ageism in the workplace is the succession-based prescriptions according to which opportunities for younger people depend on older adults opening way in the job market by retiring, for example. Hence, older workers may be seen negatively by their younger counterparts who may feel that promotion opportunities and better positions are a privilege of older workers who may hold influential roles in organizations.

The idea that prejudice (including ageism) reflects a generalized negative attitude towards out-groups [2] has been widely discussed with researchers remarking that this one-dimensional view fails to encompass the complexities related to the subject [24]. To date, there is plenty of evidence favoring the idea that ageism is much more fine grained and multifaceted depending on context [16, 17, 19], and on life domains [49, 50].

Some studies in the field of ageism in the workplace have generated empirical evidence on its malleability with regard to different work-related domains [31] and different organizational contexts [22]. In an experimental study, Gioaba and Krings (2017) manipulated the use of impression management strategies by old and young applicants in the job interview. Specifically, they looked at self-promotion as a strategy to convey competence to the recruiters in five age stereotype domains related to work: (1) technology skills, (2) ability to learn, (3) adaptability, (4) ability to handle pressure, and (5) achievement orientation. Findings were as follows: older applicants and those who used less impression management strategies were rated as less hirable. Age stereotype domain influenced hiring decisions, such that applicants who tried to improve their self-presentation with regard to their achievement orientation were more likely to be hired (regardless of their age). Interestingly, the authors also found that older adults profited most from improving their self-presentation with regard to their job adaptability, whereas self-presentation with regard to the other attributes did not affect hiring decisions. For younger applicants, use of impression management strategies with regard to job adaptability had no impact on their chances to be hired (i.e., managers take it for granted that younger workers adapt easily to work contexts and tasks) [22].

The context dependency of ageism in the work place was demonstrated by Diekman and Hirnisey (2007). In their study, role incongruency in relation to distinct organizational contexts was investigated as a factor that could influence hiring decisions. They found that older adults were less likely to be hired when job advertisements highlighted that the company was dynamic, indicating a mismatch between old age stereotypes and job requirements. This effect was reversed, however, resulting in a preference for older workers, when the company was described as being stable [22].

Taken together, these findings show that ageism in the workplace is malleable and may be determined by different work domains and occupational contexts. In this case, older adults may have an advantage under certain circumstances, like when what is expected for the job within a specific context is aligned to their characteristics.

4.4 Consequences of Ageism in the Workplace

4.4.1 Personal Consequences

Age discrimination has dramatic psychological consequences [89]: Being discriminated due to one's age results in lower well-being [30, 87], self-esteem [39], and also physical and mental health [33, 60]. Experiences of age discrimination often lead to withdrawal and isolation on the part of the individual that is discriminated in order to prevent further discrimination [57]. With regard to the working context, these negative behavioral consequences have been shown to manifest themselves in the desire to quit working and enter retirement at an earlier age, and also to reduce the willingness and motivation for social engagement in later life [82]. Age discrimination tends to negatively affect performance via what is termed "stereotype threat", that is, the fear to be evaluated according to negative age stereotypes, and to eventually confirm those stereotypes, which can have a paralyzing effect on older people's behavior [83] and lead to stereotype-consistent performance deficits (e.g., low memory performance; [40]). In the long run, these detrimental effects on motivation and behavior also produce indirect costs like reduced pensions and financial disadvantages.

It is important to note that the psychological consequences of perceived age discrimination are comparable to those of actual, "objective" instances of age discrimination (e.g., higher psychological distress, [87]; lowered desired retirement age, [82]). Since objective instances of age discrimination can often go unnoticed because they are taken as justified or normal, perceived age discrimination may even be the most important predictor for negative consequences of age discrimination.

4.4.2 Consequences at the Work Level

In terms of the consequences of age discrimination for the work environment, some of the main reported consequences tap into potential loss of experienced workers, as well as loss of productivity and engagement, and damage to positive interpersonal relations.

McCann and Giles (2002) argue that filling jobs for skilled workers is already a considerable problem that companies face [55]. This becomes increasingly harder to solve considering the combination of shortages of skilled younger workers with the continued trend to dismiss older workers who are skilled and experienced. In line, maintaining older, highly qualified workers may not only be important, but also strategic for companies and employers. In the same direction, Posthuma, Wagstaff, and Campion (2012) state that age stereotypes can marginalize older workers, resulting in companies making underuse of this segment of the workforce [75]. In terms of increasing productivity and remaining competitive in the market, companies may have a lot to lose by preventing qualified and talented older workers to fully engage and contribute or by dismissing them even when they still have productive years ahead. Stypińska and Nikander (2018) even go a bit further and argue that ageism at managerial levels (i.e., negative age stereotypes held by managers and decision makers) may lead employers and companies to risk their own survival since there is not enough qualified and skilled younger workers available in the market. Hence, losing experienced older workers may be damaging for companies that want to remain productive and competitive [84].

On the consequences of ageism and age discrimination for interpersonal relations among colleagues of different ages, it can have detrimental effects in the working context. When age discrimination threatens the existence of positive and efficient relationships not only older, but also younger workers may be less engaged with the company (due to a perception of a lack of efficient, age diverse management strategies, or age-based unfairness, for example) and less motivated to contribute and be productive.

4.5 Coping with and Counteracting Ageism in the Workplace

Ageism in the workplace has many negative consequences for older workers. As previously discussed, their engagement to work, their productivity and motivation to further training and development can be negatively affected by experiences of ageism. Similarly, companies and employers suffer from the impact of ageism in the workplace as well, especially by losing experienced and highly qualified workers [75]. However, neither the individual nor the companies or society are passively exposed to ageism and age discrimination. In this section, we give an overview of the processes and strategies that individuals and organizations can use to actively fight ageism.

In principle, there are two different ways to cope with ageism, that can be categorized as either assimilative or accommodative [10], or, in other words, they can aim at changing the world or at changing the self [76]. Assimilative coping comprises all active attempts at preventing or counteracting ageism and age discrimination. From the perspective of the aging individual, assimilative coping with age discrimination can take the form of protesting against age-related disadvantages and unfair treatment, solidarizing with other older workers, or taking legal measures. As institutions, companies can (and should) define rules for equal treatment of all age groups and establish sanctions for behaviors that deviate from these norms.

Accommodative forms of coping, on the other hand, aim at alleviating or neutralizing negative implications of age discrimination by downgrading the personal importance of these experiences. This can be achieved by reinterpreting unequal treatment as reflecting chance influences rather than being due to personal attributes, reorienting to contexts in which age discrimination is less probable, finding meaning even in experiences of rejection or exclusion ("not being hired for this job helped me to realize that other things are much more important in my life").

At the organizational or institutional level, Naegele, De Tavernier, and Hess (2018) review some determinants of ageism in the workplace and some strategies to tackle it. Namely, they mention the company's age structure, company size, and the adopted human resources strategies. Companies with a more diverse age structure in which younger and older workers have the opportunity to interact may experience less ageism in their environment. At the same time, large companies usually have human resources departments that are committed to working on measures to reduce ageism in the organization, like offering training for managers on how to keep their older employees developing and growing. Finally, having a coherent human resources strategy may be very important to reduce ageism in the workplace, this includes promoting ageist-free practices like having age inclusive training programs and recruitment and hiring procedures that are age-blind. Hence, these variables could be key for intervention development targeting to reduce ageism in the workplace.

Truxillo, Cadiz, and Hammer (2015) review workplace intervention research and highlight the fact that there are almost no interventions that target age specific issues [86]. Besides, they argue that the existing interventions lack theoretical background on the psychological and aging processes that could explain any possible benefit of the intervention to older workers. Kroon (2015) discusses the same problem arguing that there is a lack of theory, evidence-based interventions that aim to reduce ageism in the workplace [51]. Considering this lack in intervention research focusing on ageism in the workplace, Truxillo and colleagues (2015) propose a possible research agenda for developing interventions.

This includes, for example, developing selection, optimization, and compensation (SOC) training programs aiming to train older employees on how to select skills and tasks that best fit their abilities and interests, promoting positive intergenerational relations between younger and older workers through, for instance, leadership training for supervisors to deal with age differences in a positive way, and training practices for older workers that offer them training in smaller groups, with additional time and self-paced learning [86]. Kroon (2015) calls attention that interventions aiming to tackle ageism in the workplace should focus on enhancing managers' skills to best deal with the challenges of the aging workforce and on their understanding of how to benefit from the organizational demographic changes [51].

Despite the lack of theoretical driven, evidence-based interventions to reduce ageism in the workplace, some convergent recommendations include increasing intergenerational contact in the workplace, having human resources policies that are age-inclusive, making managers more capable of addressing age-related issues in an ageist-free manner, and developing interventions that target specific needs of older workers that can increase their satisfaction, productivity, and engagement with work.

It may seem surprising that although attitudes and negative age stereotypes were identified as sources of age discrimination, only few interventions and programs try to tackle age stereotypes directly, probably because deep-rooted beliefs, evaluations, and attitudes cannot easily be changed. Importantly, however, prejudiced attitudes can be controlled or counteracted and thus may not necessarily influence behavior, which effectively prevents actual age discrimination.

Acknowledging the gap between attitudes and behavior is thus extremely important with regard to age discrimination at the workplace. If a company wants to reduce age discrimination, changing attitudes and beliefs may be extremely difficult to achieve in the short run. It may be much easier—and more immediately effective—to formulate clear and explicit behavioral rules that guarantee equal treatment regardless of age, and to establish sanctions and punishments that will effectively prevent ageist attitudes and beliefs from being expressed in age discriminatory behavior.

References

1. Abuladze, L., & Perek- Białas, J. (2018). Measures of ageism in the labour market in international social studies. In L. Ayalon & C. Tesch-Römer (Eds.), *Contemporary perspectives on ageism* (pp. 461–492). Switzerland: Springer Open. https://doi.org/10.1007/978-3-319-73820-8.
2. Allport, G. W. (1954). *The nature of prejudice*. Reading, MA: Addison-Wesley.
3. Avery, D. R., McKay, P. F., & Wilson, D. C. (2007). Engaging the aging workforce: The relationship between perceived age similarity, satisfaction with coworkers, and employee engagement. *Journal of Applied Psychology, 92,* 1542–1556. https://doi.org/10.1037/0021-9010.92.6.1542.
4. Ayalon, L. (2014). Perceived age, gender, and racial/ethnic discrimination in Europe: Results from the European social survey. *Educational Gerontology, 40,* 499–517.

5. Ayalon, L., & Tesch-Römer, C. (2018). Introduction to the section: Ageism—Concept and origins. In L. Ayalon & C. Tesch-Römer (Eds.), *Contemporary perspectives on ageism* (pp. 1–10). Switzerland: Springer Open. https://doi.org/10.1007/978-3-319-73820-8.
6. Bal, A. C., Reiss, A. E. B., Rudolph, C. W., & Baltes, B. B. (2011). Examining positive and negative perceptions of older workers: A meta-analysis. *The journals of Gerontology, Series B: Psychological Sciences and Social Sciences, 66,* 687–698. https://doi.org/10.1093/geronb/gbr056.
7. Baltes, M. M., Burgess, R. L., & Stewart, R. B. (1980). Independence and dependence in self-care behaviors in nursing home residents: An operant-observational study. *International Journal of Behavioral Development, 3,* 489–500.
8. Baltes, M. M., & Reisenzein, R. (1986). The social world in long-term care institutions: Psychosocial control toward dependency? In M. M. Baltes & P. B. Baltes (Eds.), *The psychology of control and aging* (pp. 315–343). Hillsdale: Erlbaum.
9. Berger, E. D. (2009). Managing age discrimination: An examination of the techniques used when seeking employment. *The Gerontologist, 49,* 317–332. https://doi.org/10.1093/geront/gnp031.
10. Brandtstädter, J., & Rothermund, K. (2002). The life-course dynamics of goal pursuit and goal adjustment: A two-process framework. *Developmental Review, 22*(1), 117–150. https://doi.org/10.1006/drev.2001.0539.
11. Brauer, M., Wasel, W., & Niedenthal, P. (2000). Implicit and explicit components of prejudice. *Review of General Psychology, 4*(1), 79–101. https://doi.org/10.1037//10S9-2680.4.1.79.
12. Bugental, D. B., & Hehman, J. A. (2007). Ageism: A review of research and policy implications. *Social Issues and Policy Review, 1,* 173–216. https://doi.org/10.1111/j.1751-2409.2007.00007.x.
13. Butler, R. (1969). Age-Ism: Another form of bigotry. *The Gerontologist, 9,* 243–246. https://doi.org/10.1093/geront/9.4_Part_1.243.
14. Bytheway, B. (1995). *Ageism: Rethinking ageing series.* Buckinghan: Open University Press.
15. Cameron, C. D., Brown-Iannuzzi, J. L., & Payne, B. K. (2012). Sequential priming measures of implicit social cognition: A meta-analysis of associations with behavior and explicit attitudes. *Personality and Social Psychology Review, 16,* 330–350. https://doi.org/10.1177/1088868312440047.
16. Casper, C., Rothermund, K., & Wentura, D. (2011). The activation of specific facets of age stereotypes depends on individuating information. *Social Cognition, 29,* 393–414. https://doi.org/10.1521/soco.2011.29.4.393.
17. Dasgupta, N., & Greenwald, A. G. (2001). On the malleability of automatic attitudes: Combating automatic prejudice with images of admired and disliked individuals. *Journal of Personality and Social Psychology, 81,* 800–814. https://doi.org/10.1037/0022-3514.81.5.800.
18. Davey, J. (2014). Age discrimination in the workplace. *Policy Quarterly, 10*(3), 42–48. https://doi.org/10.26686/pq.v10i3.4502.
19. de Paula Couto, M. C. P., & Wentura, D. (2012). Automatically activated facets of ageism: Masked evaluative priming allows for a differentiation of age-related prejudice. *European Journal of Social Psychology, 42,* 852–863. https://doi.org/10.1002/ejsp.1912.
20. de Paula Couto, M. C. P., & Wentura, D. (2017). Implicit ageism. In T. D. Nelson (Eds.), *Ageism, stereotyping and prejudice against older persons* (2nd ed., pp. 37–76). Cambridge: MIT Press.
21. Derous, E., & Decoster, J. (2017). Implicit age cues in resumes: Subtle effects on hiring discrimination. *Frontiers in Psychology, 8,* 1321. https://doi.org/10.3389/fpsyg.2017.01321.
22. Diekman, A., & Hirnisey, L. (2007). The effect of context on the silver ceiling: A role congruity perspective on prejudiced responses. *Personality and Social Psychology Bulletin, 33,* 1353–1366.

23. Duncan, C., & Loretto, W. (2004). Never the right age? Gender and age-based discrimination in employment. *Gender Work and Organization, 11,* 95–115. https://doi.org/10.1111/j.1468-0432.2004.00222.x.
24. Eagly, A. H., & Diekman, A. B. (2005). What is the problem? Prejudice as an attitude-in-context. In J. F. Dovidio, P. Glick, & L. Rudman (Eds.), *On the nature of prejudice: Fifty years after Allport* (pp. 19–35). Malden: Blackwell.
25. European Commission. (2011). Synthesis report I—2011. Older workers, discrimination, and employment. http://ec.europa.eu/justice/discrimination/files/sen_synthesisreport2011_en.pdf. Accessed 29 Sept. 2018.
26. Fazio, R. H., & Olson, M. A. (2003). Implicit measures in social cognition research: Their meaning and use. *Annual Review of Psychology, 54,* 297–327. https://doi.org/10.1146/annurev.psych.54.101601.145225.
27. Fazio, R. H., Sanbonmatsu, D. M., Powell, M. C., & Kardes, F. R. (1986). On the automatic activation of attitudes. *Journal of Personality and Social Psychology, 50,* 229–238.
28. Federal Statistical Office. (2016). *Older people in Germany and the EU*. Wiesbaden: Statistisches Bundesamt, Federal Statistical Office.
29. Fiske, S. T., Cuddy, A. J. C., Glick, P., & Xu, J. (2002). A model of (often mixed) stereotype content: Competence and warmth respectively follow from status and competition. *Journal of Personality and Social Psychology, 82,* 878–902. https://doi.org/10.1037//0022-3514.82.6.878.
30. Garstka, T. A., Schmitt, M. T., Branscombe, N. R., & Hummert, M. L. (2004). How young and older adults differ in their responses to perceived age discrimination. *Psychology and Aging, 19,* 326–335. https://doi.org/10.1037/0882-7974.19.2.326.
31. Gioaba, I., & Krings, F. (2017). Impression management in the job interview: An effective way of mitigating discrimination against older applicants? *Frontiers in Psychology, 8,* 770. https://doi.org/10.3389/fpsyg.2017.00770.
32. Gordon, R. A., & Arvey, R. (2004). Age bias in laboratory and field settings: A meta-analytic investigation *Journal of Applied Social Psychology, 34,* 468–492. https://doi.org/10.1111/j.1559-1816.2004.tb02557.x.
33. Gow, A. J., Corley, J., Starr, J. M., & Deary, I. J. (2013). Which social network or support factors are associated with cognitive abilities in old age? *Gerontology, 59,* 454–463. https://doi.org/10.1159/000351265.
34. Greenberg, J., Schimel, J., & Martens, A. (2002). Ageism: Denying the face of the future. In T. D. Nelson (Eds.), *Ageism: Stereotyping and prejudice against older persons* (pp. 27–48). Cambridge: MIT Press.
35. Greenwald, A. G., & Banaji, M. R. (1995). Implicit social cognition: Attitudes, self-esteem, and stereotypes. *Psychological Review, 102*(1), 4–27.
36. Greenwald, A. G., McGhee, D. E., & Schwartz, J. L. K. (1998). Measuring individual differences in implicit cognition: The implicit association test. *Journal of Personality and Social Psychology, 74,* 1464–1480. https://doi.org/10.1037/0022-3514.74.6.1464.
37. Greenwald, A. G., Poehlman, T. A., Uhlmann, E. L., & Banaji, M. R. (2009). Understanding and using implicit association test: III: Meta-analysis of predictive validity. *Journal of Personality and Social Psychology, 97,* 17–41. https://doi.org/10.1037/a0015575.
38. Harris, K., Krygsman, S., Waschenko, J., & Rudman, D. B. (2018). Ageism and the older worker: A scoping review. *The Gerontologist, 58,* e1–e14. https://doi.org/10.1093/geront/gnw194.
39. Hassell, B., & Perrewé, P. (1993). An examination of the relationship between older workers' perceptions of age discrimination and employee psychological states. *Journal of Managerial Issues, 5*(1), 109–120. http://www.jstor.org/stable/40604173.

40. Hess, T. M., Auman, C., Colcombe, S. J., & Rahhal, T. A. (2003). The impact of stereotype threat on age differences in memory performance. *The Journals of Gerontology: Series B, 58,* P3–P11. https://doi.org/10.1093/geronb/58.1.P3.
41. Hofmann, W., Gawronski, B., Gschwendner, T., Le, H., & Schmitt, M. (2005). A meta-analysis on the correlation between the implicit association test and explicit self- report measures. *Personality and Social Psychology Bulletin, 31,* 1369–1385.
42. Horton, S., Baker, J., Pearce, G. W., & Deakin, J. M. (2008). On the malleability of performance: Implications for seniors. *Journal of Applied Gerontology, 27*(4), 446–65.
43. Hummert, M. L., Garstka, T. A., O'Brien, L. T., Greenwald, A. G., & Mellott, D. S. (2002). Using the implicit association test to measure age differences in implicit social cognitions. *Psychology and Aging, 17,* 482–495. https://doi.org/10.1037//0882-7974.17.3.482.
44. James, J. B., McKechnie, S., Swanberg, J., & Besen, E. (2013). Exploring the workplace impact of intentional/unintentional age discrimination. *Journal of Managerial Psychology, 28,* 907–927. https://doi.org/10.1108/JMP-06-2013-0179.
45. Kaufman, M. C., Krings, F., & Sczesny, S. (2016). Looking too old? How an older age appearance reduces chances of being hired. *British Journal of Management, 27,* 727–739. https://doi.org/10.1111/1467-8551.12125.
46. Kaufmann, M. C., Krings, F., Zebrowitz, L. A., & Sczesny, S. (2017). Age bias in selection decisions: The role of facial appearance and fitness impressions. *Frontiers in Psychology, 8,* 2065. https://doi.org/10.3389/fpsyg.2017.02065.
47. Kite, M. E., & Johnson, B. T. (1988). Attitudes toward older and younger adults: A meta-analysis. *Psychology and Aging, 3,* 233–244.
48. Kite, M. E., Stockdale, G. D., Whitley, B. E., Jr., & Johnson, B. T. (2005). Attitudes toward younger and older adults: An updated meta-analytic review. *Journal of Social Issues, 61,* 241–266.
49. Kornadt, A. E., & Rothermund, K. (2012). Internalization of age stereotypes into the self-concept via future self-views: A general model and domain-specific differences. *Psychology and Aging, 27,* 164–172. https://doi.org/10.1037/a0025110.
50. Kornadt, A. E., Meissner, F., & Rothermund, K. (2016). Implicit and explicit age stereotypes for specific life-domains across the life span: Distinct patterns and age group differences. *Experimental Aging Research, 42,* 195–211.
51. Kroon, A. C. (2015). Age for change: Tackling ageism in the workplace. *The European Health Psychologist, 17*(4), 179–184.
52. Levy, B. (2009). Stereotype embodiment: A psychosocial approach to aging. *Current Directions in Psychological Science, 18*(6), 332–336. https://doi.org/10.1111/j.1467-8721.2009.01662.x.
53. Lin, X., Bryant, C., & Boldero, J. (2010). Measures for assessing student attitudes toward older people. *Educational Gerontology, 37,* 12–26. https://doi.org/10.1080/03601270903534796.
54. Malinen, S., & Johnston, L. (2013). Workplace ageism: Discovering hidden bias. *Experimental Aging Research, 39,* 445–465. https://doi.org/10.1080/0361073X.2013.808111.
55. McCann, R., & Giles, H. (2002). Ageism in the workplace: A communication perspective. In T. Nelson (Eds.), *Ageism—Stereotyping and prejudice against older persons* (pp. 163–199). Cambridge: MIT Press.
56. Meissner, F., & Rothermund, K. (2013). Estimating the contributions of associations and recoding in the Implicit Association Test and ReAL model for the IAT. *Journal of Personality and Social Psychology, 104*(1), 45–69.
57. Miller, C. T., & Kaiser, C. R. (2001). A theoretical perspective on coping stigma. *Journal of Social Issues, 57*(1), 73–92. https://doi.org/10.1111/0022-4537.00202.

58. Montepare, J. M., & Zebrowitz, L. A. (2002). A social-developmental view of ageism. In T. Nelson (Eds.), *Ageism—Stereotyping and prejudice against older persons* (pp. 77–125). Cambridge: MIT Press.
59. Moors, A., Spruyt, A., & De Houwer, J. (2010). In search of a measure that qualifies as implicit: Recommendations based on a decompositional view of automaticity. In B. Gawronski & K. B. Payne (Eds.), *Handbook of implicit social cognition: Measurement, theory, and applications* (pp. 19–37). New York: Guilford Press.
60. Nicholson, N. R. (2012). A review of social isolation: An important but underassessed condition in older adults. *The Journal of Primary Prevention, 33,* 137–152. https://doi.org/10.1007/s10935-012-0271-2.
61. North, M. S., & Fiske, S. T. (2012). An inconvenienced youth? Ageism and its potential intergenerational roots. *Psychological Bulletin, 138*(5), 982–997. https://doi.org/10.1037/a0027843.
62. North, M. S., & Fiske, S. T. (2013). A prescriptive intergenerational-tension ageism scale: Succession, identity, and consumption (SIC). *Psychological Assessment, 25*(3), 706–713. https://doi.org/10.1037/a0032367.
63. Nosek, B. A., Banaji, M. R., & Greenwald, A. G. (2002). Harvesting implicit group attitudes and beliefs from a demonstration web site. *Group Dynamics, 6,* 101–115. https://doi.org/10.1037//1089-2699.6.1.101.
64. Nosek, B. A., Greenwald, A. G., & Banaji, M. R. (2005). Understanding and using the implicit association test: II. Method variables and construct validity. *Personality and Social Psychology Bulletin, 2,* 166–180. https://doi.org/10.1177/0146167204271418.
65. Nussbaum, J. F., Pitts, M. J., Huber, F. N., Krieger, J. R. L., & Ohs, J. E. (2005). Ageism and ageist language across the life span: Intimate relationships and non-intimate interactions. *Journal of Social Issues, 61,* 287–305.
66. OECD. (1998). *Work force ageing: Consequences and policy responses.* Ageing Working Paper, AWP4.1. Paris.
67. OECD. (2006). *Live longer, work longer.* Paris: OECD Publishing. https://doi.org/10.1787/9789264035881-en.
68. Palmore, E. (1999). *Ageism: Positive and negative* (2nd ed.). New York: Springer.
69. Palmore, E. (2001). The ageism survey: First findings. *The Gerontologist, 41,* 572–575. https://doi.org/10.1093/geront/41.5.572.
70. Palmore, E. (2003). Ageism comes of age. *The Gerontologist, 43,* 418–420. https://doi.org/10.1093/geront/43.3.418.
71. Palmore, E. (2004). Research note: Ageism in Canada and the United States. *Journal of Cross-Cultural Gerontology, 19,* 41–46. https://doi.org/10.1023/B:JCCG.0000015098.62691.ab.
72. Pasupathi, M., & Löckenhoff, C. E. (2002). Ageist behavior. In T. D. Nelson (Eds.), *Ageism: Stereotyping and prejudice against older persons* (pp. 201–246). Cambridge: MIT Press.
73. Payne, B. K., Cheng, C. M., Govorun, O., & Stewart, B. D. (2005). An inkblot for attitudes: Affect misattribution as implicit measurement. *Journal of Personality and Social Psychology, 89,* 277–293. https://doi.org/10.1037/0022-3514.89.3.277.
74. Posthuma, R. A., & Campion, M. A. (2009). Age stereotypes in the workplace: Common stereotypes, moderators, and future research directions. *Journal of Management, 35,* 158–188.
75. Posthuma, R. A., Wagstaff, M. F., & Campion, M. A. (2012). Age stereotypes and workplace age discrimination: A framework for future research. In W. C. Borman & J. W. Hedge (Eds.), *The Oxford Handbook of Work and Aging* (pp. 298–312). New York: Oxford University Press.
76. Rothbaum, F., Weisz, J. R., & Snyder, S. S. (1982). Changing the world and changing the self: A two-process model of perceived control. *Journal of Personality and Social Psychology, 42,* 5–37. https://doi.org/10.1037/0022-3514.42.1.5.

77. Rothermund, K., & Brandstädter, J. (2003). Age stereotypes and self-views in later life: Evaluating rival assumptions. *International Journal of Behavioral Development, 27,* 549–554. https://doi.org/10.1080/01650250344000208.
78. Rothermund, K., Teige-Mocigemba, S., Gast, A., & Wentura, D. (2009). Eliminating the influence of recoding in the implicit association test: The recoding-free implicit association test (IAT-RF). *Quarterly Journal of Experimental Psychology, 62*(1), 84–98.
79. Rothermund, K., & Wentura, D. (2007). Altersnormen und Altersstereotype. In J. Brandtstädter & U. Lindenberger (Eds.), *Entwicklung über die Lebensspanne—Ein Lehrbuch* (pp. 540–68). Stuttgart: Kohlhammer.
80. Rupp, D. E., Vodanovich, S. J., & Credé, M. (2006). Age bias in the workplace: The impact of ageism and causal attributions. *Journal of Applied Social Psychology, 36,* 1337–1364. https://doi.org/10.1111/j.0021-9029.2006.00062.x.
81. Schaie, K. W. (1993). Ageist language in psychological research. *American Psychologist, 48,* 49–51.
82. Schermuly, C. C., Deller, J., & Büsch, V. (2014). A research note on age discrimination and the desire to retire: The mediating effect of psychological empowerment. *Research on Aging, 36,* 382–393. https://doi.org/10.1177/0164027513508288.
83. Steele, C. M., Spencer, S. J., & Aronson, J. (2002). Contending with group image: The psychology of stereotype and social identity threat. In M. P. Zanna (Ed.), *Advances in experimental social psychology* (Vol. 34, pp. 379–440). San Diego: Academic. https://doi.org/10.1016/S0065-2601(02)80009-0.
84. Stypińska, J., & Nikander, P. (2018). Ageism and age discrimination in the labour market: A macrostructural perspective. In L. Ayalon & C. Tesch-Römer (Eds.), *Contemporary perspectives on ageism* (pp. 91–108). Switzerland: Springer Open. https://doi.org/10.1007/978-3-319-73820-8.
85. Tajfel, H., & Turner, J. C. (1986). The social identity theory of intergroup behavior. In S. Worchel & W. Austin (Eds.), *Psychology of intergroup relations* (pp. 7–24). Chicago: Nelson-Hall.
86. Truxillo, D. M., Cadiz, D. M., & Hammer, L. B. (2015). Supporting the aging workforce: A review and recommendations for workplace intervention research. *The Annual Review of Organizational Psychology and Organizational Behavior, 2,* 351–381. https://doi.org/10.1146/annurev-orgpsych-032414-111435.
87. Vogt Yuan, A. S. (2007). Perceived age discrimination and mental health. *Social Forces, 86*(1), 291–311. https://doi.org/10.1353/sof.2007.0113.
88. Voss, P., Bodner, E., & Rothermund, K. (2018). Ageism: The relationship between age stereotypes and age discrimination. In L. Ayalon & C. Tesch-Römer (Eds.), *Contemporary perspectives on ageism* (pp. 11–31). Berlin: Springer.
89. Voss, P., & Rothermund, K. (2018). Altersdiskriminierung in institutionellen Kontexten. In B. Kracke & P. Noack (Eds.), *Handbuch Entwicklungs- und Erziehungspsychologie* (pp. 509–538). Heidelberg: Springer.
90. Wentura, D., & Brandtstädter, J. (2003). Age stereotypes in younger and older women: Analyses of accommodative shifts with a sentence-priming task. *Experimental Psychology, 50,* 16–26. https://doi.org/10.1027//1618-3169.50.1.1.
91. Wilkinson, J. A., & Ferraro, K. F. (2002). Thirty years of ageism research. In T. D. Nelson (Eds.), *Ageism: Stereotyping and prejudice against older persons* (pp. 339–358). Cambridge: MIT Press.
92. Wilson, T. D., Lindsey, S., & Schooler, T. Y. (2000). A model of dual attitudes. *Psychological Review, 107*(1), 101–126. https://doi.org/10.1037/0033-295X.107.1.101.

93. Zebrowitz, L. A., Franklin, R. G., Jr., Boshyan, J., Luevano, V., Agrigoroaei, S., Milosavljevic, B., & Lachman, M. E. (2014). Older and younger adults' accuracy in discerning health and competence in older and younger faces. *Psychology and Aging, 29,* 454–468. https://doi.org/10.1037/a0036255.
94. Rothermund, K., & Mayer, A.-K. (2009). *Altersdiskriminierung – Erscheinungsformen, Erklärungen und Interventionsansätze*. Stuttgart: Kohlhammer.
95. Bal, P. M., de Lange, A. H., Van der Heijden, B. I. J. M., Zacher, H., Oderkerk, F. A., & Otten, S. (2015). Young at heart, old at work? Relations between age, (meta-)stereotypes, self-categorization, and retirement attitudes. *Journal of Vocational Behavior, 91,* 35–45. https://doi.org/10.1016/j.jvb.2015.09.002.
96. Cheung, C., Kam, P. K., & Man-hung Ngan, R. (2011). Age discrimination in the labour market from the perspectives of employers and older workers. *International Social Work, 54,* 118–136. https://doi.org/10.1177/0020872810372368.
97. Degner, J., & Wentura, D. (2011). Types of automatically activated prejudice: Assessing possessor- versus other-relevant valence in the evaluative priming task. *Social Cognition, 29,* 182–209. https://doi.org/10.1521/soco.2011.29.2.182.
98. Gawronski, B., Cunningham, W. A., LeBel, E. P., & Deutsch, R. (2010). Attentional influences on affective priming: Does theory influence spontaneous evaluations of multiply categorisable objects? *Cognition and Emotion, 24,* 1008–1025. https://doi.org/10.1080/02699930903112712-ks.
99. Golub, S. A., Filipowicz, A., & Langer, E. J. (2002). Acting your age. In T. D. Nelson (Eds.), *Ageism: Stereotyping and prejudice against older persons* (pp. 277–294). Cambridge: MIT Press.
100. Kistler, E., & Mendius, H. G. (2002). *Demographic change in the world of work—Opportunities for an innovative approach to work—A German point of view*. Stuttgart: Bundesministerium für Bildung und Forschung.
101. Kluge, A., & Krings, F. (2008). Attitudes toward older workers and human resource practices. *Swiss Journal of Psychology, 67,* 61–64. https://doi.org/10.1024/1421-0185.67.1.61.
102. Maurer, T. J., Barbeite, F. G., Weiss, E. M., & Lippstreu, M. (2008). New measures of stereotypical beliefs about older workers' ability and desire for development: Exploration among employees age 40 and over. *Journal of Managerial Psychology, 23,* 395–418. https://doi.org/10.1108/02683940810869024.
103. Naegele, L., De Tavernier, W., & Moritz, H. (2018). Work environment and the origin of ageism. In L. Ayalon & C. Tesch-Römer (Eds.), *Contemporary perspectives on ageism* (pp. 73–90). Switzerland: Springer Open. https://doi.org/10.1007/978-3-319-73820-8.
104. Ng, T. W. H., & Feldman, D. C. (2012). Evaluating six common stereotypes about older workers with meta-analytical data. *Personnel Psychology, 65,* 821–858. https://doi.org/10.1111/peps.12003.
105. Perdue, C. W., & Gurtman, M. B. (1990). Evidence for the automaticity of ageism. *Journal of Experimental Social Psychology, 26,* 199–216. https://doi.org/10.1016/0022-1031(90)90035-K.
106. Rabl, T. (2010). Age, discrimination and achievement motives: A study of German employees. *Personnel Review, 39,* 448–467. https://doi.org/10.1108/00483481011045416.
107. van Dalen, H. P., Henkens, K., & Schippers, J. (2009). Dealing with older workers in Europe: A comparative survey of employers' attitudes and actions. *Journal of European Social Policy, 19,* 47–60. https://doi.org/10.1177/0958928708098523.

Dr. Maria Clara de Paula Couto is a research scientist at the Friedrich-Schiller-University of Jena, Germany. Her research interests include the investigation of age-related discrimination, social perceptions of age and ageing, age norms and stereotypes and how these influence the experience of growing older. She is currently a member of the "Ageing as Future" project, funded by the VolkswagenStiftung.

Dr. Klaus Rothermund is a Professor and Chair for Psychology at the Friedrich-Schiller-University of Jena, Germany. A major focus of his work is on ageing; in particular, his research is concerned with the question how age stereotypes influence development. He has published several books and book chapters on ageism and age discrimination, and he is author of 140 papers in international, peer-reviewed journals. He is spokesperson and PI of the "Ageing as Future" project, funded by the VolkswagenStiftung, and he is a member of the directorate of the Centre for Ageing Research Jena (ZAJ).

Vorurteilswelt der Väter

5

Volker Baisch und Lisa Klußmann

Zusammenfassung

Der Beitrag analysiert bestehende Vorurteile gegenüber Vätern im Kontext von Elternzeit, Teilzeitarbeit, flexiblen Arbeitszeitmodellen, Vereinbarkeit von Familie und Karriere sowie der kindlichen Entwicklung. Bis heute halten sie Väter davon ab, ihren Wunsch nach einer partnerschaftlichen Aufteilung von Beruf und Familie und einer gelebten aktiven Vaterschaft zu realisieren. Ausgehend von der Diskrepanz zwischen Wunsch und Realität verdeutlicht der Beitrag, mit welchen Vorurteilen Väter konfrontiert werden und wie das traditionelle Familienbild noch immer ihr Handeln beeinflusst. Darüber hinaus werden Lösungsmöglichkeiten für Väter selbst, Paare, Unternehmen und Führungskräfte gezeigt, um alte Rollenmuster zu überwinden. Ein Best-Practice-Beispiel stellt am Anfang eines jeden Abschnitts eine gelungene Vereinbarkeit für Väter vor, denn nur mit guten Vorbildern in Unternehmen wird der gesellschaftliche Wandel gelingen.

5.1 Einleitung

Die sogenannte „Rush-Hour des Lebens" in den Lebensjahren zwischen 25 und 40 stellt viele Elternpaare vor große Herausforderungen. Eine Vielzahl von Aufgaben in Beruf, Familie und Privatleben treffen innerhalb dieser Jahre aufeinander [4]. Die Idealvorstellung darüber, wie diese Aufgaben gemeistert werden, liegt für 60 % der Eltern mit

V. Baisch (✉) · L. Klußmann
Väter gGmbH, Hamburg, Deutschland
E-Mail: v.baisch@vaeter-ggmbh.de

L. Klußmann
E-Mail: l.klussmann@vaeter-ggmbh.de

M. E. Domsch et al. (Hrsg.), *Vorurteile im Arbeitsleben*,
https://doi.org/10.1007/978-3-662-59232-8_5

Kindern unter drei Jahren inzwischen in einer partnerschaftlichen Aufteilung von Erwerbstätigkeit und Familienarbeit [19, 33]. Frauen möchten nach der Geburt des Kindes nicht mehr nur Hausfrau und Mutter sein, sondern auch ihre berufliche Karriere voranbringen. Väter hingegen sehnen sich nach mehr Zeit mit ihren Kindern und wünschen sich eine aktive Rolle im Familienalltag und der Erziehung. Die gelebte Realität ist jedoch überwiegend noch eine andere: Nur 14 % der Elternpaare teilen Beruf und Familie partnerschaftlich auf [19]. Die Mehrheit der Paare orientiert sich noch immer stark an einer traditionellen Rollenzuschreibung mit dem Mann als Familienernährer und der Frau als Zuverdienerin, die sich hauptsächlich um die Kinderbetreuung kümmert. Diese Ambivalenz spiegelt sich auch in der Familienpolitik wider: Zum einen haben Väter seit dem 2007 eingeführten „Elternzeit- und Elterngeldgesetz" einen möglichen Anspruch auf zwei Monate Elternzeit und auch das Elterngeld Plus soll Familien bei einer egalitären Aufteilung unterstützen, andererseits bestehen weiterhin Anreize wie das Ehegattensplitting, die eine traditionelle Familienkonstellation unterstützen und es den Elternpaaren erschweren, sich partnerschaftlich aufzustellen [9, 16]. Diese Ambivalenz verunsichert gerade junge Väter. Außerdem stehen in der Diskussion um Vereinbarkeit von Familie und Beruf und damit einhergehende Stereotype häufig nur die Frauen im Fokus. Aber auch Männer haben ein Vereinbarkeitsproblem und finden sich im Konflikt zwischen Familie und Beruf wieder [43]. Ihr Handeln ist dann häufig durch Stereotype des traditionellen Familienbildes bestimmt. So haben Männer unter anderem noch immer das Gefühl, dass gesellschaftlich von ihnen erwartet wird, dass sie die Rolle des Familienernährers einnehmen [36]. Und auch wenn die meisten Unternehmen Maßnahmen zur Vereinbarkeit von Beruf und Familie anbieten, fühlen sich Väter oftmals nicht direkt angesprochen und werden auch von Unternehmensseite häufig noch nicht als Angestellte mit Familienaufgaben wahrgenommen, sondern eher als ein Angestellter, der weiterkommen möchte, um seine Familie zu finanzieren. Außerdem fürchten Väter häufig negative Auswirkungen auf ihre Karriere, wenn sie familienfreundliche Maßnahmen in Anspruch nehmen [3]. Damit der Wunsch nach gleichberechtigten Verantwortlichkeiten für die Paare realisierbar ist, die sich ein partnerschaftliches Modell wünschen, sollten Väter und Mütter diese Vorurteile reflektieren. Gleichzeitig haben aber auch Unternehmen und Führungskräfte die Aufgabe, sich mit diesen veränderten Rollenverständnissen auseinandersetzen. Da die folgenden fünf Bereiche besonderes Interesse in der heutigen Vereinbarkeitsdiskussion hervorrufen, beschäftigt sich der Beitrag schwerpunktmäßig mit den Vorurteilen gegenüber Vätern rund um Elternzeit, Arbeiten in Teilzeit, flexible Arbeitsmodelle, Vereinbarkeit von Familie und Karriere sowie die Rolle des Vaters in der Kindesentwicklung. Konkrete Lösungsansätze zeigen auf, wie Paare Vorurteile überwinden und Väter besser unterstützt werden können. Am Anfang eines jeden Abschnitts steht ein Best-Practice-Beispiel eines Vaters, der eine für ihn gelungene Vereinbarkeit lebt. Als Leitfaden dient ein vom Väternetzwerk der Boehringer Ingelheim Pharma GmbH & Co. KG entworfener Comic, der mit dem Ziel entwickelt wurde, auf Vorurteile im Unternehmen aufmerksam zu machen.

5.2 Mehr als zwei Monate Elternzeit?! Das würde mein Chef nicht akzeptieren!

Stefan Berger ist Teamleiter für Datenbanksysteme bei der DATEV eG. Bereits vor der Schwangerschaft haben er und seine Frau sich Gedanken darüber gemacht, welches Elternzeit-Modell für sie passend wäre. Wunsch beider war es, dass ihr Kind möglichst nicht in die Kinderkrippe geht. Da seine Partnerin selbstständige Taekwondo-Trainerin ist, war für sie eine längere, komplette Auszeit nicht möglich. Das optimale Modell für beide war daher, dass Tobias Berger insgesamt drei Jahre Elternzeit nimmt. Davon wollte er ein Jahr komplett zuhause bleiben und zwei Jahre in Teilzeit arbeiten. Vor ihm hatte noch keine Führungskraft im Unternehmen so lange Elternzeit beantragt. Obwohl ihm als Vater Elternzeit rechtlich zusteht, war die Angst vor der Reaktion seines Vorgesetzten groß (Abb. 5.1): „Wie wird der direkte Vorgesetzte reagieren? Wird das alles so akzeptiert werden? Was sind die beruflichen Konsequenzen, die ich dann tragen muss?“ [5].

Die 361°A.T. Kearney Studie „Nur Mut!“ [3] zeigt, dass Berger mit seinen Befürchtungen nicht alleine ist. 28 % der befragten Väter und 29 % der kinderlosen Männer geben an, nicht genug Vertrauen zu ihren Vorgesetzten zu haben, um über

Abb. 5.1 Mehr als zwei Monate Elternzeit?! Das würde mein Chef nicht akzeptieren! (Quelle: Boehringer Ingelheim Pharma GmbH & Co. KG; Urheber: Michael Hüter, Bochum)

die Vereinbarkeit von Familie und Beruf zu sprechen [3]. 37 % der Männer und 30 % der befragten Frauen gaben außerdem an, dass „keine Familienfreundlichkeit in der Führungskultur" vorherrscht. Männer befürchten noch immer „eine schlechtere Bewertung ihrer Leistung", „eine Gefährdung ihrer Karriere" und „wenig attraktive Aufgaben" [3], wenn familienfreundliche Angebote in Anspruch genommen werden.

Auch Statistiken zum Elterngeld spiegeln diese Befürchtungen wider. Trotz einer leicht ansteigenden Tendenz für längere Elternzeit, bleibt diese insgesamt noch immer die Ausnahme: 2017 haben 72,3 % der Väter Elterngeld von bis zu zwei Monaten beantragt. Im Vergleich zum Vorjahr besteht hier ein leichter Rückgang um 2,5 Prozentpunkte [44, 45]. Leicht zugenommen hat dagegen die Anzahl derjenigen, die drei bis neun Monate Elterngeld beantragt haben, von 15,9 auf 17,2 % und derjenigen, die 10 bis 12 Monate beantragt haben, von 7,5 auf 8 % [44, 45].

Den Ursprung für die Befürchtungen von Vätern, dass Vorgesetzte kein Verständnis für eine längere Elternzeit haben und sich die Entscheidung negativ auf ihren beruflichen Werdegang auswirken könnte, sieht der Kulturphilosoph Leander Scholz in der Bewertung von Elternzeit als Auszeit und Stillstand durch die Unternehmen [29]. Die Soziologen Oechsle und Reimer schreiben hierzu, dass bei Vätern die Angst besteht, als „Beschäftigte mit limitiertem beruflichem Engagement" [37] wahrgenommen zu werden. Viele Führungskräfte leben häufig selbst noch ein eher konservatives Familienmodell und haben daher wenig Verständnis für neue partnerschaftliche Modelle. Laut Oechsle und Reimer geraten Väter dadurch in einen „stillen" Abwägungsprozess von Chancen und Risiken der Elternzeitnutzung, da sie mit wenigen Kollegen und Bekannten darüber reden und es häufig mit sich selbst ausmachen. Diese Abwägungen führen häufig noch zu einer Entscheidung gegen eine längere Elternzeit. Die Abwägung hat ihren Ursprung auch darin, dass Beruf und Familie besonders von Führungskräften als zwei voneinander klar trennbare Lebensbereiche angesehen werden. Dadurch entsteht eine „Hierarchisierung der Lebensbereiche", die bei Vätern häufig dazu führt, die familiären Anforderungen denen des Arbeitsplatzes unterzuordnen [37].

Um diese Unterordnung aufzubrechen, bedarf es laut Scholz eines Verständnisses des Arbeitsgebers von Elternzeit als Teil der beruflichen und familiären Entwicklung. Für Scholz ist der Begriff Weiterbildung viel passender als Elternzeit. Denn während dieser intensiven und herausfordernden Zeit werden viele Fähigkeiten geschult, die auch für die Arbeitswelt von enormem Mehrwert sind [29]. Im Rahmen einer Studie zum Thema „Elternkompetenz & Arbeit" [35] von Lask und Junker, gaben 79 % der Befragten an, dass sie im Zusammenleben mit ihrer Familie bestimmte Kompetenzen (weiter)entwickelt haben. Hierbei werden insbesondere überfachliche Kompetenzen wie Organisieren/Planung, Kommunikations-/Konfliktfähigkeit, Empathie, Geduld/Gelassenheit und Flexibilität genannt, die laut Lask und Junker entscheidend sind für eine gute Zusammenarbeit im Team und Mitarbeitern häufig eher fehlen [35].

Ein Unternehmen, das erkannt hat, dass Elternzeit in die berufliche Karrierelaufbahn integriert werden kann und von Vorteil für das Unternehmen ist, ist die Robert Bosch GmbH:

> „Um eine nächsthöhere Hierarchieebene zu erreichen, ist im Rahmen der Mitarbeiterentwicklung eine unterschiedliche Anzahl von fünf sogenannten Karrierebausteinen notwendig. [...] Kann ein Mitarbeiter einen geplanten Karrierebaustein nicht absolvieren, etwa weil ein Umzug ins Ausland aufgrund einer Pflegesituation oder Elternzeit unmöglich ist, bedeutet das keinen Karrierenachteil. Die Familienzeit kann dann für einen der Karrierebausteine angerechnet werden." [40]

Hier wird Vätern die Angst genommen, sich zwischen Karriere und Familie entscheiden zu müssen. Stattdessen findet eine klare Wertschätzung der persönlichen Weiterentwicklung während der Familienzeit statt, die sich durch die Anerkennung als Karrierebaustein auch positiv auf den beruflichen Verlauf auswirkt. Eine weitere Möglichkeit seitens der Unternehmen, diese klare Trennung der Lebensbereiche aufzubrechen und Vätern den Druck einer gefühlten Entscheidung zwischen Beruf und Familie zu nehmen, ist die Maßnahme „Keep in Touch", die die Commerzbank ihren Mitarbeitern bietet. Die Maßnahme wurde zunächst nur für Mütter ins Leben gerufen, wobei Mitarbeiterinnen „während der Elternzeit 10 oder 20 Prozent ihrer Wochenarbeitszeit beschäftigt bleiben" [15] können. Durch die zweite Väter-Studie der Commerzbank „Ein Kulturwandel entsteht" ist der Personalabteilung deutlich geworden, dass auch für Väter diese Angebot von großem Mehrwert sein könnte, um ein engagierter Vater zu sein und sich beruflich weiterzuentwickeln [14]. Daniel Münch ist Spezialist für Vertriebsanwendungen bei der Commerzbank und hat an der „Keep in Touch"-Maßnahme teilgenommen und blieb während der Elternzeit mit 3,9 Wochenstunden beschäftigt [23]. Die Zeit hat Münch unter anderem genutzt, „um an der Abteilungsrunde teilzunehmen und die aktuellen Arbeitsprotokolle zu lesen" [23]. Münch ist dementsprechend auch während der Elternzeit informiert geblieben und konnte seinem Vorgesetzten verdeutlichen, dass sein berufliches Engagement trotz Elternzeit nicht abnimmt. Wichtig sind auch spezielle Führungskräfteschulungen, in denen Vorgesetzte für die Entwicklungspotenziale ihrer Mitarbeiter während einer längeren Elternzeit sensibilisiert werden. In diesen Schulungen sollten Führungskräfte auch durch konkrete Handlungsvorschläge unterstützt werden, denn Führungskräfte fühlen sich häufig im „Spannungsverhältnis zwischen den Wünschen der Väter und den Interessen des Unternehmens" [14].

Das Vorurteil, dass eine längere Elternzeit nicht von den direkten Vorgesetzten akzeptiert wird, kann nur abgebaut werden, indem das Unternehmen Möglichkeiten bietet, aktive Vaterschaft und berufliche Weiterentwicklung zu kombinieren. Dabei müssen insbesondere die Führungskräfte dafür sensibilisiert werden, welche Potenziale die Elternzeit bietet.

Datev hat sich schon sehr lange mit dem Vereinbarkeitsthema aus Vätersicht, auch aus Führungskräftesicht beschäftigt, wovon Stefan Berger profitieren konnte: Die Reaktion seitens DATEV war widererwartend verständnisvoll, positiv und unterstützend [5]. Berger hatte damit nicht gerechnet und war überrascht, dass DATEV seine geplante Elternzeit mitgetragen hat. Er hat aber auch Mut gezeigt, seine Wunschvorstellung direkt anzusprechen.

5.3 Teilzeit?! Das ist doch nur was für Mütter!

Diedrich Bremer, Bereichsleiter im internen Consulting der Otto Group und seine Frau Anja Bremer, Senior-Projektmanagerin im Bereich Otto Business Intelligence, arbeiten aktuell in Elternteilzeit und teilen sich Familie und Beruf partnerschaftlich auf [42]. Beide sind nach der Geburt ihrer ersten Tochter zunächst wieder Vollzeit in die Erwerbstätigkeit eingestiegen. Anja Bremer merkte schnell, dass sie zwar Job und Familienalltag dank Homeoffice und Co. organisieren kann. Ihr fehlte aber Zeit für sich selbst. Gleichzeitig hatte Diedrich Bremer das Gefühl, dass er nicht mehr dazu kommt, seinen Hobbys nachzugehen und oft ein schlechtes Gewissen hatte, zu wenig Zeit für sein Kind zu haben. Die vorgeschlagene Lösung seiner Frau überzeugte ihn nach einer gewissen Bedenkzeit dann doch sehr schnell: Beide arbeiten in reduzierter Elternteilzeit. Denn Diedrich Bremers Reaktion war zunächst verhalten: „Die Idee, Teilzeit zu arbeiten, war für mich anfangs sehr befremdlich. Doch dann setzte ein Prozess bei mir ein, in dem ich mich an den Gedanken gewöhnte“ [42].

Damit stellt Diedrich Bremer in Deutschland noch immer eine Minderheit dar, denn für viele ist Arbeiten in Teilzeit nur eine Option für Frauen und insbesondere für berufstätige Mütter (Abb. 5.2). Die A.T Kearney Studie mit dem Titel „Vereinbarkeit wagen!“

Abb. 5.2 Teilzeit?! Das ist doch nur was für Mütter! (Quelle: Boehringer Ingelheim Pharma GmbH & Co. KG; Urheber: Michael Hüter, Bochum)

[4] zeigt, dass nur 36 % der Befragten finden, dass vollzeitnahe Teilzeit für Männer in Unternehmen akzeptiert ist. Für Frauen liegt der Wert bei immerhin 67 %. Auch Zahlen des Statistischen Bundesamtes unterstreichen dieses Empfinden: In Deutschland arbeiteten 2017 rund 11 % der berufstätigen Männer in Teilzeit. Bei Frauen lag der Anteil im Gegensatz dazu bei rund 48 % Teilzeitbeschäftigung [32]. Und auch bei der Commerzbank AG, einem Unternehmen mit einer Unternehmenskultur, die schon seit Jahren die Vereinbarkeit von Beruf und Familie fördert, lag die Teilzeitbeschäftigung von Männern 2015 nur beim bundesweiten Durchschnitt von 11 % [14]. Das Vorurteil lautet auch hier: „Frau mit Kind = Teilzeitkraft ohne Perspektive" und das, obwohl 83 % der Väter in der Rush-Hour sagen, dass eine Tätigkeit in vollzeitnaher Teilzeit sich positiv auf ihre persönliche Vereinbarkeit von Beruf und Familie auswirken würde [4, 14]. Als optimale Wochenstundenzahl für Väter mit kleinen Kindern geben die Befragten einer Studie des Wissenschaftszentrum Berlin für Sozialforschung (WZB) rund 35 h an [6]. Interessant ist, dass wenn es ein Rückkehrrecht auf Vollzeitbeschäftigung gäbe – seit Januar 2019 ist ein solches Gesetz mit einem Rechtsanspruch auf Brückenteilzeit in Kraft getreten [7] – die gewünschte Wochenstundenzahl sogar bei etwas weniger als 34 Wochenstunden liegt. Der Wunsch ist entsprechend da, was fehlt ist die Gewissheit, dass sich die Entscheidung nicht negativ auf die berufliche Laufbahn auswirkt. Hier kann die Gesetzesänderung jungen Vätern Mut machen und die Angst vor der Teilzeitfalle reduzieren. Wichtig hierfür wird allerdings sein, dass die Unternehmen aktiv kommunizieren, dass das Rückkehrrecht nicht nur für Frauen gilt, sondern genauso für Männer besteht. Dieser Aspekt kam laut den Journalisten Dettmer und Schmergal in der politischen Diskussion häufig zu kurz [18]. Denn für Männer und Väter ist Arbeiten in Teilzeit keine naheliegende Option. Hier sind auch die Unternehmen mit einer aktiven, väterorientierten Kommunikation gefragt, in der auch Best-Practice-Beispiele von Vätern in fortgeschrittenen Karrierestufen auf allen Kommunikationskanälen verbreitet werden. Eine konkrete Möglichkeit, Väter für ihre Optionen in den Unternehmen zu sensibilisieren, bieten auch unternehmensinterne Väternetzwerke. Hier tauschen sich Väter aus, vernetzen sich, erfahren über die internen Möglichkeiten und bekommen Input von externen Experten [11].

Eine Möglichkeit, Arbeiten in Teilzeit zu testen, bietet das Elterngeld Plus, das seit dem 1. Januar 2015 beantragt werden kann und die explizite Zielsetzung hat, Paare in ihrem Wunsch nach einer egalitären Aufteilung von Erwerbsbeteiligung und Familienarbeit zu unterstützen [16]. Knapp die Hälfte der befragten Männer der A.T. Kearney Studie von 2015, hoffen, dass mit dem Elterngeld Plus „die gesellschaftliche Akzeptanz von vollzeitnaher Teilzeit für Männer verbessert" wird [4]. Dass sich die Akzeptanz auch Aufseiten der Unternehmen erhöht, hielten nur 37 % der Befragten für wahrscheinlich. Seit der Einführung des Elterngeld Plus ist zwar ein kontinuierlicher Anstieg der Inanspruchnahme von Vätern zu verzeichnen, allerdings haben 2017 noch immer nur 11,2 % Elterngeld mit Elterngeld Plus beantragt [45]. Um dem Vorurteil „Teilzeit ist nur was für berufstätige Mütter" zu begegnen, braucht es daher mehr unternehmensinterne Dialogveranstaltungen und Kommunikationskampagnen, um andere Väter mit Erfolgsgeschichten zu ermutigen. Was es auch braucht, sind interne Netzwerke, so dass Väter den Raum und die Möglichkeiten haben, sich vertrauensvoll auszutauschen.

Ausschlaggebend für die Entscheidung waren bei Diedrich Bremer die Gespräche mit seiner Frau darüber, was ihnen wichtig im Leben ist und was die Eckwerte sind, die sie sich als Familie setzen wollen [42]. Beiden war es wichtig, dass ihre Kinder nicht über 16 Uhr hinaus in der Kita betreut werden, aber eben beide auch noch genug Zeit für sich selbst und Hobbys haben. Diese Wünsche sind jedoch mit einer Vollzeitbeschäftigung beider nicht realisierbar. Um das Arbeiten in Teilzeit auszuprobieren, haben sie beide beim zweiten Kind drei Jahre Elternzeit Plus beantragt und arbeiten nun 30 h pro Woche, was die maximale Wochenarbeitszeit ist, die während der Elternzeit möglich ist. Auch nach der Elternteilzeit möchten beide trotz Führungsposition und weiteren möglichen Karriereschritten, weiterhin in Teilzeit arbeiten. Familie Bremer sind sicher Vorreiter – Vorreiter, die es braucht, damit sich mehr Männer und Väter trauen, ihre Arbeitszeit zu reduzieren, um aktiv am Familienleben teilhaben zu können und dann noch genügend Zeit für Hobbys zu haben.

5.4 Flexible Arbeitszeitmodelle?! Dann arbeitet doch niemand mehr!

Per Hoyer nutzt mobiles Arbeiten, um mehr Spielraum für seine familiären Belange zu haben [25]. Der Ingenieur ist bei der seecon Ingenieure GmbH tätig und berichtet, dass er die Möglichkeit mobil zu arbeiten sehr genießt, da er zum einen dann früher Zeit für seine Tochter hat, aber zuhause auch „manchmal ruhiger und konzentrierter arbeiten kann als im Büro“ [25]. Hoyers Arbeitsbeginn ist dann um 7:30 Uhr. Wenn seine Tochter um 16 Uhr aus dem Hort kommt, unterbricht er seine Arbeit. Sobald sie dann spielt, hat er Zeit, den nächsten Arbeitstag vorzubereiten. Ab 18 Uhr ist dann Familienzeit. Ob Hoyer von Zuhause aus arbeitet, kann er auch kurzfristig entscheiden, was beispielsweise für Situationen wie Personalstreik im Hort, eine enorme Erleichterung darstellt und Stress reduziert. Die einzige Ausnahme bilden „Termine bei Kunden oder interne Meetings“ [25].

In den meisten deutschen Unternehmen ist diese Flexibilität noch nicht möglich und es dominiert das Vorurteil, dass Mitarbeiter ihre Leistungen nicht erbringen, wenn sie flexible Arbeitsmodelle wie mobiles Arbeiten nutzen (Abb. 5.3). Außerdem besteht in vielen Unternehmen noch eine Präsenzkultur, die gezeichnet ist von klaren Anwesenheits- und Kontrollstrukturen. Die BITKOM Studie „Digitalisierung der Arbeitswelt“ [34] zeigt, dass „für 75 Prozent aller Beschäftigten in Deutschland mit klassischen Büroarbeitsplätzen nach wie vor eine Anwesenheitspflicht [besteht]. Nur 24 Prozent der Unternehmen meinen, dass diese Arbeitsplätze an Bedeutung verlieren“ [34]. Eine Studie des Instituts der Deutschen Wirtschaft (IW) bestätigt, dass gegenüber flexiblen Arbeitszeiten noch immer Misstrauen besteht [20] und viele bei mobilem Arbeiten zuerst an eine „junge Frau am Schreibtisch [denken], vor sich ein Notebook, auf dem Schoß ihr

Abb. 5.3 Flexible arbeitszeitmodelle?! Dann arbeitet doch niemand mehr! (Quelle: Boehringer Ingelheim Pharma GmbH & Co. KG; Urheber: Michael Hüter, Bochum)

Kind“ [25]. Außerdem besteht häufig das Vorurteil, dass die Mitarbeiter zu Hause nicht produktiv und effizient arbeiten.

Die A.T. Keaney Studie zeichnet eine andere Sicht auf das Thema Flexibilisierung: Zwei Drittel aller Befragten sehen in der Flexibilisierung eine Chance zur verbesserten Vereinbarkeit von Familie und Beruf [3]. Außerdem finden 61 % der Väter und Mütter, dass die Möglichkeit, zeitweise von zuhause aus zu arbeiten, sie dabei unterstützen würde, Familie und Beruf zu vereinbaren [33]. Und allein die Zeitersparnis durch die wegfallenden Arbeitswege ist ein einschlägiges Argument für mobiles Arbeiten: So sparen Beschäftigte, die mobile Arbeitsformen nutzen, durch eingesparte Fahrtwege zum Job im Durchschnitt 4,4 h in der Woche [8] – Zeit, die sie dann mit ihren Kindern verbringen können.

Darüber hinaus wirkt sich eine Arbeitskultur, die auf Vertrauen basiert, positiv auf das Verhältnis zwischen Führungskraft und Mitarbeiter aus. So führen weniger Kontrolle und Regulierung zu weniger Konflikten zwischen Vorgesetzen und Arbeitnehmern [20], was wiederum einen hohen Einfluss auf die Zufriedenheit hat:

> „Denn auch die Arbeitszufriedenheit leidet massiv unter Kontrollen: Weniger als die Hälfte der Arbeitnehmer ist mit ihrer Arbeit zufrieden, wenn sie strengen Kontrollen ausgesetzt

sind. Am zufriedensten sind Mitarbeiter hingegen, wenn sie nicht kontrolliert werden, ihnen also vertraut wird." [20]

Damit sich dieses Vertrauen aufbaut und Führungskräfte die Angst vor dem Kontrollverlust über die Arbeit ihrer Mitarbeiter verlieren, empfiehlt das Bundesministerium für Familie, Senioren, Frauen und Jugend (BMFSFJ), Manager für „Führung auf Distanz" [12] zu sensibilisieren, denn nur „dann können Führungskräfte die Beschäftigten glaubhaft dazu ermutigen, bestehende Angebote auch tatsächlich zu nutzen" [12]. Auch bei einer Tochtergesellschaft der Daimler AG waren die Führungskräfte und insbesondere die der älteren Generation zunächst skeptisch gegenüber den neuen Arbeitsformen. Um Vorurteile abzubauen, hat das Unternehmen die Manager ein halbes Jahr lang von zuhause aus arbeiten lassen. So konnten sie selbst erfahren, wie sich mobiles Arbeiten auf ihre Leistungen auswirkt [12]. Teil eines Programms zur Sensibilisierung können aber auch konkrete „Fortbildungen und Weiterbildungen für virtuelles Führen oder den Umgang mit Cloud-Software" [11] sein. Führungskräfte müssen in jedem Fall in diesem Wandlungsprozess von der Präsenz- zur Ergebniskultur unterstützt werden.

Teil dieser vorherrschenden Präsenzkultur ist auch eine häufig familienunfreundliche und oft auch unproduktive Meetingkultur. Meetings finden noch immer vermehrt am Morgen oder späten Nachmittag statt und erfordern die Anwesenheit der Mitarbeiter. Die IKEA Möbelvertrieb OHG Österreich wurde im Rahmen des Audits berufundfamilie mehrfach als familienfreundlicher Arbeitgeber ausgezeichnet. Zu ihrem Leitbild gehört auch eine Meetingkultur, die die familiären Verpflichtungen ihrer Mitarbeiter berücksichtigt. So finden keine Meetings am frühen Morgen oder Abend statt [31]. Darüber hinaus entstehen durch die Digitalisierung auch Möglichkeiten, Meetings beispielsweise per (Video)Telefonkonferenz durchzuführen. Voraussetzung ist, dass Unternehmen und Führungskräfte diesen neuen Möglichkeiten offen gegenüberstehen und Verständnis für die familiären Pflichten zeigen.

Über mobiles Arbeiten oder Teilzeit hinaus bestehen weitere Möglichkeiten zum flexiblen Arbeiten. Auch „Individuell vereinbarte Arbeitszeiten, Flexible Tages- und Wochenarbeitszeit, Vertrauensarbeitszeit, Flexible Jahres- oder Lebensarbeitszeit, Jobsharing oder Sabbaticals" bieten Möglichkeiten zur Vereinbarkeit von Familie und Beruf auch für Unternehmen, die überwiegend keine klassischen Büroarbeitszeiten haben [10].

Ein Unternehmen, das sich speziell auf eine väterbewusste Personalpolitik konzentriert und versucht, seinen Angestellten eine Bandbreite an Angeboten zu ermöglichen, ist die Fingerhaus GmbH. Bei dem Fertighaus-Unternehmen arbeiten überwiegend Männer, größtenteils in ganz Deutschland auf Montage. Vätern mit Familienaufgaben wird eine 4-Tage-Woche ermöglicht. Außerdem werden Monteure, wenn die Geburt des Nachwuchses ansteht oder eine familiäre Notsituation besteht, nur heimatnah eingesetzt [21]. Auch bezahlte Freistellungen sind in Sonderfällen möglich. Außerdem können „Mitarbeiter in der Produktion ihre Arbeitszeitkonten in den auftragsstarken Frühjahr- und Sommermonaten aufbauen, um ihre Arbeitszeit im Winter zu verkürzen" [21]. Auch kurzfristiges Tauschen der Schichten untereinander ist kein Problem. Angst, dass die Mitarbeiter dadurch ihre Leistung nicht erbringen, hat hier niemand, denn: „nur mit guten und motivierten Mitarbeitern ist unternehmerischer Erfolg möglich" [27], sagt Geschäftsführer Klaus Gronau. Laut der Personalleiterin Andrea Richter sind „individuelle Arbeitszeitmodelle heutzutage ein wichtiger Faktor bei der Bindung und guter Mitarbeiter an das Unternehmen" [27]. Die Fingerhaus GmbH wurde für ihr Engagement 2016 von Erfolgsfaktor Familie mit dem Sonderpreis „Väterfreundliche Personalpolitik" ausgezeichnet.

Es braucht entsprechend mehr solcher Leuchtturmunternehmen, die ihren Mitarbeitern flexible Arbeitszeitmodelle zur Verfügung stellen, die sich an die aktuelle Lebenssituation anpassen. Aber auch spezifische Schulungen für Mitarbeiter und Führungskräfte sind notwendig, um gegen das Vorurteil des „im Homeoffice wird nicht richtig gearbeitet" anzukämpfen.

Voraussetzung für die Flexibilität sind für Per Hoyer neben der Fähigkeit, sich gut organisieren und fokussieren zu können, auch technische Gegebenheiten wie Laptop, Internetzugang und Handy sowie eine strukturierte Arbeitsverteilung. Dadurch, dass die Tätigkeiten bei seecon hauptsächlich aus Projektarbeit bestehen, sind die Prozesse genau durchgeplant und Zuständigkeiten klar verteilt. Von wo aus die Mitarbeiter ihre Aufgaben dann erledigen, ist zweitrangig: „Es zählen die Ergebnisse" [25]. Entsprechend besteht bei seecon eine Unternehmenskultur, die auf Vertrauen und Ergebnisorientierung basiert und viele junge Fachkräfte angezogen hat.

5.5 Familie und Karriere vereinbaren?! Das wird nichts!

Christoph Ewert und seine Frau Delia beweisen das Gegenteil. Beide sind in Führungspositionen bei Hamburg Wasser tätig, arbeiten jeweils 85 %, haben drei Kinder und haben mit längeren Elternzeiten Karriere gemacht [24]. Beruf und Familie teilen sie sich partnerschaftlich auf. Abwechselnd arbeitet ein Elternteil freitags von zuhause. Auch sonst nutzt das Paar flexible Gleitzeitmodelle so, dass ein Elternteil früh anfängt zu arbeiten und die Kinder am Nachmittag von der Kita oder Schule abholt und der oder die andere einen späteren Arbeitsbeginn hat, sodass er oder sie die Kinder zur Kita bzw. Schule bringt. Durch diese Flexibilität und eine gute Tagesplanung werden sehr lange Tage für die Kinder in der Kindertagesstätte vermieden und beide können trotzdem vollzeitnah tätig sein und ihren Führungsaufgaben gerecht werden [22].

So positiv verläuft die Vereinbarkeit von Familie und Führungsaufgaben für viele noch nicht (Abb. 5.4). Häufig besteht noch immer das Vorurteil, dass Kind und Karriere nicht zusammenpassen und zwei nicht kompatible Welten sind. Und auch wenn Unternehmen wie die Robert Bosch GmbH und die Commerzbank AG, wie in Abschn. 5.2 beschrieben, bereits bemüht sind, auch für Väter die Vereinbarkeit von Familie und Beruf zu fördern, werden diese ab einer bestimmten Karrierestufe immer weniger genutzt. Bei Unternehmen, besteht häufig noch immer die Vorstellung, dass die Kombination von aktiver Vaterschaft und einer verantwortungsvollen Position im Unternehmen nicht

Abb. 5.4 Familie und Karriere vereinbaren?! Das wird nichts! (Quelle: Boehringer Ingelheim Pharma GmbH & Co. KG; Urheber: Michael Hüter, Bochum)

gelingen kann, sondern darin eine Doppelbelastung besteht: „Wer kann Verantwortung im Job übernehmen, wenn er das Kind rechtzeitig aus der Kita holen muss oder kurz nach Dienstschluss der Elternsprechtag in der Schule ansteht?“ [41].

Auch die gelebte Realität spiegelt diese Annahme wider: Männer in Führungspositionen leben in Deutschland vorwiegend in Haushalten mit einer traditionellen Aufteilung von Beruf und Familie und entsprechend einem männlichen Familienernährermodell [17]. Dennoch ist auch hier der Trend zu beobachten, dass der Wunsch nach einer egalitären Aufteilung anwächst [17]. Insbesondere Eltern der jungen Generation wünschen sich eine partnerschaftliche Aufteilung von Familie und Beruf auch in höheren Karrierepositionen [1]. Studien zeigen unter anderem, „dass sich 80 Prozent der Manager für flexible Arbeitszeiten interessieren“ [17].

Grund für die noch immer bestehende Skepsis der Vereinbarkeit, ist häufig der mit den Führungspositionen verbundene hohe Arbeitseinsatz. Brigitte Abrell beschreibt, dass sich viele Führungskräfte durch die hohen und vielfältigen Anforderungen gezwungen fühlen, ihre Zeitplanung dem Beruf anzupassen [1]. Eine Studie des Deutschen Instituts für Wirtschaftsforschung zeigte 2015, dass 44 % der befragten männlichen Führungskräfte zwischen 40 und 49 h und 23 % zwischen 50 bis 59 h in der Woche gearbeitet haben [30]. Führungskräfte haben damit im Durchschnitt deutlich längere Arbeitszeiten als sonstige Angestellte. Ein hoher Einsatzwille und eine „hohe zeitliche Verfügbarkeit zählt demzufolge weiterhin zu den Charakteristika einer Führungstätigkeit und hat als Determinante für den Aufstieg erheblichen Einfluss" [17]. Dabei zeigen Untersuchungen, dass die Leistungsbereitschaft bei jungen Eltern nicht abnimmt, sie jedoch fokussierter arbeiten: „Das führt nicht dazu, dass sie – wie viele Vorurteile uns glauben schenken – desinteressierter am Job sind – im Gegenteil: Das macht sie souveräner, auch gelassener, sodass sie stärker fokussieren" [41].

Auch bei der Telekom Deutschland GmbH werden insbesondere im gehobenen Management noch immer nur selten flexible Arbeitsangebote genutzt. Um dem entgegenzuwirken, wurde 2014 das Programm „Executive Initiative Flexible Working" ins Leben gerufen [26]. Dabei wurden alle leitenden Angestellten angeschrieben und „gebeten, sich zu melden, wenn sie beispielsweise 80 Prozent Teilzeit arbeiten möchten oder eine selbstfinanzierte Auszeit von einem Monat nehmen möchten oder ein Tag die Woche im Home Office arbeiten wollen" [26]. Zurückgemeldet haben sich 83 Führungskräfte, die ein halbes Jahr lang ihr Wunschmodell testen konnten. Viele Teilnehmer sind auch danach bei dem gewählten Modell geblieben [26]. Ziel der Initiative war es auch, dass, wenn vermehrt Führungskräfte die flexiblen Arbeitsangebote nutzen, sie somit zu Vorbildern für ihre Mitarbeiter werden [26].

Wichtig ist es dann laut Dr. Lena Hipp, dass Unternehmen klar kommunizieren, dass diese Angebote auch für Väter und nicht nur für Mütter gelten. Hilfreich sind dabei unter anderem konkrete Vereinbarungen bereits vor der Inanspruchnahme von Elternzeit und Co., mit den Mitarbeitern darüber, wie es beruflich nach der Elternzeit und mit flexibler Arbeitszeit weitergehen kann [26]. Hilfreich ist es außerdem, wenn Unternehmen interne Väternetzwerke initiieren, in denen sich Väter austauschen und gegenseitig in ihrer Vereinbarkeit von Familie und Karriere unterstützen und beraten können. Ein Schwerpunkt der Netzwerkarbeit kann dann sein, in diesem Bereich unternehmensinternes Lobbying zu betreiben und auf die Missstände insbesondere im gehobenen Management aufmerksam zu machen. Besonders wirksam ist es, „einen im Unternehmen prominenten Schirmherrn oder Botschafter zu finden" [11], der dann insbesondere auch Mitarbeitern auf höheren Karriereebenen verdeutlicht, dass familienfreundliche Angebote auch für sie gelten.

Damit dem Vorurteil „Familie und Karriere ist nicht vereinbar" entgegengewirkt werden kann, müssen Unternehmen klar kommunizieren, dass angebotene familienfreundliche Maßnahmen auf allen beruflichen Ebenen gelten. Der Einsatz seitens der Väter für die Familie darf sich nicht negativ auf die berufliche Laufbahn auswirken und Karriere sollte auch mit Teilzeitmodellen möglich sein.

Christoph Ewert und seine Frau Delia sind in dringenden Notfällen auf ihrem Handy erreichbar. Damit Probleme in ihrer Abteilung, auch wenn sie nicht im Büro sind, schnell beseitigt werden können. Als Christoph Ewald aus seiner Elternzeit zurückkam, ergab sich für ihn außerdem die Möglichkeit, in einen anderen Bereich zu wechseln, auf eine Position mit mehr Verantwortung [22]. Inzwischen ist er Chef von mehr als 100 Beschäftigten und „wacht über die Abwasserpumpen in der Metropolregion Hamburg" [24].

5.6 Kinder brauchen Väter von Anfang an?! Die gehören in den ersten Jahren doch zur Mutter!

Christoph Ewert ist ein gutes Beispiel, wenn es um die Möglichkeiten der Kombination von Karriere und Familie geht. Er versinnbildlicht jedoch auch das neue Verständnis von Vaterschaft in Deutschland, bei dem Vatersein über die Vorstellung des „Spielkamerads" oder „Wochenendvaters" hinausgeht, sondern Väter auch im Familienalltag eine aktive Rolle übernehmen. Für Christoph Ewert ist es selbstverständlich, seine Kinder montags und dienstags vom Kindergarten und Schule abzuholen und den Nachmittag mit ihnen ohne seine Frau Delia zu verbringen [24]. Aufgaben wie Hausaufgabenbetreuung und Pausenbrote für den nächsten Tag schmieren, stehen dann für den Abteilungsleiter bei Hamburg Wasser auf der Agenda. Jeden zweiten Freitag hat Christoph Ewert frei, dann muss auch der jüngste Sohn Arne (2 Jahre) nicht in die Kita. Wenn die Kinder krank werden, schauen beide kurzfristig in ihre Terminkalender, bei wem es beruflich besser realisierbar ist, zuhause zu bleiben [24].

In Deutschland ist diese gleichberechtigte Aufteilung von Erwerbstätigkeit und Familienarbeit ein Ideal, das häufig aber noch nicht gelebt wird. Insbesondere in den ersten Jahren besteht häufig noch immer die Vorstellung, dass das Kind zur Mutter gehört und Mütter besser mit Kleinkindern umgehen können als Väter (Abb. 5.5). Dieses Vorurteil wurde unter anderem durch Kinderpsychiater John Bowlby in den 1950er Jahren stark geprägt, der die „angeblich naturgebundene Bindung des Kindes an die Mutter popularisierte" [38]. Darauf folgte die Vorstellung von Entwicklungspsychologen, dass „Väter und Mütter höchst unterschiedlich mit Kindern umgehen: Väter spezialisieren sich demnach aufs wilde Spielen, Mütter auf die Fürsorge" [38]. Beide Vorstellungen passten lange Zeit gut zu dem in Deutschland vorherrschenden traditionellen Rollenverständnis in der Familie mit dem Vater als Erwerbstätiger und Wochenendvater, der für das Einkommen der Familie sorgt, und der Mutter als Hausfrau, die sich um die Kinder, ältere Familienmitglieder und die Hausarbeit kümmert [28].

Väterforscher wie Michael Lamb kommen inzwischen zu einer anderen Einschätzung der Rolle des Vaters für die kindliche Entwicklung. Seines Erachtens, wurde die klare Unterscheidung zwischen mütterlichem und väterlichem Verhalten überinterpretiert:

> „Dabei verfügen Väter über viele jener Fähigkeiten, die man lange Zeit vor allem Müttern zugebilligt hat. Die wichtigsten Bestandteile guten Elternverhaltens so Lamb, seien universell. Dabei gehe es vor allem um ‚Wärme, Einfühlungsvermögen, innere Beteiligung und, mit zunehmendem Alter der Kinder, Aufsicht'" [38].

Seine Erkenntnisse widersprechen dem Vorurteil der klaren Zugehörigkeit von Kleinkindern zur Mutter. Eine Einschätzung, die den Vätern zugutekommen, denn auch sie möchten von Beginn an eine enge Bindung zu ihren Kindern aufbauen. Väter möchten damit selbst eine andere Rolle in der Familie einnehmen als die eigenen Väter, mit denen sie sich mehr Zeit gewünscht hätten. Brannen und Nilsen sprechen hier von einem Wandlungsprozess von „Fatherhood" und hin zum „Fathering", also hin zu einer aktiven

Abb. 5.5 Kinder brauchen Väter von Anfang an?! Die gehören in den ersten Jahren doch zur Mutter! (Quelle: Boehringer Ingelheim Pharma GmbH & Co. KG; Urheber: Michael Hüter, Bochum)

involvierten Vaterschaft [13]. Auch die Trendstudie „Moderne Väter" beschreibt diese Entwicklung:

> „Männer trauen sich heute als Vater und in der Beziehung zu ihren Kindern mehr zu als die Generation ihrer Väter. Sie werden einfühlsamer und fürsorglicher, ohne etwas von ihrem Selbstverständnis als Mann und ihrer Männlichkeit einzubüßen. Dadurch ändert sich auch die Wahrnehmung dessen, was ein „richtiger Mann" ist bzw. zu sein hat" [46].

Eine Entwicklung, die auch die Mütter in ihrem Wunsch nach Erwerbstätigkeit unterstützt: „Gut jede dritte Mutter und vier von zehn Vätern [wünschen sich] eine (annähernd) egalitäre Aufteilung der Erwerbsarbeit" [6]. Die Realität ist jedoch häufig noch eine andere. Auch, wenn in den meisten Partnerschaften vor der Geburt des ersten Kindes noch eine Vollzeitbeschäftigung beider besteht, so ändert sich das Modell nach der Geburt des ersten Kindes meist zu einer Vollzeitbeschäftigung des Vaters und einer Teilzeitbeschäftigung der Mutter [33]. Das am häufigsten gewählte Teilzeitmodell der Mutter ist eine kürzere Teilzeitarbeit (15 bis 24 Wochenstunden). Vor der Geburt des ersten Kindes waren lediglich 4 % der Paare in dieser Form berufstätig [33]. Wunsch und Realität gehen hier entsprechend weit auseinander. Einhergehend damit entwickelt sich auch ein Ungleichgewicht in der Kinderbetreuung. Obwohl auch hier rund 60 % der Väter gerne mindestens die Hälfte der Kinderbetreuung übernehmen würden, ist das in der Realität nur bei 18 % der Fall [33].

Lück erklärt diesen großen Unterschied zwischen Wunsch und Realität damit, dass unterschiedliche persönliche und gesellschaftliche Leitbilder bestehen. Auch wenn Paare auf der persönlichen Ebene äußern, dass sie sich partnerschaftliche Zuständigkeiten wünschen, so empfinden sie doch, dass der gesellschaftliche Anspruch eine traditionelle Aufteilung ist. Väter empfinden noch immer den gesellschaftlichen Druck, für das Familieneinkommen verantwortlich zu sein [36]. Und gleichzeitig besteht noch immer ein häufig unbewusstes Verständnis davon, dass Kinder in den frühen Jahren zur Mutter gehören und Müttern eine intensive Zeit mit den Kindern ermöglicht werden sollte. Diese kulturellen Leitbilder haben laut Oechsle und Reimer dabei ein starkes „Beharrungsvermögen“ [37], sind also nur langsam änderbar. Die daraus noch häufig resultierende enge Beziehung des Kindes zur Mutter frustriert Väter. Viele Väter sind enttäuscht, „wenn der Sohn morgens weint, wenn die Mutter zur Arbeit geht und vor dem Vater das Haus verlässt“ [37]. Das löst „bei dem Vater Irritationen und Zweifel über seinen Stellenwert in der Beziehung zum Sohn aus“ [37]. Väter fühlen sich häufig als „Bezugsperson zweiter Klasse“ und sind unsicher, welchen Stellenwert sie in der Familie einnehmen [37]. Wichtig ist hier zu verstehen, dass es insbesondere in den ersten Jahren darauf ankommt, viel Zeit miteinander zu verbringen, um eine enge Bindung aufzubauen. Allein die Abendstunden oder das Wochenende reichen da häufig nicht aus [38]. Doch mehr Zeit bleibt Vätern bei einer Vollzeitbeschäftigung häufig nicht. Eine weitere Ursache sehen Oechsle und Reimer in den häufig fehlenden Routinen im Familienalltag. Denn durch die bereits beschriebene Abgrenzung zu den eigenen Vätern fehlen ihnen auch Vorbilder und Orientierung, wie die alltägliche Beziehung zum Kind gestaltet werden kann.

Hier ist es besonders wichtig, dass die Partnerin ein unterstützendes Verhalten zeigt. Eine Studie der Ohio State University zeigt, dass sich die Reaktion der Partnerin auf den Umgang des Vaters mit dem Kind auf die weitere Interaktion zwischen Vater und Kind auswirkt. Ist die Mutter sehr kritisch, verunsichert das Väter und führt dazu, dass sich seine Erziehungsqualität verschlechtert [2].

Hilfreich kann hier auch die Elternzeit für Väter sein. Insbesondere dann, wenn sie länger als drei Monate und ohne die Mutter genutzt wird. Laut Pfahl und Reuß empfinden gerade dann Väter, dass sie sich auf die Kinderbetreuungsaufgaben einlassen können und eine intensive Vater-Kind-Beziehung aufbauen. Die Wahrscheinlichkeit steigt dann auch, dass sich das Paar die Familienaufgaben auch nach der Elternzeit egalitär aufteilt [39].

Insgesamt ist es entsprechend wichtig zu verstehen, dass, auch wenn sich viele Paare eine egalitäre Aufteilung von Beruf und Familie wünschen, sie unbewusst häufig noch von dem traditionellen Rollenverständnis in ihrem Handeln beeinflusst werden. Wichtig ist entsprechend eine Auseinandersetzung mit dem Vorurteil, dass Mütter besser mit Kindern umgehen können. Lassen sich Paare auf eine partnerschaftliche Aufteilung ein, ist die Realität häufig ein Balanceakt zwischen Beruf und Familie.

Christoph Ewert hat die Gleichverteilung der Familienaufgaben von Beginn an eingefordert: „Warum soll nur meine Frau was von den Kindern haben? [...] Das hätte ich als ungerecht empfunden. Und meine Frau wollte außerdem auch nicht auf die Rolle als Hausfrau und Mutter reduziert werden" [24]. Gleichzeitig besteht bei Delia Ewert, wie bei vielen Frauen der jüngeren Generation, der Wunsch, berufstätig zu bleiben und ihre Karriere nicht für die Familie aufzugeben. Angst davor, dass ihr Mann nicht so gut mit den Kindern umgehen könnte, bestand dabei nie.

5.7 Fazit – Familien brauchen den Mut ihr individuelles Vereinbarkeitsmodell zu leben!

Insgesamt existiert eine Vielzahl an Möglichkeiten, die die Vereinbarkeit von Familie und Beruf und eine egalitäre Aufteilung in den Paaren ermöglichen. Unternehmen fokussieren bei diesen Maßnahmen jedoch häufig nur die Mütter und nehmen nicht bewusst wahr, dass auch immer mehr Väter sich Möglichkeiten zur Vereinbarkeit wünschen. Der Beitrag zeigt jedoch auch, dass Leuchtturmunternehmen in diesem Gebiet bestehen, die die veränderten Idealvorstellungen von Vätern und Müttern erkannt haben. Diese Leuchtturmunternehmen sollten als Vorbilder genutzt werden (Abb. 5.6).

Gleichzeitig befinden sich Väter in einem Konflikt zwischen persönlichem Idealbild und empfundenen gesellschaftlichen Erwartungen. Nicht immer ist dieser Konflikt bewusst und Entscheidungen werden häufig beeinflusst von Stereotypen einer guten Familie, die noch an das traditionelle Rollenverständnis angelehnt sind. Es erfordert zum einem Aufseiten der Unternehmen und Führungskräfte eine Reflexion der Vorurteile. Aber auch auf der individuellen Ebene müssen Väter und Mütter ihre Vorstellungen einer guten Familie bewusst reflektieren und Vorurteile wahrnehmen. Sonst können Stereotypen dazu führen, dass Väter sich gar nicht darüber im Klaren sind, dass Möglichkeiten wie mobiles Arbeiten, Teilzeit und längere Elternzeitnutzung auch für sie bestehen, oder sie entscheiden sich bewusst dagegen. Bei einer bewussten Entscheidung sind insbesondere die Ängste vor negativen Auswirkungen auf die Karriere ausschlaggebend. Unternehmen und Führungskräfte können Väter hier konkret unterstützten, indem sie proaktiv die Qualitäten wertschätzen, die Arbeitnehmer durch ihre Familienaufgaben erlernen. Eine aktive Vater- und Mutterschaft sollte sich auch nicht negativ auf den beruflichen Werdegang auswirken.

Im Gegenzug erhalten Unternehmen motivierte Mitarbeiter mit einer hohen Verbundenheit gegenüber dem Unternehmen und eine daraus resultierende geringe Fluktuation. Da es noch immer nicht zur Normalität für Väter gehört, familiäre Verpflichtungen mit denen der Arbeitswelt in Balance zu bringen, sollten Best-Practice-Beispiele, auch auf Führungsebene, verstärkt kommuniziert werden. Väternetzwerke in Unternehmen fördern dahin gehend den Austausch zwischen Vätern, ermutigen sie zu einer offen gelebten Vereinbarkeit von Familie und Beruf und geben wichtige Impulse durch Experten von außen.

Abb. 5.6 Familien brauchen den Mut ihr individuelles Vereinbarkeitsmodell zu leben! (Quelle: Boehringer Ingelheim Pharma GmbH & Co. KG; Urheber: Michael Hüter, Bochum)

Um die beschriebenen Vorurteile gegenüber Vätern abzubauen, haben sich spezielle Führungskräfteworkshops mit Unconscious Bias Elementen (Aufdeckung und Bearbeitung von Vorurteilen) sehr bewährt auch gerade, um junge Führungskräfte früh zu sensibilisieren und in den gesellschaftlichen Wandel miteinzubeziehen. Nur dann wird es in Zukunft mehr Paaren gelingen, eine partnerschaftliche Aufteilung zu leben.

Literatur

1. Abrell, B. (2015). *Führen in Teilzeit. Voraussetzungen, Herausforderungen und Praxisbeispiele*. Wiesbaden: Springer Gabler.
2. Altenburger, L. E., Schoppe-Sullivan, S. J., Dush, K., & Claire, M. (2018). Associations between maternal gatekeeping and fathers' parenting quality. *Journal of Child and Family Studies, 27*(8), 2678–2689.
3. Kearney, A. T. (2014). *Nur Mut! – Männer und Väter*.
4. Kearney, A. T. (2015). Vereinbarkeit wagen! Ergebnisse der dritten 361° A.T. Kearney-Familienstudie.
5. Bergner, S. (2017). Ich bin dann mal weg. https://www.datev-karriereblog.de/2017/12/13/ich-bin-dann-mal-weg/. Zugegriffen: 20. Aug. 2018.

6. Bernhardt, J., Hipp, L., & Allmendinger, J. (2016). Warum nicht fity-fifty? Betriebliche Rahmenbedingungen der Aufteilung von Erwerbs- und Fürsorgearbeit in Paarfamilien, WZB Discussion Paper.
7. Bmas. (2018). Brückenteilzeit kommt. https://www.bmas.de/DE/Presse/Meldungen/2018/brueckenteilzeit.html. Zugegriffen: 20. Aug. 2018.
8. BMFSFJ. (2015). *Digitalisierung – Chancen und Herausforderungen für die partnerschaftliche Vereinbarkeit*. Berlin: BMFSFJ.
9. BMFSFJ. (2015). *Dossier Väter und Familie – Erste Bilanz einer neuen Dynamik*. Berlin: BMFSFJ.
10. BMFSFJ. (2016). *Unternehmensmonitor Familienfreundlichkeit 2016*. Berlin: BMFSFJ.
11. BMFSFJ. (2017). *Väter und Vereinbarkeit. Leitfaden einer väterorientierten Personalpolitik*. Berlin: BMFSFJ.
12. BMFSFJ. (2017). *Digitale Vereinbarkeit. Home-Office und mobiles Arbeiten – Eine Toolbox für Unternehmen und Beschäftigte mit Familienaufgaben*. Berlin: BMFSFJ.
13. Brannen, J., & Nilsen, A. (2006). From fatherhood to fathering: Transmission and change among British fathers in fourgeneration families. *Sociology, 40*(2), 335–352.
14. Commerzbank AG. (2015). *Väter bei der Commerzbank: Ein Kulturwandel entsteht*. Die Commerzbank-Väter-Studie 2015.
15. Commerzbank AG. Für jeden Lebenslage das passende Angebot. https://www.commerzbank.de/de/nachhaltigkeit/governance/mitarbeiter/vereinbarkeit_von_beruf_und_familie/vereinbarkeit_von_beruf_und_privatleben_1.html. Zugegriffen: 20. Aug. 2018.
16. Deutscher Bundestag. (2018). Bericht über die Auswirkungen der Regelungen zum Elterngeld Plus und zum Partnerschaftsbonus sowie zur Elternzeit.
17. Der Teilzeitmann. (2014). Teilzeitarbeit in der Chefetage. http://www.teilzeitkarriere.ch/images/publikationen/teilzeitufhrung1.pdf. Zugegriffen: 20. Aug. 2018.
18. Dettmer, M., & Schmergal, C. (2017). Halber Job, ganzer Kerl. Männer. Die von Teilzeit träumen. http://www.spiegel.de/spiegel/arbeitsmarkt-viele-vaeter-wuerden-gern-in-teilzeit-arbeiten-a-1161511.html. Zugegriffen: 20. Aug. 2018.
19. DIW. (2013). Wochenbericht, 46/2013, 4.
20. Enste, D., Grunewald, M., & Kürten, L. (2018). *IW-Trends – Vierteljahresschrift zur empirischen Wirtschaftsforschung, 45*(2), 47–66.
21. Erfolgsfaktor Familie. Sonderpreis „Väterfreundliche Personalpolitik": FingerHaus GmbH. https://www.erfolgsfaktor-familie.de/index.php?id=491. Zugegriffen: 20. Aug. 2018.
22. Erfolgsfaktor Familie: Steckbrief Christoph Ewert. https://www.erfolgsfaktor-familie.de/zum-nachmachen-erfahrungen-aus-dem-arbeitsleben/detail/beispiel/hamburg-wasser-christoph-ewert-teilzeit.html. Zugegriffen: 20. Aug. 2018.
23. Erfolgsfaktor Familie. (2015). Pluspunkt Väterförderung. *Geht doch! So gelingt die Vereinbarkeit von Familie und Beruf, 3,* 14–16.
24. Erfolgsfaktor Familie. (2015). Familie ist Teamwork. *Geht doch! So gelingt die Vereinbarkeit von Familie und Beruf, 3,* 10–13.
25. Erfolgsfaktor Familie. (2015). Zu Hause, im Büro. *Geht Doch! So geling die Vereinbarkeit von Familie und Beruf, 4,* 12–15.
26. Erfolgsfaktor Familie. (2016). Vereinbarkeit. Macht. Karriere. *Geht doch! So geling die Vereinbarkeit von Familie und Beruf, 5,* 8–11.
27. FingerHaus GmbH. (2014). Familienfreundliches Unternehmen. https://www.fingerhaus.de/ihre-vorteile/ausgezeichnete-qualitaet/auszeichnung-zertifikate/. Zugegriffen: 20. Aug. 2018.
28. Geisler, E., & Kreyenfeld, M. (2012). *How policy matters: Germany's parental leave benefit reform and fathers' behavior 1999–2009*. MPIDR working paper. Rostock: Max Planck Institute for Demographic Research.

29. Hermann, O. (2015). Manager, die Erfahrungen mit Kindern haben, treffen bessere Entscheidungen. https://editionf.com/leander-scholz-vaeter-elternzeit. Zugegriffen: 20. Aug. 2018.
30. Holst, E., & Friedrich, M. (2017). *Führungskräfte-Monitor 2017*. Berlin: Deutsches Institut für Wirtschaftsforschung.
31. IKEA Möbelvertrieb OHG. (2014). Audit Beruf und Familie: IKEA als familienfreundlicher Arbeitgeber ausgezeichnet. http://presse.professional.at/presseinfos/lesen/3711/audit_beruf_und_familie___ikea_als_familienfreundlicher_arbeitgeber_ausgezeichnet. Zugegriffen: 20. Aug. 2018.
32. Institut für Arbeit und Qualifikation an der Universität Duisburg-Essen: Teilzeitquote in Deutschland nach Geschlecht 2000–2016. http://www.sozialpolitik-aktuell.de/tl_files/sozialpolitik-aktuell/_Politikfelder/Arbeitsmarkt/Datensammlung/PDF-Dateien/abbIV8d.pdf. Zugegriffen: 20. Aug. 2018.
33. Institut für Demoskopie Allensbach. (2015). *Weichenstellung für die Aufgabenteilung in Familie und Beruf*. Allensbach: Institut für Demoskopie Allensbach.
34. Kempf, D. (2015). BITKOM-Studie „Digitalisierung der Arbeitswelt"
35. Lask, J. E., & Junker, N. M. (2018). Bericht 1/10 zur Studie „Elternkompetenzen & Arbeit".
36. Lück, D. (2015). Vaterleitbilder: Ernährer und Erzieher? In F. S. Norbert, S. Diabatéz, & K. Ruckdeschel (Hrsg.), *Familienleitbilder in Deutschland. Kulturelle Vorstellungen zu Partnerschaft, Elternschaft und Familienleben*. Opladen: Budrich.
37. Oechsle, M., & Reimer, T. (2016). Väter zwischen Beruf und Familie: Handlungskrisen, Bewältigungsstrategien und gesellschaftliche Transformationsprozesse. *Österreichische Zeitschrift für Soziologie, 41*(S1), 213–237.
38. Paulsen, S. (2010). Wie Väter ihre Kinder prägen. *Geo Wissen Väter. Was sie so besonders Macht, 46*, 30–37.
39. Pfahl, S., Reuyß, S. et al. (2015). Nachhaltige Effekte der Elterngeldnutzung durch Väter. Gleichstellungspolitische Auswirkungen von Elterngeldmonaten durch erwerbstätige Väter auf betrieblicher und partnerschaftlicher Ebene.
40. Robert Bosch GmbH. (2015). Vereinbarkeit von Beruf und Privatleben bei Bosch. https://www.bosch-presse.de/pressportal/de/de/vereinbarkeit-von-beruf-und-privatleben-bei-bosch-42841.html. Zugegriffen: 18. Juli 2018.
41. Schmidt-Feneberg, P. (2017). Wer mit ihm klarkommt… hat auch hier kein Problem. *Men's Health, 05*(2017), 126–130.
42. Schmidt-Feneber, P. (2017). Work-life-balance. *Men's Health Dad, 01*(2017), 80.
43. Stamm, M. (2018). *Neue Väter brauchen neue Mütter. Warum Familie nur gemeinsam gelingt*. München: Piper.
44. Statistisches Bundesamt. (2017). *Öffentliche Sozialleistungen*. Wiesbaden: Statistik zum Elterngeld Leistungsbezüge.
45. Statistisches Bundesamt. (2018). *Öffentliche Sozialleistungen*. Wiesbaden: Statistik zum Elterngeld Leistungsbezüge.
46. Väter gGmbH. (2012). *Trendstudie „Moderne Väter"*. Hamburg: Väter.

Volker Baisch, Geschäftsführer Väter gGmbH, berät als Pionier auf diesem Gebiet seit mehr als zehn Jahren zur Vereinbarkeit von Beruf und Familie für Männer. Gemeinsam mit seinem Team sensibilisiert er Fach- und Führungskräfte für das Thema Vereinbarkeit von Arbeits- und Privatleben aus Vätersicht und zeigt auf, wie alle Seiten (Männer, Frauen, Kinder und die Unternehmen) profitieren können. Die Väter gGmbH arbeitet seit zwölf Jahren mit vielen Unternehmen, der Politik und Stiftungen an der Vision von einer Welt, in der sich berufliche Verwirklichung und ein erfülltes Familienleben sowohl für Männer als auch für Frauen nicht länger ausschließen. (www.vaeter-ggmbh.de)

Lisa Klußmann, Projektmitarbeiterin bei der Väter gGmbH, hat sich während ihres Studiums auf die Sozialstrukturanalyse fokussiert und ihre soziologische Abschlussarbeit zum Thema Elternzeit von Vätern im Kontext der Familienpolitik verfasst. Inspiriert durch Auslandsaufenthalte in Skandinavien setzt sie sich für ein Familienbild in Deutschland ein, das es jungen Elternpaaren ermöglicht, ihr ganz individuelles Vereinbarkeitsmodell zu leben.

Lookismus als Unconscious Bias: Der Einfluss des Aussehens auf Personalentscheidungen

6

Günther Vedder

Zusammenfassung

Wer eine fremde Person zum ersten Mal sieht, achtet sofort auf das Geschlecht, das Alter und das Aussehen. Innerhalb von wenigen Sekunden wird ein Urteil gefällt, das auf Stereotypen und Vorerfahrungen beruht. Schönen, schlanken, großgewachsenen Menschen werden beim ersten Eindruck häufig positive Eigenschaften zugeschrieben (leistungsfähig, freundlich, intelligent). Die weniger Attraktiven haben oft mit negativen Bewertungen zu kämpfen (dick, faul, krankheitsanfällig). Der Begriff Lookismus steht für eine positive oder negative Diskriminierung auf der Basis von Äußerlichkeiten. Er spielt bewusst oder unbewusst immer eine Rolle und wirkt sich auch auf Personalentscheidungen aus. Wie kommt es zu solchen Wahrnehmungsverzerrungen? Welche Konsequenzen resultieren daraus? Was können Organisationen unternehmen, um des Einfluss des Lookismus am Arbeitsplatz zu minimieren? Um diese Fragestellungen geht es im folgenden Beitrag.

6.1 Einleitung

In der englischen Sprache gibt es den bekannten Satz „Don't judge a book by its cover!“. Mit dieser Metapher ist unter anderem gemeint, dass man nicht von Äußerlichkeiten auf den Charakter oder die Kompetenzen von Menschen schließen sollte. Im privaten und beruflichen Alltag gelingt dies leider nur selten. Menschen beurteilen einander relativ schnell auf der Basis ihres Aussehens [12, 23, 24]. Die daraus resultierenden Vorurteile

G. Vedder (✉)
Institut für interdisziplinäre Arbeitswissenschaft, Leibniz Universität Hannover, Hannover, Deutschland
E-Mail: guenther.vedder@wa.uni-hannover.de

M. E. Domsch et al. (Hrsg.), *Vorurteile im Arbeitsleben*,
https://doi.org/10.1007/978-3-662-59232-8_6

und Stereotype können auch Personalentscheidungen wesentlich beeinflussen [7]. Der internationale Fachbegriff für eine Diskriminierung auf der Basis von Attraktivität oder Schönheit ist Lookismus [36]. In einigen Berufen (z. B. im Model- und Schauspielbereich) sind Äußerlichkeiten von besonderer Bedeutung und entsprechende Ungleichbehandlungen von vorneherein vorgesehen [37]. Bei anderen Tätigkeiten (z. B. in der Verwaltung) spielt das Aussehen hingegen nur eine untergeordnete Rolle und sollte daher keinen Einfluss auf Beurteilungen, Entgelte, Beförderungen etc. haben [34]. In diesem Beitrag geht es zunächst um die Frage, was unter Lookismus zu verstehen ist (Abschn. 6.2). Inwiefern tragen bewusste oder unbewusste Bewertungen zu dieser besonderen Form der Diskriminierung bei? Anschließend steht die alltägliche Wirkung des Aussehens im Mittelpunkt des Interesses (Abschn. 6.3). Es geht insbesondere um die Wahrnehmung von Körpergewicht, Körpergröße und Attraktivität im beruflichen Kontext. Abschn. 6.4 beschäftigt sich mit dem Einfluss von Äußerlichkeiten auf Personalentscheidungen in Organisationen. In welchen Bewertungssituationen kann Lookismus als Unconscious Bias zum Tragen kommen? Abschn. 6.5 behandelt die Frage, was die Arbeitgeber gegen positive oder negative Diskriminierungen ihrer Beschäftigten aufgrund des Aussehens unternehmen können. Bei der Bewerbung auf Musikerstellen in Orchestern findet das Vorspielen zum Beispiel häufig hinter einem Vorhang statt, sodass die Entscheidungen nicht von optischen Wahrnehmungen beeinflusst werden können. Ein Fazit zu den Auswirkungen des Lookismus in der Arbeitswelt rundet den Beitrag ab.

6.2 Was ist unter Lookismus zu verstehen?

Hinter dem Begriff Lookismus verbergen sich positive oder negative (Vor-)Urteile über Personen, die auf der Basis von Äußerlichkeiten gefällt werden [38]. Es handelt sich um eine Diskriminierungsform, die auch Aspekte von Sexismus, Altersdiskriminierung, Rassismus usw. beinhalten kann, wenn zum Beispiel ältere Frauen oder Menschen mit dunkler Hautfarbe negativ bewertet werden [3]. Besonders stark haben in Deutschland adipöse Menschen unter Lookismus zu leiden [11]. Obwohl die Zahl der Übergewichtigen permanent ansteigt und Übergewicht (je nach Definition) fast zum Normalfall geworden ist, sind soziale Diskriminierungen von sehr dicken Menschen weit verbreitet [23]. Ein anderes Beispiel: Wenn ein Staat entscheidet, dass stark tätowierte Menschen nicht in den Polizei- oder Militärdienst aufgenommen werden, liegt eine Form von struktureller Diskriminierung auf der Basis von Äußerlichkeiten vor [34]. Lookismus tritt seltener auf, wenn Menschen mit ihrem Aussehen innerhalb von aktuellen Attraktivitätsnormen liegen (Schlankheit, Jugendlichkeit, volles Haar, gesunde Zähne etc.). Je nach Kontext können Personen sonst als zu groß, zu klein, zu dick, zu dünn, zu alt aussehend, zu jung aussehend, zu dunkelhäutig, zu offensichtlich behindert, zu hübsch, zu hässlich, zu auffallend gekleidet (Kopftuch, Turban), zu tätowiert etc. angesehen werden. Wer oberhalb oder unterhalb des akzeptierten Normbereichs liegt, läuft Gefahr, im Beruf benachteiligt zu werden [37]. Die Norm kann von Land zu

Land völlig unterschiedlich ausfallen: kleine Männer in Thailand ↔ kleine Männer in den Niederlanden; dicke Frauen in Frankreich ↔ dicke Frauen in Südafrika. Der gesellschaftliche Kontext spielt daher beim Lookismus eine wichtige Rolle. Die Bevorzugung schöner Menschen bei einer gleichzeitigen Benachteiligung von nicht attraktiven Menschen findet häufig unbewusst statt [4]. Der Lookismus basiert auf dem Fehlurteil, dass schön mit gut gleichzusetzen sei. Von einer bekannten Eigenschaft wird auf diverse unbekannte Eigenschaften geschlossen: Schöne Menschen erscheinen dann auch freundlicher, vertrauenswürdiger, intelligenter, leistungsfähiger, emotional stabiler und sozial kompetenter. Daraus kann ein lebenslanger Vorteil erwachsen, der sich auch auf das Arbeitsleben erstreckt [6].

6.3 Die Wirkung des Aussehens im (beruflichen) Alltag

Der Begriff Aussehen erfasst das äußere Erscheinungsbild einer Person, das beim Gegenüber einen bestimmten Eindruck hinterlässt [35]. Es setzt sich aus unterschiedlichen Aspekten des Körpers und der Kleidung zusammen [23, 24]. Einige Äußerlichkeiten sind genetisch determiniert und somit kaum oder gar nicht veränderbar (Körpergröße, Hautfarbe). Andere Aspekte der Körperlichkeit lassen sich durch Sport oder Ernährung beeinflussen (Körpergewicht, Athletik). Unerwünschte Zeichen des Alterungsprozesses können durch Kosmetik zumindest eine Zeit lang verdeckt (graue Haare, Falten) oder im Rahmen von Schönheitsoperationen (große Nase, schiefe Zähne) korrigiert werden. Immer mehr Menschen passen ihr Aussehen dem jeweiligen Schönheitsideal an. Was als schön wahrgenommen wird, hängt von Wertvorstellungen ab, die durch gesellschaftliche Konventionen beeinflusst werden. Oft wird als schön definiert, was eher selten anzutreffen ist: schlanke Körper im Überfluss und dicke Körper in Gegenden mit Nahrungsmangel [19]. Nachfolgend stehen die Wirkungen von Körpergewicht, Körpergröße und Attraktivität im (beruflichen) Alltag im Mittelpunkt des Interesses.

6.3.1 Gewichtsdiversität

Innerhalb der Bevölkerung gibt es große Unterschiede bezüglich des Körpergewichts. Wenn von Untergewicht, Übergewicht oder Adipositas die Rede ist, wird häufig der Body Mass Index (BMI) als Maßeinheit herangezogen. Er wird als das Verhältnis von Körpergewicht zum Quadrat der Körpergröße (kg/m^2) berechnet, ist relativ einfach zu erfassen, sagt allerdings wenig über die Körperzusammensetzung in Fett- und Muskelmasse aus [11]. Nach dem Klassifikationsschema der WHO ist ein Erwachsener mit einem BMI von weniger als 18,5 kg/m^2 untergewichtig. Bei einem BMI von 25 bis unter 30 kg/m^2 liegt Übergewicht und bei einem BMI von 30 kg/m^2 Adipositas vor [26]. Akzeptiert man diese Messgröße für die Erfassung von Gewichtsdiversität, dann waren im Jahr 2015 von den Frauen in Deutschland 3 % untergewichtig, 29 % übergewichtig und 18 % adipös. Die Befunde der Männer lauteten: 1 % Untergewicht, 43 % Übergewicht und 18 % Adipositas [28]. Ungefähr 50 % der Frauen und 62 % der Männer fielen also in einen Bereich, der als nicht normalgewichtig definiert ist. In internationalen Studien wird der BMI als aussagekräftige Kenngröße für die körperliche Statur und als wichtiger Bestandteil der physischen Attraktivität einer Person verwendet [33]. Menschen mit einem hohen BMI fühlen sich mit diversen Vorurteilen und Stereotypen konfrontiert. Schlank wird häufig mit gesund und dick mit krank oder krankheitsgefährdet gleichgesetzt [11]. Adipöse Personen werden gerne als faul, willensschwach, undiszipliniert, dumm oder verantwortungslos bezeichnet [26]. Dicke Menschen leiden oft nicht nur unter ihrem Gewicht und den möglichen körperlichen Folgen, sondern vor allem auch unter der gesellschaftlichen Stigmatisierung [20]. Sie werden immer wieder dazu aufgefordert, doch endlich mit eisernem Willen etwas gegen ihr Übergewicht zu tun. Das Problem besteht darin, dass sie in der Regel bereits diverse Diäten hinter sich gebracht haben, die zu keinem positiven Ergebnis führten. Dies könnte daran liegen, dass neben dem Ess- und Sportverhalten auch die genetische Disposition, diverse hormonelle Wechselwirkungen und psychologische Variablen zum Diät(miss)erfolg beitragen [13]. Die kritische Diätforschung kommt vor diesem Hintergrund zu folgenden Aussagen: Es gibt grundsätzlich dünnere und dickere Menschen. Deshalb ist es unsinnig, von allen zu erwarten, dass sie schlank sein sollen. Die Schlankheitsfixierung um jeden Preis zieht Energie aus anderen wichtigen Lebensbereichen (z. B. Bildung/Beruf) und diskriminiert all diejenigen, die dem Ideal nicht entsprechen. Es wäre sinnvoller, das Wohlbefinden in jeder Gewichtsklasse zur fördern als permanent das Körpergewicht beeinflussen zu wollen [11]. Störmer hat im Jahr 2011 den Zusammenhang zwischen dem BMI und der Entlohnung in Deutschland mit Daten aus dem Sozioökonomischen Panel untersucht und stellte deutliche Gender-Differenzen fest. Während sie für Männer keine signifikanten Effekte dokumentieren konnte, wirkte sich bei den Frauen eine Abweichung vom BMI-Normalbereich negativ aus. Übergewicht und Adipositas führten bei ihnen (unter Kontrolle diverser anderer Variablen) zu signifikanten Lohnabschlägen. Weibliche Führungskräfte verdienten 18,5 % weniger, wenn sie übergewichtig waren und sogar 28,3 % weniger bei Fettleibigkeit. Der Lohnabschlag für untergewichtige Akademikerinnen lag bei 20,8 % [33]. Für Männer waren solche Abschläge weder allgemein noch auf Führungspositionen nachzuweisen. Hier scheint sich der BMI nicht direkt auf den Karriereerfolg auszuwirken. Für attraktivere Frauen lässt sich hingegen ein allgemeiner Wettbewerbsvorteil aufgrund ihrer Attraktivität (gemessen durch das Maß BMI) in Bezug auf den Karriereerfolg gegenüber weniger attraktiven Frauen feststellen [27].

6.3.2 Körpergröße

In vielen Gesellschaften wird die männliche Statur als Ausdruck von Status wahrgenommen. Je höher die soziale Schicht, desto größer sind die Menschen. Deutsche Studenten sind im Durchschnitt 3 cm größer als Auszubildende [24]. Laut Mikrozensus lag die durchschnittliche Körpergröße deutscher Männer im Jahr 2013 bei 1,78 m. Während die 18–20jährigen Männer im Schnitt auf 1,81 m kamen, waren die über 74jährigen Männer im Durchschnitt nur 1,73 m groß. Die entsprechenden Vergleichswerte der Frauen lagen bei 1,65 m (Gesamt-Durchschnitt), 1,68 m (Durchschnitt bei den 18–20jährigen Frauen) und 1,62 m im Durchschnitt bei den über 74jährigen Frauen [31]. Nur wenige Frauen sind in Deutschland über 1,80 m groß und nur wenige Männer sind unter 1,60 m klein. In diversen Alltagssituationen ist es von Vorteil, nicht zu groß oder zu klein zu sein, sondern sich eher im Normbereich von Kleider- oder Sitzgrößen zu bewegen. Für die Partnerwahl ist es nach wie vor von Vorteil, wenn der Mann etwas größer ist als die Frau. Große Frauen und kleine Männer haben es dort deutlich schwerer als durchschnittlich große Menschen [24]. Im Beruf scheint sich Körpergröße in der Regel auszuzahlen. Studien aus Deutschland [30], aus dem Vereinigten Königreich [21] und aus den USA [22] kommen zu dem Ergebnis, dass der Nettolohn mit der Körpergröße tendenziell ansteigt. Spanhel ermittelte mit Hilfe von Daten aus dem Mikrozensus 2005 für die Männer in Deutschland eine Erhöhung des stündlichen Nettolohns von 0,74 % je cm Körpergröße mehr. Ein 1,90 m großer Mann verdiente also im Durchschnitt fast 15 % mehr als ein Mann mit 1,70 m Körpergröße. Der Autor konnte nachweisen, dass größere Personen eher in Berufen arbeiten, die höhere kognitive Fähigkeiten verlangen, als kleinere Personen [30]. Sie sind in wissensintensiven Bereichen und Leitungsfunktionen überdurchschnittlich häufig vertreten. In der Regel werden sie (unbewusst) als besonders durchsetzungsstark und selbstbewusst attribuiert [15, 32]. Hübler dokumentierte 2009 keinen linearen, sondern einen kurvenförmigen Zusammenhang zwischen Körpergröße und Einkommen. Optimal für einen Mann war nach seinen Berechnungen eine Körpergröße von 1,91 m. Bei noch größeren Männern nahm der Gehaltsvorteil wieder ab. Für Frauen war es günstiger, etwas unter der weiblichen Durchschnittsgröße zu liegen. Die höchsten Einkommen wurden von Frauen mit 1,60 Körpergröße erzielt [14]. Caliendo und Gehrsitz bestätigten 2016 den Befund von Störmer, wonach für Frauen der BMI viel aussagekräftiger für das Einkommen ist als die Körpergröße. Sie werteten Daten von ca. 18.000 Personen aus und kamen zu folgendem Ergebnis: Schlanke Frauen verdienen deutlich mehr als dicke. Am höchsten war ihr Gehalt bei einem BMI von 21,5. Bei Werten darüber sank das Einkommen immer weiter [2]. Es kam für Frauen also nicht nur auf die Körpergröße, sondern insbesondere auf deren Relation zum Körpergewicht an.

6.3.3 Attraktivität

Unter Attraktivität wird hier die Anziehungskraft eines Menschen verstanden, die sowohl auf körperbezogenen Merkmalen (Schönheit, Größe) als auch auf Wesenseigenschaften (Charisma) oder auf Materiellem (Einkommen, Vermögen) beruhen kann [24]. Bei der Wahrnehmung von physischer Attraktivität, werden an Männer und Frauen unterschiedliche Maßstäbe angelegt. Männer wirken auf Frauen in der Regel dann anziehend, wenn sie Stärke und Dominanz ausstrahlen [9]. Umgekehrt achten Männer bei Frauen vor allem auf jene Merkmale, die entweder auf Jugendlichkeit oder Fruchtbarkeit hinweisen (Augen, Mund, Hüfte, Taille). Ein besonders attraktives Frauengesicht weist folgende Merkmale auf: große Augen, kleine Nase, schmales Kinn, hohe Wangenknochen, große Pupillen, hohe Augenbrauen, volle Lippen und offenes Lächeln. Als attraktiv wahrgenommene Männer und Frauen verfügen in der Regel über eine glatte Haut und relativ symmetrische Gesichtszüge [19]. Die psychologisch orientierte Attraktivitätsforschung hat über Jahrzehnte mit sehr unterschiedlichen Experimenten belegt, dass gutes Aussehen einen lebenslangen Vorteil darstellt. Vom kleinen Kind bis zum Greis können attraktive Menschen von ihrer relativen Schönheit profitieren. Die Soziologin Catherine Hakim hat einige der individuellen Boni zusammengetragen [12]:

- Babys, die hübsch aussehen, werden von Verwandten und Fremden mit besonderer Aufmerksamkeit belohnt. Man spricht mehr mit ihnen, liebkost sie, lächelt sie an und bedenkt sie häufiger mit Geschenken.
- Attraktive Schulkinder werden zuvorkommender behandelt und erfahren seltener negative Reaktionen. Sie gelten häufiger als gut angepasst, sozial umgänglich, kompetent und beliebt, was sich auch in besseren Noten niederschlägt.
- Attraktive Rechtsanwälte werden vor Gericht als glaubwürdiger und überzeugender wahrgenommen; attraktive Angeklagte werden mit geringerer Wahrscheinlichkeit schuldig gesprochen als weniger attraktive Delinquenten.
- Gutaussehende Frauen erhalten in Notlagen wesentlich häufiger Unterstützung. In Experimenten variiert die Hilfsbereitschaft von Fremden deutlich mit dem Aussehen und der Kleidung der Probandinnen.

Attraktivität bringt also eine Folge von kleinen Vorteilen mit sich, die das Selbstvertrauen einer Person positiv beeinflussen können. Dieser Effekt wächst im Laufe des Lebens zu einem handfesten Plus. Wolfgang Elšik (WU Wien) hat weitere Befunde der Attraktivitätsforschung mit einem klaren Bezug zum beruflichen Erfolg und zur Einkommensentwicklung zusammengefasst [7]:

- Personen, die regelmäßig Sport treiben und ihre Fitness fördern, haben in Bewerbungsgesprächen bessere Chancen und werden im Laufe der Zeit auch besser bezahlt als die weniger sportlichen Beschäftigten.
- Attraktive Professorinnen und Professoren werden von den Studierenden signifikant besser evaluiert als weniger attraktive Lehrende.
- Körperlich attraktiven Personen wird eine höhere Kompetenz zugeschrieben und sie erhalten im Durchschnitt eine höhere Entlohnung als weniger attraktive Menschen.
- Arbeitgeber schreiben den Attraktiven (ungerechtfertigter Weise) eine höhere Leistungsfähigkeit und eine bessere Kommunikationsfähigkeit zu. Sie machen schneller Karriere.

Gelegentlich führt ein attraktives Äußeres zu signifikant besseren Arbeitsergebnissen. Dies ist zum Beispiel der Fall, wenn attraktive Pharmavertreter deutlich mehr Umsatz machen [5], wenn schöne Menschen viel mehr Unterschriften auf Listen sammeln [1] oder attraktive Spendeneinwerberinnen wesentlich erfolgreicher sind als weniger attraktive [18]. Hier erscheint eine Ungleichbehandlung von unterschiedlich gutaussehenden Beschäftigten fair zu sein. In vielen Fällen variiert die Arbeitsleistung allerdings nicht systematisch mit dem Aussehen. Dann wäre es ungerecht, Menschen aufgrund ihres Aussehens positiv oder negativ zu diskriminieren [35].

6.4 Der Einfluss des Aussehens auf Personalentscheidungen

In Organisationen sind immer wieder Personalentscheidungen zu fällen (z. B. in den Bereichen Rekrutierung, Talentförderung, Personalentwicklung), die eigentlich darauf beruhen sollten, wer die geeigneten Kompetenzen, Potenziale und Erfahrungen für eine bestimmte Aufgabe mitbringt [25]. Die Herausforderung der Personalauswahl besteht darin, sich in begrenzter Zeit ein möglichst realistisches Bild von den Qualitäten der Bewerberinnen und Bewerber zu verschaffen [34]. In den allermeisten Fällen gehören eine bestimmte Körpergröße, Schlankheit und Attraktivität nicht zu den zentralen Anforderungskriterien für die zu besetzenden Stellen. Dennoch gibt es vielfältige Hinweise darauf, dass das Aussehen bei Personalentscheidungen eine besondere Rolle spielt [4, 15, 21, 38]. Wenn ein Mensch den Raum betritt, registrieren seine Gegenüber innerhalb kürzester Zeit das Geschlecht, das Alter und die Attraktivität (Psychologie des ersten Eindrucks). Innerhalb von Sekunden wird von diesen drei Informationen auf die Persönlichkeit geschlossen sowie ein Urteil über Sympathie oder Antipathie gefällt [8]. In manchen Situationen fließen auch noch Wahrnehmungen zur Mimik, zum Geruch und zur Stimme in diese Ad-hoc-Beurteilung mit ein [12]. Die so gefällten positiven oder negativen Vor-Urteile können als Halo-Effekt den gesamten Auswahlprozess bis zur endgültigen Entscheidung überstrahlen [6]. Da sich die Wahrnehmung und Beurteilung des Aussehens nicht ausschalten lässt, können Fehler bei der Personalauswahl entstehen, die es eigentlich zu vermeiden gilt. Mit einem kleinen Gedankenexperiment lässt sich dies verdeutlichen: In einer Gruppe von Menschen gibt auf der einen Dimension fachlich kompetente und fachlich weniger kompetente Personen, die auf der zweiten Dimension attraktiv bzw. weniger attraktiv aussehen [35]. Wenn bei der Urteilsfindung die Attraktivität unbewusst eine entscheidende Rolle spielt, obwohl eigentlich die Kompetenz im Vordergrund stehen müsste, sind folgende Konstellationen zu unterscheiden:

- Fall 1: Ausgewählt wird eine attraktive Person, die auch fachlich kompetent ist.
- Fall 2: Abgelehnt wird eine weniger attraktive Person, die auch weniger kompetent ist.
- Fall 3: Abgelehnt wird eine weniger attraktive Person, die fachlich kompetent ist.
- Fall 4: Ausgewählt wird eine attraktive Person, die fachlich weniger kompetent ist.

Die Ergebnisse der ersten beiden Konstellationen sind aus Sicht der Organisation völlig in Ordnung. Im Fall 1 wird eine kompetente Person ausgewählt (die auch noch gut aussieht) und in Fall 2 eine weniger kompetente Person abgelehnt (die zudem weniger attraktiv ist). Spannender sind dagegen die anderen beiden Konstellationen. Im Fall 4 wird aufgrund von Äußerlichkeiten eine Person ausgewählt, die fachlich weniger kompetent ist. Die Folgen dieses Alpha-Fehlers können irgendwann in der Organisation beobachtet werden. Im dritten Fall wird aufgrund von Äußerlichkeiten eine Person abgelehnt, die fachlich kompetent gewesen wäre. Bei diesem Beta-Fehler gehen der Organisation interessante Menschen verloren und schließen sich im ungünstigsten Fall der direkten Konkurrenz an. Die Auswirkungen des Lookismus bei Personalentscheidungen sind also nur teilweise in den Organisationen selbst zu beobachten. Weniger attraktive Menschen werden keine Chance bekommen, ihre Kompetenzen, Talente und Qualifikationen am Arbeitsplatz zu demonstrieren. Sie werden zum Beispiel bei Abercrombie & Fitch, die stark nach dem Aussehen rekrutieren, gar nicht erst eingestellt [3].

6.5 Was können Organisationen gegen Lookismus tun?

Wer etwas gegen den Lookismus in Organisationen unternehmen möchte, kann sich daran orientieren, was man allgemein gegen Vorurteile und Stereotype tun kann. Jens Förster verweist darauf, dass alle Menschen Assoziationen zu bestimmten Gruppen abgespeichert haben, die sich nicht einfach unterdrücken oder „verlernen" lassen. Es können allerdings neue Gedanken und Emotionen hinzugefügt werden, die den Einfluss der alten Vorurteile verringern [8]. Zentral ist dabei, sich der eigenen blinden Flecken bewusst zu werden: Wie kommt es dazu, dass ich sehr dicke Menschen mit Begriffen wie dumm, faul, undiszipliniert oder leistungsgemindert in Verbindung bringe? Welche persönlichen Erfahrungen tragen zu solchen unbewussten Vorurteilen bei? Wann und wie habe ich gelernt, in einer bestimmten Form auf adipöse Menschen zu reagieren? Welche Emotionen und gesellschaftlichen Normen spielen bei meiner Bewertung eine besondere Rolle? In Unconscious Bias-Trainings können Personalentscheiderinnen und -entscheider sowie Führungskräfte für solche verzerrten Wahrnehmungen sensibilisiert werden [10]. Dort würde zum Beispiel auch die Möglichkeit bestehen, selbst mit einem Gruppenmitglied der besonders dicken Menschen in Kontakt zu kommen. Dann ließe sich mehr über seine oder ihre Arbeitssituation sowie die persönlichen Diskriminierungen erfahren. Der direkte Kontakt zu Angehörigen von Fremdgruppen ist eine etablierte Möglichkeit, die eigenen Vorurteile und Stereotype zu hinterfragen [8].

Anonymisierte Bewerbungsverfahren können ebenfalls dazu beitragen, dass Äußerlichkeiten bei der Personalauswahl zunächst einmal keine Rolle spielen können, weil zum Beispiel konsequent auf Passbilder verzichtet wird. Sollte doch ein Foto mitgesendet werden, so wird es aus den Unterlagen entfernt, bevor diese in die Hände der Entscheiderinnen und Entscheider gelangen. In standardisierten Bewerbungsformularen (z. B. Online-Masken) gibt es häufig gar keine Möglichkeit mehr, ein Bild einzustellen. Wenn auch die Angaben zum Alter, zur Religion oder zur ethnischen Herkunft nicht erhoben werden, scheidet eine Diskriminierung aufgrund der damit zusammenhängenden optischen Merkmale (z. B. graue Haare, Kopftuch, schwarze Haut) im ersten Schritt aus [17]. Spätere Bewerbungsgespräche können am Telefon geführt werden, um den Einfluss des Aussehens auf die Personalauswahl zu minimieren. Die Wiener Philharmoniker gehen bei der Rekrutierung von neuen Musikerinnen und Musikern noch einen Schritt weiter. Drei von vier Vorspielen finden dort hinter Paravents statt, damit sich das Auswahlkomitee auf die Arbeitsprobe ohne optische Verzerrungen konzentrieren kann. Erst in der letzten Vorspielrunde sind die Bewerberinnen und Bewerber sichtbar [35]. Interessant ist bei der Anonymisierung, dass sie nur selten über den gesamten Auswahlprozess hinweg durchgehalten wird. Viele Menschen wollen das Gegenüber irgendwann auch sehen, sich einen direkten Eindruck von der Person verschaffen und nicht „die Katze im Sack kaufen".

Unconscious-Bias-Verzerrungen können allgemein reduziert werden, indem sich Organisationen an den Spielregeln zur Gestaltung fairer und valider Personalauswahlprozesse orientieren [29]. Je stärker der Rekrutierungsvorgang standardisiert ist und je mehr Rückkopplungsschleifen eingebaut sind, desto geringer ist das Lookismus-Risiko. Zu einem fairen Auswahlprozess würden zum Beispiel gehören: eine Anforderungsanalyse vor der Stellenausschreibung, keine Durchführung unstrukturierter Interviews, die Schulung der Beurteilenden in einem Assessment Center oder auch der Einsatz mehrerer Entscheiderinnen und Entscheider im Rahmen der Rekrutierung [16]. Individuelle Vorgehensweisen mit Argumenten wie „ich gehe nach meinem Bauchgefühl" oder „die Chemie muss halt stimmen" sind hingegen mit Vorsicht zu genießen. Hinter der oft positiv bewerteten Intuition kann sich eine längere Auswahlerfahrung, aber auch ein mehr oder weniger stabiles Set an Vorurteilen verbergen [35]. Es macht Sinn, die Argumente für oder gegen Personen schriftlich festzuhalten, um das Bauchgefühl wenigstens mit einigen Fakten zu unterlegen.

Neben den bisher genannten Optionen, wie Organisationen gegen Lookismus vorgehen können, ist es wichtig, die Beschäftigten in unterschiedlichen Kontexten immer wieder für das Thema zu sensibilisieren. Dies könnte zum Beispiel dadurch geschehen, dass in einem Besprechungsraum für Entscheiderinnen und Entscheider ein Plakat mit folgendem Text aufgehängt wird: Wir bevorzugen und benachteiligen niemand aufgrund seines Aussehens! Oder es wird auf kleine Internet-Filme zum Thema hingewiesen, wie sie etwa auf der Seite https://initiative-chefsache.de zu finden sind. Unconscious Bias könnte auch im Rahmen von Einführungsseminaren für neue Beschäftigte oder beim Coaching für Führungskräfte aufgegriffen werden.

6.6 Fazit

Wer sich mit Vorurteilen und Stereotypen im Erwerbsleben beschäftigt, kommt an dem Thema Lookismus eigentlich nicht mehr vorbei. Menschen werden auch im beruflichen Kontext permanent nach ihrem Aussehen beurteilt. Daraus kann eine positive oder negative Diskriminierung bei Personalentscheidungen selbst dann resultieren, wenn Körpergröße, Attraktivität oder Körpergewicht im jeweiligen Kontext im Grunde keine Rolle spielen dürfen. Ein Teil der Benachteiligungen im Rahmen von Sexismus, Altersdiskriminierung, Rassismus oder auch der Diskriminierung von Menschen mit Behinderungen geht auf den Lookismus zurück. Wer deutlich von der optischen Norm abweicht, hat es in der deutschen Gesellschaft und auch am Arbeitsplatz nicht leicht. Noch gibt es nur wenige Interessenverbände, wie z. B. die Gesellschaft gegen Gewichtsdiskriminierung, die sich öffentlich gegen den Lookismus positionieren. Es gab auch noch keinen Versuch, ein entsprechendes Diskriminierungsverbot im Allgemeinen Gleichbehandlungsgesetz (AGG) zu verankern. Dort könnte in § 1 AGG stehen: Ziel des Gesetzes ist, Benachteiligungen aus Gründen der Rasse oder wegen der ethnischen Herkunft, des Geschlechts, der Religion oder Weltanschauung, einer Behinderung, des Alters, des Aussehens oder der sexuellen Identität zu verhindern oder zu beseitigen. Noch überwiegen Meinungen, die in der Umsetzung einer solchen Regelung einen „hohen bürokratischen Aufwand bei bescheidenem Nutzen" [11] erkennen. Doch daran könnte sich in Zukunft etwas ändern, je stärker die Themen Unconscious Bias und Lookismus im Bewusstsein von Entscheidungsträgerinnen und Entscheidungsträgern verankert werden.

Literatur

1. Ahearne, M., Gruen, T., & Jarvis, C. (1999). If looks could sell: Moderation and mediation of the attractiveness effect on salesperson performance. *International Journal of Research in Marketing, 16*(4), 269–284.
2. Caliendo, M., & Gehrsitz, M. (2016). Obesity and the labor market: A fresh look at the weight penalty. *Economics & Human Biology, 23,* 209–225.
3. Cavico, F., Muffler, S., & Mujtaba, B. (2012). Appearance discrimination, "lookism" and "lookphobia" in the workplace. *Journal of Applied Business Research, 28*(5), 791–802.
4. DeCastro-Ambrosetti, D., & Cho, G. (2011). A look at "lookism". A critical analysis of teachers' expectations based on students appearance. *Multicultural Education, 18*(2), 51–54.
5. DeShields, O., Kara, A., & Kaynak, E. (1996). Source effects in purchase decisions: The impact of physical attractiveness and accent of salesperson. *International Journal of Research in Marketing, 13*(1), 89–101.
6. Ebner, B., Gathmann, S., & Wiedermann, A. (2002). Schönheit und der Halo-Effekt. In A. Hergovich (Hrsg.), *Psychologie der Schönheit* (S. 187–204). Wien: WUV-Verlag.
7. Elšik, W. (2013). Körper und Macht im Personalmanagement. In H. Hoßfeld & R. Ortlieb (Hrsg.), *Macht und Employment Relations. Festschrift für Werner Nienhüser* (S. 137–142). München: Hampp.

8. Förster, J. (2008). *Kleine Einführung in das Schubladendenken – Über Nutzen und Nachteil des Vorurteils*. München: Goldmann.
9. Gaßner, M., & Muhr, T. (2002). Wie misst man Schönheit? In A. Hergovich (Hrsg.), *Psychologie der Schönheit* (S. 157–185). Wien: WUV-Verlag.
10. Gieselmann, A., & Krell, G. (2011). Diversity-Trainings: Verbesserung der Zusammenarbeit und Führung einer vielfältigen Belegschaft. In G. Krell, R. Ortlieb, & B. Sieben (Hrsg.), *Chancengleichheit durch Personalpolitik* (6. Aufl., S. 199–218). Wiesbaden: Gabler Verlag.
11. Guggemos, P. (2015). Weight Diversity als Herausforderung für die Personalentwicklung und die Antidiskriminierungspolitik. In D. Lück-Schneider & D. Kirstein (Hrsg.), *Gesundheitsmanagement in der Öffentlichen Verwaltung* (S. 59–80). Berlin: Hochschule für Wirtschaft und Recht.
12. Hakim, C. (2011). *Erotisches Kapital. Das Geheimnis erfolgreicher Menschen*. Frankfurt a. M.: Campus.
13. Hebebrand, J., & Simon, C. P. (2008). *Irrtum Übergewicht*. Gütersloh: Zabert Sandmann.
14. Hübler, O. (2009). The nonlinear link between height and wages in Germany, 1985–2004. *Economics & Human Biology, 7*(2), 191–199.
15. Judge, T., & Cable, D. (2004). The effect of physical height on workplace success and income: Preliminary test of a theoretical model. *Journal of Applied Psychology, 89*(3), 428–441.
16. Kay, R. (2011). Gewinnung und Auswahl von MitarbeiterInnen. In G. Krell, R. Ortlieb, & B. Sieben (Hrsg.), *Chancengleichheit durch Personalpolitik* (6. Aufl., S. 241–260). Wiesbaden: Gabler Verlag.
17. Krause, A., Rinne, U., Zimmermann, K., Böschen, I., & Alt, R. (2012). *Pilotprojekt „Anonymisierte Bewerbungsverfahren" – Abschlussbericht*. Bonn: IZA Research Report No. 44
18. Landry, C., Lange, A., List, J., Price, M., & Rupp, N. (2006). Towards an understanding of the economics of charity: Evidence of a field experiment. *The Quarterly Journal of Economics, 121*(2), 747–782.
19. Liessmann, K. P. (2009). *Schönheit*. Wien: Facultas wuv.
20. O'Brian, K., Latner, J., Ebneter, D., & Hunter, J. (2013). Obesity discrimination: The role of physical appearance, personal ideology, and anti-fat prejudice. *International Journal of Obesity, 37*, 455–460.
21. Paxson, C., & Case, A. (2008). Stature and status: Height, ability, and labor market outcomes. *Journal of Political Economy, 116*(3), 499–532.
22. Persico, N., Postlewaite, A., & Silverman, D. (2004). The effect of adolescent experience on labor market outcomes: The case of height. *Journal of Political Economy, 112*(5), 1019–1053.
23. Posch, W. (2009). *Projekt Körper – Wie der Kult um die Schönheit unser Leben prägt*. Frankfurt a. M.: Campus.
24. Renz, U. (2006). *Schönheit – Eine Wissenschaft für sich*. Berlin: Berlin Verlag.
25. Ridder, H.-G. (2015). *Personalwirtschaftslehre* (5. Aufl.). Stuttgart: Kohlhammer.
26. Roehling, M. (1999). Weight-based discrimination in employment: Psychological and legal aspects. *Personnel Psychology, 52*(4), 969–1016.
27. Rosar, U., & Klein, M. (2009). Mein (schöner) Prof.de. Die physische Attraktivität des akademischen Lehrpersonals und ihr Einfluss auf die Ergebnisse studentischer Lehrevaluationen. *Kölner Zeitschrift für Soziologie und Sozialpsychologie, 61*, 621–645.
28. Schienkiewitz, A., Mensink, G., Kuhnert, R., & Lange, C. (2017). Übergewicht und Adipositas bei Erwachsenen in Deutschland. *Journal of Health Monitoring, 2*(2), 21–28.
29. Schubert, A. (2016). Diversität in der Personalauswahl – Zwischen Fairness und Validität? In G. Vedder & F. Krause (Hrsg.), *Personal und Diversität* (S. 17–34). München: Hampp.

30. Spanhel, F. (2010). Der Einfluss der Körpergröße auf Lohnhöhe und Berufswahl: Aktueller Forschungsstand und neue Ergebnisse auf Basis des Mikrozensus. *Wirtschaft und Statistik, 2*(2010), 170–178.
31. Statistisches Bundesamt. (2014). *Mikrozensus – Fragen zur Gesundheit: Körpermaße der Bevölkerung 2013*. Wiesbaden: Destatis.
32. Stieger, S., & Burger, C. (2010). Body height and occupational success for actors and actresses. *Psychological Reports, 107*(1), 25–38.
33. Störmer, S. (2011). Führt Attraktivität zum Erfolg? Zum Einfluss des Body-Mass-Index auf den Karriereerfolg. *Schmalenbachs Zeitschrift für betriebswirtschaftliche Forschung, 63*(6), 609–631.
34. Vedder, G. (2016a). Unterschätzte Diversity-Aspekte im beruflichen Alltag – Am Beispiel von Attraktivität, Introvertiertheit, Monochronie und Überforderung. In G. Vedder & F. Krause (Hrsg.), *Personal und Diversität* (S. 51–64). München: Hampp.
35. Vedder, G. (2016b). Diversity-Kompetenz: Das Aussehen als unterschätzte Diversity-Dimension. In P. Genkova & T. Ringeisen (Hrsg.), *Handbuch Diversity Kompetenz – Band 2: Gegenstandsbereiche* (S. 153–164). Wiesbaden: Springer.
36. Vedder, G., & Vedder, M. (2012). Able-Bodyism, Lookism und Diversity Management. In R. Ortlieb & B. Sieben (Hrsg.), *Geschenkt wird einer nichts – Oder doch? Festschrift für Gertraude Krell* (S. 163–168). München: Hampp.
37. Warhurst, C., van den Broek, D., Hall, R., & Nickson, D. (2009). Lookism: The new frontier of employment discrimination? *Journal of Industrial Relations, 51*(1), 131–136.
38. Warhurst, C., van den Broek, D., Hall, R., & Nickson, D. (2012). Great expectations: Gender, looks and lookism at work. *International Journal Work Organisation and Emotion, 5*(1), 72–90.

Weiterführende Literatur

39. Neuberger, O. (2006). *Mikropolitik und Moral in Organisationen*. Stuttgart: Lucius & Lucius.

Dr. Günther Vedder ist wissenschaftlicher Mitarbeiter am Institut für interdisziplinäre Arbeitswissenschaft der Leibniz Universität Hannover. Er beschäftigt sich seit 2002 intensiv mit dem Thema Diversity Management. Weitere Lehr- und Forschungsinteressen liegen in den Bereichen Unterforderung am Arbeitsplatz, Lebensphasenorientierte Personalpolitik und Arbeitszeitmanagement. Dr. Günther Vedder ist Diplom-Kaufmann und Diplom-Soziologe. Er wurde 2001 an der Universität Trier im Fach Betriebswirtschaftslehre mit einer Arbeit zur Zeitknappheit im mittleren Management promoviert.

7 Die Sprachwirkung von Predigten nicht-muttersprachlicher Priester

Ursula Liebhart, Michael Kapeller und Eithne Knappitsch

Zusammenfassung

Obwohl nicht-muttersprachige Priester der katholischen Kirche Kärntens eine Sprachausbildung bis C 1a des Gemeinsamen Europäischen Referenzrahmens für Sprachen absolvieren, erhalten sie häufig von KirchgängerInnen die Rückmeldung, nicht gut verstanden zu werden. Anhand einer explorativen Pilotstudie wurde daher im Frühjahr 2018 erhoben, wie Predigten von nicht-muttersprachigen Priestern sprachlich verstanden und inhaltlich aufgenommen werden. Folgende beeinflussende Faktoren lassen sich benennen: Personen, die häufig in bzw. mit einer anderen Sprache kommunizieren, sind fremden Akzenten gegenüber kritischer als Personen mit geringerer Sprachenkompetenz. Zudem werden fremdsprachige Akzente als weniger störend empfunden, wenn Fachvokabular und Sprachbilder vertraut sind oder die dargebotenen Inhalte als relevant wahrgenommen werden. Diese Ergebnisse sind auch für den Einsatz von Führungskräften im Ausland von Bedeutung. Vorurteilsbildungen lassen sich reduzieren, wenn Führungskräfte um die potenzielle negative Wirkung ihres Akzentes wissen und MuttersprachlerInnen ihre Einstellung fremdsprachigen Akzenten gegenüber reflektieren.

U. Liebhart (✉) · E. Knappitsch
Studienbereich Wirtschaft & Management, Fachhochschule Kärnten, Villach, Österreich
E-Mail: u.liebhart@fh-kaernten.at

E. Knappitsch
E-Mail: e.knappitsch@fh-kaernten.at

M. Kapeller
Institut für kirchliche Ämter und Dienste, Klagenfurt, Österreich
E-Mail: michael.kapeller@kath-kirche-kaernten.at

M. E. Domsch et al. (Hrsg.), *Vorurteile im Arbeitsleben*,
https://doi.org/10.1007/978-3-662-59232-8_7

7.1 Ausgangssituation

Eine souveräne Sprachbeherrschung und rhetorische Gewandtheit zählen neben Branchenkenntnis, Teamfähigkeit und sozialer Kompetenz zu den entscheidenden Erfolgsfaktoren für Führungskräfte. So belegen Studien, dass bereits ein sprachlicher Akzent dazu führt, dass dieser Person weniger Glaubwürdigkeit attestiert wird [25]. Dieser Umstand ist nicht nur für international tätige Konzerne von Relevanz, sondern auch für eine Glaubensgemeinschaft wie der römisch-katholischen Kirche, die sich von ihrem Anspruch und ihrer Struktur als „Weltkirche" begreift, was zu einer vielfältigen Zusammenarbeit über Sprachgrenzen hinweg führt [37].

7.1.1 Entwicklung des Anteils ausländischer Priester in Zahlen

Die Zahl der Mitglieder der römisch-katholischen Kirche nahm im Zeitraum von 2010 bis 2015 um 7,4 % zu und umfasst mit 1,272 Mrd. Getauften 17,7 % der Weltbevölkerung. Zuwächse wurden vor allem in Afrika und Asien verzeichnet, wogegen die Mitgliederzahlen in Mittel- und Westeuropa in den letzten Jahren stagnieren bzw. im Sinken begriffen sind [42]. Setzt man diese Zahlen in Korrelation zur demografischen Entwicklung der einzelnen Kontinente, relativiert sich zwar der prozentuale Rückgang in Europa, dennoch ist evident, dass für die Kirche andere Weltgegenden an Bedeutung gewinnen [36]. Dieser Trend spiegelt sich auch in der Anzahl der Priester wider. So ging die Zahl der Priester in Europa im Zeitraum von 2014 bis 2015 um 2502 zurück. Auf allen anderen Kontinenten gab es dafür deutliche Zuwächse – die stärksten in Afrika (1133) und Asien (1104) [42]. Diese Entwicklung hat seit den 2000er Jahren einen verstärkten Zuzug von Priestern aus diesen Ländern zur Folge. So betrug der Anteil der Priester aus anderen Ländern in Deutschland im Jahr 2016 bereits 17,9 % [43]. Die Konsequenzen dieser Entwicklung werden kontrovers diskutiert. Sie reichen von der Überzeugung, dass der Einsatz von Priestern aus anderen Ländern die massiven Personalprobleme langfristig nicht zu lösen vermag [11] bis zum Hinweis, dass außereuropäische Priester als Leiter von westeuropäischen Pfarren ein gesellschaftspolitisches Signal sind, dass diese Länder nicht nur Hilfe und Unterstützung benötigen, sondern auch personelle Ressourcen und Kompetenzen einbringen können [14]. Übereinstimmung herrscht darin, dass Priester für ihren Einsatz in westeuropäischen Pfarrgemeinden ein hohes Maß an Sprachkompetenz und ein grundlegendes Verständnis für die Situation vor Ort benötigen [10]. Dazu wurden in den letzten Jahren entsprechende Lehrgänge entwickelt, die teilweise auch in den Herkunftsländern der Priester durchgeführt werden [30].

7.1.2 Interkultureller Bildungs- und Begegnungskurs der katholischen Kirche Kärntens

In der katholischen Kirche Kärntens (südlichstes Bundesland Österreichs) ist der Anteil der Priester mit nicht-deutscher Muttersprache mit 37,5 % (Stand: 1. März 2018) deutlich höher als in vielen vergleichbaren deutschsprachigen Diözesen. Dieser Umstand führte dazu, dass im Jahr 2013 mit dem „Interkulturellen Bildungs- und Begegnungskurs" (kurz: IBB-Kurs) ein eigener Ausbildungslehrgang eingerichtet wurde. Diese Maßnahme (Abb. 7.1) beinhaltet nicht nur die Ausbildung von anderssprachigen Priestern, sondern nimmt auch Bezug auf das Umfeld, in dem sie wirken und auf jene Personen, mit denen sie kooperieren.

Die Ausbildung der Priester selbst dauert zwei Jahre und umfasst folgende drei Säulen: eine umfassende Sprachausbildung bis zu C 1a des Gemeinsamen Europäischen Referenzrahmens für Sprachen [5] und eine breite Palette von interkulturellen und pastoralen Modulen für eine gezielte fachliche Vorbereitung auf die Spezifika priesterlichen Wirkens in Österreich. Ein weiterer Schwerpunkt des IBB-Kurses besteht in der Förderung des Kontaktes zwischen anderssprachigen Priestern, heimischen Priestern, pfarrpastoralen MitarbeiterInnen und diözesanen FachreferentInnen. Die dritte Ebene umfasst die Pfarrgemeinden, in denen anderssprachige Priester als Pfarrprovisoren eingesetzt werden sollen. Diese werden im Zuge des Pfarrerwechsels durch eine externe Moderation begleitet. Zudem wird mit dem

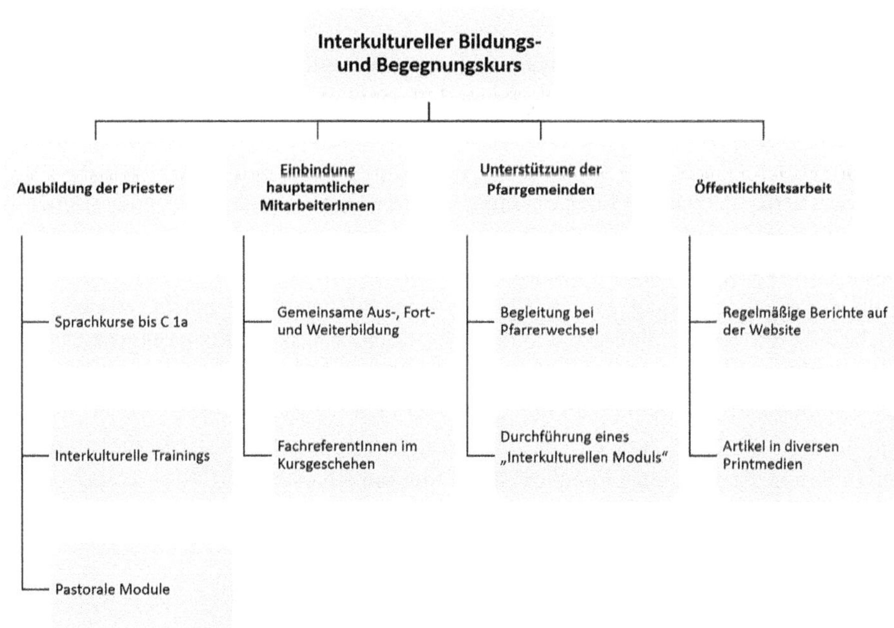

Abb. 7.1 Inhalte des Interkulturellen Bildungs- und Begegnungskurses. (Eigene Darstellung)

„Interkulturellen Modul" ein spezieller Workshop über persönliche und kulturelle Prägungen der anderssprachigen Priester und der Mitglieder der Gemeinde durchgeführt. Schließlich wird vom IBB-Kurs regelmäßig auf der Website der katholischen Kirche Kärntens und in Printmedien berichtet, damit anderssprachige Priester öffentlich sichtbar werden, zu Wort kommen und so allfällige Vorbehalte der Bevölkerung abgebaut werden.

Die begleitende Evaluation des IBB-Kurses ergab, dass durch diese Maßnahmen anderssprachige Priester grundsätzlich mehr Akzeptanz erfahren und sie ihre Aufgabe in Summe kompetenter und besser vorbereitet wahrzunehmen vermögen. Dabei bleiben jedoch pastorale und kulturell bedingte Konflikte nicht aus und es wird auch weiterhin diskutiert, welche ergänzenden Maßnahmen es braucht, um auf den aktuellen Priestermangel entsprechend zu reagieren. Zudem erhalten anderssprachige Priester und die Ausbildungsverantwortlichen immer wieder die Rückmeldung, dass die Priester (noch) nicht gut verstanden werden. Dies ist teilweise auf nachweisliche Defizite in der Sprachbeherrschung zurückzuführen, steht aber bei einem Gutteil der Priester in Spannung zur ausgewiesenen Sprachkompetenz. Die attestierten Probleme des Verstehens liegen demnach auch darin begründet, dass jemand, der mit Akzenteinfärbung spricht, sich weniger gut Gehör verschaffen kann.

7.1.3 Zielsetzung des Beitrages

In seinem Wirken in Liturgie und Pastoral ist ein katholischer Priester darauf angewiesen, dass er die erlernte Fremdsprache Deutsch entsprechend wirkungsvoll einsetzen kann und darin die Menschen „erreicht". Dies gilt in besonderer Weise für die Feier der Heiligen Messe. Darin tritt er als Leiter auf, betet im Namen der Kirche mit und für die Gläubigen, trägt das Wort Gottes im Evangelium vor, interpretiert es in der Predigt und spricht das eucharistische Hochgebet. Die Feier der Heiligen Messe ist besonders anderssprachigen Priestern ein großes Anliegen. Umso belastender erleben sie in diesem Zusammenhang negative Rückmeldungen, besonders wenn diese nur auf vermeintliche Sprachprobleme zurückzuführen sind.

Im vorliegenden Beitrag wird im Rahmen einer Pilotstudie untersucht, welche Faktoren diese Vorurteile beeinflussen, wie ihnen im Rahmen von Qualifizierungsmaßnahmen begegnet werden kann und was Betroffene selbst unternehmen können, um ihre sprachlich-kommunikative Wirkung zu erhöhen. Dabei liegt das Hauptaugenmerk auf der Predigt, da sie im Rahmen der Feier des Gottesdienstes in Bezug auf die Vorbereitung und Durchführung die sprachlich komplexeste Anforderung darstellt.

7.2 Zum Sprechakt einer guten Predigt

Der Ursprung der Predigt als religiöse Rede ist unmittelbar mit der Verschriftlichung von Erfahrungen mit dem Heiligen bzw. dem Göttlichen verbunden. Diese schriftgewordenen Gotteserfahrungen werden in der Versammlung vorgelesen und dann in einer Predigt interpretiert. Eine reichhaltige Predigttradition haben in diesem Sinne das Judentum, das Christentum und der Islam ausgeprägt [21]. Im Christentum entwickelt sich die Predigt formal aus dem jüdischen Synagogengottesdienst. Inhaltlich stellt sie Jesus Christus ins Zentrum, dessen Botschaft sie auf der Grundlage von Texten aus der Bibel auslegt [49]. Der Begriff Predigt, der aus dem Lateinischen stammt und mit „öffentlich bekannt machen, laut sagen“ [47] wiedergeben werden kann, ersetzt ab dem Frühmittelalter die Bezeichnungen Sermo und Homilia [47].

Der Kommunikationsvorgang der Predigt „lässt sich elementarisiert darstellen als Geschehen im Dreieck von Prediger, Text und Hörer“ [33]. Die entscheidende Größe in diesem Vorgang ist jedoch der Transzendenz- bzw. Gottesbezug der Predigt. Er bewirkt, dass sich das Verhältnis von Prediger, Text und HörerInnen im Sinne einer dreiseitigen Pyramide auf Gott hin weitet. Darin unterscheidet sich dieser Sprechakt von anderen Redeformen wie der politischen oder festlichen Ansprache und dem Plädoyer. Bei einer Predigt sind demnach sowohl die Menschen, die ihr folgen, als auch der Prediger selbst zuerst HörerInnen des Wortes Gottes [32]. In der Eucharistiefeier (=Heilige Messe) der katholischen Kirche – um diese geht es im Folgenden – befindet sich der Ort der Predigt im sogenannten Wortgottesdienst und zwar nach dem Evangelium. Verpflichtend vorgeschrieben sind Predigten an Sonntagen und gebotenen Feiertagen [35]. Diese Predigten werden auch Homilien genannt. Gepredigt werden kann zudem auch bei anderen Gottesdiensten wie einer Andacht, einer Beerdigung oder im Rahmen einer Sakramentenspendung. Die Aufgabe zu predigen kommt zuerst dem Bischof [4] und in weiterer Folge dem Priester und Diakon [4] zu. Für Andachten und Wort-Gottes-Feiern können zudem theologisch-qualifizierte Frauen und Männer vom zuständigen Bischof zum Predigtdienst beauftragt werden [22].

Die zentrale Aufgabe der Predigt besteht darin, „das christliche Leben zu stärken“ [35]. Ihr kann der Prediger gerecht werden, wenn er, wie Papst Franziskus in seinem Apostolischen Schreiben „Evangelii gaudium“ (=Die Freude des Evangeliums) ausführt, besonderes Augenmerk auf die Vorbereitung legt und dabei folgende Punkte beherzigt: zunächst hat der Prediger „die ganze Aufmerksamkeit dem biblischen Text zu widmen, der die Grundlage der Predigt sein muss“ [34]. Dabei erfasst er zunächst die zentrale Botschaft des Textes und durchdringt ihn mit den Mitteln literarischer Analyse. Dabei handelt es sich jedoch nicht nur um einen intellektuellen Vorgang, vielmehr muss sich der Prediger von diesen Worten existenziell erfassen lassen [34]. Zugleich hat der Prediger aber auch herauszufinden, was für die Gläubigen wichtig ist [34]. Denn eine Predigt verfolgt das Ziel, „die Botschaft des biblischen Textes mit einer menschlichen Situation zu verbinden“ [34].

Bevor sich der Prediger dem Aufbau der Predigt widmet, arbeitet er aus dem biblischen Text und im Blick auf die HörerInnen den Predigtkern heraus, damit die Botschaft nachvollziehbar wird [16]. Die Architektur einer Predigt orientiert sich wie andere Redeformen auch an den drei Schritten Einleitung, Hauptteil und Schluss. In der Einleitung baut der Prediger Kontakt mit den HörerInnen auf und macht sie neugierig für den Kern der Predigt. Der Schluss wiederholt zentrale Aspekte der Botschaft und bietet eine Zusammenfassung [41].

Zwischen Einleitung und Schluss entfaltet der Prediger im Hauptteil seine Gedanken und Überlegungen. Dabei kann er sich unterschiedlicher Argumentations- und Darstellungsweisen bedienen. Die klassische altkirchliche Form der Predigt besteht darin, den biblischen Text Vers für Vers auszulegen [48]. Predigten können sich aber auch an den Grundsätzen antiker Rhetorik oder an einer lernpsychologischen Schrittfolge von Versuch und Irrtum orientieren [41]. Die Dauer einer Predigt ist je nach Anlass und Situation unterschiedlich und variiert zwischen acht und fünfzehn Minuten [48].

Für eine gute sprachliche Gestaltung einer Predigt ist nicht nur der Inhalt, sondern auch die Form der Vermittlung entscheidend. So empfiehlt es sich, den biblischen Text nicht nur mit Beispielen zu erklären, die vorrangig auf die Vernunft abzielen, sondern ihn auch mit sprachlichen Bilden zu illustrieren. Die Nähe zur Lebenswelt der Menschen soll sich auch in der Sprache ausdrücken. Sie soll einfach und klar sein und auf theologische Fachbegriffe verzichten [34].

Eine Predigt zielt auf eine entsprechende positive emotionale Resonanz bei der zum Gottesdienst versammelten Gemeinde ab. So wird jeder Prediger bestrebt sein, seine Botschaft informativ und interessant darzulegen [33]. Wie bereits eingangs erwähnt, handelt es sich bei einer Predigt um ein Dialoggeschehen. Deshalb wird eine Predigt im Regelfall auch nicht vorgelesen, sondern auf der Grundlage eines Stichwortzettels vorgetragen oder gänzlich frei gesprochen. Dies hat zur Folge, dass eine Predigt nicht im Wortlaut wiederholt werden kann. Vielmehr muss der Prediger, um seine Botschaft vermitteln zu können, mit den beim jeweiligen Gottesdienst anwesenden HörerInnen kommunizieren und auf deren nonverbale Signale eingehen. Dazu bedient er sich der unterschiedlichen Möglichkeiten rhetorischer Vermittlung wie der Erzählung, dem Erschließen von Bildern, der Literatur und der Poesie. Die unterschiedlichen Formen der Rhetorik sollen den Inhalt verstärken, jedoch nicht manipulativ wirken [9]. Noch entscheidender aber als die sprachliche und rhetorische Begabung des Predigers ist, dass er authentisch vermittelt, wovon er überzeugt ist und sich beim Sprechen als ein Hörer des Wortes Gottes begreift.

7.3 Vorurteile und Abwertungen durch Defizite der Sprachbeherrschung

Die in den vorangegangenen Absätzen dargestellte Situation der römisch-katholischen Kirche zeigt auf, dass im Zuge des verstärkten Zuzugs ausländischer Priester aufgrund sprachlicher Charakteristika große Herausforderungen zu bewältigen sind. Die unterschiedlichen Herkunftsländer der ausländischen Priester aus den verschiedenen Sprach- und Kulturräumen heben die Bedeutung sprachlicher Varietät in ihrer Kommunikationswirkung hervor. Dabei geht es primär um die Wirkung fremdsprachlicher Akzente der Priester auf die Zielgruppe, die KirchgängerInnen. Fremde Akzente fokussieren dabei ausschließlich auf die Aussprache (Phonologie) und äußern sich in der Aussprache von segmentellen Sprachmerkmalen, wie der Aussprache von Konsonanten und Vokalen als auch in der Sprachmelodie, dem Betonungsmuster, dem Satzrhythmus oder der Lautstärke [29]. Die Aussprache ist „sowohl ein

‚Transportmittel‘ als auch ein wichtiges, in der Kommunikation vielfältig wirkendes Persönlichkeitsmerkmal – eine hörbare ‚Visitenkarte‘“ [17].

Akzente sind grundsätzlich sehr individuell geprägt und werden auf eine durch die Muttersprache oder früh erlernte Fremdsprache gefärbte Aussprache zurückgeführt. Sie hängen mit individuellen Kompetenzen, Motivationen und sprachlich-kulturell bedingten Möglichkeiten zusammen [15]. So rücken in der Erforschung von Wirkungen eines Fremdakzentes mehrere Aspekte in den Mittelpunkt, wie etwa Verständlichkeit, Informationsverarbeitung, Akzeptanz der Information, emotionale Wirkung des Akzentes, soziale Beziehungen zwischen den GesprächspartnerInnen usw. Ein fremder Akzent löst nicht nur sympathische Wirkungen aus. Verständigungsschwierigkeiten können sogar dahin führen, dass die/der SprecherIn als unangenehm empfunden wird. Die Wirkung eines fremden Akzentes beeinträchtigt nicht nur die Verständlichkeit, sondern kann auch eine abnehmende (soziale) Akzeptanz und eine Fehleinschätzung der sprechenden Person zur Folge haben. Bei der Interpretation und Wahrnehmung fremder Akzente werden Stereotypen und Vorurteile aktiviert und dadurch den SprecherInnen bestimmte Merkmale zugeschrieben.

In der Regel laufen solche Wahrnehmungsprozesse unbewusst ab. Studien belegen, dass SprecherInnen mit fremdländischen Akzenten häufig sozialen Diskriminierungen und Zuschreibungen unterliegen [29, 13, 38]. So besagt die Theorie der sozialen Identität, dass EmpfängerInnen SprecherInnen eher der eigenen Gruppe zuordnen und positiver beurteilen, wenn diese aufgrund eines ähnlichen Sprachmusters oder heimischen Dialekts ihnen ähnlich sind, und umgekehrt [27]. Weiters werden fremdländische Sprachmuster, die positiv hinsichtlich Status assoziiert werden, auch von ZuhörerInnen positiver beurteilt. Tsalikis et al. [44] wiesen experimentell nach, dass amerikanische KonsumentInnen VerkäuferInnen mit US-amerikanischem Standardakzent als effektiver, fachlich kompetenter, freundlicher und glaubwürdiger beurteilen als VerkäuferInnen mit griechischem Akzent. Laut Mai und Hoffmann [29] bestätigen zahlreiche Folgestudien eine diesbezügliche Abwertung akzentbehafteter SprecherInnen und zeigen sogar, dass je stärker ein Akzent wahrgenommen wird, desto mehr wird die/der SprecherIn abgewertet. Betriebswirtschaftliche Studien belegen zusätzlich, dass ein fremdländischer Akzent Auswirkung auf den Erfolg kommerziell motivierter Interaktionen hat [29]. Darüber hinaus spielt das Prestige eines Akzents eine Rolle. Der Accent Prestige Theory zufolge kann eine bestimmte Sprachfärbung eines Akzents oder Dialektes positiver bzw. negativer auf die/den RezipientIn wirken. Diesbezügliche Sprachvarietäten rufen soziale Stereotypen hervor, die einen Einfluss auf die Beurteilung der SprecherInnen bewirken [27, 29]. Auch die Stärke des Dialekts beeinflusst die/den RezipientIn in seiner Wahrnehmung [28]. Sehr starke Sprachvarietäten provozieren Verständnisschwierigkeiten und diese erschweren die Verarbeitung der Botschaft und der Information bei den RezipientInnen. Von HörerInnen bevorzugte Akzente sind auch jene, die als leicht zu verstehen wahrgenommen werden [40]. Da eine fremdländische Sprache zumeist schwieriger zu verstehen ist, kann diese unter anderem bei den ZuhörerInnen bewirken, dass die SprecherInnen weniger glaubhaft erscheinen [25] oder, dass einem Produkt z. B. eine schlechtere Qualität zugeschrieben wird [28]. Entsprechend dem Limited Capacity Model hat jede/jeder ZuhörerIn nur eine begrenzte kognitive Kapazität um eine Botschaft zu verarbeiten. Dies erklärt, warum eine Botschaft einer akzent- oder dialektbehafteten Person weniger verständlich ist oder weniger überzeugend wirkt [27]. Wird die kognitive Kapazität aufgewendet um das Sprachmuster zu dekodieren, sind weniger Reserven vorhanden, um die eigentliche Botschaft zu verstehen. Dieses Phänomen wird auch von betriebswirtschaftlichen Studien belegt. Ein von Kundschaft wahrgenommener Akzent hat negative Auswirkungen auf fachliche und soziale Kompetenzen und demzufolge auch eine Implikation auf die Zufriedenheit und Loyalitätsintention die/der KundIn. Roessel et al. [38] bestätigen mit ihren Studien die negativen Vorurteile auf Affekt, Vertrauen, Kompetenz und Evaluierung durch non-native Akzente. Fremde Akzente können ähnlich wie niedrige Sprachniveaus zu einer Stigmatisierung führen [39]. Sprach- und SozialpsychologInnen weisen darauf hin, dass Fremdakzente ein Stigma darstellen können, da es den ZuhörerInnen Fremdheit signalisiert [6, 13, 38]. Sogar milde Fremdakzente können eine signifikante Auswirkung auf ZuhörerInnen haben [18] und zusätzlich die Arbeit und Karrierechancen von fremdsprachigen Personen beeinflussen [19]. Die dadurch ausgelösten Vorurteile produzieren dabei kulturelle und ethnische Stereotypen und Voreingenommenheit in Bezug auf MitarbeiterInnenevaluierung und professionelle Fähigkeiten [19, 13]. Insbesondere laufen MitarbeiterInnen in Arbeitsstellen mit einem höheren Kommunikationsbedarf eher Gefahr, durch Stereotypen zu leiden, wenn ein Fremdakzent vorhanden ist [39].

Die Einstellung der ZuhörerInnen fremden Akzenten gegenüber erfolgt vielfach unbewusst, da diese auf eine Kombination von Persönlichkeitsmerkmalen, sprachlichem Hintergrund (einsprachig, zweisprachig, mehrsprachig) und anderen sozio-biografischen Faktoren zurückgeführt werden kann [8]. Studien (wie z. B. Tsalikis und Otiz-Buonafina [45]) zeigen, dass es keinen signifikanten Zusammenhang zwischen der Häufigkeit des Kontakts mit einem bestimmten Akzent und der Beurteilung dieses Akzents gibt. Gass und Varonis [12] betonen darüber hinaus, dass je öfter man einen bestimmten Akzent und bestimmte SprecherInnen hört, desto verständlicher die Botschaft wird. Dabei zeigt sich auch, dass je vertrauter man mit einem speziellen Fachgebiet ist, desto leichter ist ein Text mit fremdem Akzent zu verstehen. Vertrautheit kann demnach Ambiguitätstoleranz erhöhen. Servalle (2011, zit. nach Dewaele und Mc Closkey [8]) zeigte in ihrer Studie, dass Fremdakzente Unwohlsein und Abgrenzung bei Personen mit niedriger Ambiguitätstoleranz auslösen können, während eine höhere Ambiguitätstoleranz mehr Flexibilität, Anpassungsfähigkeit und im Allgemeinen mehr positive Evaluierungen signalisiert. Die Ambiguitätstoleranz hängt dabei sehr stark mit dem soziolinguistischen und kulturellen Hintergrund sowie mit der Erfahrung, in einer fremden kulturellen und linguistischen Umgebung überleben zu müssen, zusammen [7]. So gesehen ist die Wahrnehmung eines fremden Akzentes aus Sicht der RezipientInnen stets mit einer gewissen Ambiguität verbunden.

7.4 Explorative Vorstudie zur Sprachwirkung von Predigten

7.4.1 Forschungsdesign

Für die Beforschung der Wirkung der Sprache von Predigten fremdsprachiger Priester auf ZuhörerInnen, wurden Predigten von Priestern unterschiedlicher Herkunftsländer herangezogen, die im Rahmen des in Abschn. 7.1 dargelegten IBB-Kurses bei einem Workshop zum Thema „Aufbau und Gestaltung einer Predigt" mit Videoanalyse gehalten wurden. Dabei wurden aus zahlreichen Videoaufnahmen drei Predigten ausgewählt, deren Sprecher zu dem Zeitpunkt der Aufnahmen bereits zwei Jahre in Kärnten tätig waren und sich in ihrer sprachlichen Ausbildung im Übergang von B 2b zu C 1a des Gemeinsamen Europäischen Referenzrahmens für Sprachen [5] befanden. Gleichzeitig wurde auch mittels Unterstützung eines Sprachphonetikers darauf geachtet, dass die Predigten eine objektiv hörbare Differenz in der Sprachanwendung ausweisen. Die drei Predigten bezogen sich auf unterschiedliche Bibelstellen, wurden von den Priestern selbständig erarbeitet und von ihnen bereits vorab bei einer Sonntagsmesse in ihren Ausbildungspfarren gehalten (Abb. 7.2). Dabei nutzten die Priester unterschiedliche sprachliche Gestaltungselemente zur Wirkung der Predigt, wie den Einsatz eines Liedes oder das Vorlesen eines literarischen Textes.

Um die Aufmerksamkeit der StudienteilnehmerInnen auf die sprachliche Wirkung der Predigten zu legen, wurden die drei Videoaufnahmen für die Pilotstudie in Audio-Files konvertiert und leicht nachbearbeitet, um die Lautstärke zu verbessern und eventuelle Hintergrundgeräusche zu eliminieren. Jene Priester, deren Predigten ausgewählt wurden, sowie die Verantwortlichen der katholischen Kirche Kärnten haben die Verwendung der Audio-Files für die Pilotstudie freigegeben. Alle StudienteilnehmerInnen haben alle Predigten in der vorgegebenen Reihenfolge gehört und beurteilt.

	Predigt A	Predigt B	Predigt C
Bibelstelle	Mt 25,1-14	Joh 15,9-17	Mk 15,34
Kernaussagen	Als Christen sind wir dazu berufen, Christus entgegenzugehen und mit ihm gemeinsam die Herrlichkeit Gottes zu erleben. Dazu müssen wir aber wachsam sein und uns vorbereiten, denn wir wissen nicht, wann Christus kommt. Vorbereitet sind wir, wenn wir unsere Sünden bekennen und uns mit unserem Nächsten versöhnen.	Durch die Taufe sind wir Mitglieder der Gemeinschaft Jesu. Wenn wir einander helfen und für Arme und Notleidende da sind, lebt und handelt Jesus in uns. So wie Jesus durch seine Hingabe am Kreuz ein Symbol der Liebe Gottes wurde, so können auch wir, in dem wir für andere da sind, Früchte der Liebe hervorbringen.	Jesus glaubt an Gott, den Vater, selbst in der Stunde größten Leids am Kreuz. Gott ist nicht nur dort, wo es uns gut geht, er bleibt auch im Leiden bei uns und führt uns sogar durch den Tod ins ewige Leben. Auf das Leid der Welt haben wir keine schnelle Antwort, wir haben aber in Christus einen Begleiter, der in seinem Tod am Kreuz selbst das Leid erfahren und vom Vater zu neuem Leben auferweckt wurde.
Besonderheiten der Sprachanwendung	Hoher Anteil an kirchlich-theologischem Fachvokabular	Einsatz eines Liedes in der Muttersprache des Priesters	Längere Textpassage aus "Die Nacht" von Elie Wiesel
Dauer der Predigt inkl. Evangelium	9:46 Minuten	6:53 Minuten	11:31 Minuten

Abb. 7.2 Darstellung der Predigten

7.4.2 Sample

Die Pilotstudie wurde im März 2018 als Online-Befragung durchgeführt. Der Fragebogen wurde mittels sechs Testpersonen getestet und anhand der Rückmeldungen dort verbessert, wo sich kleinere Unschärfen in der Frageformulierung und insbesondere in der technischen Nutzung (wie z. B. Hinweis auf die Browser-Nutzung) ergaben. Zur Teilnahme an der Pilotstudie wurden eine kirchlich-sozialisierte Gruppe ohne Bezug zu den Ausbildungspfarren der drei Priester im unmittelbaren Umfeld der AutorInnen mittels „Schneeballsystem" eingeladen und Studierende der Master-Lehrveranstaltungen „Diversity Management" an der Alpen-Adria-Universität und „Research Forum" an der Fachhochschule Kärnten. 70 vollständig ausgefüllte Fragebögen gingen im Zeitraum 19. März bis 6. April 2018 ein.

Unter den TeilnehmerInnen waren 42 Frauen (60,0 %) und 27 Männer (38,6 %) sowie 1 Person (1,4 %) ohne Angabe zum Geschlecht. 33 Personen (47,1 %) sind 21–30 Jahre alt, 11 Personen (15,7 %) zwischen 31–40 Jahren, 12 Personen (17,1 %) zwischen 41–50 Jahren und 13 Personen (18,8 %) zwischen 51–60 Jahren. Eine Person gab kein Alter an. Für 62 Personen (88,6 %) der teilnehmenden Personen ist Deutsch die Muttersprache. 2,9 % der Personen verfügen über eine weitere Muttersprache. Die restlichen Personen haben Deutsch nicht als Muttersprache, sprechen diese jedoch fließend und spontan (C1-Level). Von den StudienteilnehmerInnen sprachen 12 Personen keine weitere Sprache, während alle anderen ein bis zu fünf weitere Sprachen auf C1-Niveau sprechen. Die dafür meistgenannten Sprachen sind englisch (91,3 %), italienisch (12 %), französisch (5 %), slowenisch (3 %).

Zur Darstellung der Häufigkeiten der sprachlichen Kommunikation der StudienteilnehmerInnen in bzw. mit einer anderen Sprache wurden die Kategorien „immer" und „oft" sowie „selten" und „nie" zusammengefasst. Die Verteilung zeigt, dass jeweils 38 % der TeilnehmerInnen regelmäßig in der Situation stehen, selbst IN einer anderen Sprache bzw. mit Personen mit anderen Sprachhintergrund zu kommunizieren (Abb. 7.3). Vergleichsweise mehr StudienteilnehmerInnen sind gelegentlich in der Situation MIT Personen mit einem anderen Sprachhintergrund als selbst in einer anderen Sprache zu kommunizieren.

Von den TeilnehmerInnen besuchen 26 Personen (37,1 %) „immer bis oft (wöchentlich)" und 36 Personen (51,4 %) „selten bis nie" den römisch-katholischen Gottesdienst. 11,4 % besuchen gelegentlich den Gottesdienst. Nur eine Person besucht oft, vier weitere Personen gelegentlich einen Gottesdienst einer anderen Religionsgemeinschaft.

	immer & oft	gelegentlich	selten & nie
Häufigkeit der Kommunikation in einer anderen Sprache	38,6%	28,6%	32,9%
Häufigkeit der Kommunikation mit einer anderen Sprache	38,2%	42,6%	19,1%

Abb. 7.3 Häufigkeit der Kommunikation in und mit anderen Sprachen

7.4.3 Messkriterien zur Beurteilung der Predigten

Korrekte Sinnerfassung der Predigt: Die Wirkung der Predigt entfaltet sich durch eine klare Botschaft, einen reflektierten Aufbau, die anregende sprachliche Gestaltung und die emotionale Resonanz. Zum Aufbau der Predigt wurden die TeilnehmerInnen zunächst mittels einer JA/NEIN Frage angehalten anzugeben, ob der Inhalt der Predigt erkennbar war. Anschließend wurden sie gebeten den zentralen Inhalt der Botschaft (Sinnerfassung) kurz ausformuliert wiederzugeben. Anhand einer qualitativen Inhaltsanalyse wurden die beschriebenen Inhalte der Predigt durch das Forschungsteam auf einer 4er-Skala beurteilt (1 = trifft Predigt zur Gänze, 2 = trifft Predigt sinngemäß, 3 = trifft Teilaspekte der Predigt, 4 = trifft Predigtkern nicht). Danach wurden die TeilnehmerInnen gefragt, ob Sie sich gut durch die Predigt geführt fühlten (Antwortskala 1 = sehr gut bis 5 = nicht gut).

Beurteilung des Priesters und der sprachlichen Gestaltung: Hierbei wurde auf Skalen bzw. auf semantische Differenziale der Literatur zurückgegriffen (Abb. 7.4) [27].

Priorisierung der Predigten: Alle TeilnehmerInnen haben die Predigten A, B und C beurteilt. Abschließend wurden die Probanden gebeten, mit folgenden zwei Fragen die drei Predigten zu reihen: „Welcher Predigt konnten Sie sprachlich (Artikulation, Akzent, Sprachmelodie etc.) am besten folgen?“ Und, „Welche Predigt hat Ihnen inhaltlich (Botschaft, Aufbau etc.) am besten gefallen?“ Die Priorisierung erfolgte durch ein Ziehen im Drag-and-Drop-Menü im Online-Fragebogen.

7.4.4 Ergebnisse zur Reihung der Sinnerfassung und sprachlichen Wirkung

Korrekte Sinnerfassung: Jene TeilnehmerInnnen, die angaben, die Botschaft der Predigt verstanden zu haben, wurden um eine kurze, schriftliche Zusammenfassung dieser gebeten.

Wie haben Sie den Priester in seiner Predigt wahrgenommen?						
authentisch	+2	+1	0	-1	-2	unauthentisch
inhaltlich kompetent	+2	+1	0	-1	-2	inhaltlich nicht kompetent
glaubwürdig	+2	+1	0	-1	-2	nicht glaubwürdig

Beurteilen Sie bitte die sprachliche Darstellung der Predigt.						
verständlich	+2	+1	0	-1	-2	unverständlich
bildhaft	+2	+1	0	-1	-2	abstrakt
einfach	+2	+1	0	-1	-2	kompliziert
fließend	+2	+1	0	-1	-2	stockend
melodisch-harmonich	+2	+1	0	-1	-2	unmelodisch-unharmonisch

Abb. 7.4 Wahrnehmung der Predigt und dessen Wirkung (semantische Fragestellung)

		Predigt A	Predigt B	Predigt C
Wahrneh-mung des Priesters	authentisch | unauthentisch	1,00	0,75	0,96
	inhaltlich kompetent | inhaltlich nicht kompetent	0,84	0,23	0,91
	glaubwürdig | nicht glaubwürdig	0,99	0,64	1,04
Wahrnehmung der sprachlichen Darstellungdes Priesters	verständlich | unverständlich	0,33	-0,20	0,24
	bildhaft | abstrakt	0,57	-0,03	0,87
	einfach | kompliziert	0,69	0,46	0,35
	fließend | stockend	-0,01	-0,17	-0,03
	melodisch-harmonisch | unmelodisch-unharmonisch	-0,23	0,06	-0,09

Abb. 7.5 Wahrnehmung der fachlichen und sprachlichen Kompetenz der Priester durch die StudienteilnehmerInnen (Darstellung in Mittelwerten)

Diese wurde vom Forschungsteam, wie zuvor dargelegt, auf einer 4-teiligen Skala beurteilt. Dabei weist die Predigt C mit einem Mittelwert von 1,75 die stärkste Sinnerfassung aus, gefolgt von der Predigt A (MW = 2,32) und der Predigt B (MW = 3,08).

Fachliche Beurteilung des Priesters und dessen sprachliche Gestaltung: Die Beurteilung der fachlichen und sprachlichen Wirkung durch die TeilnehmerInnen zeigt, dass diese die Predigten A und C stark authentisch, inhaltlich kompetent und glaubwürdig wahrgenommen haben (Abb. 7.5). In der sprachlichen Darstellung wurde bei der Predigt C besonders die Bildhaftigkeit der Predigt positiv beurteilt, bei der Predigt A werden die Einfachheit und Verständlichkeit positiv gesehen. Die Predigt B konnte sowohl von der fachlichen als auch von der sprachlichen Kompetenz nicht überzeugen.

Priorisierung der Predigten: Mit 42,9 % Zustimmung konnte die Predigt A aufgrund der Artikulation, der Sprachmelodie und des Dialekts sprachlich die meisten TeilnehmerInnen überzeugen. Predigt B wurde von 30 % und Predigt C von 22,9 % an erste Stelle gereiht. Betreffend der inhaltlichen Kriterien der Predigt wie der Botschaft und dem Aufbau wurde die Predigt C von 45,7 %, gefolgt von der Predigt A mit 27,1 % und der Predigt B mit 22,9 % priorisiert.

In den folgenden Absätzen werden die Ergebnisse nach den Moderationsvariablen Kommunikationshäufigkeit in und mit einer anderen Sprache sowie der Häufigkeit der Kirchgänge dargelegt und interpretiert.

7.5 Ergebnisse und Diskussion beeinflussender Faktoren auf die Wahrnehmung der Predigten

7.5.1 Einfluss der Kommunikationshäufigkeit in bzw. mit einer anderen Sprache

Die Häufigkeit mit Personen in bzw. mit einer anderen Sprache zu kommunizieren, beeinflusst die Wahrnehmung des Akzentes [12]. Eines der kontraintuitivsten Ergebnisse dieser Studie ist das Ergebnis, dass Personen die häufig in bzw. mit einer anderen

Sprache kommunizieren, kritischer fremden Akzenten gegenüber zu sein scheinen als diejenigen, die weniger mit bzw. in Fremdsprachen kommunizieren. Während inhaltlich die Predigt C unabhängig von der Häufigkeit der Kommunikation IN einer anderen bzw. MIT einer anderen Sprache am besten gefallen hat, zeigt die sprachliche Beurteilung ein anderes Ergebnis (Abb. 7.6). Jene TeilnehmerInnen, die immer bzw. oft IN einer anderen Sprache kommunizieren müssen, reihen die Predigt B mit 38,5 % an erste Stelle. Jene Teilnehmerinnen, die immer bzw. oft MIT einer anderen Sprache kommunizieren müssen, reihen die Predigt C mit 36 % an erste Stelle.

Diese Ambiguität fremder Akzente ist in Übereinstimmung mit bisherigen Studien [8]. Eine mögliche Erklärung dafür ist die höhere Erwartung an Sprachlernende, einen Akzent zu reduzieren, wenn man selbst eine höhere Sprachfähigkeit hat. Die Untersuchung von Dewaele und McCloskey [8] zeigt eine signifikante Korrelation zwischen dem Ausbildungsniveau und der Haltung gegenüber einem fremden Akzent. Personen, die ein niedriges Ausbildungsniveau aufweisen, haben fremde Akzente weniger kritisch beurteilt als solche mit höherem Ausbildungsniveau. Die Studie lässt die Vermutung zu, dass die teilnehmenden AkademikerInnen einen fremden Akzent als nicht ausreichenden Erwerb einer Sprache und damit sehr kritisch bewerten. Reinke (2011, zit. in Grzeszczakowska-Pawlikowska [15]) zeigt, dass dies vor allem im Fall sprachlich weit fortgeschrittener Sprecher problematisch ist, da ihren „sprachlichen Unzulänglichkeiten allgemein mit geringerer Nachsicht begegnet wird“. Es ist davon auszugehen, dass der signifikante Anteil von AkademikerInnen in dieser Pilotstudie eine ähnliche Auswirkung auf die Ergebnisse hat.

Die Beurteilung der sprachlichen Wirkung der Predigt A zeigt, dass je seltener die TeilnehmerInnen in und mit anderer Sprache kommunizieren, umso besser die Beurteilung ausfällt. Jene TeilnehmerInnen haben die Predigt A im Vergleich zu B als besonders verständlich (MW = 0,78), bildhaft (MW = 0,78) und einfach (MW = 1,09) bewertet.

Welche Predigt hat Ihnen inhaltlich (Botschaft, Aufbau etc.) am besten gefallen?	**immer & oft**	**gelegentlich**	**selten & nie**
Kommunikationshäufigkeit in anderer Sprache	C: 38,5%	C: 65,0%	C: 42,9%
Häufigkeit der Kommunikation mit einer anderen Sprache	C: 56,0%	A&C: 37,9%	C: 53,8%
Welcher Predigt konnten Sie sprachlich (Artikulation, Akzent, Sprachmelodie etc.) am besten folgen?	**immer & oft**	**gelegentlich**	**selten & nie**
Kommunikationshäufigkeit in anderer Sprache	B: 38,5%	A: 55,0%	A: 57,1%
Häufigkeit der Kommunikation mit einer anderen Sprache	C: 36,0%	A: 51,7%	A: 53,8%

Abb. 7.6 Reihung der Predigten in Abhängigkeit von der Kommunikationshäufigkeit in bzw. mit anderen Sprachen (Darstellung der jeweils erstgereihten Predigt mit Angaben in Prozentwerten)

7.5.2 Einfluss der Häufigkeit der Kirchgänge

Eindeutig reihen jene TeilnehmerInnen, die immer bzw. oft in die Kirche gehen, die Predigt A aufgrund der sprachlichen Einfachheit und Verständlichkeit an erste Stelle (Abb. 7.7). Inhaltlich präferieren sowohl die häufigen als auch die seltenen KirchgängerInnen die Predigt C, wobei die Bildhaftigkeit bei dieser Predigt sehr positiv beurteilt wird.

Die Botschaft der Predigt A wurde von den häufigen KirchgängerInnen deutlich korrekter erfasst (MW = 1,95) als von den gelegentlichen (MW = 2,67) oder seltenen (MW = 2,57) KirchgängerInnen. Die Predigt B weist keinen Unterschied bezogen auf die Häufigkeit der Kirchgänge aus. Die Predigt C weist das beste Ergebnis der Sinnerfassung aus. So ist die gleich korrekte Sinnerfassung bei den häufigen und seltenen KirchgängerInnen (MW = 1,71) wahrzunehmen, während die gelegentlichen KirchgängerInnen die Botschaft in einem leicht geringeren Ausmaß (MW = 2,00) korrekt erfassen konnten.

Die Ergebnisse der Pilotstudie korrelieren in den Bereichen sprachliche Wirkung und Sinnerfassung mit der Theorie der sozialen Identität [1]. So weisen KirchgängerInnen ein höheres Maß an Vertrautheit mit den verwendeten Sprachbildern, Beispielen und kirchlich-theologischen Fachtermini auf als solche, die den Gottesdienst nur selten oder nie mitfeiern. Dies findet einen unmittelbaren Niederschlag bei Predigt A, die mit besonders vielen Fachtermini [12] und Beispielen operiert, die unmittelbar dem kirchlichen Milieu entnommen sind. Die Predigten B und C hingegen konnten Personen, die den Gottesdienst selten oder nie besuchen, sprachlich weit besser erfassen als Kirchgänger. Das Spezifische dieser beiden Predigten besteht darin, dass Prediger B ein Lied in seiner Muttersprache vorträgt und Prediger C einen literarischen Text rezitiert. Da diese beiden Gestaltungselemente bei Predigten eher selten eingesetzt werden, boten sie KirchgängerInnen keine sprachlichen Verstehenshilfen. Personen, die den Gottesdienst selten oder nie mitfeiern, sahen in der Verwendung eines Liedes oder literarischen Textes jedoch einen positiven Anknüpfungspunkt, der ihnen wiederum das sprachliche Erfassen der Predigt erleichterte.

Die inhaltliche Rezeption der drei Predigten durch die TeilnehmerInnen zeigt jedoch ein Ergebnis, das mit der Theorie der sozialen Identität nicht in Einklang zu bringen ist.

Häufigkeit der Kirchgänge	immer & oft	gelegentlich	selten & nie
Welcher Predigt konnten Sie sprachlich (Artikulation, Akzent, Sprachmelodie etc.) am besten folgen?	A: 75%	B: 50%	B: 40%
Welche Predigt hat Ihnen inhaltlich (Botschaft, Aufbau etc.) am besten gefallen?	C: 50%	B: 42,9%	C: 50%

Abb. 7.7 Reihung der Predigten in Abhängigkeit von der Häufigkeit der jährlichen Kirchgänge (Darstellung der jeweils erstgereihten Predigt mit Angaben in Prozentwerten)

So wurde Predigt C sowohl von den KirchgängerInnen als auch von TeilnehmerInnen, die selten oder nie den Gottesdienst mitfeiern im Ranking auf Platz 1 gereiht und mit 50 % gleich hoch bewertet. Begründet wird dies damit, dass das Textbeispiel aus „Die Nacht" von Elie Wiesel sehr berührend sei und die daran anschließende Auseinandersetzung mit der Leid- und Theodizeefrage hohe Aktualität aufweise. Predigt A und B konnten inhaltlich nicht im selben Maße überzeugen, weil die eine Predigt als zu stark appellativ und die andere in der Predigtaussage als zu wenig profiliert wahrgenommen wurde.

Diese beiden Ergebnisse der Pilotstudie führen im Blick auf die Häufigkeit der Kirchgänge zur Conclusio, dass eine gegebene soziale Identität sprachliche Vorurteilsbildungen zu reduzieren vermag, wenn die Sprachgestalt der Rede einen entsprechenden Verstehenszugang und Identifikation ermöglicht. Anders verhält es sich bei der inhaltlichen Zustimmung. Verursacht der Prediger mit der inhaltlichen Aussage seiner Predigt bei den ZuhörerInnen Unverständnis oder gar Widerstand, so lassen sich diese Irritationen auch nicht durch das Moment einer sozialen Identität kompensieren.

7.6 Wissenschaftliche und praktische Implikationen

7.6.1 Wissenschaftliche Implikationen

Die vorliegende Pilotstudie im Forschungsfeld der nicht-muttersprachlichen SprecherInnen im beruflichen Kontext untersucht, wie RezipientInnen fremdländische Akzente im Kontext von priesterlichen Predigten wahrnehmen und verstehen. Dabei fokussiert die Studie auf die RezipientInnen-Perspektive und erforscht mit der Wahrnehmung verbundene Verzerrungen und Kommunikationsherausforderungen. Es wurden bisher überwiegend Studien zu den HörerInnen und ihren Einstellungen zu Akzenten durchgeführt, während ein relativ begrenzter Forschungsbereich die Aufmerksamkeit auf die Rolle der/des SprecherIn in dieser Art von interkulturellem Kommunikationsprozess verlagert hat. Zukünftige Forschung könnte auch die Wahrnehmung der/des SprecherIn gegenüber dem eigenen ausländischen Akzent und dem der anderen analysieren.

Die Ergebnisse dieser Studie deuten auf eine Reihe vielversprechender Richtungen für zukünftige Forschungen hin. Die Theorie der sozialen Identität [1] hat sich in dieser Studie als besonders relevant erwiesen. Es wurde eine klare Verbindung zwischen GottesdienstteilnehmerInnen, die regelmäßig zur Kirche gehen, und ihrer Wahrnehmung der fremdakzentuierten Predigten festgestellt. Diese Theorie könnte durch eine Vergleichsstudie von lokal akzentuierten deutschsprachigen Priestern und fremdakzentuierten deutschsprachigen Priestern weiter untersucht werden. Des Weiteren könnte nach spezifischen Akzent-Verzerrungen, Präferenzen und Vertrautheit mit einigen Akzenten gegenüber anderen geforscht werden. Eine vergleichende Studie könnte daher untersuchen, wie unterschiedliche nicht-muttersprachliche und muttersprachliche Akzente wahrgenommen werden und wie diese Unterschiede das Verständnis zur Kernbotschaft, die Wirksamkeit der Sprache und die emotionale Resonanz der Predigt beeinflussen.

Das überraschendste Ergebnis der Studie zeigt, dass die Tendenz zur Akzentkritik umso geringer ist, je geringer die Interaktion in und mit anderen Sprachen ist. Es wird angenommen, dass dieses Ergebnis mit dem Bildungsniveau korreliert [8]. Je gebildeter die Person ist, desto kritischer ist die Wahrnehmung von Akzentdefiziten. Dieser Befund bietet in diesem Zusammenhang erneut Spielraum für eine tiefergehende Forschung.

Der Gebrauch der deutschen Sprache als Fremdsprache für Priester aus dem nicht-deutschsprachigem Kontext führt zu einer möglichen Stigmatisierung aufgrund der wahrgenommenen Fremdheit durch einen nicht-muttersprachlichen Akzent [13, 39]. Dieser Prozess der Stigmatisierung ist insbesondere vor dem Hintergrund relevant, dass bereits milde Akzente signifikante Wirkung auf die/den Rezipientin/Rezipienten haben können [18]. Die in der Studie diskutierten Predigten haben aufgrund der starken Akzente der Prediger eine maßgebliche Auswirkung auf die Verständlichkeit. Stereotype-ForscherInnen glauben, dass stigmatisierte Personen Vorurteile und Misstrauen erkennen, die sie umgeben [2]. In diesem Sinne wäre es auch interessant, das Bewusstsein für die möglichen stigmatisierenden Effekte im Zusammenhang mit dem Akzent zu analysieren.

Während sich die aktuelle Forschung auf die potenziell negativen Auswirkungen akzentbehafteter Kommunikation konzentrierte, könnte zukünftige Forschung auch mögliche positive Aspekte aufzeigen. Bislang gibt es nur wenige Forschungsergebnisse, wie ausländische Akzente die Arbeitsdynamik positiv beeinflussen können [23, 27]. Der positive Zugang erscheint in einer Zeit mit zunehmender Mobilität der Menschen als besonders relevant. Die Schaffung eines Bewusstseins für mögliche Vorurteile in Bezug auf den Fremdsprachengebrauch und verschiedene Akzente ist ein wichtiger Schritt zur Verbesserung der interkulturellen Beziehungen.

Die Aussagekraft der explorativen Studie wird durch eine geringe Fallzahl der StudienteilnehmerInnen, die durch ein Schneeballsystem zur Teilnahme eingeladen wurden, limitiert. Gleichzeitig wurden verstärkt AkademikerInnen und weniger durchschnittliche KirchgängerInnen befragt, was die Wahrnehmung der inhaltlichen und sprachlichen Wirkung beeinflussen kann. Auch die fixe Reihenfolge der Predigten innerhalb des Fragebogens kann bewirken, dass die letzte Predigt in der Beurteilung positiver oder schlechter ausfällt, da die teilnehmenden Personen bereits Vergleiche ziehen konnten.

7.6.2 Praktische Implikationen für die Predigtausbildung

Der Erarbeitung einer Predigt durch einen anderssprachigen Priester hat ganz grundsätzlich die Reflexion vorauszugehen, dass alleine der Umstand Deutsch nicht muttersprachlich zu beherrschen, bei den GottesdienstteilnehmerInnen zu Vorurteilsbildungen führen wird, die sich sogar noch verstärken können, wenn der Akzent eher negativ konnotiert ist. Zudem ist es gemäß der Critical Period Hypothesis nur innerhalb einer kritischen Periode (zwischen zwei Jahren und Beginn der Pubertät) möglich, eine Sprache akzentfrei zu erlernen [20]. Daher ist das Hauptaugenmerk zukünftiger Sprachbildung weniger auf den Akzent, sondern stärker auf einen umfassenden Wortschatz, den Satzbau und die Betonungsmuster der Sprache zu legen.

Die sprachliche Gestaltung und der Aufbau der Predigt ist klar und einfach zu halten. Wenn den Gottesdienst Personen mitfeiern, die im kirchlichen Milieu beheimatet sind, kann ein gut dosierter Einsatz von daraus entnommenen Beispielen und Bildern das sprachliche Verständnis erleichtern. Die Verwendung von Fachvokabular ist aber in jedem Fall zu vermeiden, außer die Begriffe werden vom Prediger in weiterer Folge hermeneutisch erschlossen. Feiern den Gottesdienst jedoch auch Personen mit, die mit dem Ritus und seiner Sprachgestalt wenig vertraut sind, so ist auf jegliches kirchliches Fachvokabular zu verzichten, da sich ansonsten die bereits gegebene akzentbedingte Fremdheit vergrößert.

Die zentrale Aufgabe der Predigt liegt darin, die Botschaft des biblischen Textes mit der Lebenswelt der Menschen zu verbinden. In der Pilotstudie wurde deutlich, dass sich die Akzeptanz steigert, wenn Beispiele aus der unmittelbaren Lebenswelt der ZuhörerInnen oder auch profane literarische Texte, Zitate oder Bilder in die Predigt aufgenommen werden. Der Einsatz dieser Textsorten hat den Vorteil, dass der Prediger darin den ZuhörerInnen ein Stück ihrer eigenen Lebenssituation zu erschließen vermag [26]. Dies setzt aber voraus, dass sich der Prediger dazu selbst einen Zugang verschafft hat und somit die Botschaft dieses Textes oder Bildes authentisch zu vermitteln und in weiterer Folge mit der auszulegenden Bibelstelle in Beziehung zu setzen vermag.

Die emotionale Resonanz einer Predigt hängt entscheidend davon ab, ob es dem Prediger gelingt, mit dem im Gottesdienst anwesenden HörerInnen zu kommunizieren. Dabei wirkt sich die Akzenteinfärbung der Sprache, die wiederum bei den HörerInnen entsprechende Vorurteile auslöst, deutlich negativ aus. Dem kann der Priester begegnen, indem er in die Predigt von Zeit zu Zeit Erfahrungen aus seinem Heimatland einbaut und dabei durchaus auch seine Muttersprache einsetzt. Denn darin wird er für die GottesdienstteilnehmerInnen nicht nur mit seinem Defizit, die Sprache nicht muttersprachlich zu beherrschen, wahrnehmbar, sondern im umfassenderen Sinne als eine Person erlebbar, die vielfältige soziale und intellektuelle Kompetenzen besitzt und sich bereits in unterschiedlichen beruflichen und privaten Kontexten bewährt hat. Dieses homiletische Stilmittel birgt jedoch zwei Gefahren: Beispiele dürfen nicht so eingebracht werden, dass sie in einem wertenden Vergleich zwischen dem Heimatland und dem Land, in dem der Priester aktuell wirkt, münden. Weiters soll der Prediger nicht den Eindruck vermitteln, dass er emotional stärker mit seinen bisherigen Aufgaben verbunden ist als mit denen, die er nun innehat [31]. Dem kann der Prediger währen, wenn er sich bereits bei der Vorbereitung der Predigt bewusst macht, dass die HörerInnen konstitutiver Bestandteil des Sprachaktes einer guten Predigt sind.

7.6.3 Empfehlungen für Führungskräfte im Ausland

Die Ergebnisse dieser Studien sind für die Ausbildung von nicht-muttersprachlichen Priestern in Kärnten von großer Bedeutung und haben darüber hinaus weitgehende Implikationen für das Management von fremdsprachigen MitarbeiterInnen und von Expatriates. Die Arbeitswelt heutzutage zeichnet sich durch Vielfalt am Arbeitsplatz aus.

Personen unterschiedlichster Herkunft kommunizieren in diversesten Sprachen mit verschiedensten Akzenten. Diese Studie zeigt, wie relevant das Wissen um die Wirkungen von Akzenten für die Wirtschaft in Hinsicht auf das Management von internationalen Teams, Exportagenden, Verkauf und internationales Marketing sein können. Um eine Unternehmenskultur zu schaffen, in denen Nicht-MuttersprachlerInnen bestmöglich arbeiten und sich entfalten können, ist es aus organisatorischer Sicht entscheidend, dass die richtigen Bedingungen dafür angeboten werden. Aus dieser Perspektive sind Schulungen, die sich unter anderem auf die Kommunikation, das Sprachtraining und den Sprachakzent fokussieren, sowohl für MuttersprachlerInnen als auch für Nicht-MuttersprachlerInnen von entscheidender Bedeutung. Russo et al. [39] sind der Meinung, dass es sinnvoller wäre, den Fokus auf die Einstellungen und Wahrnehmungen von MuttersprachlerInnen in Bezug auf ihre Nicht-Muttersprachliche KollegInnen zu richten anstatt auf die Verbesserung der Akzente von Nicht-MuttersprachlerInnen. Organisationen mit einer vielfältigen Belegschaft sollten sich mit solchen Themen befassen und sich mit unbewussten Vorurteilen auseinandersetzen, um eine faire und bessere Arbeitsumgebung zu schaffen.

Aus der vorliegenden Studie kann ebenfalls eine Reihe von Empfehlungen für ManagerInnen, die als Expatriates in verschiedenen kulturellen Kontexten arbeiten, herangezogen werden. Auch hier ist die Rolle der sprachlichen und interkulturellen Kommunikationstrainings für Expatriates, die in neuen und unbekannten kulturellen Kontexten arbeiten (sowohl vor der Abreise als auch Vorort im neuen kulturellen Kontext), besonders wichtig. Vlajčić et al. [46] betonen, dass Expatriate-ManagerInnen ein solides Bewusstsein für die Kultur, in der sie tätig sind, haben müssen. Der Mangel an kulturellem Wissen wird oft als Grund bei misslungenen Auslandsaufenthalten angeführt [24] und verursacht in weiterer Folge Kosten. Kulturelles Wissen ist notwendig, damit ManagerInnen in verschiedenen Kontexten gut arbeiten, sich erfolgreich an andere kulturelle Umgebungen anpassen und letztendlich durch ihren bewussten Spracheinsatz in ihrer Führung wirksam werden können. Entscheidend ist hier die Fähigkeit, kulturelles Wissen zu kennen, zu verstehen und aufzunehmen [3], um den Spracheinsatz bewusst an den Lebens- und Arbeitskontext der MitarbeiterInnen anpassen und als Instrument des Beziehungsaufbaus nutzen zu können.

Literatur

1. Ashforth, B. D., & Mael, F. (1989). Social identity theory and the organization. *Academy of Management Review, 14*(1), 20–39.
2. Brown, R. P., & Pinel, E. C. (2003). Stigma on my mind: Individual differences in the experience of stereotype threat. *Journal of Experimental Social Psychology, 39*(6), 626–633.
3. Calza, F., Aliana, F., & Cannavale, C. (2013). Cross-cultural bridges in European firms' internationalization to Islamic countries: The key role of cultural competence. *EuroMed Journal of Business, 8*(2), 172–187.

4. Codex Iuris Canonici. (2017). *Codex des kanonischen Rechtes* (8. Aufl., S. 762–767). Kevelar: Butzon & Bercker.
5. Council of Europe. (2001). *Common European framework of reference for languages: Learning, teaching, assessment. Modern language division, Strasbourg* (12. Aufl.). Cambridge: Cambridge University Press.
6. Derwing, T. M., & Munro, M. J. (2009). Putting accent in its place: Rethinking obstacles to communication. *Language Teaching, 42*(4), 476–490.
7. Dewaele, J.-M., & Wei, L. (2013). Is multilingualism linked to a higher tolerance of ambiguity? *Bilingualism: Language and Cognition 16*(1), 231–240.
8. Dewaele, J.-M., & McCloskey, J. (2015). Attitudes towards foreign accents among adult multilingual language users. *Journal of Multilingual and Multicultural Development, 36*(3), 221–238.
9. Fuchs, O. (2008). Predigt – III. Konfessionell – 1. Katholisch. In H. D. Betz, H. D. Browning, B. Janowski, & E. Jüngel (Hrsg.), *Religion in Geschichte und Gegenwart: Handwörterbuch für Theologie und Religionswissenschaft* (4. Aufl., S. 1592–1593). Stuttgart: UTB.
10. Gabriel, K., Leipold, S., & Achtermann, R. (2011). *Die Situation ausländischer Priester in Deutschland.* Ostfildern: Matthias-Grünewald-Verlag.
11. Gabriel, K. (2014). Ausländische Priester in der deutschen Kirche: Zwischen Notlösung und weltkirchlicher Avantgarde. *Lebendige Seelsorge, 65*(1), 2–7.
12. Gass, S., & Varonis, E. M. (1984). The effect of familiarity on the speech comprehensibility of nonnative speech. *Language Learning, 34*(1), 65–89.
13. Gluszek, A., & Dovidio, J. F. (2010). The way they speak: A social psycho-logical perspective on the stigma of nonnative accents in communication. *Personality and Social Psychology Review, 14*(2), 214–237.
14. Gmainer-Pranzl, F. (2014). Interkulturelle Lernprozesse? Plädoyer für eine polyloge Katholizität. *Lebendige Seelsorge, 65*(1), 8–13.
15. Grzeszczakowska-Pawlikowska, B. (2016). Der Einfluss des fremden Akzents in der interkulturellen Kommunikation. *Germanica Wratislaviensia, 2016*(141), 425–438.
16. Hammes, A. (2016). Rohrkrepierer Predigt? – Warum die Verkündigung mehr als nur ein Sprachproblem hat. *Pastoralblatt für die Diözesen Aachen, Berlin, Essen, Hildesheim, Köln, Osnabrück, 68*(12), 362–368.
17. Hirschfeld, U., & Stock, S. (2007). Ausspracheworterbuch und DaF-Unterricht. *Zeitschrift für Interkulturellen Fremdsprachenunterricht, 12*(2), 2.
18. Hosoda, M., Stone-Romero, E. F., & Walter, J. N. (2007). Listeners' cognitive and affective reactions to english speakers with standard American english and Asian accents. *Perceptual and Motor Skills, 104*(1), 307–326.
19. Huang, L., Frideger, M., & Pearce, J. L. (2013). Political skill: Explaining the effects of nonnative accent on managerial hiring and entrepreneurial investment decisions. *Journal of Applied Psychology, 98*(6), 1005–1017.
20. Hurford, R. (1991). The evolution of the critical period for language acquisition. *Cognition, 40*(3), 159–201.
21. Klimkeit, H.-J. (1997). Predigt I – I. Religionsgeschichte. In G. Müller (Hrsg.), *Theologische Realenzyklopädie* (Bd. XXVII, S. 225–231). Berlin: De Gruyter.
22. Kongregation für den Klerus. (1997). *Die Mitarbeit der Laien am Dienst der Priester.* Vatikanstadt: Liberia Editrice Vaticana.
23. Kraak, J. M., & Holmqvist, J. (2017). The authentic service employee: Service employees' language use for authentic service experiences. *Journal of Business Research, 72,* 199–209.
24. Lenartowicz, T., Johnson, J. P., & Konopsak, R. (2014). The application of learning theories to improve cross-cultural traning programs in MNCs. *The International Journal of Human Resource Management, 25*(12), 1697–1719.

25. Lev-Ari, S., & Keysar, B. (2010). Why don't we believe non-native speakers? The influence of accent on credibility. *Journal of Experimental Social Psychology, 46*(1), 1093–1096.
26. Loretan-Saladin, F. (2008). Dass die Sprache stimmt. Was Predigerinnen von Dichtern lernen können. *Diakonia, 39,* 432–437.
27. Mai, R., & Hintermeier, J. (2011). Regionaler Dialekt in kommerziellen Interaktionen: Vorteil oder Nachteil für Mitarbeiter mit direktem Kundenkontakt. *der markt. International Journal of Marketing, 50*(2), 219–232.
28. Mai, R., & Hoffmann, S. (2009). Die asymmetrische Wirkung eines Akzents in der Werbung. *Marketing, 31*(4), 255–265.
29. Mai, R., & Hoffmann, S. (2010). Die Wirkung von Akzent und Dialekt in der internen und externen Kommunikation: Stand der betriebswirtschaftlich orientierten Forschung und Forschungsdirektiven. *Journal der Betriebswirtschaft, 60*(4), 241–268.
30. Meier, N. (20. Dezember 2017). Gottes Gastarbeiter. *Die Zeit, 53,* 13–15.
31. Meyer-Blanck, M. (2016). Reden, Resonanz und Risiko – Oder: Von der Lust am Predigen. *Lebendige Seelsorge, 67*(21), 88–91.
32. Müller, K. (2016). Predigt als Resonanz-Geschehen: Kleine Skizze zu einer Philosophie der Verkündigung. *Lebendige Seelsorge, 67*(21), 79–86.
33. Nicol, M. (2008). Predigt – I. Allgemein. In H. D. Betz, H. D. Browning, B. Janowski, & E. Jüngel (Hrsg.), *Religion in Geschichte und Gegenwart: Handwörterbuch für Theologie und Religionswissenschaft* (4. Aufl., S. 1585). Stuttgart: UTB.
34. Papst Franziskus. (2013). *Die Freude des Evangeliums: Das Apostolisches Schreiben „Evangelii gaudium" über die Verkündigung des Evangeliums in der Welt von heute* (S. 98–115). Freiburg im Breisgau: Herder.
35. Papst Paul VI. (1975). Römisches Messbuch: Allgemeine Einführung. In Benzinger (Hrsg.), *Die Feier der Heiligen Messe – Messbuch. Für die Bistümer des deutschen Sprachgebietes, Teil I* (S. 19–82). Einsiedeln: Benzinger.
36. Polak, R. (2016). Religiöse Diversität als Herausforderung für die Katholische Kirche. *Interdiciplinary Journal for Religion and Transformation in Contemporary Society, 2*(1), 115–142.
37. Possmann, N. (2017). Fehler oder Chance. Der Einsatz von Priestern aus der „Weltkirche" in unseren Pfarreien. *Diakonia, 48*(1), 49–55.
38. Roessel, J., Schoel, C., & Stahlberg, D. (2018). What's in an accent? General spontaneous biases against nonnative accents: An investigation with conceptual and auditory IATs. *European Journal of Social Psychology, 48*(4), 535–550.
39. Russo, M., Islam, G., & Koyuncu, B. (2017). Non-native accents and stigma: How self-fulfilling prophesies can affect career outcomes. *Human Resource Management Review, 27*(3), 507–520.
40. Scales, J., Wennerstrom, A., Richard, D., & Hui Wu, S. (2006). Language learners' perceptions of accent. *TESOL Quarterly, 40*(4), 715–738.
41. Schwarz, A. (1986). *Praxis der Predigtbearbeitung. Neue Homiletik* (S. 115–123). Graz: Styria Verlag.
42. Secretariat of State. (2017). *The pontifical yearbook 2017 and the „Annuarium Statisticum Ecclesiae" 2015.* Citta del Vaticano: Liberia Editrice Vaticana.
43. Sekretariat der Deutschen Bischofskonferenz (Hrsg.). (2017). *Katholische Kirche in Deutschland: Zahlen und Fakten 2016/2017. Arbeitshilfen 294.* Meckenheim: DCM Druck Center.
44. Tsalikis, J., DeShields, O. W., & LaTour, M. S. (1991). The role of accent on the credibility and effectiveness of the salesperson. *Journal of Personal Sales & Sales Management, 11*(1), 32–41.
45. Tsalikis, J., & Otiz-Buonafina, M. (1992). The role of accent on the credibility and effectiveness of the international business person: The case of Guatemala. *International Marketing Review, 9*(4), 57–72.

46. Vlajčić, D., Caputo, A., Marzi, G., & Dabić, M. (2019). Expatriates managers' cultural intelligence as promoter of knowledge transfer in multinational companies. *Journal of Business Research, 94,* 367–377.
47. Zerfaß, R. (1999). Predigt. In W. Kasper, et al. (Hrsg.), *Lexikon für Theologie und Kirche* (Bd. 8, S. 525). Freiburg im Breisgau: Herder.
48. Zerfaß, R. (1997). *Grundkurs Predigt. Textpredigt* (2. Aufl., S. 156–170). Düsseldorf: Patmos Verlag.
49. Zweites Vatikanisches Konzil. (2008). Konstitution über die heilige Liturgie „Sacrosanctum Concilium". In K. Rahner & H. Vorgrimler (Hrsg.), *Kleines Konzilskompendium* (35. Aufl., S. 51–90). Freiburg im Breisgau: Herder.
50. Mai, R., & Hoffmann, S. (2011). Four positive effects of a salesperson's regional dialect in service selling. *Journal of Service Research, 14*(4), 460–474.

Ursula Liebhart ist Professorin für Personal und Organisation an der Fachhochschule Kärnten, Studienbereich Wirtschaft und Management und Leiterin des Bachelor-Studienzweigs Business Management. Ihr Lehr- und Forschungsinteresse liegt im Bereich Human Ressource Management mit dem langjährigen Schwerpunkt der Personalentwicklung und insbesondere Mentoring als Lern- und Entwicklungsbeziehung. Der gegenwärtige Forschungsfokus liegt auf Zukunftskonzepten der Arbeitswelt mit den Bereichen Digitalisierung, Diversität, Dynamisierung und Demokratisierung sowie den ganz konkreten Auswirkungen dieser auf die Gestaltung der Personalarbeit. Nach ihrem Studium der Angewandten Betriebswirtschaft an der Alpen-Adria-Universität Klagenfurt promovierte sie zum Thema strategischer Kooperationsnetzwerke und lehrte zuletzt als Assistenzprofessorin an verschiedenen österreichischen Universitäten. Ursula Liebhart ist Autorin zahlreicher Publikationen.

Michael Kapeller ist als geschäftsführender Leiter des Instituts für kirchliche Ämter und Dienste der Diözese Gurk für Maßnahmen des Personaleinsatzes, der Aus-, Fort- und Weiterbildung und der Personalentwicklung von Priestern, Diakonen und pfarrpastoralen MitarbeiterInnen zuständig. Zudem ist er als Vortragender in der Erwachsenenbildung und als Autor von Büchern und Fachartikeln tätig. In seiner Forschung beschäftigt er sich insbesondere mit Fragen der Partizipation von anderssprachigen Priestern und Pfarrgemeinden unter Berücksichtigung der damit einhergehenden pastoralen und ekklesiologischen Transformationsprozesse. Zudem wirkte er von 2003 bis 2016 als Lehrbeauftragter für Dogmatik an der Katholisch Pädagogischen Hochschuleinrichtung der Diözese Gurk. Michael Kapeller hat in Graz katholische Fachtheologie und Religionspädagogik studiert und im Fachbereich Dogmatische Theologie promoviert.

Eithne Knappitsch ist Professorin für Intercultural Management an der Fachhochschule Kärnten, Studienbereich Wirtschaft und Management und Leiterin des englischsprachigen Bachelor-Studienzweigs Intercultural Management. Ihre Lehr- und Forschungsinteressen umfassen Interkulturelle Kommunikation und Diversity-Themen. Eithne Knappitsch ist langjähriges Mitglied der Society for Intercultural Education, Training and Research (SIETAR) sowie Gründerin der SIETAR Carinthia Regional Group. Eithne Knappitsch hat in Nordirland Applied Languages & European Studies studiert und promovierte im Fachbereich European Cultural Studies. Eithne Knappitsch lehrte an der University of Ulster, Nordirland und an der Alpen-Adria-Universität Klagenfurt bevor sie zur Fachhochschule Kärnten wechselte. Eithne Knappitsch ist Autorin zahlreicher internationaler Publikationen.

Geschlechterbasierte Vorurteile in der Auswahl von Top-Managern

8

Eva Maria Kunzmann, Olaf Ringelband und Andreas Hoyndorf

Zusammenfassung

Der Anteil von Frauen in hochrangigen Management-Positionen ist trotz hervorragender Ausbildung, Karriereorientierung und Leistungsbereitschaft noch immer sehr gering. Im Rahmen einer von md gesellschaft für management-diagnostik durchgeführten Untersuchung zum Thema „Unconscious Bias in der Management-Diagnostik" wurden die Einzel-Assessment-Ergebnisse weiblicher und männlicher Bewerber für Top-Level-Führungspositionen verglichen. Es wurde der Frage nachgegangen, welche geschlechterbasierten Vorurteile bei Auswahlentscheidungen eine Rolle spielen können, inwieweit diese Vorurteile tatsächlich auf Verhaltens- und Persönlichkeitsunterschieden zwischen Männern und Frauen beruhen und durch welche Maßnahmen eine größere Geschlechtergerechtigkeit im Auswahlprozess erreicht werden kann. Die Untersuchungsergebnisse ließen in der Gesamtbewertung und den allgemeinen Management-Kompetenzen keine geschlechtsspezifischen Unterschiede erkennen, wohl aber im Führungsstil, der Motivation und Selbstreflexion.

E. M. Kunzmann · O. Ringelband (✉) · A. Hoyndorf
Md gesellschaft für management-diagnostik, Hamburg, Deutschland
E-Mail: ringelband@management-diagnostik.de

E. M. Kunzmann
E-Mail: kunzmann@management-diagnostik.de

A. Hoyndorf
E-Mail: hoyndorf@management-diagnostik.de

M. E. Domsch et al. (Hrsg.), *Vorurteile im Arbeitsleben*,
https://doi.org/10.1007/978-3-662-59232-8_8

8.1 Einleitung

Frauen im Top-Management sind noch immer stark unterrepräsentiert. Auch im Jahr 2017 lag der Anteil weiblicher Vorstandsmitglieder in börsennotierten deutschen Unternehmen bei nur 7 % [11]. Obgleich junge Frauen vielfach bessere Zensuren haben, sehr gut ausgebildet, ehrgeizig und leistungsbereit sind, schaffen es die wenigsten, die „gläserne Decke" zu durchbrechen. Die Ursachen sind vielschichtig. Häufig wird der geringe Frauenanteil im Top-Management mit Verhaltens- und Persönlichkeitsunterschieden zwischen Männern und Frauen begründet, wie etwa der Aussage, Frauen fehle es an „gesunder Härte" [8].

Begriffliche Abgrenzung

Unter Unconscious Bias (UB) sollen handlungsleitende Tendenzen in der Beurteilung von Menschen verstanden werden, die auf unbewusste Wahrnehmungs- und Lernmechanismen zurückgehen. Sie tragen dazu bei, Menschen schnell einzuordnen und ihnen weitere Eigenschaften zuzuschreiben. Stereotype sind dagegen bewusste mentale Vereinfachungen komplexer Eigenschaften oder Verhaltensweisen von Personengruppen. Im Umgang mit anderen Menschen helfen sie, Muster zu erkennen, und reduzieren so Komplexität. Sie können allerdings auch zu einer Über-Generalisierung bestimmter Eigenschaften führen, ohne dass eine differenzierte Beobachtung dieser Eigenschaften tatsächlich stattgefunden hat. Es sind kulturell bedingte, teilweise festgefahrene und wenig hinterfragte Meinungen und Ansichten einer Gruppe über die Besonderheiten und Eigenschaften einer anderen Gruppe. In der Regel sind sie Veränderungen gegenüber sehr resistent [17].

Vorurteile sind mit Emotionen und Bewertungen behaftete Stereotype; schenkt man Stereotypen Glauben, so werden sie zu Vorurteilen. Sie sind zum überwiegenden Teil negativ konnotiert.

Allgemein können geschlechtsspezifische Stereotype als Erwartungshaltungen beschrieben werden, mit denen weibliche und männliche Bewerber konfrontiert sind. Für Frauen werden sie dann wirksam, wenn die weibliche Geschlechtsrolle mit den Rollenerwartungen an eine Führungskraft nicht in Einklang zu bringen ist. Die daraus folgende Rollen-Inkongruenz wirkt sich zumeist negativ auf Frauen aus.

Noch immer dominiert im Hinblick auf das Thema Führung eine stark männlich geprägte Sichtweise. In einer internationalen Untersuchung von Accenture [12] bewerteten die Befragten beiderlei Geschlechts eher „weichere" Führungseigenschaften, wie beispielsweise Konsensorientierung, sich der eigenen Schwächen bewusst sein, Anerkennung spenden oder sich um das Wohl der Mitarbeiter kümmern, als typisch weiblich. Dem stehen die „härteren" und damit typisch männlichen Führungseigenschaften wie Gelassenheit in Krisen, Entschlossenheit, visionäres Denken oder Behauptung der eigenen Autorität gegenüber. Frauen wird eine geringere Karriereorientierung, ein wenig aggressives, eher zurückhaltendes Auftreten sowie die Vermeidung von Wettbewerbssituationen zugeschrieben. Ihnen wird ein nicht-hierarchischer Führungsstil und eine starke Orientierung an der

Gemeinschaft attestiert. Es kann festgehalten werden, dass das vom US-amerikanischen Sozialwissenschaftler Edgar Schein bereits 1973 formulierte „Think manager – think male paradigm" immer noch nicht obsolet ist. Noch immer sind die impliziten Vorstellungen von Führung nicht geschlechtsneutral, sondern mit männlichen Attributen wie ehrgeizig, kraftvoll, durchsetzungsstark und wettbewerbsorientiert belegt. Typisch weibliche Eigenschaften spielen dabei eine untergeordnete Rolle. „Innerhalb der stereotypischen Sichtweise allgemein werden Männer durch Kompetenz-Eigenschaften und Frauen durch Emotionalitäts-Eigenschaften beschrieben, was sich wiederum auf die Ansichten zu Führungskräften überträgt" [17].

Vorurteile und Stereotype sind nicht nur auf Frauen beschränkt. Männer können ebenso negativ in ihrer Karriereentwicklung beeinflusst werden, wenn sie sich mit der traditionellen Definition von Maskulinität im Arbeitskontext nicht konform zeigen. Ein Top-Manager, der beispielsweise aktiv eine ausgeglichene Work-Life-Balance anstrebt, sich um eine bessere Vereinbarkeit von Beruf und Familienarbeit bemüht, der Elternzeit in Anspruch nimmt oder Zeit benötigt, um Angehörige zu pflegen, wird mit diesen Verhaltensweisen und Einstellungen von seiner Umgebung meist nicht positiv aufgenommen. Es wird ihm unterstellt, nicht hinreichend motiviert und leistungsbereit zu sein. Insbesondere in den Augen seiner männlichen Kollegen verliert er an Ansehen und Reputation. Dennoch ist festzuhalten, dass „both women and men want the same things in their lives: Meaningful careers, loving families, and a supportive work environment. Unconscious Bias prevents women – and men – from achieving these goals" [16].

8.2 Wo können Vorurteile bei der Top-Management-Auswahl wirksam werden

Bei Einstellungsentscheidungen sowie Potenzialbeurteilungen für Entwicklungs- bzw. Beförderungsentscheidungen im Top-Management (Bereichsleitungs- und Vorstandspositionen) sind die Auswahlgremien nach wie vor überwiegend mit männlichen Managern besetzt, die mit dem Thema gendergerechte/vorurteilsfreie Stellenbesetzung mitunter nur wenig anzufangen wissen bzw. diesem gegenüber eine kritische Haltung vertreten. Damit weitreichende personelle Entscheidungen aufgrund objektiver Kriterien und nicht auf Basis eines Bauchgefühls bzw. der sozialen Ähnlichkeit von Auswahlgremium und Bewerbern erfolgt, muss ein Bewusstsein darüber geschaffen werden, wie Stereotype und Vorurteile Wahrnehmung und damit die Qualität des Urteils verzerren.

Insbesondere bei der Besetzung von Vorstands- oder Aufsichtsratspositionen werden Auswahlprozesse vielfach nicht auf der Basis strukturierter und transparenter Verfahren vorgenommen. Vielmehr spielen persönliche Beziehungen und informelle Netzwerke („old boys network") eine nicht unerhebliche Rolle in der Kontaktaufnahme und bei der Vermittlung von Positionen. Nicht Bildung und Qualifikation, sondern die soziale Ähnlichkeit im Hinblick auf Verhaltensweisen und Herkunft sind ausschlaggebend, wenn es um Top-Level-Positionen geht [10]. Da Frauen auf dieser Ebene noch stark unterrepräsentiert sind, wird ihnen somit der Zugang zu diesen Funktionen deutlich erschwert.

Bereits in der Formulierung des Anforderungsprofils kann in einer starken Betonung männlich konnotierter Eigenschaften der erste Ansatzpunkt für eine geschlechtsspezifische Diskriminierung gesehen werden. Frauen, die sich für Positionen in überwiegend männlichen Arbeitsumfeldern bewerben, werden besonders kritisch und mitunter vorurteilsbehafteter bewertet als ihre männlichen Konkurrenten [23]. Auch besteht die Gefahr, dass sich Frauen, eingedenk der Tatsache, dass sie in diesen Arbeitskontexten „Exotinnen" sein werden, gar nicht erst bewerben, obgleich sie möglicherweise, gerade im Hinblick auf Diversity bzw. die Ergänzung des bestehenden Management-Teams, einen wichtigen Beitrag für ihr Unternehmen liefern würden.

Üblicherweise werden Top-Manager/innen durch mehrstufige Interviews bzw. Einzel-Assessments ausgewählt. In vielen Fällen wird zur Rekrutierung auf die Unterstützung durch Personalberatungen zurückgegriffen, die über die vorgeschlagenen Kandidaten umfangreiche Dossiers anfertigen. Auch in dieser Phase des Auswahlprozesses besteht die Möglichkeit, dass weibliche Bewerber durch geschlechtsspezifische Vorurteile benachteiligt werden, wenn z. B. die Personalberater in ihren Einschätzungen einem Unconscious Bias unterliegen.

In Interviews und Assessments kommt den kognitiven und motivationalen Fähigkeiten der (meist männlichen) Entscheider eine besondere Bedeutung zu. Insbesondere bei Entscheidungen auf höchster Management-Ebene besitzen die mit der Auswahl betrauten Personen zwar vielfach sehr viel eigene Führungs- und Lebenserfahrung, sie sind aber „in der Regel keine Spezialisten für die Personalentwicklung und -selektion auf dieser Führungsebene" [3]. Fühlt sich ein Entscheider kognitiv überfordert oder ist er für die Aufgabe weniger motiviert, so steigt die Wahrscheinlichkeit vorurteilsbehafteter Urteile [23].

8.3 Relevanz geschlechtsspezifischer Stereotype im Rahmen von Auswahlverfahren für Führungskräfte

Auswahl- und Beurteilungsprozesse (Leistung/Potenzial) finden in Unternehmen kontinuierlich statt. In Bezug auf die mittel- und langfristige Besetzung von Leitungspositionen durch Männer oder Frauen kommt ihnen eine ganz wesentliche Steuerungsfunktion zu. Unterschiede gibt es in der Strukturierung und Systematisierung dieser Prozesse sowie im Hinblick darauf, ob und für welche Ebenen diese Verfahren vorgeschrieben werden.

Rahmenbedingungen

Selektionsprozesse können mitunter unter hohem Zeitdruck stattfinden. Insbesondere bei der Besetzung von Positionen auf höheren Hierarchieebenen kommt es darauf an, Bewerbungsprozesse rasch abzuwickeln, um Top-Managern noch vor der Konkurrenz ein Angebot unterbreiten zu können.

Nicht immer herrscht bei der Besetzungsentscheidung vollständige Klarheit darüber, welchen positionsbezogenen Anforderungen der Bewerber genügen muss. Allgemein gültige und von allen akzeptierte Eigenschaftskataloge für erfolgreiche Führungskräfte gibt es nicht. Auch wenn die psychologische Forschung kein eindeutiges Bild von den Faktoren hat, die Vorstände erfolgreich machen, gibt es doch zahlreiche Erkenntnisse, welche Eigenschaften und Fähigkeiten generell gute Prädiktoren für Berufserfolg sind. Diese Erkenntnisse sind in der Regel Entscheidungsgremien jedoch nicht bekannt bzw. werden bewusst oder unbewusst ignoriert. Insofern sind Entscheider gezwungen, auf Basis einer vergleichsweise unsicheren Informationslage zu einem Urteil zu gelangen. Diese Informationslücken bzw. das fehlende Wissen kann dazu führen, dass die Leerstellen durch Annahmen oder vorurteilsbehaftete Bilder der Person bzw. Position gefüllt werden und so den Gesamteindruck über die zu beurteilende Person bestimmt.

Auch bezogen auf die tatsächlichen Eigenschaften der zu beurteilenden Person gibt es Unsicherheiten. In Abhängigkeit vom jeweils eingesetzten Selektionsverfahren sind Beurteiler gefordert, auf Basis weniger Informationen zur Persönlichkeit (die vielfach auf einer Selbstauskunft der Bewerber basieren und ebenso einer vorurteilsbehafteten Einschätzung unterliegen können) zu einer Entscheidung zu gelangen. Fehlende Informationen werden auch hier durch die bisherigen Erfahrungen des Beurteilers zu einem Gesamteindruck ergänzt, der durchaus durch Stereotype beeinflusst sein kann. Diese Prozesse laufen vielfach unbewusst ab.

Geschlechtsspezifische Stereotype wirken nicht nur bei der Beurteilung konkreter Verhaltensweisen; sie sind auch wichtige Einflussgrößen, wenn es um die Einschätzung von Potenzialen oder nicht beobachtbaren Verhaltens geht. Untersuchungen zum Einfluss geschlechtsspezifischer Stereotype bei Selektionsentscheidungen zeigen, dass sich durch umfassende und spezifizierte Informationen zu Bewerbern und Anforderungen der Position diese deutlich reduzieren lassen [13].

8.4 Das Einzel-Assessment (EAC) bei md

Kurz gesagt, führt der Mangel an objektiven Daten und Kriterien bei Auswahlentscheidungen dazu, dass Informationslücken durch Vorurteile gefüllt werden – zum Nachteil der weiblichen Bewerber. Es bleibt aber offen, ob durch die Verwendung objektiver Auswahlverfahren Frauen tatsächlich weniger benachteiligt werden oder ob im Gegenteil eventuell vorhandene Geschlechterunterschiede nicht noch deutlicher zutage treten und Frauen dadurch weiterhin diskriminiert werden.

Zur Absicherung und Objektivierung von Besetzungsentscheidungen hochrangiger Management-Positionen werden Instrumente der Management-Diagnostik als wichtige Informationsquelle herangezogen. Bewerber werden mithilfe psychologischer Diagnostik hinsichtlich ihrer Eignung bzw. Weiterentwicklung für Positionen im Management beurteilt [22]. Diese diagnostischen Verfahren für das Top-Management laufen unter verschiedenen Bezeichnungen, etwa „Einzel-Assessment“, „Management-Appraisal“,

„Management-Audit" oder auch „Potenzialanalyse". Den Verfahren ist gemein, dass sie aus unterschiedlichen diagnostischen Bausteinen bestehen, etwa kognitiven Leistungstests, Persönlichkeits- und Motivationsfragebögen, Rollenspielen, unternehmerischen Fallstudien sowie einem Interview.

md gesellschaft für management-diagnostik mbH ist eine Hamburger Beratungsfirma, die sich seit 30 Jahren auf die Durchführung von Assessments spezialisiert hat. Sie berät Unternehmen und Institutionen bei der Besetzung von Positionen im mittleren und Top-Management. In ganztägigen Einzel-Assessments (EACs) werden verschiedene diagnostische Verfahren eingesetzt (z. B. kognitive Leistungstests, Persönlichkeits- und Motivationsfragebögen, Rollenspiele, unternehmerische Fallstudien sowie ein kompetenzbezogenes und biografisches Interview). Gewöhnlich wird anhand definierter Management-Kompetenzen sowie einer differenzierten Anforderungsanalyse – bezogen auf die Zielposition – eine auf den psychologischen Messergebnissen basierende Einschätzung/Gesamtempfehlung erarbeitet. Ein Zweierteam erfahrener md-Berater ordnet diese ein und fasst sie in einem ausführlichen Bericht zusammen. Häufig nehmen die Entscheider (Vorstände, Aufsichtsräte) als Beobachter am EAC teil.

8.4.1 Unterschiede in den Assessment-Ergebnissen weiblicher und männlicher Kandidaten und deren Relevanz für den Berufserfolg

Im Folgenden werden die Ergebnisse einer md-Untersuchung zu den Unterschieden zwischen weiblichen und männlichen Managern hinsichtlich ihrer Eigenschaften, Fähigkeiten und Verhaltensweisen und den damit verbundenen – möglicherweise ungerechtfertigten – Stereotypisierungen dargestellt.

8.4.2 Untersuchung

Auf Basis von 420 zufällig ausgewählten Kandidat/innen (12 % Frauen; 88 % Männer) wurden die im Rahmen von md-EACs über mehrere Jahre erhobenen Daten analysiert und miteinander verglichen. Ziel war es, mögliche geschlechtsspezifische Unterschiede festzustellen und zu untersuchen, wie sich diese – im Sinne eines Unconscious Bias – auf den Aufstieg von Frauen in höhere Management-Positionen in Unternehmen auswirken könnten.

8.4.3 Ergebnisse in den einzelnen Kompetenzbereichen

In der Gesamtbeurteilung zeigen sich keine Unterschiede zwischen weiblichen und männlichen Kandidaten (Abb. 8.1), d. h. Frauen sind genauso häufig als „geeignet" bzw.

Abb. 8.1 Gesamtbeurteilung

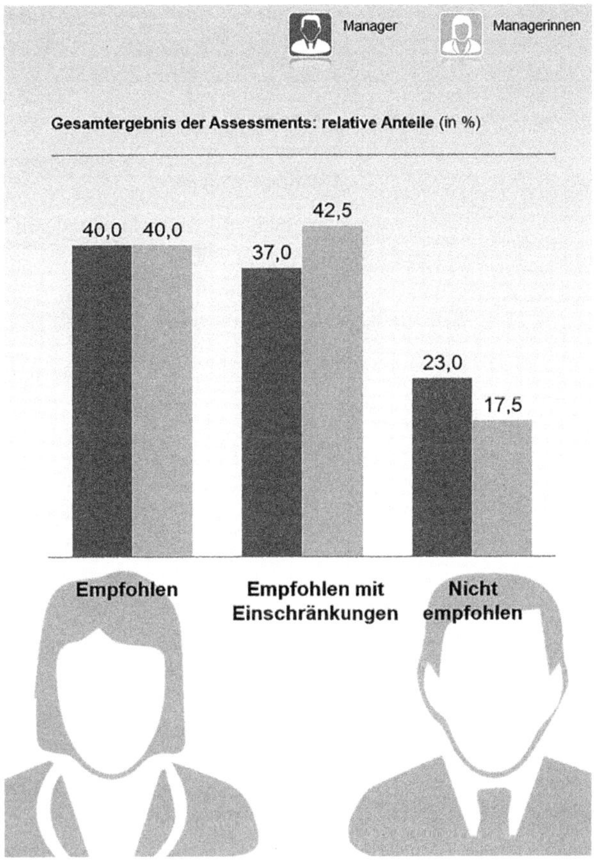

„nicht geeignet" für Management-Positionen beurteilt worden wie Männer. Das zeigt, dass durch ein objektives Auswahlverfahren wie das Einzel-Assessment Frauen (so sie es denn schaffen, in die Auswahl für die Besetzung von Top-Management-Positionen zu gelangen) die gleichen Chancen wie Männer haben, dass Frauen also im Mittel genauso gute (oder schlechte) Manager wie Männer sind.

Auch in der Detailbewertung der einzelnen Management-Kompetenzen gibt es kaum Unterschiede. Nur im Kompetenzfeld „Selbstreflexion/Lernbereitschaft" ist ein statistisch signifikanter Mittelwertunterschied (bei Frauen stärker ausgeprägt als bei Männern) festzustellen, auf den später eingegangen wird. Generell sieht man also, dass es keine nennenswerten Unterschiede in den allgemeinen Management-Kompetenzen gibt (Abb. 8.2).

Kognitive Fähigkeiten

Weder in den kognitiven Leistungstests noch im Rahmen einer komplexen Fallstudie zeigt sich in der analytischen Leistung ein geschlechtsspezifischer Unterschied. Dieser Befund steht im Einklang mit den Erkenntnissen der Forschung, dass es im Mittel keine Geschlechtsunterschiede in der kognitiven Leistungsfähigkeit gibt [14] – auch

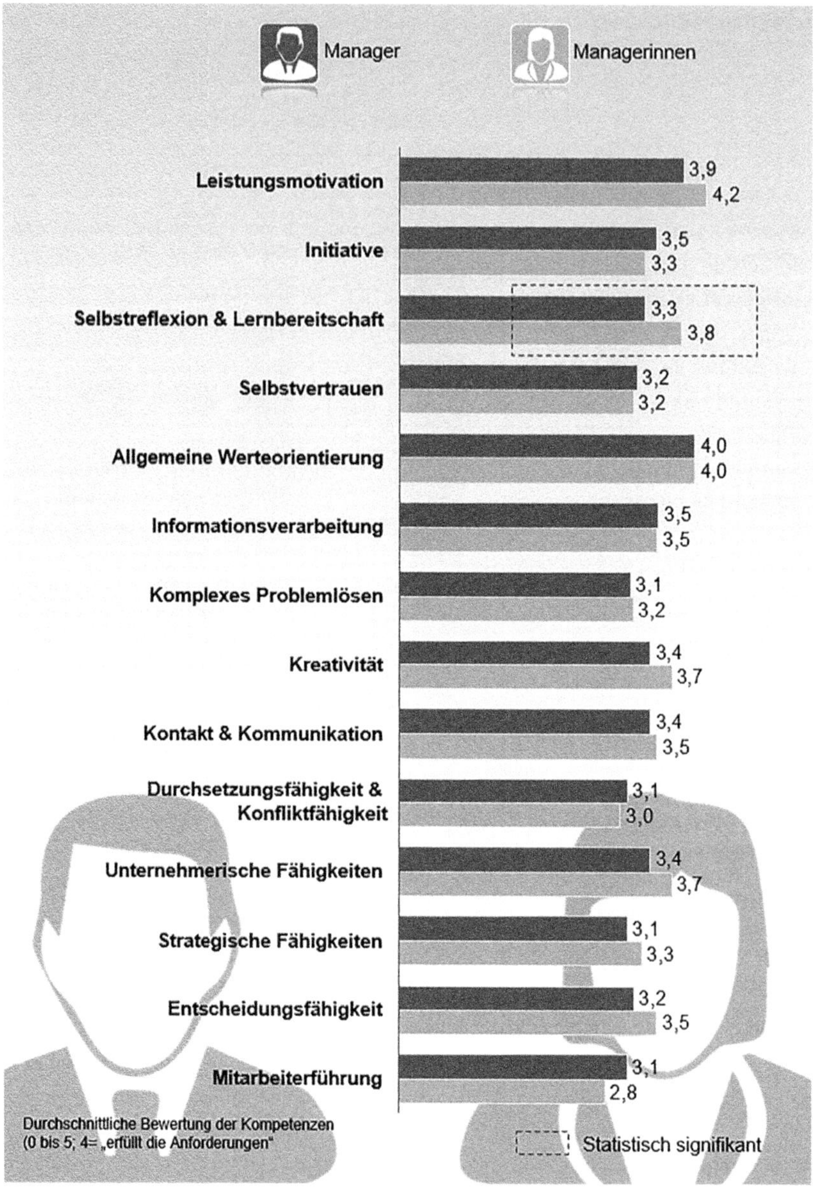

Abb. 8.2 Unterschiede in den Management-Kompetenzen

wenn es im Detail kleine Unterschiede im Leistungsprofil (Männer haben ein etwas besseres räumliches Vorstellungsvermögen, Frauen eine etwas höhere verbale Intelligenz) gibt. Im Detail finden sich auch in den Daten von md kleine Unterschiede im Leistungsprofil (Frauen arbeiten in der Analyse der Fallstudie etwas gründlicher, Männer etwas schneller), aber diese haben keine Auswirkungen auf die kognitive Gesamtleistung. Auch wenn es diese kleinen Mittelwertsunterschiede zwischen Frauen und Männern gibt, so ist jedoch zu bedenken, dass die Unterschiede innerhalb der jeweiligen Gruppen der Männer und Frauen bei Weitem größer sind als die zwischen den beiden Gruppen. Außerdem sieht man, dass nicht jeder in Tests und Experimenten identifizierte Unterschied zwischen Männern und Frauen relevant für die Leistung im Management ist.

Führungskompetenz
Auch in der Beurteilung der Führungskompetenz – auf Basis einer Führungssimulation und eines strukturierten Interviews – zeigen sich keine statistisch signifikanten Unterschiede. So werden Männer und Frauen, gemessen an den spezifischen Führungsanforderungen der jeweiligen Zielposition, insgesamt gleich häufig als „geeignet" eingeschätzt.

Führungsstil
Gewisse Unterschiede zeigen sich in Teilaspekten der Führung und der im Interview geäußerten Führungsmotivation. Diese Unterschiede entsprechen früheren Untersuchungen, die nahelegen, dass Frauen in ihrem Führungsverhalten tendenziell integrativ agieren, mehr Wert auf die Entwicklung und das Einbinden von Mitarbeitern im Sinne eines demokratischen und partizipativen Führungsstils legen und sich weniger hierarchie- und wettbewerbsorientiert verhalten. Männer dagegen betonen in ihrem Führungsverhalten tendenziell etwas stärker Aspekte wie Einflussnahme und Leistungskontrolle [10, 17]. Unsere Daten weisen darauf hin, dass Frauen gemessen an vorab definierten Erfolgskriterien insgesamt genauso effektiv führen wie Männer, wenn auch teilweise auf eine etwas andere Art und Weise.

Hier liegt eine mögliche Quelle für einen Unconscious Bias: Dass Frauen gemäß ihrer Schilderungen im Interview tendenziell einen partizipativen bzw. kooperativen Führungsansatz bevorzugen, mag zu dem (Trug-)Schluss führen, dass sie dadurch weniger durchsetzungsstark und effektiv seien. Wenn Frauen sich also anders verhalten, als es der (männlichen) Norm entspricht, wird automatisch geschlossen, dass dieses andere auch schlechter ist.

Desvaux und Devillard [7] verweisen darauf, dass partizipative Führung bei der Einbindung von Mitarbeiterinnen und Mitarbeitern in Veränderungs- und Innovationsprozesse (bei Change-Prozessen oder im Hinblick auf die Veränderungen durch die digitale Transformation) strategische Vorteile bieten kann. In einer webbasierten Wirtschaftswelt, in der zunehmend Arbeitsformen gelebt werden, in welchen Zeit und Raum entkoppelt sind, die durch weltweiten Wettbewerb sowie veränderte Hierarchien und Abläufe gekennzeichnet sind, werden andere und neue Führungsfertigkeiten als bisher gefordert sein.

In agilen Organisationen werden Führungskräfte künftig als Kommunikatoren und Veränderungsmanager fungieren. Insofern ist zu erwarten, dass künftig „weibliche Führungseigenschaften" eine größere Bedeutung erlangen werden. Insgesamt könnten

Unternehmen besser geführt sein, wenn sie unterschiedlicheres Führungsverhalten stärker integrieren würden. Oder wie DeAngelis [6] es formuliert: „(...) gender isn't necessarily the optimal way to frame good leadership (....) Rather, it's a flexible blend of positive and often differing attributes, whether they are traditionally masculine, traditionally feminine or gender-free".

Um Unconscious Bias zu vermeiden, kommt es neben einer möglichst differenzierten Beurteilung des Führungsverhaltens entscheidend darauf an, dass nicht allein die bislang vorwiegend männlich geprägten Führungsmodelle als Maßstab angelegt werden. Vielmehr sollten die führungsrelevanten zukünftigen Herausforderungen der Zielposition herangezogen werden, die sich unter anderem auch aus der Unternehmensstrategie ableiten lassen.

Motivation

Es zeigen sich keinerlei geschlechtsspezifische Unterschiede in der generellen Leistungsmotivation und Einsatzbereitschaft, wohl aber in den benannten beruflichen Motiven (Abb. 8.3). Die Psychologie unterscheidet zwischen expliziten und impliziten Motiven. „Explizite Motive" sind diejenigen Motive, die man explizit äußert, sie können, müssen sich aber nicht zwangsläufig im Verhalten widerspiegeln. Häufig sind die explizit genannten Motive ein Ergebnis sozialer Normen und Erwartungen.

„Implizite Motive" dagegen sind durch tiefer liegende Bedürfnisse und Persönlichkeitsmerkmale einer Person gesteuert. Sie werden durch psychometrische Persönlichkeitsfragebögen und anhand von Verhaltensbeispielen in strukturierten Interviews eingeschätzt. Unser Handeln wird sowohl von impliziten als auch von expliziten Motiven bestimmt. Beide voneinander unabhängige Motivsysteme müssen im Einklang sein, um verhaltenswirksam zu werden. In schwach strukturierten Situationen, wie sie im Management-Alltag häufig auftreten, sagen implizite Motive jedoch stärker selbstinitiatives Handeln vorher [26].

Bei den von unseren Kandidaten explizit genannten beruflichen Motiven finden sich tatsächlich Unterschiede zwischen Frauen und Männern. Frauen geben deutlich häufiger an, Wert auf „Anerkennung und Wertschätzung" sowie „gute Beziehungen zum Umfeld" zu legen. Für Männer sind dagegen „Einfluss", „Wettbewerb" und „ökonomische Ziele" wichtiger. Diese Ergebnisse entsprechen früheren Befunden aus anderen Untersuchungen [5, 27].

Auf der Ebene der impliziten Motive zeigen sich diese Unterschiede jedoch deutlich weniger oder gar nicht. So ergaben sich in unseren Daten aus Persönlichkeitsfragebögen beispielsweise Hinweise, dass Kandidatinnen für Management-Positionen stärker nach „Einfluss" streben, als sie es in einer Bewerbungssituation explizit angeben. Umgekehrt haben männliche Bewerber im Schnitt ein ähnlich starkes Bedürfnis nach Anerkennung wie die weiblichen Bewerberinnen. Die Ergebnisse legen nahe, dass Männer und Frauen in einer expliziten Befragung zu ihren beruflichen Motiven tendenziell auch eher einem Geschlechter-Stereotyp bzw. persönlicher Rollenerwartungen entsprechend antworten.

Abb. 8.3 Unterschiede im Bereich Motivation

Unsere Befunde legen nahe, dass es Geschlechterunterschiede in der explizit geäußerten beruflichen Motivation geben kann, die aber insgesamt keinen systematischen Einfluss auf die generelle Einsatz- und Leistungsbereitschaft haben.

Zudem gibt es Hinweise, dass Bewerberinnen oder Bewerber bereits in der Selbstbeschreibung ihrer beruflichen Motive einem gewissen Gender Bias unterliegen können. Ähnliche Hinweise aus der Gender-Forschung legen nahe, dass Frauen im beruflichen Kontext Hemmungen haben, sich Motive und Eigenschaften zuzuschreiben, die als „eher männlich" gelten. Sie nehmen an, dass ihnen ein starkes Einflussstreben negativer ausgelegt wird als einem Mann mit gleich starkem Verhalten.

Eine Catalyst-Studie [4] verweist darauf, dass Frauen sich diesbezüglich in einem „Double-Bind Dilemma" befinden: Geben sie sich einem weiblichen Stereotyp entsprechend als weniger dominant, würden sie zwar „als Führungskraft gemocht, jedoch weniger respektiert". Verhalten sie sich hingegen einem eher männlichen Stereotyp entsprechend dominant und nach Einfluss strebend, würden sie zwar „respektiert, aber nicht mehr gemocht". Ähnliche Hinweise finden sich in der Gender-Forschung zum Verhandlungsverhalten. Sie legen nahe, dass Frauen ein forderndes und dominantes Verhalten in Verhandlungen negativer ausgelegt wird, als dies bei Männern mit dem gleichen Verhalten der Fall wäre [1]. Frauen unterliegen einem sogenannten „Backlash"-Effekt:

Verhalten sie sich „typisch weiblich", dann entsprechen sie mit ihren Stereotypen nicht mehr der Führungsrolle. Verhalten sie sich dagegen wie eine Führungspersönlichkeit, erfüllen sie nicht mehr die typisch weiblichen Rollenbilder, sie erscheinen dann „zu maskulin", wirken wenig authentisch und eher unsympathisch [15].

Um Unconscious Bias zu vermeiden, ist es wichtig, nicht nur die explizit geäußerte Motivation von Bewerberinnen und Bewerbern auf abstrakter Ebene zu erfragen, sondern anhand konkreter Verhaltensbeispiele ihr tatsächliches Handeln und Entscheiden sowie die erreichten Ergebnisse sehr genau zu explorieren. Oft zeigt sich ein Unterschied zwischen explizit geäußerten Motiven und dem tatsächlichen Verhalten in der Vergangenheit. So finden sich in unseren Interviews hinreichend Beispiele dafür, dass Frauen sich durchaus durchsetzen und ihren Einfluss geltend machen wollen, auch wenn sie Einflussstreben weniger häufig als explizites Motiv nennen. Es gibt jedoch auch Hinweise darauf, dass Frauen ihre Dominanz in anderer Art und Weise ausleben als Männer: Während Männer ihre Dominanz als „Einfluss über andere Menschen verstehen", ist für Frauen Dominanz tendenziell „Einfluss über Menschen, um die Sache voranzutreiben" [19].

Selbstreflexion/Lernbereitschaft und Selbstvertrauen

Der größte geschlechtsspezifische Unterschied zeigt sich im Themenfeld „Selbstreflexion und Lernbereitschaft". So tendieren Bewerberinnen häufiger dazu, ihr Verhalten offen und selbstkritisch zu hinterfragen. Sie zeigen sich entsprechend aufgeschlossener für persönliches Lernen und Weiterentwicklung. Diese stärkere Fähigkeit und Bereitschaft zur Selbstreflexion birgt aber auch Nachteile: In Interviews neigen sie auch etwas stärker dazu, bei der Bewertung von Misserfolgen den Fehler eher bei sich selbst zu suchen. Befunde aus einem Persönlichkeitsfragebogen legen nahe, dass Frauen sich Kritik im Berufsalltag tendenziell stärker zu Herzen nehmen als männliche Bewerber. Sie fragen sich häufiger, ob sie nicht etwas falsch machen, und suchen die Ursache von Misserfolgen bei sich. Ganz alltägliche Misserfolgserlebnisse beziehen sie stark auf sich selbst bzw. führen sie auf die wahrgenommene eigene Andersartigkeit zurück, statt sie als normale Widrigkeiten des Arbeitslebens zu sehen. Forschung zu ethnischen Minderheiten an US-Universitäten [9] zeigen, dass Menschen, die sich einer sozialen Minderheit zugehörig fühlen, sich allein aufgrund ihres Andersseins nachweislich stärker hinterfragen als die jeweilige in der sozialen Mehrheit befindliche Gruppe. Diese Effekte fallen entsprechend geringer aus, je weniger eine Gruppe tatsächlich zahlenmäßig eine „Minderheit" darstellt – ein Effekt, der auch aus der Forschung im Bereich der Management-Diagnostik bekannt ist [21].

Eine mögliche Übergeneralisierung könnte darin bestehen, dass das stärkere selbstkritische Hinterfragen weiblicher Führungskräfte ihnen im beruflichen Kontext als „geringeres Selbstbewusstsein" oder „weniger entschlossenes Verhalten" ausgelegt wird. Auch hier ist zu vermuten, dass sich dieser Unconscious Bias nicht nur auf die Beurteiler, sondern auch auf die Beurteilten selbst auswirkt.

Männern kann der Beurteilungsfehler gegenüber weiblichen Führungskräften unterlaufen, aus der Wahrnehmung eines – tatsächlich vorhandenen – Geschlechtsunterschiedes ungerechtfertigterweise auf das Vorhandensein weiterer Unterschiede zu schließen. Ihre unbewusste Logik könnte dabei lauten: „Selbstkritisch" bedeutet, „weniger souverän im Umgang mit Misserfolgen", bedeutet, „weniger belastbar", und das bedeutet schlussendlich „weniger erfolgreich im Umgang mit Herausforderungen" und damit „weniger geeignet für Führungsfunktionen".

Um die genannten Unconscious Bias zu verhindern, ist es wichtig, die Fähigkeit zur offenen Selbstreflexion als eigenes und wichtiges Kompetenzfeld männlicher und weiblicher Manager zu untersuchen. In vielen Unternehmen wird eine „positive Fehlerkultur", die Fähigkeit des Lernens aus Fehlern als ein wichtiger Faktor für die Förderung von Innovationen und die Vermeidung von Risiken durch wiederholte Fehlentscheidungen angesehen. Insofern führt der genannte Unterschied in unseren Daten insgesamt zu einer positiven Bewertung der Bewerberinnen im Kompetenzfeld „Selbstreflexion/Lernbereitschaft".

Des Weiteren ist es wichtig, nicht nur die Selbst- und Fremdbewertung von Bewerberinnen und Bewerbern auf allgemeiner Ebene zu erfragen, sondern anhand konkreter Beispiele auch das tatsächliche Verhalten und die resultierende messbare Leistung möglichst genau zu ergründen. So mag sich die vermeintlich selbstbewusst vorgetragene Leistung eines männlichen Bewerbers im beruflichen Kontext im Endeffekt als weniger erfolgreich erweisen als die selbstkritisch vorgetragene Leistung einer Bewerberin.

8.5 Schlussfolgerungen für die Praxis

8.5.1 Sensibilisierung von Entscheidungsträgern für das Thema

Um in der Auswahl von Bewerbern für Top-Management-Positionen geschlechtsspezifische Vorurteile zu vermeiden, ist die Sensibilisierung von Entscheidungsträgern durch spezifische Maßnahmen (Bias-Awareness- sowie Beobachter-/Beurteilungs-Trainings) zu empfehlen. Für die Qualität der Auswahlentscheidung ist es entscheidend, dass die verantwortlichen Manager ihre Rollenerwartungen und persönlichen Wahrnehmungsmuster kennen und vor allem ihre generalisierenden Eigenschaftszuschreibungen kritisch hinterfragen. Dabei sollte nicht nur nach Belegen, sondern – nach dem Falsifikationsprinzip – auch systematisch nach Gegenbelegen individueller Hypothesen bzw. Einschätzungen gesucht werden. Spontane Assoziationen zu reflektieren und gedanklich die Perspektive zu wechseln kann weiterhin den Einfluss von Vorurteilen in Entscheidungssituationen vermindern [25]. Auch sollten Beurteiler „mit sich im Reinen" sein, d. h. sie sollten sich der eigenen Empfindlichkeiten, Interessen, Vorurteilen und Übertragungsphänomenen bewusst sein, um möglichst objektiv urteilen zu können [26].

8.5.2 Gestaltung transparenter und geschlechtergerechter Auswahlprozesse

Unternehmen sollten auf organisatorischer Ebene durch faire, transparente und vorurteilsfreie Auswahl- und Beförderungsprozesse die negativen Wirkungen von stereotypen Rollenerwartungen vermindern. Diese Verfahren sollten so „gender-blind" [24] wie möglich gestaltet werden. Bereits zu Beginn des Bewerbungsprozesses können sich Diskriminierungseffekte einstellen. Durch den Einsatz anonymisierter Bewerbungen könnten diese deutlich reduziert werden. Wenn das Geschlecht oder die soziale Herkunft nicht mehr erkennbar sind, werden Einladungen ausschließlich auf Basis des objektiven Track Record ausgesprochen. Die Genauigkeit von Auswahlentscheidungen kann zudem dadurch erhöht werden, dass die Ergebnisse einer kontrollierenden Instanz de-tailliert erläutert und belegt werden müssen [24].

In der Formulierung von differenzierten Anforderungsprofilen und Stellenausschreibungen ist auf eine Ausgewogenheit von männlich und weiblich konnotierten Attribuierungen zu achten, um keine unnötigen Hindernisse aufzubauen und geschlechtsspezifische Stereotype zu vermeiden. Schon der Hinweis in der Ausschreibung, dass die Bewerbung anonymisiert erfolgen kann, führt nachweislich dazu, dass Frauen sich vermehrt auf eine solche Ausschreibung bewerben [2].

Die für die Rekrutierung von Führungskräften auf Top-Management-Niveau angelegten Auswahlkriterien bzw. Kompetenzmodelle sollten auf unbewusste Barrieren bzw. Benachteiligungen für Frauen untersucht werden [18]. Die den Modellen zugrunde liegenden Vorstellungen von Management und Führung sollten darüber hinaus kritisch auf mögliche geschlechtsspezifische Benachteiligungen hinterfragt werden. In Auswahl-, Beurteilungs- und Beförderungsverfahren selbst sollte auf eine klare Trennung von Beobachtung und Bewertung geachtet werden.

Auch sollte man sich nicht ausschließlich auf eine Selbst- und Fremdeinschätzung von Bewerberinnen und Bewerbern auf allgemeiner Ebene verlassen. Diese Daten/Angaben sollten vielmehr durch differenzierte Verhaltensbeobachtungen beziehungsweise verhaltensorientierte Interviews und 360-Grad-Feedbacks oder auch durch extern durchgeführte Assessment-Verfahren (wie beschrieben) ergänzt werden. Bewerberinnen und Bewerber können in ihrer Selbsteinschätzung schließlich auch einem Unconscious Bias unterliegen.

Je geringer der Frauenanteil in der Gruppe der Beurteilenden ist, umso stärker wirkt ein Unconscious Gender Bias [21], denn auch Beurteilerinnen können unbewusst einem „männlichen" Gender Bias unterliegen, wenn sie in einem Gremium deutlich in der Minderheit sind. Eine Studie von Kay [15] ergab, dass die Besetzungsentscheidungen von Führungspositionen zum überwiegenden Teil von Männern getroffen werden. Auch stellt sie fest, dass es eine Tendenz von Entscheidungsträgern/innen zum eigenen Geschlecht gibt. Gestützt wird dieser Befund durch eine Untersuchung von Neubauer [18]. Mit einer ausgewogeneren Geschlechterverteilung in Entscheidungsgremien würden demnach die Chancen für Frauen, in höhere Management-Positionen aufzurücken, zunehmen.

Ein höherer Frauenanteil in den obersten Entscheidungsgremien von Unternehmen wirkt sich auf mehrfache Weise förderlich aus: Zum einen fungieren sie als wichtige und ermutigende Rollenvorbilder/Mentorinnen für karriereorientierte Potenzialträgerinnen, und zum anderen sorgen sie durch ihre erfolgreiche Arbeit dafür, dass weibliche Top-Managerinnen künftig selbstverständlicher werden. Außerdem können weibliche Vorstände und Aufsichtsräte als Rollenvorbild für jüngere Frauen dienen, so kann man z. B. zeigen, dass Mädchen dann ähnliche starke unternehmerische Ambitionen wie Jungen haben, wenn sie entsprechende Rollenvorbilder haben, wenn sie nämlich in einem Unternehmerhaushalt groß geworden sind [20].

In der Ergänzung bestehender (vorwiegend männlicher) Management-Teams durch Top-Managerinnen, die neben klassischen Management-Kompetenzen auch über emotionale Intelligenz verfügen – Fähigkeiten, die bisher negativ konnotiert waren –, liegt ein Gewinn für Unternehmen [8].

Es geht also nicht um ein Entweder-oder, sondern um ein Sowohl-als-auch im Hinblick auf die Teilhabe von Frauen an Top-Management-Positionen.

Insgesamt kann festgehalten werden, dass eine systematische Heranziehung externer, psychometrischer Diagnostik, die Herstellung von Diversität in Entscheidungsgremien und eine kontinuierliche Überprüfung der eingesetzten Verfahren und Ergebnisse organisatorische Faktoren darstellen, mit deren Hilfe die Führungskräfteauswahl professionalisiert und somit zu einer Vermeidung von Stereotypen und einer Erhöhung der Chancengleichheit zwischen den Geschlechtern beigetragen werden kann.

Literatur

1. Babcock, L., & Laschever, S. (2003). *Women don't ask: Negotiation and the gender divide.* Princeton: Princeton University Press.
2. Behaghel, L., Crépon, B., & Le Barbanchon, T. (2015). *Do anonymous resumes make the battlefield more even? Paris School of Economics – Inra and Crest.* Unpublished Research Paper
3. Bellmann, M. (2013). Besetzung oberster Führungspositionen. In W. Sarges (Hrsg.), *Management-Diagnostik.* Göttingen: Hogrefe.
4. Catalyst. (2007). The Double-Bind Dilemma for Women in Leadership: Damned if You Do, Doomed if you Don't. Catalyst Inc. (Publication Code D68; ISBN 0-89584-265-3).
5. Davies, S., Broekema, H., Nordling, M., & Furnham, A. (2017). Do women want to lead? Gender differences in motivation and values. *Psychology, 8,* 27–43.
6. DeAngelis, T. (2014). Venus Rising. *Monitor on Psychology, 2,* 32–35.
7. Desvaux, G., & Devillard, S. (2008). *Women matter 2 – Female leadership, a competitive edge for the future.* Paris: McKinsey & Company.
8. Dierke, K. W., & Houben, A. (2013). Die Vorurteilsfalle. http://www.harvardbusinessmanager.de/blogs/frauen-fuehren-kompetent-a-922965.html.
9. Dynarski, M., Clarke, L., Cobb, B., Finn, J., Rumberger, R., & Smink, J. (2008). *Dropout prevention: A practice guide (NCEE 2008–4025).* Washington, DC: National Center for Education Evaluation and Regional Assistance, Institute of Education Sciences, U.S. Department of Education. http://ies.ed.gov/ncee/wwc. Zugegriffen: 6. Okt. 2008.

10. Eagly, A. H., Johannesen-Schmidt, M. C., & van Engen, M. L. (2003). Transformational, Transactional, and Laissez-faire Leadership Styles: A Meta-analysis Comparing Women and Men. *Psychological Bulletin, 129*(4), 569–591.
11. Ernst & Young (2017). Mixed Leadership Barometer Juli 2017. https://www.ey.com/Publication/vwLUAssets/ey-mixed-leadership-barometer-juli-2017/$FILE/ey-mixed-leadership-barometer-juli-2017.pdf.
12. Fietze, S., Holst, E., Tobsch, V. (2009). Persönlichkeit und Karriere – She's got what it takes; Deutsches Institut für Wirtschaftsforschung; SOEPpapers 220.
13. Gmür, M. (2004). Was ist ein ‚idealer Manager' und was ist eine ‚ideale Managerin'? Geschlechtsrollenstereotypen und ihre Bedeutung für die Eignungsbeurteilung von Männern und Frauen in Führungspositionen. *Zeitschrift für Personalforschung, 18,* 396–417.
14. Halpern, D., & LaMay, M. (2000). The smarter sex: A critical review of sex differences in intelligence. *Educational Psychology Review, 12*(2), 229–246.
15. Kay, R. (2007). *Auf dem Weg in die Chefetage. Betriebliche Entscheidungsprozesse bei der Besetzung von Führungspositionen* (Bd. 170). Bonn: IfM-Materialien.
16. Kimmel M. (2015). How Unconscious Bias Hurts Men – And the Companies they Work for. In Welpe et al. (Hrsg.), *Auswahl von Männern und Frauen als Führungskräfte: Perspektiven aus Wirtschaft, Wissenschaft, Medien und Politik.* Wiesbaden: Springer Gabler.
17. Mai, C., Büttgen, M., & Schwarzinger, D. (2017). „Think-Manager-Consider-Female": Eine Analyse stereotypischer Ansichten über weibliche Führungskräfte und die empirische Überprüfung ihrer realen Persönlichkeit anhand der Big Five und Dunklen Triade. *Schmalenbachs Zeitschrift für betriebswirtschaftliche Forschung, 69,* 119–152.
18. Neubauer, R. (1990). Frauen im Assessment Center – Ein Gewinn? *Zeitschrift für Arbeits- und Organisationspsychologie, 34,* 29–36.
19. Palmer, C. (Juli 2015). *Fifty scales of grey? – A common analysis of dominance.* Paper presented at the 13th European Conference on Psychological Assessment, Zürich, CH.
20. Palmer, C., Niemand, T., Kailer, N., & Kraus, S. (Febuar 2018). *Entrepreneurial intentions of children of entrepreneurs: Personality, environmental and demographic factors and their effect on entrepreneurial intentions.* Paper presented at the ACERE, Brisbane, Australia.
21. Regnet, E. (2013). Weibliche Führungskräfte. In W. Sarges (Hrsg.), *Management-Diagnostik.* Göttingen: Hogrefe.
22. Sarges, W. (2013). Eignungsdiagnostische Überlegungen für den Managementbereich. In W. Sarges (Hrsg.), *Management-Diagnostik.* Göttingen: Hogrefe.
23. Schwarzmüller, T., Brosi, P., & Welpe, I. M. (2015). Reducing perceived lack-of-fit: Promoting women's success by training stereotype-proof selection procedures. In Welpe, et al. (Hrsg.), *Auswahl von Männern und Frauen als Führungskräfte: Perspektiven aus Wirtschaft, Wissenschaft, Medien und Politik.* Wiesbaden: Springer Gabler.
24. Welpe, I. M. (2015). Who Gets to be an Executive from a ‚Minijob'? In conversation with Alice Eagly. In I. M. Welpe et al. (Hrsg.), *Auswahl von Männern und Frauen als Führungskräfte: Perspektiven aus Wirtschaft, Wissenschaft, Medien und Politik.* Wiesbaden: Springer Gabler.
25. Welpe, I. M., Brosi, P., & Schwarzmüller, T. (2014). Wenn Gleiches unterschiedlich beurteilt wird. Die Wirkung unbewusster Rollenerwartungen. *OrganisationsEntwicklung, 4,* 32–35.
26. Winkler, B. (2015). Beobachtungen zur Auswahl- und Beurteilungspraxis: Plädoyer für den Einsatz einer evidenzbasierten Expertise. In I. M. Welpe et al. (Hrsg.), *Auswahl von Männern und Frauen als Führungskräfte: Perspektiven aus Wirtschaft, Wissenschaft, Medi-en und Politik.* Wiesbaden: Springer Gabler.
27. Wottawa, H., Monte, C., Mette, C., Zimmer, B., & Hiltmann, M. (2011). Eligo-Studie. Berufliche Lebensziele und Leistungspotenziale junger Hochschulabsolventinnen und Hochschulabsolventen. *Wirtschaftspsychologie, 13*(3), 85–111.

Weiterführende Literatur

28. Büttgen, M., & Mai, C. (2016). Starke dunkle Triade. Erfüllen weibliche Führungskräfte die Anforderungen von Spitzenpositionen? *Forschung & Lehre, 4,* 148–149.
29. Holst, E., & Wiemer, A. (2010). *Zur Unterrepräsentanz von Frauen in Spitzengremien der Wirtschaft – Ursachen und Handlungsansätze.* Diskussion Papers 1001, Deutsches Institut für Wirtschaftsforschung.

Dr. Eva Maria Kunzmann Beraterin bei md gesellschaft für management-diagnostik mbh in Hamburg seit 1998, Coach für Führungskräfte.

Dr. Olaf Ringelband Geschäftsführender Gesellschafter der Firma md gesellschaft für management-diagnostik mbh in Hamburg, die seit über 30 Jahren psychologische Assessments für das gehobene und Top-Management durchführt. Lehrbeauftragter der Universität Hamburg.

Dr. Andreas Hoyndorf Partner der md gesellschaft für management-diagnostik mbh in Hamburg seit 2005, Berater und Coach für Führungskräfte.

Teil III
Hochschulprojekte

Hochschuldidaktik in Vielfalt – zwischen Antidiskriminierungs- und Kompetenzansatz

9

Bettina Jansen-Schulz

Zusammenfassung

Dieser Artikel beschäftigt sich mit der Vielfalt, die in der hochschulischen Lehre berücksichtigt werden muss oder sollte (Überarbeitete und erweiterte Fassung des Aufsatzes: Genderorientierte Hochschuldidaktik der Vielfalt – zwischen Antidiskriminierungs- und Kompetenzansatz. In: Dudeck, A. & Jansen-Schulz, B. (Hrsg.) (2011): Hochschule entwickeln. Festgabe für Frau Prof. Dr. Christa Cremer-Renz. Nomos, Baden-Baden. Abdruck mit freundlicher Genehmigung des Verlages und der Ko-Herausgeberin Anne Dudeck). Insbesondere wird der Frage nachgegangen, auf welche Weise in einem didaktischen Konzept Lehrende die Vielfalt der Lernenden und ihre Lehrkompetenzen mit einem didaktischen kompetenzorientierten Ansatz in der Hochschuldidaktik (Unter „Hochschuldidaktik" wird in diesem Artikel ausschließlich die hochschuldidaktische Fortbildung verstanden. Die zweite Bedeutung „Lehre in der Hochschule" wird hier nur unter dem Begriff „Lehre" [52] genutzt) entdecken und fördern können, ohne einem Diskriminierungs- und Defizitansatz zu erliegen. Es werden Vorurteils- und Stereotypisierungen reflektiert, die aus der Differenzierung von institutionellen und subjektiven Diversity-Dimensionen entstehen können. Das Beispiel eines vielfach national und international durchgeführten Diversity-Workshops in der Hochschuldidaktik zur Hebung und Förderung von Gender- Diversity-Lehrkompetenzen veranschaulicht das didaktische Vorgehen des integrativen Gender-Diversity sowohl in der Lehre als auch in der Hochschuldidaktik.

B. Jansen-Schulz (✉)
TransferConsult Wissenschaftsberatung, Lübeck, Deutschland
E-Mail: jansen-schulz@transferconsult.de

M. E. Domsch et al. (Hrsg.), *Vorurteile im Arbeitsleben*,
https://doi.org/10.1007/978-3-662-59232-8_9

9.1 Einleitung

In der Hochschullandschaft nimmt die Wahrnehmung der Heterogenität von Studierenden zu. Die bereits seit den 70er Jahren viel diskutierte besondere Berücksichtigung von Frauen unter den Studierenden wird heute ergänzt mit weiteren Diversity Dimensionen: Sie sind Frauen und Männer oder Queer- und Transgender-Personen in unterschiedlichen Lebenssituationen, unterschiedlichen Alters, unterschiedlicher sozialer- und Bildungsherkunft, unterschiedlicher Hautfarbe, kultureller und ethnischer Herkunft. Dabei vereinen sie häufig mehrere kulturelle Hintergründe in sich selbst. Dies greift der theoretische Ansatz der Intersektionalität [12, 49, 51] auf: – z. B. Studierende mit Migrationshintergrund, die in Deutschland aufgewachsen sind und sogenannte Bildungsaufsteiger*innen sind, bzw. sein können und somit viel „latentes Wissen" bzw. viele Kompetenzen in das Studium mitbringen, aber Differenz-, Zuschreibungserfahren und Diskriminierungen erleben [22], dies ist auch vom Geschlecht abhängig.

Aber auch Lehrende sind wie Studierende eine heterogene Gruppe bezogen auf ihre fachliche Herkunft, Lehrerfahrungen und Lehrkompetenzen, Forschungen, Einbettung in die Hochschulstrukturen und Statusgruppen. Ihre individuelle kulturelle Heterogenität bezüglich der Diversity-Dimensionen ist im deutschsprachigen Hochschulraum jedoch noch wenig ausgeprägt [37, 39] und als Gruppe noch kaum erforscht. Die Lehrkompetenzen der Lehrenden wurden erst in den letzten 10 Jahren näher erforscht, allerdings weniger unter Gender-Diversity-Aspekten.

In der Forschung zur Hochschuldidaktik wurden verschiedene Lehrkompetenzmodelle erforscht und sind z. T. in die hochschuldidaktischen Konzepte eingeflossen. Die Lehrenden als Lernende in hochschuldidaktischer Fortbildung werden in diesem Artikel fokussiert.

9.2 Die Diversitydimensionen

Die bekannten subjektiven biografischen Diversity-Dimensionen wie Alter, Geschlecht, sexuelle Orientierung, physische und psychische Beeinträchtigungen, ethnische Her kunft, Religion und Weltanschauung, soziale Mobilität werden von der kritischen Diversityforschung inzwischen auch unter Intersektionalitätsaspekten – also ihrer gegenseitigen Beeinflussung – untersucht [14, 51].

Gaisch und Aichinger [18] haben diese Dimensionen für die Hochschule weiterentwickelt und um die Dimensionen institutionelle, funktionale, fachliche und kognitive Diversität ergänzt [18]. Im Zentrum des Higher Education Awareness for Diversity (HEAD) Wheels stehen die Kompetenzentwicklung und Lernorientierung (der Lernenden: der Studierenden). Diese erweiterten Dimensionen sind auch sehr hilfreich mit Blick auf die Lehrenden (Abb. 9.1).

Diese erweiterten Dimensionen zeigen ihre (Wechsel-) Wirkungen auf die subjektiven demografischen Dimensionen der Differenzierung durch Marginalisierung bzw.

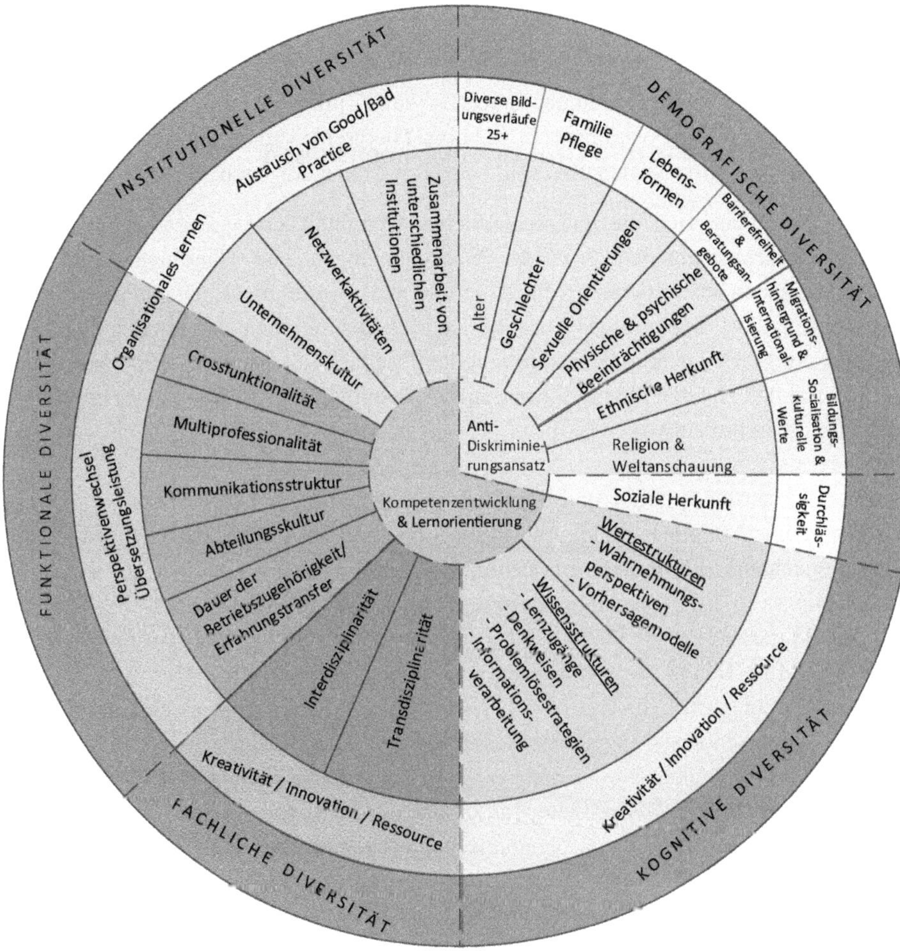

Abb. 9.1 Das HEAD Wheel der FH Oberösterreich (Gaisch und Aichinger 2019) [18]

Präkarisierungsprozesse. Durch die Diskussion über die Diversity-Dimensionen wie gender, race, body etc. werden diese Dimensionen gleichzeitig wirkmächtig ständig hergestellt und können als „performative Praxen der Wiederholung machtvoller Unterscheidungen." [35] gelesen werden [11]. Sowohl positive als auch negative Zuschreibungen können aufgrund einzelner Diversitydimensionen zu unbewussten Stereotypisierungen und Vorurteilen führen, die wiederum diskriminierendes (didaktisches) Handeln im Umgang mit Lernenden (Studierende im Studium und Lehrende in hochschuldidaktischer Fortbildung) nach sich ziehen. Dieser Performance von Ungleichheit kann nach Mecheril/Klingler durch eine „reflexiv-kritische Perspektive auf Differenzverhältnisse und Praxen der Differenzbearbeitung (an Universitäten)" [35] begegnet werden.

Im folgenden Absatz wird nur kurz auf die institutionellen Wirkungen eingegangen, um die Auswirkungen auf didaktisches Handeln von Lehrenden zu verdeutlichen.

9.2.1 Institutionelle und strukturelle Dimensionen

Insbesondere zeigen sich die unterschiedlichen Marginalisierungen und damit einhergehenden diskriminierenden Prozesse, Wahrnehmungen und Handlungen innerhalb der akademischen institutionellen Struktur und wirken auf die Einstellungen, Stereotypisierungen, den Unconscious Bias der in den Institutionen handelnden Personen. Dazu nur einige Beispiele, wie institutionelles Handeln (das Handeln der Institutionen und das Handeln in den Institutionen) auf Diskriminierungsprozesse insbesondere in Bezug auf die Lehre einwirken [30]:

- In der Wissenschaftskultur und -struktur ist Forschung der Lehre übergeordnet. Das bedeutet eine Marginalisierung und Diskriminierung der Lehre und allem, was damit zusammenhängt: Förderung von Lehre, Hochschuldidaktik, Lehrende an sich, (ihre Forschungskarriere ist wichtiger als eine Lehrkarriere).
  - Der Vorbereitung der Lehre wird im Wissenschaftssystem nicht ausreichend Zeit zugebilligt. Das hat Auswirkungen auf die Qualität der Lehre. Hier hat allerdings der Qualitätspakt Lehre (2011–2020) [10] des BMBF in der deutschen Hochschullandschaft schon erste Veränderungsprozesse hervorgebracht.
- In der Disziplinstruktur gibt es mehr oder weniger offene und heimliche Hierarchisierungen zwischen den Disziplinen, was zu Marginalisierung einzelner Disziplinen und Fächer führt. Dies hat sowohl ökonomische, ausstattungsbezogenen als auch didaktische Auswirkungen [6, 7, 40]
  - Die Naturwissenschaften und Technikwissenschaften rangieren vor den Geistes- und Sozialwissenschaften – und hier nehmen z. B. die Gender Studies wiederum eher eine untere Position ein.
  - Interdisziplinäre Forschungs- und Lehransätze werden immer noch sehr kritisch betrachtet und sind nur selten ein bevorzugter Ansatz.
- Die Hierarchieverhältnisse in der Wissenschaft sind geprägt von einerseits fest angestellten Professor*innen und andererseits von prekär beschäftigten Mitarbeiter*innen. Das hat (eher negative) Auswirkungen auf Interesse und Zeit für Lehre. Wobei hier betont werden soll, dass z. B. der wissenschaftliche Nachwuchs prinzipiell ein starkes Interesse an Lehre hat, wie der Wissenschaftsrat (2017) konstatiert [53].
- In Verwaltung, Forschung und Lehre wird die Beschäftigung mit Gender- und Diversityaspekten marginalisiert und diskriminiert.
  - Gender-Diversity-Forschende werden nicht ernst genommen, ihre Forschung wird als unwissenschaftlich abgetan. Das wirkt sich auch auf die fachspezifischen Denominationen aus.

- Die Berücksichtigung von Gender-Diversityaspekten in allen Handlungsfeldern des Hochschulsystems wird von vielen Akteur*innen marginalisiert.
- Gleichstellungs- und Diversitybeauftragte werden oftmals nicht ernst genommen mit ihren Aufgaben und oftmals in ihrer Arbeit behindert.

Diese wenigen Beispiele zeigen, wie Institutionen bewusstes und/oder unbewusstes diskriminierendes Handeln und die Entwicklung von Stereotypen und Vorurteile bestärken und auch in die Lehre hineinwirken.

9.2.2 Demografische Diversity-Dimensionen – Kompetenzen-Stereotypen

In den demografischen Diversity Dimensionen sind nicht nur Diskriminierungen und Differenzierungen angelegt, sondern auch individuelle Kompetenzen. Für den Hochschulbereich gilt es jedoch auch herauszufinden, wie Kompetenzen von Studierenden unter Intersektionalitätsaspekten „entdeckt" und „entwickelt" werden können und welche didaktischen Methoden es dafür gibt. Im Gegensatz zur allgemein geforderten Kompetenzorientierung in der Lehre, die auf die Entwicklung neuer Kompetenzen (Sozial-, Fach-, Methoden-, Handlungs-, Lernkompetenzen) ausgerichtet ist und damit schnell einem Defizitansatz erliegt, geht es mit diesem Ansatz darum, bereits vorhandene Kompetenzen zu finden und diese im Sinne von Empowerment [21] zu stärken. Dieser Ansatz wurde von Jansen-Schulz auch für die Hochschuldidaktik übernommen [29] und wird in Abschn. 9.2.4 näher beschrieben.

Die Kategorisierungen und Dimensionierungen bergen jedoch die Gefahr der Stereotypisierung. Einerseits sind solche Kategorisierungen hilfreich im alltäglichen Umgang, sie sind auch immer Teil des (unbewussten) Alltagswissens und Alltagshandelns [4]. Gleichzeitig führen sie jedoch leicht zu Zuschreibungen und normativen Festlegungen von homogenen Gruppen seitens der dominanten Gruppen oder Handelnden in hochschulischen Strukturen und verweisen auf die jeweils „diskriminierten Anderen". Dies führt zu Machtfragen und Hierarchisierungen und bewussten oder auch oftmals zu unbewussten Diskriminierungen.

> „Eine große Schwierigkeit liegt darin, dass uns viele unserer eigenen Vorurteile gar nicht bewusst sind. Haben Lehrende einen ‚Unconscious Bias' gegen z.B. Ostdeutsche, Frauen oder jungen Menschen, birgt all das Diskriminierungspotential" [33].

Die bisherige sozialwissenschaftliche Diversityforschung und Genderforschung beschäftigt sich jedoch zumeist „nur" mit den Differenz- und Diskriminierungsaspekten der Diversity-Dimensionen. Lediglich in der Personalwissenschaft und dem darin berücksichtigen Diversity Managementansatz finden sich Kompetenzansätze, die jedoch eher einem pragmatischen Handlungsansatz des Human Development und Wissensmanagement für Unternehmen folgen.

Kompetenzansätze kommen eher aus älteren und neueren sozial- und theaterpädagogischen Empowermentansätzen [3, 17, 21, 47].

Um jedoch ein „Diffuses Mitschwimmen mit dem Zeitgeist" [1] mit unreflektierten Diversity-Konzepten in Hochschulen zu verhindern, braucht es verstärkte selbstreflexive Hochschulforschung [68] nicht nur zur Diversität der Akteurinnen und Akteure, sondern auch der eigenen Kulturen und Fachkulturen (Stichwort: humanities und sciences [27, 40, 50] in Forschung und Lehre).

Z. B. müssen Diversity- und Transkulturalitäts-Ansätze auch in die Lehre und die Hochschuldidaktik einfließen, um Lehrkulturen zu verändern [27, 35]. Der Diversity-Kompetenz-Ansatz in der hochschuldidaktischen Fortbildung schließt mehrere didaktische Wege ein:

- das Aufspüren der Entwicklung von Machtverhältnissen, die Differenz und Pluralitäten stärken oder verhindern
- Diversity muss als politische Praxis selbst ständig reflexiv sein
- Phänomene, die nicht in die Raster von Diversity passen, müssen erkannt werden.

Für die Lehre kann daher der „diskriminierungskritische" Ansatz interessant sein, der in den Geschlechterstudien entwickelt wurde [2] und der in der Hochschuldidaktik aufgegriffen werden sollte.

Studierende und auch Lehrende können nicht nur unter Diskriminierungsperspektiven betrachtet werden, sondern es sollten in der Lehre ihre vielfältigen Kompetenzen berücksichtigt und/oder auch „gehoben" [16, 17] werden.

Allerdings ist auch beim Suchen nach vorhandenen Kompetenzen – also bei einer positiven Zuschreibung genauso auf Stereotypen und Vorteile zu achten, wie bei Diskriminierungsprozessen.

„Stereotype müssen nicht immer nur negative Zuschreibungen beinhalten, sondern können durchaus auch verschiedene Facetten von Wertschätzung oder Bewunderung transportieren, wie z. B. bestimmte Formen der Idealisierung von Frauen oder auch von Älteren. Diese leisten jedoch auf subtile Weise ebenso einen Beitrag zur Stabilisierung und Legitimation von Status- und Machtdifferenzen zwischen sozialen Gruppen." [14].

In US-Amerika wird in der Diversitätsforschung zwischen Business- und Equity-Perspektive unterschieden. Hinter dem Equtiy-Ansatz steht nicht der ökonomische Vorteil, sondern die Gerechtigkeitslogik bzw. die affirmative action und zielt dabei auf gesellschaftliche, institutionelle, strukturelle und individuelle Diskriminierungen und Differenzherstellungen [18, 31, 33].

Durch die Differenzansätze, die Differenzierung der einzelnen Diversity-Dimensionen kann es auch leicht zu einer „Schubladisierung" kommen, in dem einzelne Menschen nur noch mit einer der Dimensionen wahrgenommen werden [32]. Darum ist der Intersektionalitätsansatz hier hilfreich.

Eine didaktische Orientierung in der Hochschullehre auf vorhandene zu entdeckende Kompetenzen von Studierenden weicht von einem Defizitansatz und reiner

Wissensvermittlung ab. Mit einem reflektierten didaktischen Vorgehen werden so auch Diskriminierungsprozesse eher vermieden [44]. Die Autorin plädiert für einen doppelten Paradigmenwechsel, damit eine diversitäts- und kompetenzorientierte Lehr-Lernkultur sich entwickeln kann:

- Zum einen fordert sie eine didaktische Perspektive für diversitäts- und kompetenzorientierte Lernsettings.
- Zum anderen fordert sie geeignete Qualifizierungsangebote für Lehrende, um deren diversitätsorientierte Kompetenzentwicklung zu unterstützen. Dies muss einhergehen mit einer diversitäts- und kompetenzorientierten Lehr-Lernkultur und mit einem Wandel der Lehrendenrolle von der reinen Wissenvermittlung zur Lernbegleitung der Lernprozesse der Studierenden.

Eine ähnliche didaktische Orientierung findet sich in der Hochschuldidaktik. Auch hier gilt es, die Lehrenden mit ihren vorhandenen Lehrkompetenzen in den Fokus zu nehmen. Der größte Teil der hier zitierten Literatur befasst sich jedoch entweder nur mit didaktischen Diversity-Konzepten oder nur mit der Entwicklung von Lehrkompetenzen.

Darum ist es für eine diversityorientierte Hochschuldidaktik für Lehrende wichtig, den aus der Erwachsenenbildung sowie aus der „Pädagogik der Unterdrückten" von [17] bekannten Kompetenzansatz (wieder) als didaktisches Handlungskonzept zu berücksichtigen.

9.2.3 Heterogenität der Lehrenden

Inzwischen sind in der hochschulischen Diversityforschung die Studierenden als heterogene Gruppe gut untersucht. Die Gruppe der Lehrenden und des hochschulischen wissenschaftlichen und wissenschaftsunterstützenden Personals jedoch ist kaum im wissenschaftlichen Fokus [37, 39, 45]. Ob eine heterogene vielfältige Lehrendengruppe tatsächlich auch didaktisch die Vielfalt der Studierenden berücksichtigt, hängt jedoch nicht nur von deren individuellen Diversitätserfahrungen ab, sondern auch von deren Einstellungen zur Lehre, von ihren didaktischen Positionen, von ihren Lehrkompetenzen und von der strukturellen Möglichkeit zur Verortung und Anerkennung von Lehre in den Hochschulstrukturen in Bezug auf ihre individuelle Wissenschaftskarriere.

9.2.4 Lehrkompetenzen

Mit der Kompetenzorientierung ist hier nicht die in der Hochschuldidaktik und Hochschulentwicklung üblichen – insbesondere in den Akkreditierungsprozessen von Studiengängen im Bologna-Prozess – geforderten Schlüsselkompetenzen (Fach-, Methoden-, Sozial- und Handlungskompetenz), die Studierende im Laufe ihres Studiums zu erwerben haben [5, 46] (das ist m. E. ein Defizit- und kein Kompetenzansatz). Sondern es dreht sich um Möglichkeiten der Stärkung der schon vorhandenen Kompetenzen der Lehrenden. Dies wird hier nicht auf der direkten Lehrsituationsebene, sondern auf der Ebene hochschuldidaktischer Fortbildung reflektiert.

Lehrkompetenz wird in der hochschuldidaktischen Forschung unterschiedlich definiert. Wie auch für „Exzellente Lehre" gibt es nicht eine einzige Definition, sondern, je nach wissenschaftlicher Perspektive, werden unterschiedliche und vielfältige Dimensionen von Lehrkompetenz herausgearbeitet und zu – je nach Forschungsfragestellung – differenten Kompetenzmodellen zusammengeführt.

Seit 2008 gibt es neue Forschungen dazu, die durch das BMBF Förderprogramm „Hochschulforschung als Beitrag zur Professionalisierung der Hochschullehre" im Rahmenprogramm „Empirische Bildungsforschung" 2008–2012 [9] gefördert wurde.

In diesem Ansatz wird davon ausgegangen, dass Lehrende Kompetenzen für ihre verschiedenen Aufgabenbereiche im Wissenschaftssystem entwickelt haben. Diese sind individuell und nach Heiner (2012) ein „sozialkulturelles Kompetenzkonstrukt" [20]. Sie werden ständig neu konstruiert.[1]

An der Universität zu Lübeck wurde im Rahmen des Qualitätspakt Lehre Projektes „Dozierenden-Service-Center"[2] ein hochschuldidaktisches offenes Bausteinkonzept entwickelt, das von latenten Lehrkompetenzen der Lehrenden ausgeht.

Dabei wird den Lehrenden selbst die Verantwortung für ihre Lehrkompetenzen überlassen. Sie entscheiden, welche ihrer Lehrkompetenzbereiche sie in welcher Reihenfolge stärken wollen. Es wurde bewusst auf ein Diagnoseinstrument zu Beginn der Teilnahme bei den Lehrenden verzichtet.

Die Lehrkompetenz wurde auf der konstruktivistischen, drei Ebenen umfassenden und aufgabenberücksichtigenden Grundlage hochschuldidaktischer Lehr-Kompetenz-Forschungen in sechs Kompetenzbereiche verdichtet und aufgeteilt, die auch wiederum den Aufgabenfeldern in der Lehre entsprechen:

- Didaktik-Kompetenz
- Methoden-Kompetenz
- Medien-Kompetenz
- Prüfungs-Kompetenz
- Diversity-Kompetenz[3]
- Leitungs-Kompetenz

[1]Andere Entwicklungsmodelle zur Lehrkompetenz finden sich in weiteren hochschuldidaktischen Forschungen zwischen 2008 und 2012: [9, 19, 42, 58, 60, 61].

[2]BMBF Qualitätspakt Lehre: Fördernummer der Universität zu Lübeck: 01PL16096 Ein didaktisches Service-Zentrum für Dozierende.

[3]diese wird im Folgenden ausführlicher dargestellt.

Die veränderte Aufgabenstellung im Kontext der Bologna- Reformen richtet die Lehrenden in ihrem Lehrverhalten insbesondere auf die Lern-Förderung und Lern-Unterstützung der Studierenden und deren Kompetenzen aus. Die Zielsetzung des Bemühens geht inzwischen weit über bloße Wissensvermittlung hinaus. Fachliche Förderung ist somit eingebettet in den didaktischen Aufgabenkontext der Schaffung günstiger Lernbedingungen und die aktive Unterstützung der Persönlichkeitsentwicklung der Studierenden. Es geht für die Lehrenden also auch um neue Rollenfindungen, um die Lernprozesse der Studierenden schlüsselkompetenzorientiert zu fördern [52].

9.2.5 Didaktische Diversity-Kompetenz und Intersektionalität

Schlüter (2010) sieht die „Intersektionalität als theoretische und praktisch pädagogische Herausforderung" für hochschuldidaktische Aufgaben zur Wahrnehmung und Berücksichtigung der Vielfalt der Studierenden und ihrer differenten Lernkulturen [42]. Jedoch kritisiert auch Schlüter wie Walgenbach (2007) den additiven Ansatz und die Annahme der gleichgewichtigen Kategorien der Intersektionalität auf der Grundlage der Habitus- und Kulturtheorie von Pierre Bourdieu [49]: „D.h. der Ansatz von Intersektionalität suggeriert zwar in der theoretischen Diskussion die Gleichgewichtigkeit von Kategorien, aber insgeheim ist die Kategorie Klasse doch mit dem Gewicht der ökonomischen Ausstattung verbunden, die schwergewichtiger sein kann, als jede andere Kategorie." [42].

Dies zu erkennen, ist ein weiterer wichtiger Aspekt der Diversity-Lehrkompetenz. Lern- und Lehrkompetenz und auch Diversity-Kompetenz von Lehrenden zeigt sich also auch durch die Fähigkeit die biographische Vielfalt von Studierenden zu erkennen und sie in die Lehr-Lernprozesse gleichermaßen, aber unter Berücksichtigung von ungleichgewichtigen Kategorien der Intersektionalität, einzubeziehen [33]. Eine Herausforderung für eine diversitätsorientierte Lehre ist die Integration der Diversity-Aspekte. Dafür wurde die Strategie des „Integrativen Genderings und Diversity" entwickelt.[4]

9.3 Integratives Gendering und Diversity in Lehre und Hochschuldidaktik

Integratives Gendering und Diversity ist die Berücksichtigung von Gender-Diversity-Aspekten im alltäglichen Prozess der Lehre in fünf Ebenen. Es umfasst die Integration von fachspezifischen Erkenntnissen der Gender- und Diversityforschung in die/der Lehre, didaktische und methodische Ansätze, lernendenzentrierte Ansätze und Selbstreflexionen. Dieser Ansatz gilt sowohl für die Lehre als auch für die Hochschuldidaktik.

[4] dieser Ansatz wurde 2005 von Jansen-Schulz entwickelt. Jansen-Schulz in verschiedenen Publikationen 2006–2010, im Literaturverzeichnis befinden sich die letzten dazu passenden Publikationen.

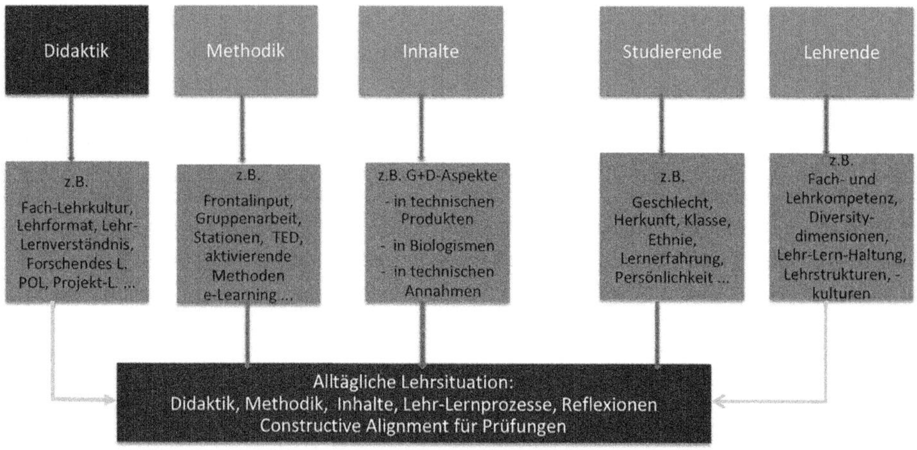

Abb. 9.2 Ebenen des integrativen Genderings und Diversity

Die fünf Ebenen für Integratives Gendering und Diversity in der Lehre sind (Abb. 9.2):

- Anwendung gender-diversityorientierter didaktischer Ansätze, um intensives Lernen (deep learning) zu ermöglichen,
- Die Anwendung vielfältiger Methoden, um möglichst viele Lernende mit ihren diversen Hintergründen und verschiedene Lerntypen zu erreichen,
- Die inhaltliche Berücksichtigung von Gender- und Diversityaspekten. Dazu gehört die Berücksichtigung der jeweils fachspezifischen Geschlechterforschung und der expliziten Forschungsansätze von Fachwissenschaftlerinnen, um weibliche Vorbilder zu schaffen. In MINT[5] Disziplinen ist der inhaltliche Aspekt nicht immer durchzuhalten, aber die anderen Ebenen können in der Lehrplanung berücksichtigt werden.
- Die Orientierung an der Vielfalt der Studierenden hinsichtlich der individuellen Dimensionen, der (kulturellen und fachkulturellen) Lernerfahrungen, der individuellen Persönlichkeiten.
- Die Reflektion als Lehrende(r) zur eigenen Intersektionalität, zu Lehrkompetenzen, zur Fachdisziplin.

Der Diversityansatz einerseits und der Intersektionalitätsansatz andererseits erweitern mit ihren weiteren Dimensionen: Ethnie, Alter, soziale Herkunft, Hautfarbe und sexuelle

[5]Mathematik, Informatik, Naturwissenschaften, Technik.

Orientierung und den damit zusammenhängenden Interdependenzen den bisherigen Ansatz des Integrativen Genderings. Gender bleibt dabei immer auch eine Querschnittsdimension.

Erweitert wird dieser Ansatz für die hochschuldidaktische Fortbildung noch um den Lehr-Kompetenzansatz, der sich aus der Vielfalt der Lernenden (und Lehrenden) entwickelt.

Im Folgenden soll am Beispiel des hochschuldidaktischen Bausteins „Diversity-Kompetenz" zur Integration von Gender-Diversityaspekten in die Lehre aufgezeigt werden, wie die Vielfalt der „latent" vorhandenen Kompetenzen zu Gender- und Diversity der Lehrenden berücksichtigt und sowohl für gemeinsame Lernprozesse als auch für persönliches Empowerment genutzt werden.

Hochschuldidaktischer Diversity-Workshop

Der hochschuldidaktische Gender-Diversity-Workshop, den ich 2005 zunächst für die Hochschuldidaktik der Leuphana Universität Lüneburg als einen Baustein konzipierte und danach vielfach auch in anderen Hochschulen im nationalen und weltweit internationalen Raum durchgeführt habe, zeigt, wie durch dessen methodische Umstrukturierung eine Kompetenzorientierung ermöglicht wird. Inhaltlich geht es darum, den Teilnehmenden Gender-Diversity-Kompetenz und Handlungskonzepte zu ermöglichen, die vorhandenen Kompetenzen zu stärken und für den gemeinsamen Lehr-Lernprozess nutzbar zu machen. Es geht also um:

- Wissensvermittlung zu Gender-Diversityaspekten,
- persönliche Erfahrungen in verschiedenen Lebensbereichen und daraus entwickelte Wissens und Handlungskompetenzen und
- Integration von Gender-Diversityaspekten in die eigene Lehre, Forschung, hochschulischen Tätigkeitsfelder.

Die Teilnehmenden dieses hochschuldidaktischen Workshops sind zumeist sehr heterogen hinsichtlich:

- Des beruflichen und fachlichen Status
- Ihrer Lehrerfahrungen (von gar keiner bis sehr viel)
- Ihrer Fachdisziplinen und damit einhergehenden unterschiedlichen Fachkulturen
- Ihrer hochschulischen Aktionsfelder und Tätigkeitsbereiche
- Der Altersunterschiede (Generationen)
- Ihrer ethnischen, kulturellen Herkunft
- Ihres Gender-Diversity-Wissens (von gar keinem Wissen bis zur eigenen Forschung)

- Ihrer körperlichen Fähigkeiten (Geh- und Sehbeinträchtigen)
- Ihrer Unsicherheit mit deutscher oder auch englischer Lehr-Sprache[6]

Die Gruppen setzen sich also sowohl aus Fach-Expert*innen als auch aus Noviz*innen in Bezug zu Gender-Diversity und Lehre und zu den unterschiedlichen Disziplinen zusammen.

Ausgehend von den beiden konstruktivistischen didaktischen Annahmen, dass Erwachsene reflexiv aufbauend auf altem Wissen und handelnd neues Wissen übernehmen und in reflexiven Schleifen spiralförmig ihr Wissen, Handeln und ihre Kompetenzen überprüfen und gegebenenfalls auch verändern [43] und dass Hochschullehrende Lernprozesse eher in wissenschaftlichen Diskursen forschend lernend vollziehen [36], ist der Workshop sowohl forschungsbasiert als auch handlungsorientiert und berücksichtigt didaktische Elemente, um geh- und sehbeeinträchtigte Lehrende und solche mit Sprachunsicherheiten einzubeziehen.

Der Gender-Diversity-Workshop ist zweitägig plus Coaching konzipiert, mit fachlichen, theoretischen Inputs und mit mehreren didaktischen aufeinander aufbauenden Reflexionsschleifen in Kleingruppen oder allein zu:

- persönlichen Erfahrungen mit Geschlecht und Vielfalt
- persönlichen Erfahrungen im beruflichen Umfeld mit Geschlecht und Vielfalt
- Gender-Diversityansätzen in allgemeinen Lehr-Lernsituationen
- Gender-Diversityansätzen in der eigenen Forschung/Tätigkeit
- Gender-Diversityansätzen in der eigenen Lehre mit diversityorientierten Methoden

Durch die Reflexionsphasen werden sowohl vorhandenes Wissen als auch latente Kompetenzen gehoben. Ziel des Workshops ist die Entwicklung eines konkreten umsetzbaren Lehrkonzeptes für die eigene Lehre, bzw. eines Handlungskonzeptes für das eigene hochschulische Aktionsfeld mit Gender-Diversity-Inhalten und -Methoden.

Im Rahmen dieses Bausteins werden schon fertige oder in Planung befindliche Lehrkonzepte und Studiengangsmodule oder Handlungskonzepte aus den hochschulischen Tätigkeitsbereichen der Teilnehmenden exemplarisch sowohl hinsichtlich der inhaltlichen als auch der strukturellen Möglichkeiten einer Gender-Diversity-Orientierung bearbeitet.

Es hat sich in den bisher über 80 weltweit durchgeführten Workshops in unterschiedlichen Hochschulen mit sehr unterschiedlichen Lehrendengruppen gezeigt, dass die Lehrenden sehr viel sowohl professionelles Wissen und Können als auch latentes Alltagswissen zu Gender-Diversityaspekten haben und sich dieses „nur" als solches bewusst machen müssen. Häufig sind sie erstaunt, wie viel gender-diversitysensible Ansätze sie

[6] zur Diskussion um englischsprachige Lehre von nicht native speakern siehe [23].

in ihren Konzepten schon – bisher professionell unbewusst – integriert haben[7]. Diese positiven Erfahrungen bestärken sie darin, weitere Ansätze gender-diversitysensibler Inhalte oder Methoden zu entwickeln. Durch den Austausch in der Gruppe werden diese latenten Kompetenzen gehoben und be- und gestärkt. Aufgrund der professionellen akademischen Fachlichkeit haben die Teilnehmenden Kompetenzen entwickelt, um Stereotypisierungen (doing gender, doing divers) zu entdecken und zu vermeiden.

Die Vielfalt der Teilnehmenden und ihr damit verbundenes Wissen und Können zu Gender-Diversityaspekten wird durch die Berücksichtigung des Erfahrungswissens in den Reflexionsrunden und die Berücksichtigung der Kompetenzen in der Umsetzung in deren Lehr- und Berufsbezügen transparent und ernst genommen. Interdependenzen der hier vorhandenen Vielfaltsdimensionen ergeben sich ansatzweise durch die Interdisziplinarität der Gruppen und die Intersektionalität der Lehrenden. Vielfach erleben die Lehrenden in den Lerngruppen erstmals, dass es unterschiedliche Lehrkulturen und mehr Lehr-Lernmethoden als nur Frontalvermittlung gibt, dieser „heimliche Lerneffekt" wird durch einige Hinweise auf die unterschiedlichen Lehrkulturen unterstützt.

Die Lehrenden sind die jeweiligen Expert*innen in ihren Tätigkeitsfeldern mit ihren je eigenen und individuellen Gender-Diversity-Kompetenzen. Diese gilt es zu bestätigen, zu stärken, zu unterstützen, auszubauen und konstruktiv zu nutzen.

In den Workshops werden inhaltlich immer – je nach Fachspezifik – folgende Inhalte bearbeitet:

- Begriffsbestimmungen Gender und Diversity
- Theoretische Ansätze von Gender und Diversity
- Gender-Diversity-Kompetenz von Lehrenden für Studierende und deren zukünftige Arbeitswelt
- Gender-Diversity-Aspekte in der Forschung von Medizin-, Wirtschafts-, Bildungs-, Sozial- und MINT-Disziplinen (abhängig von der Zielgruppe der Lehrenden)
- Gender-Diversity-Didaktik und Methoden in Lehre und Prüfungen
- Gender-Diversity Aspekte in Hochschulstrukturen (für diejenigen, die mehr in Hochschulstrukturen als in der Lehre tätig sind)
- Gender-Diversity-sensible Sprache

---

[7]so haben Lehrende der TU Berlin im Rahmen eines Gender-Diversityprojektes für die Lehre 2007–2009 z. B. in ihrem Lehrkonzept zur Morphologie der Quechua Sprache zunächst keine Gender-Diversityaspekte entdecken können, dann jedoch herausgefunden, dass diese Sprache überwiegend über die Frauen verbreitet wird [56, S. 133–142], die sie dann didaktisch umsetzten. Lehrende der theoretischen Physik konnten sich zunächst auch nicht vorstellen, dass in ihrem Bereich Gender-Diversityaspekte möglich sind. Sie konzentrierten sich dann auf sehr anschauliche Methoden [56, S. 155–164], die eine Vielzahl von Studierenden ansprechen. Ein anderer Lehrender einer anderen Hochschule war erstaunt, dass er in seiner Kryptologievorlesung zur Informatik schon sehr vielfältige Inhalte und Methoden, wie Verse, historische Texte etc. einbezog, welche die Vielfalt seiner Studierenden ansprachen.

Methodisch werden jeweils zwei Reflexionsphasen zu Beginn (persönliche Erfahrungen im Alltag) und etwas später (persönliche Erfahrungen im Berufsalltag) eingeplant, in denen die Teilnehmenden ihre Erfahrungen in Kleingruppen diskutieren, diese auf Moderationskarten schreiben und zunächst ungeordnet anpinnen. Im Verlaufe des Workshops wird darauf immer wieder Bezug genommen.

Je nach Gruppe erfolgt zu Beginn oder später ein theoretischer Input zu Gender und Diversity und später zu Gender-Diversity Didaktik und Methoden.

Unterbrochen werden diese theoretischen Inputs mit Reflexionen über das eigene Lehrkonzept und möglichen Veränderungen hinsichtlich Gender- und Diversityaspekten. Diese werden in Zweiergruppen miteinander diskutiert und anschließend dem Plenum vorgestellt.

Das Thema gender-diversity-sensible Sprache regt die Teilnehmenden immer wieder zu starken Widersprüchen an, dies ist ein Thema, dass sie besonders persönlich betrifft und wo sie mit eigenen Spracherfahrungen und Vorurteilen zu politisch korrekten Sprache zu kämpfen haben. Häufig bin ich als Workshopleiterin die Projektionsfläche der Kritik an diesem Thema.

Nach dem Workshop haben alle Teilnehmenden die Möglichkeit ein individuelles 1,5 stündiges Coaching zu ihrem Arbeitsbereich und den darin möglichen oder schon vorhandenen Gender-Diversityaspekten in Anspruch zu nehmen. Ziel ist einerseits das bewusste Reflektieren von bekannten und/oder neuen Gender-Diversityaspekten auf der persönlichen und beruflichen Ebene und das anschließende Entwickeln eines eigenen Lehrkonzeptes oder das Verbessern, Verändern eines bestehenden Lehrkonzeptes oder Handlungskonzeptes in Hochschulstrukturen, welches konkret umgesetzt werden kann. Zum Schreiben dieser Konzepte haben die Teilnehmenden dann zwei Wochen Zeit. Sie bekommen von mir dazu ein Feed Back. Mit ihrer Erlaubnis stelle ich die Konzepte auch in den jeweiligen Onlinekurs, damit die Kursteilnehmer*innen sehen, was die anderen Kolleg*innen an Konzepten entwickelt haben.

Im Folgenden werden Ausschnitte einiger sehr gelungener Konzepte zur Lehre[8] vorgestellt, welche die Vielfältigkeit von – manchmal nur kleinen – Gender-Diversity-Methoden und Inhalten (hier) in Informatik, Medizin, Wirtschaft belegen.

Beispiele aus der Informatik

1. Beispiel aus einem Leitfaden für Übungsleitungen in der Informatik, der nach dem Gender-Diversity-Kurs ergänzt und geändert wurde (AV 2016): „…Die Ergebnisse der Selbsteinschätzungen (zu Programmierungserfahrungen der Studierenden BJS) lassen sich wie folgt darstellen. Dabei teilt sich die Teilnehmerzahl von 130 auf in 20 Teilnehmerinnen und 110 Teilnehmer. Damit sind knapp über 15 % der Studierenden weiblich. Deutlich zu sehen ist, dass sich die Studentinnen mit einem

[8]diese werden hier mit anonymisierten Namenskürzeln und Jahreszahl der Entwicklung zitiert. Stehen keine Kürzel dahinter, sind die Angaben von mir selbst.

Durchschnittswert von 1,5 allgemein schlechter einschätzen als die männlichen Studierenden mit einem Durchschnittswert von knapp 3. Diese Selbsteinschätzung können wir in gewissem Sinne auch mit der Prüfungsnote vergleichen. Hier stellen wir fest, dass die weiblichen Studierenden zwar geringfügig schlechter benotet werden, dass der Unterschied in der Selbsteinschätzung aber wesentlich deutlicher ist, als bei den Prüfungsergebnissen. Ich bin gespannt auf die Ergebnisse der Praktika" (nach Änderung der Übungen, BJS).

2. Ein anderer Teilnehmer hat inhaltliche Änderungen in Informatik vorgenommen, in dem er nicht mehr Programmier- oder Computererfahrungen vorausgesetzt hat und somit insbesondere diejenigen Studierenden, (und das sind überwiegend Frauen), die noch keine oder wenig Erfahrungen haben, eingebunden hat. „Da wir keinerlei Grundwissen in der Programmierung und im Umgang mit dem Computer voraussetzen, fangen wir zum Beginn des Semesters mit der Einführung in den Aufbau und die Arbeitsweise von Computern an, vermitteln bis zu einem gewissen Zeitpunkt im Semester notwendige Grundkenntnisse, die für alle Studiengänge wichtig sind und enden mit Lektionen für diejenigen, die im Folgenden tatsächlich und auch in größerem Umfang programmieren wollen. Mit den die Vorlesung begleitenden Übungen sowie freiwilligen Zusatzaufgaben unterschiedlichen Schwierigkeitsgrads wollen wir die Studierenden individuell fördern und Lösungen basierend auf allgemeinen Problemstellungen erarbeiten lassen" (GT 2016).
3. Themen aus Lehrplanung Informatik (KD 2018): „Rechtfertigung für Gender-Aktivismus, Gender-Diversity sensible Sprache, Berücksichtigung von Persönlichkeit und Lernverhalten, weniger strenge Regeln zur Klausurzulassung (Gefahr: Zu geringer Leistungsdruck demotiviert (männliche) Studenten), Zeitdruck bei der Klausur minimieren, keine „erschreckenden" Aufgaben (z. B. mit Tricks), Black-Boxes vermeiden oder begründen, Bezug zur Praxis herstellen, Übungsaufgaben zu Anwendungsmöglichkeiten, mehrere Lösungswege zulassen und diskutieren, Erörterungen als Übungsaufgaben (Gefahr: Benachteiligung der Männer, andererseits Möglichkeit zur Verbesserung für Männer), Methodenvielfalt, Gruppenarbeit, POL..."
4. Gamification: Beispiel aus der Bioinformatik Prüfungsdidaktik (Amir Madany Mamlouk[9] 2018): „In der ‚Einführung in die Bioinformatik' wird seit 5 Jahren an der Prüfungsdidaktik gearbeitet, um den motivierenden Charakter dieser Frontalvorlesung besser herauszuarbeiten und um die Studierenden insgesamt mehr für dieses Thema zu begeistern, als dies für gewöhnlich für ein Pflichtmodul der Fall ist. Methodisch habe ich mich hierbei an einem Konzept aus dem Bereich der Gamification bedient, dem sog. Playful (oder auch Gameful) Learning [...]. Hierbei sammeln die Studierenden über das gesamte Semester Punkte – wie in einem Computerspiel – und erarbeiten sich so kontinuierlich ihre Abschlussnote – ohne summative Abschlussprüfung. WETTBEWERB UND DIE ‚GENDER GAP': Gamification ist allerdings

[9]dieser Teilnehmer hat mir die Teil-Veröffentlichung seiner beiden Konzepte erlaubt.

eine Methodik, die durchaus kritisch in Bezug auf Gender-Aspekte zu betrachten ist. Denn grundsätzlich steht im Zentrum vieler Spiele ein Wettkampf. Und gerade unter ‚Wettkampfbedingungen' gelingt es insbesondere weiblichen Studierenden nicht, ihr volles Leistungspotential abzurufen. Die Wettbewerbssituation wirkt auf sie eher demotivierend als motivierend [...]". Studentische Evaluation: Erweiterungsideen umsetzbar wäre z. B. ein wöchentlicher Wechsel zwischen einem inhaltlichen Thema: „Wir versuchen Brücken zu schlagen, so dass auch Programmier-Anfänger*innen unsere Aufgaben eigenständig bearbeiten können. Erreichen wir Sie mit unseren Bemühungen? Wie könnten wir die Kurs-Betreuung noch verbessern?' und einem Diversity-Thema: ‚Die meisten Professuren in der Biowissenschaft sind mit Männern besetzt, obwohl eigentlich die Frauenquote unter den Studierenden höher ist! Was sind Ihrer Meinung nach Faktoren, die zu dieser Ungleichverteilung führen? Wie könnte man dem entgegenwirken?' Ebenso sind für die nicht-fachlichen Wochen Themen aus dem Bereich der Fachethik denkbar. Es wäre auch möglich, Themen von den Studierenden vorschlagen zu lassen."

5. Vorbilder in MINT (Bioinformatik) (Amir Madany Mamlouk 2018): Amir Madany Mamlouk hat nach dem hochschuldidaktischen Gender-Diversity-Workshop die Studierenden nach ihren Vorbildern gefragt und gemeinsam mit ihnen einen interessante Broschüre entwickelt, welche die Diversität der entsprechenden Forschenden deutlich macht. Vorwort: „In all den Disziplinen zwischen Biologie, Medizin und Informatik gibt es viele berühmte Wissenschaftlerinnen und Wissenschaftler, die durch ihre Arbeit das Feld mehrfach revolutioniert haben. Da die meisten von Ihnen ein Studienfach gewählt haben, dass sich ebenfalls eng an den technologischen Biowissenschaften schmiegt, würden wir gerne von Ihnen erfahren, wer ihre Vorbilder sind: Welche Wissenschaftlerin oder Wissenschaftler hat Sie in Ihrem Leben am meisten geprägt?" Die Studierenden mussten selbständig zu den Forschenden recherchieren und für die Broschüre ihre Ergebnisse und Gründe aufarbeiten. Genannt wurden folgende Forschenden: Marie Curie (12x), Charles Darwin (7x), Rosalind Franklin (6x), Alan Turing (5x), Alexander Fleming (4x), Leonardo da Vinci (3x), Paul Ehrlich (3x), Stephen Hawking (3x), Linus Pauling (3x), Frederick Sanger (3x), Erwin Schrödinger (3x), Noam Chomsky (2x), Werner Heisenberg (2x), Ada Lovelace (2x), John von Neumann (2x), Ada Yonath (2x).

Beispiele aus der Medizin

1. Ein Gynäkologe setzt sich nach dem Workshop mit den interkulturellen Aspekten seiner Arbeit auseinander, entwickelt Ideen zur Sprache, zu kulturellen Unterschieden im Umgang mit Patientinnen, mit männlichen Angehörigen und kommt zum Schluss für seine Lehre: „Als möglicher Lösungsansatz wäre es meiner Meinung nach sinnvoll, analog zu Veranstaltungen für Pflegende auch für (angehende) Ärztinnen und besonders Ärzte solche interkulturellen Aspekte in das Aus- und Weiterbildungs-Curriculum zu integrieren, um einerseits Verständnis für den sozio-

kulturellen Hintergrund der Patientinnen zu erzeugen und andererseits im Umgang mit diesen zumindest grobe Schnitzer zu vermeiden.“ (MB1017).

2. Beispiel aus einer Lehrplanung aus Medizin (CM 2018)

„…
- Westernized world burden
- Gender differences – children vs adults?
- Impact of socio-economic factor on prevalence of allergies?

…Wenn Krankheiten in den Vorlesungen behandelt werden gibt es oft gender/ diversity-spezifische Fakten zur Prevalence/Incidence/Treatment dieser Krankheiten. Auf diese sollte in einem kurzen Fakt-Sheet eingegangen werden…. Bei der bildlichen Darstellung von Patienten/Versuchsprobanden/Ärzten/Forschenden sollte auf eine gleichmäßige Verteilung der Geschlechter geachtet werden. Mögliche Quelle: gettyimages.com – lean in collection, wo-man/men doctors, woman/men research … Research Club (-1h) – hauseigene Forschung die Teilnehmenden sollten ihre eigene Forschung vorstellen, passend zum aktuellen Unterrichtsinhalt, Praxisbezug! Vortragende: Frauen/Männer, verschiedene ethnische und kulturelle Hintergründe; verschiedene Karrierestufen etc. anschließend zusätzliche Fragerunde zum Lebenslauf, zur Vereinbarkeit von Beruf und Familie etc.“

Beispiele aus der Wirtschaft

Aspekte der Vielfalt im Unternehmen, Diversity-Management, Charta der Vielfalt, GenderIndex, diversityorientierte Führungsstile, weibliche-männliche Führungsstile, persönliche Eigenschaften und damit verbundenen Zuschreibungen, Stereotypisierungen, Diskriminierungen, Privilegierungen: Alter, Geschlecht, Herkunft, Bildung und Kompetenzen, Religionen und viele andere. Diese Aspekte führen zu unternehmerischen Handlungsfeldern, Unternehmenskultur, Nutzung von Potenzialen, der Vielfalt wie Teambildung, Kreativität oder Wissen, zu Innovationen auf Basis dieses Potenzials und zur Vermeidung von Konflikten durch frühzeitige Einbeziehung von Vielfalt in Managemententscheidungen. Systemtheoretisches Management und ethische Aspekte in der Wirtschaft sind weitere wichtige Themenbereiche, die Diversityaspekte enthalten.

Weitere Themenbereiche für Wirtschaft: (Cross)Mentoring für Frauen in Unternehmen; Diversity Management in Unternehmen; Gender-Diversitywissen in Wirtschaftswissenschaften und Sozialwissenschaften; Gender-Diversity und demografische Faktoren; Gender-Diversity und Leistungsbeurteilung in Unternehmen; Gender-Diversity und Arbeitsrecht; Gender-Diversity und Rhetorik; Kommunikation in Unternehmen; Gender-Diversity und Controlling.

Sonstige didaktische Hinweise, die im Workshop je nach Bedarf gegeben werden

Diversity-Didaktik

Didaktische und methodische Berücksichtigung der heterogenen Studierendengruppe (und der heterogenen Lehrendengruppe in der hochschuldidaktischen Fortbildung)

- unterschiedliche Persönlichkeiten
  - mit den Lehrenden und später mit den Studierenden den „Privilige Walk"[10] durchführen, damit sie ein Gefühl für die Hintergründe der anderen Kolleg*innen, der anderen Studierenden bekommen.
- unterschiedliche Lerntypen
- unterschiedliche Lernerfahrungen
- unterschiedliche Lernmöglichkeiten
  - z. B. sehbeeinträchtige Studierende: technische Hilfen ermöglichen, in der Lehrsituation Berücksichtigung von Sehsituationen: Sehbeeinträchtigte können z. B. keine Diagramme über ihre Audio-Textübersetzungsprorgamme „hören", die Diagrammdaten müssen direkt im Seminar ausgesprochen werden.

Gender-Diversity-gerechte Prüfungen

- didaktische Fragen: Gibt es gender-diversity-gerechte Prüfungen? Was muss berücksichtigt werden? Welche Aufgaben haben die Lehrenden und Prüfenden? Welche Aufgaben haben die Gleichstellungsbeauftragten? Welche Aufgaben haben die Modulbeauftragten, das Qualitätsmanagement?
- Inclusive Prüfungsorganisation: Integratives Gendering und Diversity: Gender-Diversitythemen in Modulhandbüchern und als Prüfungsthemen; Prüfungszeiten: Religiöse, familiäre Benachteiligungen; Körperliche Benachteiligungen; Prüfungsorte: Erreichbarkeit; Prüfungssituation: Technische, digitale Unterstützungen bei Bedarf; Nachteilsausgleich
- Gender-diversitygerechte Prüfungen beinhalten vielfältige Dimensionen: interkulturelle, strukturelle, inhaltliche, didaktische, methodische, individuelle.
- dazu gehören: Transparenz von Prüfungsmodalitäten, -Voraussetzungen; Gender-Diversitysensible Sprache in Prüfungsunterlagen; Individuelle Prüfungszeiten; Teilzeitstudien – Prüfungszeiten anpassen; Verlängerung von Prüfungsfristen für Studierende mit Kindern oder Betreuungsaufgaben; Individuelle Prüfungsformate; Gender-Diversity-Inhalte in Prüfungen; gender-diversitygerechte Prüfungszeiten (gleiche Zeiten für Frauen und Männer in Prüfungen); Prüfungsrelevanz der Gender-und Diversityforschungserkenntnisse in allen Fächern; Statistiken zu Prüfungserfolgen Frauen, Männer, Studierende mit vielfältigem Hintergrund – in welchen Fächern, daraus strukturelle, inhaltliche Maßnahmen ableiten,
- Methodische Vielfalt in Prüfungen: nicht nur Klausur, individuelle Leistungen, kreative Leistungen, individuelle Wettbewerbe (Leistungspunkte – Gamification der Lehre [s. o.]), Problemorientiertes Lehren und Lernen (POL), Poster, Abstract, Hausarbeiten, Lerntagebuch, Essay, Buchbeiträge, Präsentationen, Vorträge, Multimediapräsentationen u. a.

---

[10] zum Privilige Walk siehe Beitrag in diesem Buch von Jablonski und Neuhaus.

9.4 Ausblick

Die Lehrenden sind die jeweiligen Expert*innen in ihren Tätigkeitsfeldern mit ihren je eigenen und individuellen Gender-Diversity-Kompetenzen. Diese gilt es zu unterstützen, auszubauen und konstruktiv zu nutzen.

Die in der Reflexion der vorhandenen Ansätze aufgeworfenen Fragen zur Berücksichtigung der Heterogenität, Interkulturalität und der damit verbundenen Kompetenzen der Studierendenschaft wurden hier in einem kleinen Ausschnitt hochschuldidaktischer Praxis exemplarisch an den latenten Gender-Diversity-Kompetenzen von Lehrenden beschrieben. Weitere Ansätze für die Hochschuldidaktik und für Ansätze gender-diversityorientierter Lehre, welche Intersektionalitätsansätze integrieren, sind zu entwickeln. So ist gerade der Ansatz der Querschnittsforschung und der Transgender-Didaktik ein spannender und herausfordernder Ansatz. Er fordert und ermöglicht die kritische Reflexion eigener Vorurteile und Stereotype im Umgang mit transgender Personen und mit Personen mit vielfältigen intersektionalen Hintergründen. Dies erfordert nicht nur rein technische didaktische Maßnahmen [38] sondern auch eine andere Haltung in der Lehre und der Lehre gegenüber.

Literatur

1. Allemann-Ghionda, C. (2011). Orte und Worte der Diversität – Gestern und heute. In C. Allemann-Ghionda & W.-D. Bukow (Hrsg.), *Orte der Diversität. Formate, Arrangements und Inszenierungen* (S. 15–34). Wiesbaden: VS Verlag.
2. Arbeitsgemeinschaft Lehre. (2016). Diskriminierungskritische Lehre. Denkanstöße aus den Gender Studies. Zentrum für interdisziplinäre Geschlechterstudien der Humboldt Universität Berlin, S. 33–38. www.gender.hu-berlin.de/de/studium/diskriminierungskritik. Zugegriffen: 6. Aug. 2018.
3. Anti.Bias-Netz. (Hrsg.) (2016). *Vorurteilsbewusste Veränderungen mit dem Anti-Bias-Ansatz.* Freiburg i. Breisgau: Lambertus.
4. Berger, P. L., & Luckmann, T. (1972). *Die gesellschaftliche Konstruktion der Wirklichkeit. Eine Theorie der Wissenssoziologie* (3. Aufl.). Frankfurt a. M.: Fischer (Erstveröffentlichung 1970).
5. Block, M. (2012). Kompetenzorientierte Hochschullehre in den Ingenieurwissenschaften am Beispiel der theorie- und forschungsbasierten Entwicklung, der Implementierung und der Wirksamkeitsanalyse des Lehr-Lernkonzeptes „Projektmentoring". Dissertation an der Fakultät für Nachhaltigkeit der Leuphana Universität Lüneburg, Lüneburg
6. Bourdieu, P. (1988). *Homo Academicus.* Frankfurt a. M.: Suhrkamp.
7. Bourdieu, P. (2001). Kulturelles Kapital und kulturelle Praxis. In P. Bourdieu (Hrsg.), *Wie die Kultur zum Bauern kommt.* Hamburg: VSA.
8. Brinker, T. (2012). Schlüsselkompetenzen aus der Perspektive der Fachhochschulen. In R. Egger & M. Merkt (Hrsg.), *Lernwelt Universität. Entwicklung von Lehrkompetenz in der Hochschullehre* (S. 243–262). Wiesbaden: Springer VS.
9. Bundesministerium für Wissenschaft und Forschung (BMBF). BMBF Förderprogramm „Hochschulforschung als Beitrag zur Professionalisierung der Hochschullehre" im Rahmenprogramm „Empirische Bildungsforschung" 2008–2012

10. Bundesministerium für Wissenschaft und Forschung. (März 2017). Pressemitteilung: 021/2017: Qualitätspakt Lehre leitet Kulturwandel ein. Evaluationsbericht bescheinigt Qualitätspakt Lehre wichtige Erfolge/Rachel: „Die moderne Hochschullehre rückt immer mehr in den Fokus". https://www.bmbf.de/de/qualitaetspakt-lehre-leitet-kulturwandel-ein-3946.html. Zugegriffen: 6. Aug. 2018.
11. Butler, J. (1998). *Haß spricht. Zur Politik des Performativen.* Berlin: Berlin-Verlag (Original 1997: Excitable Speech. A Politics of the Performative).
12. Crenshaw, K. W. (1988). Race, reform and retrenchment: Transformation and legitimation in antidiscrimination law. *Harvard Law review, 101*(7), 1331–1387.
13. Dudeck, A., & Jansen-Schulz, B. (Hrsg.). (2011). *Hochschule entwickeln. Festgabe für Frau Prof. Dr. Christa Cremer-Renz.* Baden-Baden: Nomos.
14. Eberherr, H. (2012). Intersektionalität und Stereotypisierung: Grundlegende Theorien und Konzepte in der Organisationsforschung. In R. Bendl, E. Hanappi-Egger, & R. Hofmann (Hrsg.), *Diversität und Diversitätsmanagement* (S. 61–78). Wien: Facultas
15. Fiehn, J., Spieß, S., Ceylan, F., Harteis, C., & Schworm, S. (2012). LehreProfi – Entwicklungen und Einsatz eines Instruments zur Erfassung hochschuldidaktischer Kompetenz. In R. Egger & M. Merkt (Hrsg.), *Lernwelt Universität. Entwicklung von Lehrkompetenz in der Hochschullehre* (S. 45–62). Wiesbaden: Springer VS.
16. Field Belenky, M., McVicker Clinchy, B., Goldberger, R. N., & Mattuck Tarule, J. (1989). *Das andere Denken.* Frankfurt a. M.: Campus.
17. Freire, P. (1977). *1980²: Erziehung als Praxis der Freiheit. Beispiele zur Pädagogik der Unterdrückten.* Reinbek: Rowohlt.
18. Gaisch, M., & Aichinger, R. (2019). Gender & Diversity Konferenz. *Das Diversity Wheel der FH Oberösterreich: Wie die Umsetzung einer ganzheitlichen Diversitätskultur an der Fachhochschule gelingen kann.* http://ffhoarep.fh-ooe.at/bitstream/123456789/637/1/114_215_Gaisch_FullPaper_Final.pdf. Zugegriffen: 5. Mai. 2019.
19. Gundermann, S. (2014). *English-medium instruction: Modelling the role of the native speaker in a lingua franca context.* Doctoral dissertation, University of Freiburg, Freiburg, Germany. Zugegriffen: https://freidok.uni-freiburg.de/data/9795.
20. Heiner, M. (2012). Referenzpunkte für die Modellierung der Kompetenzentwicklung in der Lehre – Impulse für die hochschuldidaktische Weiterbildung. In R. Egger & M. Merkt (Hrsg.), *Lernwelt Universität. Entwicklung von Lehrkompetenz in der Hochschullehre* (S. 167–192). Wiesbaden: Springer VS.
21. Herriger, N. (2014). *Empowerment in der Sozialen Arbeit. Eine Einführung* (5. erweiterte und aktualisierte Aufl.). Stuttgart: Kohlhammer.
22. Hilgemann, M. (2017). *Der Übergang vom Bachelor zum Master. Bildungsentscheidungen im Schnittfeld von Gender und Fachkultur.* Opladen: Budrich.
23. Jansen-Schulz, B. (2005). Integratives Gendering als eine Gender Mainstreaming Strategie für genderorientierte Fachkulturen in Naturwissenschaft und Technik. In A. Burkhardt & K. König (Hrsg.), *Gender. Zweckbündnis statt Zwangsehe. Gender Mainstreaming und Hochschulreform* (S. 195–206). Bonn: Lemmens.
24. Jansen-Schulz, B. (2009). Integratives Gendering in technischen Studiengängen. In J. Steinbach & B. Jansen-Schulz (Hrsg.), *Gender im Experiment – Gender in Experience. Ein Best Practice Handbuch zur Integration von Genderaspekten in naturwissenschaftliche und technische Lehre* (S. 29–50). Berlin: TU Berlin.
25. Jansen-Schulz, B., & van Riesen, K. (2009). Integratives Gendering in Curricula, Hochschuldidaktik und Aktionsfelder der Leuphana Universität Lüneburg. In N. Auferkorte-Michaelis, I. Stahr, A. Schönborn, & I. Fitzek (Hrsg.), *Gender als Indikator guter Lehre. Erkenntnisse, Konzepte und Ideen für die Hochschule.* Opladen: Budrich UniPress.

26. Jansen-Schulz, B., & van Riesen, K. (Hrsg.). (2010). *Vielfalt und Geschlecht – Kategorien für Lehre und Forschung*. Opladen: Budrich UniPress.
27. Jansen-Schulz, B. (2010). Hochschul- und Fachkulturen verändern durch gender-diversity-orientierte Hochschuldidaktik. In C. Cremer-Renz & B. Jansen-Schulz (Hrsg.), *Innovative Lehre – Grundsätze, Konzepte, Beispiele der Leuphana- Universität* (S. 237–266). Bielefeld: UniversitätsVerlag Webler.
28. Jansen-Schulz, B. (2011). Genderorientierte Hochschuldidaktik der Vielfalt – Zwischen Antidiskriminierungs- und Kompetenzansatz. In A. Dudeck & B. Jansen-Schulz (Hrsg.), *Hochschule entwickeln. Festgabe für Frau Prof. Dr. Christa Cremer-Renz*. Baden-Baden: Nomos.
29. Jansen-Schulz, B., & Tantau, T. (2016). Exzellente Lehre durch lehrkompetenz-orientierte Hochschuldidaktik – Das Lübecker Modell hochschuldidaktischer Fortbildung. In B. Berendt, A. Fleischmann, B. Szczyrba, N. Schaper, & J. Wildt (Hrsg.), *Neues Handbuch Hochschullehre* (L 1.31, S. 103–136). Berlin: DUZ.
30. Jansen-Schulz, B. (2018). Principles, structures and requirements for good teaching. In B. Jansen-Schulz & T. Tantau (Hrsg.), *Principles, Structures and Requirements of Excellent Teaching* (Bd. 134). Bielefeld: Dghd (Blickpunkt Hochschuldidaktik, Bertelsmann).
31. Karakasoglu, Y. (2014). *Interkulturalität und Diversity-Management an Hochschulen: Theoretische Ansprüche und alltägliche Herausforderungen*. Humboldt Ferngespräche – Discussion Paper Nr. 3 – August 2014. www.international.hu-berlin.de/humboldt-ferngespraeche. Zugegriffen: 27. Juni 2018.
32. Klammer, U., & Ganseuer, C. (2015). *Diversity Management. Kernaufgabe der künftigen Hochschulentwicklung*. Münster: Waxmann.
33. Linde, F., & Auferkorte-Michaelis, N. (2018). Diversität im Lehr-Lern-Geschehen. In N. Auferkorte-Michaelis & F. Linde (Hrsg.), *Diversität lernen und lehren – Ein Hochschulbuch* (S. 17–30). Opladen: Budrich.
34. LeWI. (2008–2012). Lehre, Wirksamkeit und Intervention. Einstellungen von Lehrenden zur Lehre, Studienerfolg und Wirksamkeit von Interventionen zugunsten guter Lehre. Projekt im BMBF Förderprogramm „Hochschulforschung als Beitrag zur Professionalisierung der Hochschullehre" im Rahmenprogramm „Empirische Bildungsforschung". https://www.zhb.tu-dortmund.de/zhb/hd/de/archiv/projektliste-2000-2013/lewi/index.html. Zugegriffen: 6. Aug. 2018.
35. Mecheril, P., & Klingler, B. (2010). Universität als transgressive Lebensform. Anmerkungen, die gesellschaftliche Differenz- und Ungleichverhältnisse berücksichtigen. In L. Darowska, T. Lüttenberg, & C. Machold, (Hrsg.), *Hochschule als transkultureller Raum? Kultur, Bildung und Differenz in der Universität* (S. 83–116). Bielefeld: Transcript.
36. Metz-Göckel, S. (2005). Kollegialität und wissenschaftlicher Diskurs. Zur Neuorientierung der Hochschuldidaktik. In U. Welbers & O. Gaus (Hrsg.), *The Shift from Teaching to Learning. Konstruktionsbedingungen eines Ideals. Blickpunkt Hochschuldidaktik, AHD* (S. 227–235). Bielefeld: Bertelsmann.
37. Neusel, A. (2012). Von der Internationalisierung der Hochschule zur transkulturellen Wissenschaft. In C. Cremer-Renz & B. Jansen-Schulz (Hrsg.), *Von der Internationalisierung der Hochschule zur transkulturellen Wissenschaft* (S. 41–60). Nomos: Baden-Baden.
38. Reis, O. (2018). Diversität in der Hochschule ist mehr als Integration – Zur hochschuldidaktischen Bedeutung von Werten im Hochschullernen. In N. Auferkorte-Michaelis & F. Linde (Hrsg.), *Diversität lernen und lehren – Ein Hochschulbuch* (S. 313–340). Opladen: Budrich.
39. Richter, C. (2012). „Black-Box" Hochschulpersonal. Pädoyer für eine Einbindung einer kaum beachteten Zielgruppe. In U. Klein & D. Heitzmann (Hrsg.), *Hochschule und Diversity. Theoretische Zugänge und empirische Bestandsaufnahme* (S. 126–144). Weinheim: Beltz Juventa.

40. Schaeper, H. (1997). *Lehrkulturen, Lehrhabitus und die Struktur der Universität – Eine empirische Untersuchung fach- und geschlechtsspezifischer Lehrkulturen*. Weinheim: Beltz.
41. Scholkmann, A., Brendel, S., Brinker, T., & Kordts-Freudinger, R. (Hrsg.). (2018). *Zwischen Qualifizierung und Weiterbildung. Reflexionen zur gekonnten Beruflichkeit in der Hochschuldidaktik. Blickpunkt Hochschuldidaktik Nr. 134*. Bielefeld: WBV Verlag.
42. Schlüter, A. (2010). Didaktische Kompetenz und Intersektionalität. In N. Auferkorte-Michaelis, A. Ladwig, & I. Stahr (Hrsg.), *Hochschuldidaktik für die Lehrpraxis. Interaktion und Innovation für Studium und Lehre an der Hochschule* (S. 157–168). Opladen: Budrich.
43. Siebert, H. (2008). *Konstruktivistisch lehren und lernen*. Augsburg: Ziel Verlag.
44. Spelsberg-Papazoglou, K. (2017). Diversität in Studium und Lehre. In B. Szczyrba, T. van Treeck, B. Wildt, & J. Wildt (Hrsg.), *Coaching (in) Diversity an Hochschulen. Hintergründe – Ziele – Anlässe – Verfahren* (S. 29–46). Wiesbaden: Springer.
45. Szczyrba, B., & van Treeck T. (2017). Coaching und Diversity in Studium und Lehre – Alter Hut oder neue Herausforderung? In B. Szczyrba, T. van Treeck, B. Wildt, & J. Wildt (Hrsg.), *Coaching (in) Diversity an Hochschulen. Hintergründe – Ziele – Anlässe – Verfahren* (S. 47–74). Wiesbaden: Springer.
46. Ternes, D. (2010). *Qualitätsmerkmal ‚Gender' bei der Akkreditierung und Reakkreditierung von Studiengängen. Exploration an den Fachhochschulen in Rheinland-Pfalz*. Hamburg: Kovac.
47. Trisch, O. (2013). *Der Anti-Bias-Ansatz. Beiträge zur theoretischen Fundierung und Professionalisierung der Praxis*. Stuttgart: Ibidem.
48. Trautwein, C., & Merkt, M. (2012). Zur Lehre befähigt? Akademische Lehrkompetenz darstellen und einschätzen. In R. Egger & M. Merkt (Hrsg.), *Lernwelt Universität. Entwicklung von Lehrkompetenz in der Hochschullehre* (S. 83–100). Wiesbaden: Springer VS.
49. Walgenbach, K., Dietze, G., Hornscheidt, A., & Palm, K. (2007). *Gender als interdependente Kategorie. Neue Perspektiven auf Intersektionalität, Diversität und Heterogenität*. Opladen: Budrich.
50. Welsch, W. (2010). Was ist eigentlich Transkulturalität? In L. Darowska, T. Lüttenberg, & C. Machold (Hrsg.), *Hochschule als transkultureller Raum? Kultur, Bildung und Differenz in der Universität* (S. 39–66). Bielefeld: Transcript.
51. Winker, G., & Degele, N. (2009). *Intersektionalität. Zur Analyse sozialer Ungleichheiten*. Bielefeld: Transcript.
52. Wissenschaftsrat. (2008). Empfehlungen zur Qualitätsverbesserung in Lehre und Studium, Berlin, Juli 2008, DRS 8639-08.
53. Wissenschaftsrat. (2017). Strategien für die Hochschullehre. Positionspapier. (Drs. 6190-17). Halle.

Weiterführende Literatur

54. Becker-Schmidt, R. (2007). „class", „gender", „ethnicity", „race": Logiken der Differenzsetzung, Verschränkungen von Ungleichheitslagen und gesellschaftliche Strukturierung. In G.-A. Knapp, A. Wetterer (Hrsg.), *Achsen der Differenz. Gesellschaftstheorie und feministische Kritik 2* (S. 56–83). Münster: Westfälisches Dampfboot.
55. Bundesministerium für Wissenschaft und Forschung (BMBF) Qualitätspakt (2012–2020). https://www.bmbf.de/de/qualitaetspakt-lehre-524.html. Zugegriffen: 16. Aug. 2019.
56. Cremer-Renz, C., & Jansen-Schulz, B. (Hrsg.). (2012). *Von der Internationalisierung der Hochschule zur transkulturellen Wissenschaft*. Wissenschaftliche Konferenz 2010 an der Leuphana Universität Lüneburg. Nomos, Baden-Baden.

57. Erpenbeck, J., & Rosenstiel, L. v. (Hrsg.). (2003). *Handbuch Kompetenzmessung. Erkennen, verstehen, und bewerten von Kompetenzen in der betrieblichen, pädagogischen und psychologischen Praxis*. Stuttgart: Schäffer-Poeschel.
58. Jansen-Schulz, B. (1994). *Das andere Lernen. Frauen in (ländlichen) Elterninitiativen*. Bielefeld: Kleine.
59. Jansen-Schulz, B. (2012). Transkulturalität mit Gender und Diversity!? In C. Cremer-Renz & B. Jansen-Schulz (Hrsg.), *Von der Internationalisierung der Hochschule zur transkulturellen Wissenschaft* (S. 143–168). Nomos: Baden-Baden.
60. Krell, G. (2009). Gender und Diversity: Eine ‚Vernunftehe' – Plädoyer für vielfältige Verbindungen. In S. Andresen, M. Koreuber, & D. Lüdke (Hrsg.), *Gender und Diversity: Albtraum oder Traumpaar? Interdisziplinärer Dialog zur „Modernisierung" von Geschlechter- und Gleichstellungspolitik* (S. 133–154). Wiesbaden: VS Verlag.
61. Krell, G., Riedmüller, Barbara, Sieben, B., & Vinz, Dagmar. (2007). *Diversity Studies, Grundlagen und disziplinäre Ansätze*. Frankfurt a. M.: Campus.
62. Mader, W., & Weymann, A. (2014). *Zielgruppenorientierung als relationales Planungsprinzip. Perspektiven auf Erwachsenenbildung im Strukturwandel*. Working Paper. https://www.erziehungswissenschaften.hu-berlin.de/de/ebwb/team-alt/schaeffter/downloads/working-paper-zielgruppenorientierung-als-relationales-planungsprinzip_final.pdf. Zugegriffen: 5. Aug. 2018.
63. Metz-Göckel, S., Kamphans, M., Ernst, C., & Funger, A. (2010). Mythos guter Lehre, individuelles Coaching und die Wirksamkeit genderintegrativer Lehrinterventionen. In N. Auferkorte-Michaelis, A. Ladwig, & I. Stahr (Hrsg.), *Hochschuldidaktik für die Lehrpraxis. Interaktionen und Innovationen für Studium und Lehre an der Hochschule* (S. 13–29). Opladen: Budrich UniPress.
64. Pache, I. (2016). Institutionelle Logiken und dissidente Teilhabe. In *AG Lehre: Diskriminierungskritische Lehre. Denkanstöße aus den Gender Studies* (S. 33–38). Berlin: Zentrum für interdisziplinäre Geschlechterstudien der Humboldt Universität. www.gender.hu-berlin.de/de/studium/diskriminierungskritik. Zugegriffen: 30. Juli 2018.
65. Steinbach, J., & Jansen-Schulz, B. (Hrsg.). (2009). *Gender im Experiment – Gender in Experience. Ein Best Practice Handbuch zur Integration von Genderaspekten in naturwissenschaftliche und technische Lehre*. Berlin: TU Berlin Verlag.
66. Webler, W. D. (2003). Lehrkompetenz – über eine komplexe Kombination aus Wissen, Ethik, Handlungsfähigkeit und Praxisentwicklung. In U. Welbers (Hrsg.), *Hochschuldidaktische Aus- und Weiterbildung. Grundlagen, Handlungsformen, Kooperationen* (S. 53–82). Bielefeld: Bertelsmann.
67. Webler, W.-D. (2011). Strategien zum Auf- und Ausbau von Lehrkompetenz als Teil der Personalentwicklung. In A. Dudeck & B. Jansen-Schulz (Hrsg.), *Hochschule entwickeln. Festgabe für Frau Prof. Dr. Christa Cremer-Renz* (S. 201–230). Baden-Baden: Nomos.
68. Wildt, J., Encke, B., & Blümcke, K. (Hrsg.). (2003). *Professionalisierung der Hochschuldidaktik ein Beitrag zur Personalentwicklung an Hochschulen/AHD, Arbeitsgemeinschaft für Hochschuldidaktik*. Bielefeld: Bertelsmann.
69. Wildt, J. (2006). Vom Lehren zum Lernen. Zum Wandel der Lernkultur in modularisierten Studienstrukturen. In B. Behrendt, A. Fleischmann, N. Schaper, B. Szczyrba, & J. Widldt (Hrsg.), *Neues Handbuch Hochschullehre* (A 1.3., S. 1–14). Berlin: DUZ Verlags- und Medienhaus GmbH.
70. Zimmermann, K., Kamphans, M., & Metz-Göckel, S. (Hrsg.). (2008). *Perspektiven der Hochschulforschung*. Wiesbaden: VS Verlag.

Dr. Bettina Jansen-Schulz (1950) ist Erziehungs- und Sozialwissenschaftlerin und ist freiberuflich für diverse Hochschulen tätig. An der TH Lübeck ist sie z. Zt. Lehrbeauftragte. Ihre fachlichen Schwerpunkte sind: Hochschuldidaktik, Erwachsenenbildung, Gender-Diversity: dazu arbeitete sie seit über 30 Jahren an verschiedenen Hochschulen. Mit den hochschuldidaktischen Themen zu Gender-Diversity ist sie auch bundesweit und weltweit international in vielen Hochschulen engagiert.

Sie war von 2011–2018 Geschäftsleiterin des Dozierenden-Service-Centers der Universität zu Lübeck. Sowohl in Lübeck als auch davor von 2005–2011 an der Leuphana Universität Lüneburg baute sie die Hochschuldidaktik und die Interne Weiterbildung auf. In Lüneburg war sie auch für die Integration von Gender-Diversityaspekten in die Lehre verantwortlich. Zum gleichen Thema arbeitete sie davor auch an der Universität Hamburg und an diversen anderen Hochschulen.

Universitäten und Hochschulen – robuste Resistenz gegen Diversität

10

Mechthild Bereswill und Gudrun Ehlert

Zusammenfassung

An Hochschulen und Universitäten in Deutschland ist insbesondere in den höheren wissenschaftlichen und Leitungspositionen ein Defizit im Hinblick auf die Diversität des Personals zu verzeichnen. Diese Konstellation wird im vorliegenden Beitrag mit dem Fokus auf Geschlechterungleichheiten im Wissenschaftssystem zunächst beschrieben und anschließend aus einer soziologischen Forschungsperspektive analysiert. Die Bedeutung von impliziten Vorurteilen für diese Ungleichheitsverhältnisse wird im Kontext von wissenschaftsspezifischen Tradierungen und organisationalen Struktureigentümlichkeiten reflektiert. Wie solchen Benachteiligungen und dem damit verbundenen Unconscious Bias begegnet werden kann, wird im Anschluss an die theoretischen Überlegungen diskutiert.

10.1 Einleitung

Die Besetzung von Professuren an Hochschulen und Universitäten erfolgt im Rahmen von regelgeleiteten Berufungsverfahren. In diesen Verfahren müssen die formalen Qualifikationskriterien, die inhaltlichen Schwerpunkte einer Ausschreibung sowie die Kriterien für wissenschaftliche Leistungen berücksichtigt werden. Neben diesen meritokratischen Prämissen sollten Berufungskommissionen in Zusammenarbeit mit Gleichstellungsbeauftragten und

M. Bereswill (✉)
Universität Kassel, Kassel, Deutschland
E-Mail: Bereswill@uni-kassel.de

G. Ehlert
Fakultät Soziale Arbeit, Hochschule Mittweida, Mittweida, Deutschland
E-Mail: ehlert@hs-mittweida.de

M. E. Domsch et al. (Hrsg.), *Vorurteile im Arbeitsleben*,
https://doi.org/10.1007/978-3-662-59232-8_10

Interessensvertretungen für Menschen, die einen Schwerbehindertenstatus haben, darauf achten, dass es nicht zu Benachteiligungen bestimmter Personengruppen im Auswahl- und Entscheidungsverfahren kommt und dass sich deren Anteil an Professuren sich langfristig erhöht. Zudem müsste eine an sozialer Diversität orientierte Praxis der Personalentwicklung an Universitäten und Hochschulen sich langfristig an den in der Antidiskriminierungsgesetzgebung fest gelegten Dimensionen orientieren: Geschlecht, kulturelle Herkunft, sexuelle Orientierung, Behinderung, Alter und Religion [2, 17].

Der Auftrag, bei der Auswahl von Professor*innen auch Gleichstellungsziele zu berücksichtigen, ist in allen Phasen eines solchen Prozesses relevant. Das bedeutet konkret, dass eine Frau, die genauso qualifiziert ist, wie ein männlicher Mitbewerber, diesem vorgezogen werden muss. Das Gleiche gilt auch für Menschen mit einer Schwerbehinderung oder einer chronischen Krankheit. Im Zuge der Auseinandersetzung mit Rassismus und Migration sowie im Kontext der Forderung nach mehr Diversität an Hochschulen und Universitäten, wie auch in Relation zur Heterogenität der Studierenden stellt sich zudem die Frage, wie der Anteil von schwarzen Wissenschaftler*innen und von Menschen mit Migrationsbiografien auf der Ebene von Professuren erhöht werden kann. Antworten auf diese Frage sind komplex, denn sie verweisen immer sowohl auf die strukturell bedingte Persistenz von sozialer Ungleichheit und auf verfestigte Handlungsroutinen in sozialen Organisationen als auch auf die Wirkung von Vorurteilen in der alltäglichen Interaktion bei der Auswahl des wissenschaftlichen Personals. Gesellschaftliche Institutionalisierungsprozesse, organisationale Tradierungen und subjektive Wahrnehmungsmuster greifen dabei im jeweiligen Kontext auf spezifische Weise ineinander, beispielsweise, wenn die Förderung von Forschung an Gleichstellungskonzeptionen und Gleichstellungserfolge geknüpft wird und dies auf Fächerkulturen trifft, in denen Frauen auf allen Ebenen des wissenschaftlichen Nachwuchses gravierend unterrepräsentiert sind.

Wir wenden uns im Folgenden diesem komplexen Zusammenspiel von struktureller Ungleichheit, organisationaler Praxis und subjektiven Vorurteilen zu. Auf der Wahrnehmungsebene zeigen sich stereotype Fehlurteile häufig als Resultat eines Unconscious Bias. Das bedeutet, vermeintlich sachliche und im Wissenschaftssystem häufig mit fachlicher Objektivität begründete Entscheidungen basieren tatsächlich auch auf subtilen Bewertungen gegenüber einer Person oder einer Gruppe von Personen. Der Begriff „unconscious" verweist in diesem Zusammenhang auf präreflexive, implizite und tief in die Selbst- und Fremdwahrnehmung von Menschen eingelassene Wahrnehmungs- und Bewertungsmuster, deren individuelle Ausprägungen mit gesellschaftlichen Wissensbeständen und kollektiv geteilten Stereotypien korrespondieren. Um dies für Hochschulen und Universitäten zu reflektieren, fokussieren wir in diesem Beitrag die Dimension Geschlecht. Wir zeigen an dieser Konstellation, wie der universale und rationale Anspruch des Wissenschaftssystems, seine Personalauswahl rein meritokratisch auf der Basis von messbaren Leistungen, die zum Verdienst einer Position führen, unterlaufen wird. Dabei wird deutlich, dass dem meritokratischen Prinzip immanente Ungleichheitsrelationen und verzerrte Wahrnehmungsmuster den Neutralitäts- und Gerechtigkeitsanspruch der Wissenschaftssystems konterkarieren [10].

Den Fokus Geschlecht wählen wir, weil die Geschlechterforschung sehr grundlegende Beiträge zur Aufdeckung der Wirkung von Differenz und Hierarchie auch im Kontext des Wissenschaftssystems geleistet hat. Dies ermöglicht eine differenzierte Auseinandersetzung mit spezifischen Ungleichheitsrelationen und Vorurteilen, deren symbolische Bedeutung von Beginn an in das Wissenschaftssystem der modernen Gesellschaft eingeschrieben ist. Erkenntnisse über die Wirkmacht von Ungleichheiten im Geschlechterverhältnis, die sich als soziale Ungleichheiten zwischen Frauen und Männern manifestieren, können allerdings nicht nahtlos auf andere Konstellationen der sozialen Ungleichheit im Wissenschaftssystem übertragen werden. Das bedeutet, rassistische Vorurteile, Vorurteile gegenüber Menschen mit einer Beeinträchtigung, Vorurteile aufgrund des Alters, aufgrund von sexueller Orientierung, sexueller Identität oder aufgrund anderer Differenzzuschreibungen müssen ebenso gründlich analysiert und in ihrer Spezifik theoretisch reflektiert werden. Wenn wir im Folgenden Ungleichheiten zwischen Frauen und Männern im sozialen Feld der Wissenschaft fokussieren, erklären wir Geschlecht deshalb nicht zu einer Master-Kategorie. Vielmehr setzen wir unter Bezug auf Debatten über Intersektionalität voraus, dass Geschlecht als eine relationale Kategorie mit anderen Kategorien der sozialen Unterscheidung zusammenwirkt [9]. Verflechtungen von Alter und Geschlecht oder von Krankheit und Geschlecht führen zu spezifischen Ausschlussmechanismen im Wissenschaftssystem, deren Analyse es erfordert, Geschlecht nicht als eine dominante Achse der Differenz zu setzen [1, 9, 16].

Zunächst skizzieren wir die Ausgangssituation an Universitäten und Hochschulen und beschränken uns dabei auf Deutschland (1). Anschließend reflektieren wir die historischen Dimensionen des Zusammenhangs von Wissenschaft und Geschlechterdifferenz als immer noch hörbares Echo in verschiedenen Fächerkulturen und diskutieren ausgewählte Befunde der Geschlechterforschung und deren Erklärungspotenzial für die Wirkung von unbewussten oder latenten Vorurteilen (2). Im Ausblick fragen wir nach den praktischen Konsequenzen für eine Veränderung, nicht nur von Geschlechterungleichheiten im Wissenschaftssystem (3).

10.2 Ausgangssituation

Gleichwohl es die erwähnten Wächterämter und einen dezidierten gleichstellungspolitischen Auftrag für das Wissenschaftssystem, beispielsweise auch in den Richtlinien der Deutschen Forschungsgemeinschaft (DFG) gibt, ist die Realität an Hochschulen und Universitäten ernüchternd. Das dokumentiert auch das im Januar 2018 von der League of European Research Universities (LERU) veröffentlichte „Advice Paper" zum Schwerpunkt „Implicit bias in academia: A challenge to the meritocratic principle and to women's carreers – And what to do about it" [10]. Im Überblick über aktuelle Studien zur Personalrekrutierung von Hochschullehrer*innen in verschiedenen europäischen Ländern wird zusammenfassend festgestellt, dass zahlreiche Mechanismen im Auswahlprozess zu einer Benachteiligung führen. „Those mechanisms include academic networks that are predominantly male and the way in which scientific excellence is defined.“ [10] Für die Unterrepräsentanz von Frauen in leitenden wissenschaftlichen Positionen maßgeblich ist, anhand welcher Kriterien das Leistungsvermögen von Bewerber*innen beurteilt wird: „the less transparent the definition is, the more likely men are chosen over women“ [10, 17]. Dieser Befund verdeutlicht, dass Vorurteile ihre Wirkung häufig verdeckt entfalten. Das bedeutet, dass einer Frau eine Position nicht aufgrund ihres Geschlechtes verwehrt wird, sondern aufgrund von Leistungszuschreibungen, die mit einem verdeckt bleibenden gender bias verbunden sind und implizite Männlichkeitskonstruktionen stützen.

An bundesdeutschen Universitäten sind Professuren, besonders die höherdotieren C4/W3-Positionen, auch gegenwärtig noch mehrheitlich von Männern besetzt. Auch wenn der Frauenanteil an C4/W3-Professuren in den vergangenen zwanzig Jahren kontinuierlich auf derzeit 18,4 % im bundesweiten Durchschnitt gestiegen ist, liegt er deutlich unter dem Anteil von Frauen an der Gesamtzahl von Habilitationen, der aktuell 28,4 % beträgt [12]. Diese Schräglage zeigt sich im folgenden Überblick über die Entwicklungen zwischen 2012 und 2016 (Tab. 10.1).

Die Geschlechterverteilung in den einzelnen Disziplinen ist dabei sehr unterschiedlich. Das zeigt sich exemplarisch an den Promotionen. So betrug der Anteil an promovierenden Frauen im Wintersemester 2014/2015 beispielsweise in den Sprach- und Kulturwissenschaften 61 %, in den Ingenieurwissenschaften hingegen nur 21 % [7].

Der übergreifende Befund lautet also: Auch wenn der Anteil von Frauen auf allen Karrierestufen des Wissenschaftssystems kontinuierlich zugenommen hat, sinkt dieser mit jeder Stufe auf der Karriereleiter nach Aufnahme eines Studiums. Insbesondere bei den Professuren ist nur ein sehr begrenzter und langsamer Zuwachs zu verzeichnen. Generell gilt im Hochschulbereich: Je niedriger die Besoldungsgruppe ist, desto höher der Anteil und je höher die Besoldungsgruppe, desto niedriger der Anteil von Frauen. „Frauen verlassen also nach wie vor überproportional häufig nach Beendigung des Studiums oder nach erfolgreicher Promotion den wissenschaftlichen Karriereweg“ [11]. Dies gilt auch im internationalen Vergleich [10] und differenziert sich für die bundesdeutsche Situation noch einmal weiter im Hinblick auf die Fächerwahl von Studierenden. So werden

Tab. 10.1 Frauenanteile (in %) an deutschen Hochschulen nach akademischer Laufbahn

	2012	2013	2014	2015	2016
Studienanfänger*innen	49,5	49,8	50,1	50,2	50,5
Absolvent*innen	50,7	50,8	50,5	50,2	50,6
Promotionen	45,4	44,2	45,5	44,7	45,2
Habilitationen	27,0	27,4	27,8	28,4	30,4
Hochschulpersonal insgesamt	51,9	52,1	52,0	52,4	52,6
Hauptberufliche Professuren	20,4	21,3	22,0	22,7	23,4
Bevölkerung insgesamt	50,9	50,8	50,7	50,9	50,7

Quelle: Veränderte und ergänzte eigene Darstellung nach Destatis, Statistisches Bundesamt (2018)

Fächer wie Maschinenbau und Informatik immer noch mehrheitlich von jungen Männern studiert. Im Kontrast dazu sind Fächer wie Grundschullehramt und Soziale Arbeit von Studentinnen dominiert. Diese verblüffend einseitige Wahl von Studienfächern lenkt den Blick auf die wechselseitige Codierung von fächerspezifischen Leitbildern – was gilt als ‚technisch', was als ‚sozial' – mit Zuschreibungen von Geschlechterdifferenz – was gilt als ‚männlich', was als ‚weiblich'. Genauer noch zeigt dieses Beispiel, dass wissenschaftliche Fächerkulturen und gesellschaftliche Geschlechterordnungen so ineinandergreifen, dass Passgenauigkeit hergestellt wird. Anders gesagt, stören Frauen, die eine Professur für Maschinenbau anstreben, nicht nur die Ordnungsvorstellungen und Leitbilder des Faches, sie irritieren zugleich auch die gesellschaftliche Geschlechterordnung und müssen mit entsprechenden Reaktionen und Vorurteilen rechnen.

10.3 Wissenschaft und Geschlecht

Wissenschaft wird gemeinhin als eine objektive Praxis verstanden, die einen neutralen Umgang mit sozialen Unterschieden zwischen Menschen pflegt. Tatsächlich sind die modernen Wissenschaften alles andere als neutral. Dies zeigt ein Blick in die Geschichte der Ausdifferenzierung von Fächern und Fachkulturen. Welche Bedeutung Geschlecht, genauer gesagt gesellschaftliche Konstruktionen von Weiblichkeit und Männlichkeit für diesen Prozess bis heute haben, arbeitet Bettina Heintz [7] in der gemeinsam mit Martina Merz und Christina Schumacher durchgeführten Studie „Wissenschaft, die Grenzen schafft" [6] heraus. Sie zeigen, dass sich in der Herausbildung der modernen Wissenschaft zwei kulturelle Modelle idealer Wissenschaftlichkeit entwickelt haben, die beide Frauen ausschlossen. Diese Modelle beziehen sich sowohl auf die Entwicklung der Natur- als auch der Geisteswissenschaften.

> „Auf der einen Seite stand das Bild des hyperrationalen, kontrollierten und körperlosen Wissenschaftlers, in dessen Person das Ideal »mechanischer Objektivität« seine perfekte Entsprechung fand. Auf der anderen Seite lag die Vorstellung des heroischen Wissenschaftlers, der nicht bloß die Welt des Geistes erobert, sondern unter Einsatz seines Körpers und unter Umständen auch seines Lebens in noch unbekannte Regionen der wirklichen Welt vordringt. Beide Modelle bedienten sich aus dem Fundus der Männlichkeitsstereotype dieser Zeit und formulierten Vorstellungen von Wissenschaftlichkeit, zu denen Frauen kulturell keinen Zugang hatten. Insofern hat sich die Verschränkung von Wissenschaft und Männlichkeit, die in der modernen Wissenschaft von Beginn an angelegt war, im Verlaufe des 19. Jahrhundert weiter verdichtet und am Ende dazu geführt, dass Wissenschaft nicht nur von ihrem Personal her, sondern auch symbolisch zu einer ausschließlich männlichen Welt wurde" [7].

Ähnliche Befunde formulieren auch Wissenschaftlerinnen, die sich mit dem Verhältnis von Technik und Geschlecht auseinandersetzen [13–15].

Die beschriebenen Geschlechter differenzierenden Arbeitsteilungen und Symbolisierungen der männlichen Exklusivität von Wissenschaft geraten vor gut hundert Jahren ins

Wanken, als Frauen formal den Zugang zur Universität sowie zu akademischen Berufen erlangen und damit die Bühne der Wissenschaft betreten [6]. Die damit verbundenen Kämpfe um den Zugang zu einem Feld, das nur den Männern vorbehalten schien, verdeutlichen ebenfalls, wie eng die Entwicklung der modernen Wissenschaften bis heute mit der Arbeitsteilung der Geschlechter in den bürgerlichen Wissenschaften und in der gesamten modernen Gesellschaft korrespondiert. Das zeigen die Untersuchungen von Sandra Beaufays und Beate Krais [3]. Die Soziologinnen untersuchen das Wissenschaftssystem unter Bezug auf Pierre Bourdieus [4, 5] herrschaftssoziologischen Ansatz als ein soziales Feld mit eigenen Logiken. Um in diesem sozialen Feld mitspielen zu können und zu dürfen, sollten Menschen über einen spezifischen Habitus verfügen, der sie als wissenschaftlich reputierliche Personen erkennbar werden lässt. Solche Habitualisierungen sind mit der Aneignung und der Inkorporierung von feldspezifischem Wissen und damit verbundenen Ausdrucks- und Interaktionsformen verbunden, die die Selbst- und Fremdwahrnehmung von Menschen leiten, ohne explizit werden zu müssen. Sandra Beaufays und Beate Krais untersuchen diese Mechanismen an der Schnittstelle von Wissenschafts- und Geschlechterforschung für Prozesse wissenschaftlicher Karrieren in verschiedenen Disziplinen. Damit rücken sie Interaktionsmuster und Kommunikationsformen zwischen den Akteur*innen, informelle Hierarchien und Standards sowie das jeweilige implizite wie explizite Verständnis von Wissenschaft im jeweiligen disziplinären Kontext in den Mittelpunkt. Es handelt sich um einen sozial hochselektiven Prozess, in dessen Verlauf aus Studierenden anerkannte Wissenschaftler*innen werden. Welche Bedeutung Geschlecht für solche Prozesse hat wird deutlich, wenn die Verschränkungen von doing science und doing gender untersucht werden. Dies konkretisieren die Ergebnisse, die Beaufays und Krais aus zwei Forschungsprojekten vorlegen, wobei es sich um ethnografische Fallstudien und qualitative Interviews sowohl in außeruniversitären Forschungsinstituten als auch in universitären Instituten handelt. Im Rahmen der Forschung an vier Universitäten wurden u. a. qualitative Interviews mit Wissenschaftler*innen aller Statusgruppen in den Fächern Biochemie und Geschichte geführt.

Ein zentraler Befund der Studien lautet, dass die Vorstellung von „Wissenschaft als Lebensform" und eine „verkörperte Arbeitshaltung", die den vollen Einsatz der Person verlangt, ein Kernelement des wissenschaftlichen Selbstverständnisses in allen Disziplinen ausmacht. Für Nachwuchswissenschaftler*innen heißt das, einen entsprechenden Habitus auszubilden, und dabei auch die konkreten Bedingungen von Forschung, wie soziale, zeitliche und räumliche Strukturen zu inkorporieren. So gilt es beispielsweise für Historiker*innen, sich nicht nur in den korrekten Bedingungen der wissenschaftlichen Arbeit mit Quellen auszuweisen, „es zählt auch, sich den widrigen Bedingungen der Archivrecherche ausgesetzt zu haben" [3]. Für die Biochemiker*innen ist entsprechend der Aufenthalt im Labor zentral. Für den Weg zur Professur sei es also von großer Bedeutung, sich den symbolischen Praktiken des jeweiligen wissenschaftlichen Feldes zu unterwerfen, wenn Wissenschaftler*innen dazugehören wollen.

Die wissenschaftliche Leistung wird von den Interviewpartner*innen in der Untersuchung von Beaufays und Krais explizit zum Kriterium für die Rekrutierung von

Personal. Dabei verdeutlichen die Forscherinnen, dass die Vorstellung einer objektiv messbaren Leistung nicht nur irreführend ist. Vielmehr blendet ein solches Ideal die subtilen Bewertungsmechanismen aus, die mit der erwarteten Darstellung von Leistung verbunden sind:

> „Leistung ist jedoch zunächst selbst zu messen, bedarf eines Instrumentes, mit dem ihre Bedeutung, ihre Tragweite für die Wissenschaft erkannt werden kann. Was eine wissenschaftliche Leistung ist, entscheidet kein automatisches Wahlprogramm, sondern dies entscheiden letztlich die Wissenschaftler selbst durch peer-review. Die Instrumente, die wissenschaftliche Leistungen messen, werden durch die Akteure verkörpert. Wahrnehmbar ist dabei nicht Leistung als solche — wie sollte das aussehen — sondern immer nur die Darstellung von Leistung, in welcher Form auch immer" [3].

In den Interviews mit den Hochschulehrer*innen finden sich neben Aussagen zu fachspezifischen Kompetenzen vor allem Beschreibungen eines Persönlichkeitsprofils, das sich in allen Fächern ähnelt: hohe Frustrationstoleranz, Ausdauer, Disziplin, Einsatzbereitschaft und Belastbarkeit erscheinen als Merkmale eines Bildes von Wissenschaftler*innen, bei dem Geschlecht auf den ersten Blick keine Rolle zu spielen scheint. Gleichzeitig werden dann in den Interviews jedoch unterschiedliche Aussagen zu Frauen und Männern vorgenommen. „So können Frauen mit Kindern angeblich keine wirklich kreative Wissenschaft betreiben, weil ihnen dazu die nötige Zeit fehle; Durchhaltevermögen wird als männliche Potenz beschrieben, die bereits bei der Stellensuche sichtbar wird; und was die Leidenschaft und Leidensbereitschaft für den Beruf angeht, wird Frauen diese eher abgesprochen, weil man immer andere Prioritäten in ihrem Leben vermutet" [3]. Frauen gegenüber zeigt sich ein Bias, durch den zum Teil infrage gestellt wird, ob diese den Ansprüchen einer wissenschaftlichen Karriere gerecht werden können. Beaufays und Krais machen deutlich, dass Leistungen durch Akteur*innen verkörpert und gleichzeitig durch Personen zugeschrieben werden. In diesem kompetitiven Wechselspiel muss es gelingen, als Akteur*in wahrgenommen zu werden. Hier werden sehr unterschiedliche Erfahrungen berichtet, beispielsweise dass Frauen erleben, dass ihre Leistungen nicht beachtet oder angezweifelt werden. Interaktionen spielen sich nicht nur zwischen unmittelbar Beteiligten ab, es gibt immer auch Zuschauer*innen und Beobachter*innen des Geschehens. Subtile und offene Akte der Missachtung mit denen Wissenschaftlerinnen im Arbeitsalltag konfrontiert sind, rekurrieren auf Geschlecht. In den Interviews mit den männlichen Wissenschaftlern ist an keiner Stelle von ähnlichen, auf Geschlecht bezogenen Erfahrungen die Rede. Damit können Prozesse der Entmutigung in Gang gesetzt werden, die dazu führen, dass Frauen sich aus Forschung und Wissenschaft verabschieden.

Die Bewertung und Zuschreibung von wissenschaftlichen Leistungen geht also erkennbar mit Konstruktionen von Weiblichkeit und Männlichkeit einher, wobei Weiblichkeit und Wissenschaft tendenziell als inkompatibel konstruiert werden. Die Wahrnehmung von Leistungen ist abhängig von denen, die sie beurteilen und deren Wahrnehmung der Akteur*innen, die die Leistung erbringen. Leistungsurteile existieren also nicht unabhängig von Personen und Geschlecht. Beaufays und Krais betonen, dass Weiblichkeit nicht immer pauschal mit Abwertungen verbunden wird und weisen darauf hin, dass der jeweils „spezifische Habitus" der Akteur*innen entscheidend für die Wahrnehmung und Bewertung von Leistung ist.

Die Haltung und Verkörperung von Wissenschaft als Lebensform und das strategische Agieren in der scientific community bestimmen die „spezifische illusio" wissenschaftlicher Mentor*innen. Die illusio, der Glaube an das soziale Feld, leitet das soziale Handeln der Akteur*innen, hilft sich zurecht zu finden und von den anderen Akteur*innen als zugehörig wahrgenommen zu werden. Nach Beaufays und Krais liegen in diesem Glauben „die Ausschlussmechanismen begründet, die dazu führen, dass Frauen seltener zu Mitspielerinnen im wissenschaftlichen Feld werden" (S. 84). Illusio wird hergeleitet aus dem lateinischen ludus, dem Spiel und ist der Einsatz der Akteur*innen, die Investition in das „Spiel" eines sozialen Feldes, verbunden mit dem Glauben, dass der Einsatz sich lohnt [3]. Aus der Perspektive von Bourdieu [4] folgen solche „ernsten Spiele des Wettbewerbs" allerdings keiner rational choice Logik. Vielmehr handelt es sich um tradierte, verinnerlichte Spielregeln, die durch die Mitglieder in einem Feld verkörpert werden und die die Reproduktion der Machtbeziehungen in diesem Feld sichern sollen.

Vor diesem Hintergrund untersuchen Beaufays und Krais die Beziehungen zwischen den interviewten Hochschullehrer*innen und Nachwuchswissenschaftler*innen. Entscheidend für die Förderung und Anerkennung wissenschaftlicher Leistungen sei, dass sie von den jeweiligen Mentor*innen auch als solche erkannt werden. Voraussetzung dafür sei eine

> „gewisse Gleichgestimmtheit im Selbstverständnis als Wissenschaftler. Diese Konvergenz ist weder an den Qualitätsstandards der scientific community noch an allgemeinen oder fachspezifischen Vorstellungen davon festzumachen, welche Eigenschaften einen guten Wissenschaftler ausmachen. Gerade darin jedoch liegt die Grundlage dafür, dass Professoren – dies gilt für Professorinnen in gleicher Weise — Leistungen als solche überhaupt bei bestimmten Personen wahrnehmen können und Leistungsfähigkeit als solche interpretieren." [3].

Diese „Habitus-Matrix" leitet auch die Wahrnehmung von Störvariablen in der Konstruktion von Leistungsfähigkeit, zu denen Weiblichkeit als Störvariable im wissenschaftlichen Feld offensichtlich immer wieder zählt.

An einem Beispiel verdeutlichen Beaufays und Krais die Mentoring-Konstellationen. Affinitäten auf der Ebene des Habitus lassen sich nicht allein auf Geschlecht zurückführen. Wenn sich die Förderungsbeziehungen sowie die Anerkennungs- und Zuschreibungsprozesse jedoch nur unter Männern abspielen, wird sich an einem „fachspezifisch geprägten traditionellen Wissenschaftlerbild" [3] orientiert, das männerbündisch geprägt ist: Die Akteure erkennen und verstehen sich. Dabei ist entscheidend, dass auch Frauen sich an solchen männerbündischen Strukturen orientieren und diese als handlungsleitend aufgreifen.

In anderen Konstellationen ist die illusio nicht mit dem Glauben an das wissenschaftliche Feld verschmolzen, vielmehr besteht eine gewisse Distanz gegenüber dem traditionellen akademischen Milieu und eine größere Offenheit gegenüber außeruniversitären Realitäten. In solchen Konstellationen befindet sich immer mindestens eine Frau in leitenden oder weiterführenden Positionen. Zugleich betonen Beaufays und Krais, dass sie keinen direkten Zusammenhang zwischen dem Geschlecht der Mentor*innen und der Förderung von Nachwuchswissenschaftlerinnen feststellen konnten. Das Geschlecht zählt nicht allein, wenn es um Karrierepfade in der Wissenschaft geht. Gleichzeitig verweisen die Befunde der beiden Wissenschaftlerinnen darauf, dass das soziale Feld Wissenschaft auch gegenwärtig durch gesellschaftliche Konstruktionen von Geschlechterdifferenz mit strukturiert wird. Genauer gesagt, sind die vermeintlich neutralen Werte und objektiven Leistungsnormen zutiefst vergeschlechtlicht und wirken zuungunsten von Frauen. Entsprechend stellen Beaufays und Krais fest:

> „Hier kommen durchaus Machtverhältnisse zum Tragen, die in das Verhältnis der Geschlechter eingelagert sind. Das wissenschaftliche Feld ist »männlich dominiert«, weil das Feld von Akteuren dominiert wird, die mit einem Habitus ausgestattet sind, dem ein männlicher Wissenschaftler am nächsten kommt. Dieser garantiert das Fortbestehen dessen, worum es im Spiel der Wissenschaft geht. Das mag sich tautologisch anhören, doch liegt es in der Natur von funktionierenden Reproduktionszyklen, dass sie sich selbst immer aufs Neue dazu verhelfen, das zu bleiben, was sie schon immer waren" [3].

Diese Feststellung klingt desillusionierend, was die Überwindung von Mechanismen betrifft, die mit einem Unconscious Bias verbunden sind. Betont wird in dieser Perspektive die fortlaufende Reproduktion solcher Mechanismen zum Erhalt und zur Stabilisierung von Ungleichheitsverhältnissen. Hier liegt aber aus unserer Sicht die besondere Stärke des soziologischen Blicks von Bourdieu, der ausgehend von Beharrung nach Veränderung fragt und die Beharrung von Verhältnissen dabei nicht unterschätzt. Gleichwohl handelt es sich um ein dynamisches Modell, bei dem fortlaufend Kämpfe um Positionen in sozialen Feldern stattfinden und so auch Transformation in Gang kommt.

Wie schärft diese Theoriebrille die Analyse von Vorurteilen, die dazu beitragen, dass bestimmte Gruppen von Menschen der Zugang zu höheren Positionen im Wissenschaftssystem erschwert oder sogar verwehrt wird? Im Anschluss an Überlegungen von Uta Klein [8] ist zu betonen, dass besonders die Geschlechterforschung herausgearbeitet hat, wie stark die Organisationskultur von Hochschule und Universität auf einen speziellen Habitus Bezug nimmt. Die Haltungen, Einstellungen und Handlungsorientierungen von Menschen als Teil ihres Habitus zu untersuchen, ist damit verbunden, Vorurteile sowohl als individuellen, persönlichen bias wie gleichzeitig auch als gesellschaftlich strukturiert zu begreifen. Hinzu kommt, dass der Habitus von Menschen eine verkörperte Form von sozialer Disktinktion durch vorbewusste, latente und implizite Wissensvorräte und Handlungsmuster darstellt. Die Reflexion eines Unconscious Bias ist vor diesem Hintergrund ein komplexer und höchst anspruchsvoller Vorgang.

10.4 Praktische Konsequenzen

Im Ausblick des eingangs bereits zitierten Advice Paper der LERU [10] werden neun verschiedene Maßnahmen zur Beilegung der Benachteiligung von Frauen an Hochschulen und Universitäten formuliert [10]. Empfohlen wird ein Monitoring zur Frage, ob die Organisationsstrukturen und Prozesse in den wissenschaftlichen Institutionen anfällig sind dafür, dass der Zugang zu Ressourcen durch unbewusste Vorurteile gesteuert wird. Sollte dies der Fall sein, sollten sofort Maßnahmen zur Beilegung dieser Mechanismen entwickelt und umgesetzt werden. Dieser Prozess der Selbstanalyse von Organisationen sollte in die Verantwortung der Präsidien, Rektorate und Leitungsgremien von Hochschulen fallen. Darüber hinaus wird empfohlen, dass Universitäten Maßnahmen entwickeln, die zentrale Wirkbereiche von Vorurteilen analysieren und Gegenmaßnahmen implementieren. Ebenso wichtig wird die Adressierung von allen Akteur*innen im System durch gender bias trainings erachtet. Diese Trainings sollten die ganze Bandbreite von internationalen und nationalen Konzepten umfassen, die bereits zur Verfügung stehen und es sollte außerdem die Möglichkeit einer anonymen Teilnahme geben. Eine weitere Empfehlung unterstreicht die Bedeutung von transparenten Verfahren der Personalrekrutierung unter Bezug auf erkennbare und nachprüfbare meritokratische Kriterien. Empfohlen wird hierfür der Einsatz von externen Expert*innen und Komitees. Zudem wird auf die Bedeutung von Sprache für die Reflexion eines gender bias verwiesen und die Vermeidung eines bias in der Sprache betont. Die folgenden drei Empfehlungen umfassen die Forderung einer gleichen Vergütung, die finanzielle Absicherung von Elternzeiten sowie ein geschlechtersensibles Monitoring und die Korrektur von benachteiligenden Arbeitsverhältnissen und Arbeitsverträgen (Befristungen und Teilzeitbeschäftigung). Schließlich wird empfohlen, eigene Maßnahmen und Ansätze zu entwickeln, die langfristig garantieren, dass Ungleichheitsverhältnisse aufgrund eines implicit bias gegenüber Frauen in wissenschaftlichen Leitungspositionen überwunden werden können.

Die Befunde und die Empfehlungen der LERU bestätigen ebenso wie die zuvor vorgestellten Forschungsbefunde, dass Ungleichheitsverhältnisse und Wahrnehmungsverzerrungen in die Tiefenstrukturen von akademischen Institutionen eingelassen sind. Es handelt sich um verfestigte Organisations- und Wissenskulturen. Das spezifische Zusammenspiel zwischen einem vermeintlich neutralen, objektiven Wissenschaftsverständnis und modernen Verwaltungsbürokratien, die sich Gleichstellung auf die Fahnen schreiben, führt keineswegs zu einem transparenten und reflektierten Umgang mit Benachteiligungsmechanismen. Vor diesem Hintergrund zielen alle genannten Maßnahmen auf die Aufdeckung, Analyse und Überwindung von Strukturen, die durch einen impliziten bias gestützt werden.

Der Erfolg von Maßnahmen ist allerdings davon abhängig, wie die Analyse der Ausgangssituation ausfällt. Wird die Erhöhung von Diversität im Wissenschaftssystem als eine reine win-win-Situation für alle Beteiligten konstruiert, werden die Tiefenstrukturen von Ungleichheiten und Machtkonflikten unterschätzt. Wird umgekehrt nur auf die Reproduktion von Machtstrukturen Bezug genommen, fehlt das Analysepotenzial für

Transformationsmomente, die langfristig zu einer Veränderung des Systems beitragen können. So können wir der Studie von Sandra Beaufays und Beate Krais auch entnehmen, dass die Überwindung von sozialer Exklusivität nicht ohne die Überwindung eines aus dem 19. Jahrhundert mitgeschleppten Leitbildes von Wissenschaft gelingen wird. Das bedeutet keinesfalls, dass Menschen, die sich für eine wissenschaftliche Laufbahn entscheiden, darauf verzichten müssen, sich leidenschaftlich mit ihrer Tätigkeit im akademischen Feld zu identifizieren.

Literatur

1. Bereswill, M. (2015). Komplexität steigern: Intersektionalität im Kontext von Geschlechterforschung. In M. Bereswill, F. Degenring, & S. Stange (Hrsg.), *Intersektionalität und Forschungspraxis – Wechselseitige Herausforderungen* (S. 210–230). Münster: Westfalisches Dampfboot.
2. Bereswill, M., & Ehlert, G. (2017). Diskriminierung aufgrund des Geschlechts der sexuellen Orientierung. In A. Scherr, A. El-Mafaalani, & G. Yüksel (Hrsg.), *Handbuch Diskriminierung* (S. 499–509). Wiesbaden: Springer VS.
3. Beaufays, S., & Krais, B. (2005). Doing Science – Doing Gender. Die Produktion von WissenschaftlerInnen und die Reproduktion von Machtverhältnissen im wissenschaftlichen Feld. *Feministische Studien, 012005,* 82–99.
4. Bourdieu, P. (2005). *Männliche Herrschaft.* Frankfurt a. M.: GRIN.
5. Bourdieu, P. (1991). *Sozialer Raum und Klassen. Zwei Vorlesungen.* Frankfurt a. M.: Suhrkamp.
6. Ehlert, G. (2018). Profession, Disziplin und Geschlecht. In S. Müller-Hermann, R. Becker-Lenz, S. Busse, & G. Ehlert (Hrsg.), *Professionskulturen – Charakteristika unterschiedlicher professioneller Praxen* (S. 197–214). Wiesbaden: Springer VS.
7. Hähnel, S., & Schmiedel, S. (2017). Promovierende in Deutschland. In: Statistisches Bundesamt, WISTA 4/2017, 104–117. https://www.destatis.de/DE/Publikationen/WirtschaftStatistik/2017/04/PromovierendeDeutschland_042017.pdf?__blob=publicationFile. Zugegriffen: 2. Aug. 2018.
8. Klein, U. (2013). Diversityorientierung und Hochschulen im Wettbewerb: Ein Plädoyer für Diversitypolitik. In S.-F. Bender & A. Wolde (Hrsg.), *Diversity ent-decken. Reichweiten und Grenzen von Diversity Policies an Hochschulen* (S. 79–96). Weinheim: Beltz.
9. Knapp, G.-A. (2013). Zur Bestimmung und Abgrenzung von „Intersektionalität". Überlegungen zu Interferenzen von „Geschlecht", „Klasse" und anderen Kategorien sozialer Teilung. *Erwägen. Wissen. Ethik. Forum für Erwägungskultur, 24*(3), 341–354.
10. LERU (LEAGUE OF EUROPEAN RESEARCH UNIVERSITIES). (2018). Implicit bias in acadamia: A challenge to the meritocratic principle and to women's careers – And what to do about it. Advice Paper NO.23, January 2018. https://www.leru.org/files/implicit-bias-in-academia-full-paper.pdf. Zugegriffen: 2. Aug. 2018.
11. Meyer, B. (2016). Traumziel Frau Doktor! Oder: „Nehmen Sie's wie ein Mann, Madame! Werden Sie Frau Professorin!" Förderung von Nachwuchswissenschaftlerinnen an Fachhochschulen in Baden-Württemberg. In C. Engelfried & P. L. Ibisch (Hrsg.), *Promovieren an und mit Hochschulen für Angewandte Wissenschaften. Am Wendepunkt?* (S. 199–208). Opladen: Budrich.
12. Niessen-Ruenzi, A., & Ruenzi, S. (2018). Zurückscheuen. Warum Frauen den Wettbewerb meiden. *Forschung & Lehre, 3,* 244–245.

13. Paulitz, T. (2011). Geschlecht in den Strukturen, Fachkulturen und Diskursen der Technikwissenschaften. In B. Rendtorff, C. Mahs, & V. Wecker (Hrsg.), *Geschlechterforschung. Theorien, Thesen, Themen zur Einführung* (S. 59–71). Stuttgart: Kohlhammer.
14. Teubner, U. (2004). Beruf: Vom Frauenberuf zur Geschlechterkonstruktion im Berufssystem. In R. Becker & B. Kortendiek (Hrsg.), *Handbuch Frauen- und Geschlechterforschung. Theorie, Methoden, Empirie* (S. 429–436). Wiesbaden: VS Verlag.
15. Teubner, U. (2009). Technik – Arbeitsteilung und Geschlecht. In B. Aulenbacher & A. Wetterer (Hrsg.), *Arbeit. Perspektiven und Diagnosen der Geschlechterforschung* (S. 176–192). Münster: Westfälisches Dampfboot.
16. Walgenbach, K. (2012). Intersektionalität – Eine Einführung. www.portail-intersektionalität.de. Zugegriffen: 14. Sept. 2018.
17. Warmuth, G.-S. (2015). *Gelebte Diversität?* Wiesbaden: Springer VS.

Weiterführende Literatur

18. Bereswill, M. (2013) (im Interview mit B. M. Schulte). Diversity-Training zwischen Lernen am Konflikt und Harmonisierung der Vielfalt. Reichweite und Grenzen von sozialem und politischem Lernen. In S.-F. Bender & A. Wolde (Hrsg.), *Diversity ent-decken. Reichweiten und Grenzen von Diversity Policies an Hochschulen* (S. 114–125). Weinheim: Beltz.
19. Heintz, B., Merz, M., & Schumacher, C. (2004). *Wissenschaft, die Grenzen schafft. Geschlechterkonstellationen im disziplinären Vergleich*. Bielefeld: Transcript.
20. Heintz, B. (2004). Auftakt. Wissenschaftsstruktur und Geschlechterordnung. In Heintz, B., Merz, M., & Schumacher, C. (Hrsg.), *Wissenschaft, die Grenzen schafft. Geschlechterkonstellationen im disziplinären Vergleich* (S. 19–76). Bielefeld: Transcript.
21. Statistisches Bundesamt. (2018). Frauenanteile. Akademische Laufbahn. https://www.destatis.de/DE/ZahlenFakten/GesellschaftStaat/BildungForschungKultur/Hochschulen/Tabellen/FrauenanteileAkademischeLaufbahn.html. Zugegriffen: 1. Aug. 2018.

Prof. Dr. phil. habil. Mechthild Bereswill ist Professorin für Soziologie sozialer Differenzierung und Soziokultur am Fachbereich Humanwissenschaften im Institut für Sozialwesen der Universität Kassel. Einer ihrer Arbeitsschwerpunkte in Forschung und Lehre lautet Soziologie und Sozialpsychologie der Geschlechterverhältnisse. Sie forscht zu Geschlechterwissen und Gleichstellungskonzepten sowie zu Ungleichheiten im Geschlechterverhältnis.

Aktuelle Publikationen: Bereswill, Mechthild (2017): Geschlechtertheoretische Impulse für Theorie und Praxis des Coaching. In: Greif, Siegfried; Möller, Heidi und Wolfgang Scholl. (Hg.): Schlüsselkonzepte im Coaching. Heidelberg. Verfügbar unter: https://link.springer.com/referencework/10.1007%2F978-3-662-45119-9.

Bereswill, Mechthild und Gudrun Ehlert (2017): Diskriminierung aufgrund des Geschlechts der sexuellen Orientierung. In: Scherr, Albert; El-Mafaalani, Aladin und Gökçen Yüksel (Hg.): Handbuch Diskriminierung. Wiesbaden, S. 499–509.

Prof. Dr. phil. Gudrun Ehlert ist Professorin für Sozialarbeitswissenschaft an der Fakultät Soziale Arbeit der Hochschule Mittweida. Ihre Arbeitsschwerpunkte in Forschung und Lehre liegen im Bereich der Professionalisierungsforschung, insbesondere zum Verhältnis von Profession und Geschlecht. Sie ist Mitherausgeberin der Reihe „Edition Professions- und Professionalisierungsforschung" bei Springer VS.

Aktuelle Publikationen: Ehlert, G. (2018). Profession, Disziplin und Geschlecht. In: Müller-Hermann, S./Becker-Lenz, R./Busse, S./Ehlert, G. (Hg.). Professionskulturen – Charakteristika unterschiedlicher professioneller Praxen, Wiesbaden, 197–214.

Bereswill, Mechthild und Gudrun Ehlert (2017): Diskriminierung aufgrund des Geschlechts der sexuellen Orientierung. In: Scherr, Albert; El-Mafaalani, Aladin und Gökçen Yüksel (Hg.): Handbuch Diskriminierung. Wiesbaden, S. 499–509.

Vielfalt und Anti-Bias. Impulse für Lehrende in den Gesundheitswissenschaften

11

Jonathan Kohlrausch

Zusammenfassung
Die Universität zu Lübeck etabliert seit 2014 sukzessive Bachelor- und Master-Studiengänge aus dem Bereich des Gesundheitswesens. Im Verbund mit der Humanmedizin bietet sich so die Möglichkeit interprofessionellen Forschens, Lehrens und Lernens. Für die Lehrenden der neuen Studiengänge wurde das Zertifikat ‚Hochschuldidaktik Gesundheitswissenschaft' entwickelt. Darin ist eine Unterrichtseinheit dem Thema Vielfalt gewidmet. Hier werden auf der Grundlage einer Anti-Bias-Übung Kenntnisse über Diversität und Antidiskriminierung vermittelt. Der Aufsatz legt einleitend die zunehmende Bedeutung von diversitätssensiblem Handeln im Gesundheitswesen und in der Hochschule dar und führt in das Konzept des Diversity Managements ein. Anschließend beschreibt und diskutiert er die Anti-Bias-Übung ‚Die Mitte der Gesellschaft' im Kontext des Seminars und erläutert daran abschließend die Relevanz von Anti-Bias- und Antidiskriminierungsansätzen für Diversity Management.

11.1 Einleitung

„Diversity hat als Konzept das Potenzial, neue Perspektiven für einen ganzheitlichen Blick auf die (Beibehaltung von) Gesundheit und die Entstehung von Krankheiten zu öffnen." Mit diesem Versprechen beginnt ein 2007 publizierter Aufsatz zu Gender, Diversity und Intersektionalität in der Medizin [8].

J. Kohlrausch (✉)
Dezernat Chancengleichheit und Familie, Universität zu Lübeck, Lübeck, Deutschland
E-Mail: jonathan.kohlrausch@uni-luebeck.de

M. E. Domsch et al. (Hrsg.), *Vorurteile im Arbeitsleben*,
https://doi.org/10.1007/978-3-662-59232-8_11

Im Kontrast dazu steht zehn Jahre später das einleitende Zitat einer Dissertation zu Fragen der Homosexualität in der Altenpflege: „We don't have any of those people here.“ [9].

Einerseits der Fokus auf die handlungsleitende und vielversprechende Vielfalt sozialer Kategorien und Identitäten – andererseits das Nicht-Anerkennen oder Verleugnen einer Minderheit, eine übersteigerte und ganz eigene Form der Diskriminierung. In diesen beiden Schlaglichtern zeigt sich die Bandbreite dessen, wozu das Stichwort Diversity auffordert und herausfordert: Die Anerkennung und Kenntnis von und der Umgang mit vielfältigen Lebensrealitäten und Identitäten; aber auch die Auseinandersetzung mit den Strukturen und Denkweisen, die diese Anerkennung verhindern.

Mit Diversity Management wiederum ist der Anspruch und die Herausforderung verbunden, diese Vielfalt in die Entwicklung von Organisationen einzubeziehen, die differenzierten Bedarfe und Potenziale von Mitarbeitenden, Patient*innen oder anderen Anspruchsgruppen zu integrieren und flexibel auf Veränderungen innerhalb und außerhalb der Organisation zu reagieren [4]. Das Potenzial dieses Ansatzes ist sowohl für das Gesundheitswesen wie für Hochschulen erkannt und beschrieben, die Ansätze sind in beiden Kontexten mittlerweile ausdifferenziert [2, 4, 10, 11, 14, 15, 20, 25, 26]. Große Linien und Veränderungen wie die Diversifizierung von Patient*innen im einen, von Studierenden im anderen Kontext, die Konkurrenz der einzelnen Organisationen um diese Gruppen, transkulturelle Teams und Internationalisierung als Change Prozess werden in beiden Zusammenhängen als Gründe für die Implementierung von Diversity Management angeführt.

Dieser umfassende Anspruch von Diversity Management birgt allerdings auch inhärente Widersprüche, insbesondere in der Deutung von und im Umgang mit Differenzkategorien. So ist einerseits gefordert, Bedarfe und Potenziale bestimmter Personengruppen zu identifizieren; andererseits wird gefordert, Zuschreibungen und Stereotypisierungen zu überwinden. Genau an diesem inhärenten Widerspruch zeigen sich als Kernaufgaben von Diversity erstens ein selbstreflexiver und flexibler Umgang mit Vielfalt und zweitens der Abbau von Diskriminierungen, die Sichtbarkeit und Teilhabe bestimmter Personengruppen verhindern oder erschweren.

Der Anti-Bias-Ansatz hat einen solchen selbstreflexiven Kompetenzerwerb im Umgang mit Vielfalt zum Ziel. Er thematisiert nicht nur den jeweils Anderen, sondern auch die eigene Person und Positionierung und setzt Personen und Personengruppen in Relation zueinander und stellt sie in übergeordnete, gesellschaftliche Zusammenhänge [6, 21, 22, 24]. Anti-Bias-Ansätze ins Diversity Management zu integrieren, verspricht einen nachhaltigen und flexiblen Erwerb von Wissen über Vielfalt und Kompetenzen im Umgang mit Vielfalt und mit den gesellschaftlichen Strukturen und Bedingungen, die diese definieren.

11.2 Diversity und Diversity Management im Gesundheitswesen und in der akademischen Lehre

Der Begriff Diversity/Diversität meint zunächst, dass Personen sich in für den jeweiligen sozialen Kontext relevanten Eigenschaften, Identitätsbezügen und Kategorien auf signifikante und wirkmächtige Weise unterscheiden und ähneln. Beispiele hierfür sind Kategorien wie Geschlecht und Herkunft, die familiäre Situation oder der Aufenthaltsstatus einer Person, aber auch die Zugehörigkeit zu Arbeitsbereichen und -ebenen innerhalb einer Organisation. Diversity Management baut auf diesem Konzept auf und entwickelt Handlungsansätze, um Chancengleichheit zu erzielen und um Vielfalt in Management und Organisationsentwicklung zu integrieren (Vgl. einführend: [4]).

Diversity Management lässt sich grob in drei Ansätze differenzieren: Der Fairness-and-Discrimination-Ansatz zielt ab auf Chancengleichheit und Teilhabe, der Access-and-Legitimacy-Ansatz fokussiert auf Kunden- und Bedarfsorientierung und der Learning-and-Effectiveness-Ansatz setzt die Vielfalt von Mitarbeiter*innen als Potenzial für Organisationsentwicklung und Qualitätsmanagement ein [10]. Die hier nebeneinanderstehenden Perspektiven der Betriebswirtschaft und der Antidiskriminierungsarbeit sind in Organisationen des Gesundheits- und des Bildungswesens selten allein zu finden, können aber durchaus im Widerspruch zueinander stehen. Nicht zuletzt durch das Allgemeine Gleichbehandlungsgesetz von 2006 ist für einen Antidiskriminierungsansatz im Diversity Management auch ein rechtlicher Rahmen gegeben und werden auch betriebswirtschaftliche Interessen an Antidiskriminierungsstrategien gebunden [23]. Die Diversity Studies wiederum fragen danach, wie diese Differenzkategorien entstehen, erforschen Diskriminierungen und Chancenungleichheit und die mittlerweile zahlreichen Handlungsansätze und Maßnahmen von Diversity Management [16].

11.2.1 Diversity Management im Gesundheitswesen

Im Bereich des Gesundheitswesens wird Diversity Management seit den frühen 2000er Jahren diskutiert und umgesetzt [10–12, 20, 25, 26], häufig im Anschluss an Ansätze wie die trans- beziehungsweise interkulturelle Pflege und die geschlechtersensible Pflege und Arbeitsorganisation [25]. Das Potenzial des Diversity-Ansatzes wird aber mittlerweile sehr viel umfangreicher, in drei differenzierbaren Handlungsfeldern gesehen:

Erstens ist Diversity Management ein Ansatz für bedarfsgerechte und ganzheitliche Orientierung auf Patient*innen, Klient*innen und Kund*innen. Hier wird in der Literatur auf – zum Teil drastische – Missstände beispielsweise in der transkulturellen Gesundheitsversorgung, in der Teilhabe von Männern an Gesundheitsangeboten oder auch in der (Alten)Pflege von Homosexuellen hingewiesen [9, 26, 27]. Zweitens kann Diversity Management im Gesundheitswesen als Instrument der Personalakquise und der Mitarbeiterzufriedenheit in Zeiten verstärkter Fachkräftemangels dienen [26], und ist hier auch vor dem Hintergrund zunehmend kulturdiverser internationaler Teams relevant. Zudem bietet Diversity Management die Möglichkeit, Personal stärker in die Organisationsentwicklung einzubeziehen und so Fehlerhäufigkeit in Arbeitsprozessen zu reduzieren [12]. Drittens wird Diversity Management als vielversprechend für Organisationsentwicklung und Qualitätsmanagement erachtet. Einerseits, weil es aufgrund seiner Nähe zum Change Management als Ausweis der Agilität von Organisationen gesehen wird. Andererseits weil Diversity Management das Potenzial hat, die im Gesundheitswesen tradierten Hierarchien und „Schnittstellenprobleme" [12] zu adressieren.

Diesen vielfältigen von der Literatur aufgezeigten Potenzialen zum Trotz konstatieren Schmidt und Walter noch 2014, dass „in der Patientenversorgung und im Personalbereich gesundheitlicher Einrichtungen Vielfalt eher als störend und nicht als Ressource gesehen" werde. Dies begründen sie auch damit, dass „weder das medizinische Personal noch das Verwaltungs- und Pflegepersonal während der Ausbildung und dem Studium entsprechend geschult wurde" [23].

11.2.2 Diversity in der akademischen Lehre

Auch in Hochschulen ist Diversity mittlerweile ein verbreiteter Management-Ansatz [2, 14, 15]. Dabei sind die Argumente für Diversity Management ähnliche wie im Gesundheitswesen: das Innovationspotenzial von Diversity und Diversity Management für Exzellenz, Internationalisierung, Profilbildung und Change-Management-Prozesse, insbesondere aber die Bedarfsorientierung angesichts einer von Diversität geprägten Studierendenschaft und die Forderung nach Chancengleichheit, vor allem nach Bildungsgerechtigkeit und Inklusion. Die beiden letzteren Argumente zielen sowohl auf Studienbedingungen wie auf das Lehren und Lernen an Hochschulen. Wiederholt zeigen Erhebungen eine Diversität von Studierenden, auf die Studienbedingungen an deutschen Hochschulen noch längst nicht umfassend eingestellt sind [7, 17, 19].

Veränderte Studieneingangsphasen, Flexibilisierung des Studienverlaufs, Fragen der Anerkennung von qualifizierenden Abschlüssen und Studienleistungen, barrierefreie (Infra)strukturen – dies sind praktische Ansätze, um Studienbedingungen diversitätssensibel zu gestalten. Im Bereich der Lehre gilt die Devise, der Vielfalt mit Vielfalt zu begegnen. Die Fokusverschiebung vom Lehrenden auf die Lernenden, sequenzielle Abwechslung und Individualisierung des Lernens sind wesentliche Elemente eines Kulturwandels in der akademischen Lehre [3]. Beides setzt voraus, dass Studierende die Kompetenz erwerben, individuelle Lernwege zu gehen, und dass Lehrende diese Wege begleiten und bewerten können, also auch veränderte, neu zu erwerbende Kompetenzen der Lehrenden.

11.3 Die Unterrichtseinheit ‚Vielfalt in der Lehre der Gesundheitswissenschaften'

Auf diese Herausforderungen nimmt ein Seminar Bezug, das im Rahmen eines hochschuldidaktischen Zertifikats für Lehrende in den Gesundheitswissenschaften steht, das wiederum Bestandteil der Akademisierung der Gesundheitsberufe an der Universität zu Lübeck ist.

Die Universität zu Lübeck etabliert seit 2014 sukzessive Studiengänge aus dem Bereich des Gesundheitswesens, so bisher die dualen Bachelor-Studiengänge Pflegewissenschaft, Physiotherapie und Hebammenwissenschaft, sowie in 2018 der additive Bachelor-Studiengang Ergotherapie/Logopädie. 2019 beginnt der weiterführende Masterstudiengang Gesundheitswissenschaften. Im Verbund mit der Humanmedizin bietet sich so die Möglichkeit interprofessionellen Forschens, Lehrens und Lernens innerhalb einer Universität, auf einem Campus.

Für die Lehrenden der neuen Studiengänge wurde im Dozierenden Service Center der Universität das Zertifikat ‚Hochschuldidaktik Gesundheitswissenschaft' entwickelt, das die Theorie und Praxis von Hochschuldidaktik und Kommunikation mit Studierenden der Gesundheitswissenschaften vermittelt. Dieses Zertifikat richtet sich insbesondere, aber nicht ausschließlich an die gesundheitsberuflichen Partner*innen, die die Studierenden in der Praxis begleiten und unterrichten, und verdeutlicht diesen die Spezifik und die Anforderungen akademischer Lehre. Das Zertifikat wurde mit seinen insgesamt zehn Kursen bisher sehr gut angenommen, was seitens der Universität auch als positives Zeichen dafür gewertet wird, dass die Praxispartner*innen die Veränderungen in ihrem Berufsfeld wahrnehmen und mitgestalten wollen. Kursinhalte sind beispielsweise Problemorientiertes Lernen, Evidenzbasierte Praxis oder Theorie der Kommunikation mit Studierenden und Patient*innen. Grundlegendes Konzept dieses Zertifikats ist die Lehre im Tandem, bestehend aus einer Person aus der Universität und einer Person aus der gesundheitsberuflichen Praxis.

Als ein Bestandteil dieses Zertifikats führt die Unterrichtseinheit ‚Vielfalt in der Lehre der Gesundheitswissenschaften' in das Themenfeld ‚Diversity' im Kontext der akademischen Lehre und der gesundheitsberuflichen Praxis ein. Ziel der 4,5-stündigen Einheit ist es, Diversity als Handlungsansatz zu vermitteln und Kompetenzen im Umgang mit ihr zu entwickeln. Damit ist genau nicht gemeint, Wissen über spezifische Personengruppen zu erwerben oder zu vertiefen, vielmehr soll die Kompetenz erworben werden, reflektiert mit Vielfalt und mit der eigenen Position umzugehen. Die Unterrichtseinheit wird derzeit im Tandem aus dem an der Universität tätigen Referenten für Chancengleichheit, dem Autor, und einer in der Praxis tätigen Ergotherapeutin unterrichtet. Das Co-Teaching ermöglicht es, zwei verschiedene Perspektiven zu entwickeln: Diversity als theoretisches Konzept und Diversity als Erfahrungswissen und Handlungskompetenz in der Praxis. Nicht zuletzt, weil Diversity auch interprofessionelle Differenzlinien adressiert, kann im Co-Teaching selbst ein Aspekt des Managing Diversity, des Umgangs mit Vielfalt, verdeutlicht werden.

Die Unterrichtseinheit beginnt mit einer Anti-Bias-Übung und befasst sich dann in einem Wechsel aus Impulsvorträgen, Fallbeispielen und Gruppenarbeit mit Diversity und Antidiskriminierung an der Hochschule und in der gesundheitswissenschaftlichen Praxis. Aufbauend auf der Anti-Bias-Übung wird Diversity in einem Impulsvortrag als Konzept vorgestellt. Anschließend wird zunächst in Kleingruppen, anschließend im Plenum der Begriff Diskriminierung erarbeitet. In Lehrgesprächen wird herausgearbeitet, welche Kategorien in der Erfahrung der Teilnehmenden in den jeweiligen Kontexten für Teilhabechancen beziehungsweise Diskriminierungen besonders entscheidend sind. Weiterführend werden anhand von Fallbeispielen Diversity-Kompetenzen entwickelt und es werden Impulse gegeben, wie diese weiter entwickelt werden können. Das Seminar schließt mit einer Lernwerkstatt, in der die Seminarteilnehmer*innen sich gemäß ihrer Interessen und bevorzugten Lernformen an Stationen mit einzelnen Themen alleine oder in Gruppen eingehender befassen können.

‚In der Mitte der Gesellschaft'

Zu Beginn der Unterrichtseinheit steht die Anti-Bias-Übung „In der Mitte der Gesellschaft". Diese Übung zielt darauf ab, die ungleichen gesellschaftlichen Teilhabechancen von Personen und Personengruppen zu verdeutlichen [21]. Sie ist Ausgangspunkt und Referenzrahmen der Lehreinheit.

In einer Gruppe ab acht Personen erhält jede*r eine kurze Rollenkarte, eine Beschreibung zu einer Person, beispielsweise: „Hatice, 50, Kurdin und Muslima, verheiratet, zwei Kinder, arbeitet im Öffentlichen Dienst", „Rose, 28-jährige Ingenieurin aus Ghana, hat einen Asylantrag gestellt und wohnt in einer Sammelunterkunft" oder „Marek, 45, Schauspieler, alleinerziehender Vater eines 7-jährigen Sohnes, zurzeit Engagement am städtischen Theater". Einige Rollen werden, je nach Teilnehmendenzahl, doppelt besetzt.

Die Teilnehmenden stellen sich in einer Reihe auf. Der*die Spielleiter*in liest nun zahlreiche Aussagen vor, die auf gesellschaftliche Teilhabe abzielen, beispielsweise: „Ich kann eine Universität besuchen." „Ich kann zum Zahnarzt gehen." „Ich kann ein Kind adoptieren." „Ich kann bei der nächsten Kommunalwahl wählen." Wenn die Frage jeweils bejaht werden kann, geht die Person einen Schritt nach vorne; wenn die Frage verneint werden muss, bleibt die Person stehen. Nach 15 bis 20 Fragen entsteht eine Anordnung mit einigen Personen weit vorne, die nahezu jede Frage bejahen konnten, und einigen Personen weit hinten, die kaum eine Frage bejahen konnten, und einem größeren Teil in der Mitte.

Nun werden die Personen gefragt, immer noch in ihrer Rolle, wie sie von ihrem Standort aus auf die anderen schauen, wie es sich anfühlt, fast jede Frage mit ja oder nein zu beantworten, welche Rollenzuschreibung entscheidend war für die jetzige Position. Dadurch wird eine Diskussion über Möglichkeiten und Grenzen sozialer Teilhabe, über soziale Kategorisierung und Diskriminierung angeregt. Insbesondere werden diejenigen, die Rollen doppelt besetzt hatten, in einen Dialog dazu gebeten, wie es zu den – häufig unterschiedlichen – Standorten kommt. Hierdurch wird deutlich, dass jede*r Teilnehmende eine eigene Perspektive, beispielsweise auf sexuelle Identitäten, Religion oder Familienformen hat. Es werden also in einer zweiten Ebene auch die Stereotypen und Vorurteile der Teilnehmenden einbezogen und reflektiert. Auch hierfür ist es wichtig, dass Teilnehmende sich nicht selbst darstellen, dass also die ihnen zugewiesenen Eigenschaften möglichst wenig mit den eigenen übereinstimmen.

In Anleitungen zur Übung wird häufig noch eine zweite vertiefte Reflexionsrunde eingebaut, die das Gesamtbild der Übung reflektiert und in der gefragt wird, ob die Teilnehmer*innen über bestimmt Konstellationen überrascht waren, oder was die Erkenntnisse für ihre berufliche Praxis bedeuten. Diese zweite Runde wird, wie unten eingehender dargestellt, noch im Setting des Spiels angerissen, die weiteren Reflexionen werden laufend in den Seminarverlauf integriert, indem immer wieder auf die Übung rekurriert wird.

11.3.1.1 Beobachtungen und Reflexion der Übung

Um die Möglichkeiten und Grenzen dieser Übung zu diskutieren, sollen hier zunächst ausführliche Beobachtungen über den Verlauf des Spiels und dessen Reflexion in der Gruppe wiedergegeben werden. Diese Beobachtungen sind nicht allgemeingültig und nicht ohne weiteres auf andere Lerngruppen zu übertragen. So war der Kurs bisher davon geprägt, dass sich die Teilnehmenden schon seit einigen Tagen aus anderen Zertifikatskursen kannten, und vergleichsweise wenige Hemmungen gegenüber den anderen Seminarteilnehmer*innen abgebaut werden mussten.

Die Übung wurde bis jetzt von den Seminarteilnehmer*innen gut angenommen, sie ist einfach zu erklären und es ist den meisten Teilnehmenden möglich, sich in ihre Rolle zu begeben, da das Agieren in der Rolle zunächst nur darin besteht, Schritte zu gehen oder stehenzubleiben. Bereits nach den ersten Fragen zeichnet sich ab, dass das Feld der Teilnehmenden weit auseinander gehen wird, was zu einer verstärkten Neugier auf den Ausgang des Spiels und zu spürbarer Aufmerksamkeit führt. Vereinzelte Frustration über das eigene Zurückbleiben oder Unkenntnis der eigenen Rolle wird gelegentlich artikuliert; teilweise wird auch der Entschluss deutlich, die eigene Rolle soweit wie möglich nach vorne zu bringen. Der anschließende Austausch wird sehr lebhaft geführt.

Zunächst werden die Personen an den Rändern befragt. Hier wird am hinteren Rand die Frustration über das ‚Zurückbleiben' deutlich artikuliert, auch die Frage, ob es überhaupt eine Chance auf Verbesserung gebe, eine Möglichkeit, die weit entfernten Mitspieler*innen einmal wieder einzuholen. Die Frage, was dazu geführt habe, dass wenige Fragen mit ‚ja' beantwortet werden können, führt einerseits zu der Antwort, es sei die Summe aus allem, andererseits wird die alles durchdringende Bedeutung von Aufenthaltsstatus und ökonomischer Situation betont. Hier findet sich früh in der Reflexion der Übung ein Ansatzpunkt, um Mehrfachzugehörigkeit und Intersektionalität in die Diskussion einzuspielen oder diese Situationen in weiteren Seminarphasen als Folie für die Definition dieser Begriffe heranzuziehen. In diesem Zusammenhang wird auch gelegentlich artikuliert, dass diese Situationen den Teilnehmenden persönlich nicht so bewusst war – die bildliche Konstellation, dass die weiter hinten Stehenden sich im Rücken der anderen Teilnehmenden befinden, ist hier beredt.

Am vorderen Rand ist das Nachdenken über die eigenen Möglichkeiten weniger ausgeprägt, die Rollen werden als einfach empfunden. Empfindungen angesichts der weiter hinten Stehenden oder zur eigenen Privilegierung werden weniger engagiert artikuliert, die große Distanz ruft eher Unbehagen und Betroffenheit hervor. Einige Teilnehmende weisen darauf hin, dass trotz der Privilegierung man nicht unbedingt ein glücklicher Mensch sei, beispielsweise werden mögliche Eheprobleme angeführt. Vergleichbare Kommentare werden häufig aufgegriffen und lenken die allgemeine Diskussion in die Richtung, dass es doch darauf ankomme, was man aus seinen Möglichkeiten mache oder wie man sein Leben bewerte. Hier hängt es stark vom Engagement und der Diskussionsfreude der Teilnehmenden ab, ob beispielsweise ein ‚Eheproblem' mit der Situation des*der Alleinerziehenden kontrastiert wird.

Die meisten Teilnehmenden finden sich üblicherweise in der Mitte. Hier wird viel verglichen, mit wem man auf einer Höhe steht, auch diskutiert, ob das so seine Richtigkeit habe. Die Mitte sei bunter als man denke, ist ein Gedanke, der hier auch geäußert wird. Der Vergleich nach vorne und hinten führt zu artikulierter Abgrenzung: Ähnlichkeiten, die aber nicht so stark ins Gewicht fallen, werden beschrieben; oder deutliche Unterschiede, die die Distanz zu begründen scheinen. Zugleich fällt auf, dass eine Identitätskategorie wie beispielsweise sexuelle Orientierung zwar Teilhabechancen definiert, die jeweiligen Rollen aber aufgrund anderer Eigenschaften auch weit auseinanderliegen – auch hier ein Ansatzpunkt, um die Bedeutung von Mehrfachzugehörigkeit zu verdeutlichen.

Diese partiellen Abfragen münden fast von selbst in eine Gruppendiskussion, die zur moderierten Reflexion über das Spiel und die eigenen Rollen genutzt werden kann. Die diskutierten Inhalte werden von den meisten Teilnehmenden als relevant aufgefasst und die Teilnahme an der Diskussion ist breiter als in vergleichbaren Gesprächen im Seminar. In der Reflexion über die Rolle und über das Spiel wird zunächst die ungleiche Verteilung von Teilhabe thematisiert. In Bezug auf den Namen der Übung fragte ein Teilnehmer, welche Bedeutung eigentlich das politische Schlagwort von der Mitte der Gesellschaft angesichts der weiten Auffächerung des Spielfeldes habe. Auch verstärkt durch die doppelte Besetzung von Rollen entsteht eine Diskussion darüber, ob man die Möglichkeiten und Grenzen der Person richtig eingeschätzt habe. Einzelne Aspekte werden in der Gruppe – häufig auch kontrovers – diskutiert. Einige Teilnehmende berichten auch von Schwierigkeiten, sich in ihre Rollen einzufinden, weil es ihnen an diesbezüglichen Kenntnissen mangele. Auch hier kann die Reflexion der eigenen Person in Bezug auf die Rolle angeleitet werden. Dieses Element wird ebenfalls stark bei der Frustration über Rollen, mit denen Teilnehmende sich nicht auskennen. Gerade bei den trans* und inter* Rollen ist gelegentlich Unsicherheit zu spüren. In der Summe führt diese Reflexion schließlich auch zum Bewusstwerden der eigenen privilegierten Position gegenüber dem weit gefächerten Feld der Rollen – ein Hinweis auf den privilegierten und exkludierenden sozialen Kontext, in dem sich das Seminar befindet.

Zusammenfassend erweist sich die Übung als geeigneter Einstieg um Teilhabechancen von Menschen in ihrer gesellschaftlichen Bedingtheit und Relationalität zu diskutieren, zugleich aber subjektive Möglichkeitsräume kenntlich zu machen [21]. Der Begriff des subjektiven Möglichkeitsraumes meint – hier nach Rudolf Leiprecht – dass soziale Kategorisierungen zwar determinierend wirken, zugleich aber ein Umgang mit den so determinierten Bedingungen stattfindet. Diese subjektive Gestaltung wirkt letztlich auch als Veränderung der Determinanten des Möglichkeitsraumes [18]. Die Übung ermöglicht, diesen Möglichkeitsraum gegenüber einer determinierenden Wahrnehmung von Personengruppen zu verdeutlichen, gerade in der Diskussion der gesamten Gruppe und im Vergleich der doppelt besetzten Rollen. Hier liegt aber zugleich auch eine ihr gesetzte Grenze. So ergab sich beispielsweise die Situation, dass ein Teilnehmer entschlossen war, seine Figur weit nach vorne zu bringen, so fast jede Frage mit ‚ja' beantwortete und dies anschließend mit den Handlungsspielräumen seiner Rolle begründete. Wiewohl die daran anschließende Gruppendiskussion genau Sinn der Übung war und ist, muss die Übungsleitung in einer solchen Konstellation darauf achtgeben, dass die Teilnehmenden nicht unhinterfragt den Bias der eigenen Person gegenüber der Rolle wiederholen [21]. Insbesondere ist von der Übungsleitung darauf zu achten, dass Teilnehmende, die ihre subjektiven Erfahrungen in anderen Rollen wiedererkennen, bei Bedarf zu ihrem Rederecht kommen beziehungsweise nicht ungewollt als Ansichtsexemplare in den Fokus der Gruppe geraten. Hier ist es wichtig, im Seminarverlauf Zeiten für eine mögliche Klärung innerhalb der Gruppe bereitzuhalten. Entscheidend ist es, die vielfältigen Perspektiven auf Handlungsmöglichkeiten der gegebenen Rollen zur Diskussion zu stellen, somit auch die jeweils eigene Perspektive auf das Feld, das sich am Ende der Übung abzeichnet. So vermittelt die Übung letztlich keine eindeutige Botschaft über soziale Kategorien, sondern bietet einen Zugang zur Reflexion über diese.

11.3.1.2 Schlaglicht Intersexualität

Auffallend war in den bisherigen Seminaren die Unkenntnis des Begriffs intersexuell, nicht nur bei jenen, die die Rolle einer intergeschlechtlichen Person zugewiesen bekommen hatten, sondern auch in weiten Teilen des Seminars. Auch an dieser Stelle profitiert das Seminar und profitieren die Seminarteilnehmer*innen von einer offenen Lernatmosphäre, in der Fragen und Annäherungen intendierter Inhalt des Unterrichts sind. Die Diskussion zum Thema Inter* wurde jeweils aus der Übung in die anschließende Seminardiskussion mitgenommen. Hier ging es zunächst um eine Begriffsklärung, vertiefend aber auch um die Frage, warum Intergeschlechtlichkeit beziehungsweise inter* Personen in der Praxis bei vielen bisher nicht präsent waren. Nehmen intergeschlechtliche Menschen weniger an Gesundheitsangeboten teil als andere Menschen? Thematisieren sie in dem Kontext ihre Intergeschlechtlichkeit seltener? Wird hier nur gesehen, was auch erkannt werden kann? Dies sind genau die Fragen, die im Sinne eines Anti-Bias-Ansatzes gestellt und kontrovers beantwortet werden sollten. Daher ist es durchaus sinnvoll, in der Übung auch herausfordernde Rollen anzubieten, die die Seminarteilnehmer*innen zu solchen grundsätzlichen Fragen anregen.

11.4 Anti-Bias und Diversity

Die hier vorgestellte Übung erweist sich auch deswegen als hilfreiche Grundlage für ein Seminar zu Diversity, weil sie ein eindrückliches Bild sozialer Verhältnisse, Positionierungen und Perspektiven schafft. Dieses Bild kann immer wieder als Referenz und Folie für die teilweise komplexen und voraussetzungsreichen Konzepte im Kontext Diversity herangezogen werden. Dass die Übung gut angenommen wird und den intendierten Zweck erfüllt, schlägt sich auch in den mündlichen Evaluationen zum Ende der Unterrichtseinheit nieder, in denen sie als inspirierend, hilfreich, überraschend hervorgehoben wird. Auch aus den Lehrerfahrungen dieses Seminars heraus soll im Folgenden die Bedeutung des Anti-Bias-Ansatzes für Diversity und Diversity Management diskutiert werden.

> „Dass Kategorisierungen ein vielschichtiges Problem im Zusammenhang mit Diversitäten darstellen, lässt sich nicht nur darauf zurückführen, dass Diversitätskategorien sehr unterschiedliche historische, politische und soziale Wurzeln haben, sondern vor allem auch darauf, dass Kategorien Vorstellungen über die Existenz homogener Gruppen produzieren, welche als ‚Andere' Diversität quasi verkörpern. Dies kann die Aufrechterhaltung einer unhinterfragten Norm [...] genauso fördern wie die Fortschreibung von Stereotypen und Vorurteilen über Gruppen (die ‚Alten', die ‚Behinderten')." [13]

Diversity befindet sich also in einem ständigen Spannungsverhältnis zwischen dem Anspruch, Wissen über Personengruppen nutzbar zu machen, und dem Anspruch, kategorische Zuschreibungen zu überwinden. Beide Ansprüche sind berechtigt, werden aber, nur für sich stehend, ebenfalls zu Recht kritisch gesehen. Dieses Spannungsverhältnis kann ein Anti-Bias-Ansatz – in der theoretischen Auseinandersetzung und in praktischen Übungen – produktiv nutzen. Wie in der Beobachtung und Reflexion der Übung ‚In der Mitte der Gesellschaft' beschrieben, ermöglicht es die Anti-Bias-Arbeit, erstens Kenntnis über bestimmte Gruppen und Lebensrealitäten zu gewinnen, zweitens kategoriales Denken als solches zu erkennen und zu problematisieren und drittens subjektive Möglichkeitsräume und Individualität anzuerkennen. Die Produktivität des Ansatzes liegt darin, sich zu genau dieser Spannung zu verhalten und von ihr ausgehend Handlungskompetenzen zu erwerben und Strukturen zu gestalten. Entsprechend beschreibt Chernivsky Anti-Bias als „vorurteilsbewussten Dialog" und „Reflexion von individuellen Wahrnehmungs- und Zuschreibungsprozessen", der in eine „Exploration von Fall- und Problemsituationen" und in eine „Analyse von Ressourcen und Handlungsmöglichkeiten" integriert ist [6].

Daher besteht ein weiterer Schritt der Anti-Bias-Arbeit im Seminar darin, die in Übungen gewonnenen Erkenntnisse in Fallbeispielen umzusetzen. Hier werden im Seminar zum einen Beispiele aus dem Bereich der Hochschule eingebracht, die in Gruppen erarbeitet werden, zum anderen bringen die Seminarteilnehmer*innen immer wieder Erfahrungen aus der eigenen Berufspraxis zur Diskussion ins Plenum ein. In diesen Diskussionen zeigt sich besonders, dass die hier diskutierte Übung eine geeignete Folie für die Arbeit mit und an Vorurteilen und Diskriminierungen bildet, beziehungsweise stellen diese Diskussionen den im Übungsentwurf vorgesehenen zweiten Teil der Reflexion dar (s. o.). Diskutiert werden kann allerdings nur das Bekannte. Die Übung ‚In der Mitte der Gesellschaft' verdeutlicht, dass es Identitäten, Lebensumstände und -bedingungen gibt, die nicht allen bekannt sind. Durch die Aussagesätze nach dem Muster „Ich kann…" wird vermeintlich Alltägliches infrage gestellt beziehungsweise werden Fragen gestellt, die man sich aus der Unkenntnis heraus selbst nicht gestellt hätte („Welchen Status braucht ein Mensch in Deutschland, um ein Kind zu adoptieren?" „Können alle Menschen Umkleidekabinen und Schwimmbäder nutzen?"). Einen Einstieg für einen solchen Reflexionsprozess zu finden, ist entscheidend, um Fragen der strukturellen Diskriminierungen im Gesundheitswesen entwickeln und analysieren zu können: Warum wissen so viele Menschen im Gesundheitswesen nicht, was Intergeschlechtlichkeit ist? Wie können Altenpfleger davon ausgehen, dass es in ihren Institutionen keine Homosexuellen gibt? Nicht-Wissen zu benennen erweist sich so als entscheidend, um Ungleichheitsverhältnisse beschreiben und analysieren zu können.

Reflexion und Analyse aber sind in einem Seminar, das letztlich durch die Qualifikation der Lehrenden auf die Ausbildung von Gesundheitswissenschaftler*innen abzielt, in zweierlei Hinsicht grundlegend. Erstens ist es der Anspruch akademischer Lehre, das Gelernte in übergeordnete Zusammenhänge einzuordnen und in wechselnde Kontexte zu transferieren. Zweitens ist der jeweils eigene Bias in institutionelle und gesellschaftliche Strukturen eingebunden, die nicht nur in der einzelnen Begegnung und ad hoc mitbedacht werden müssen, sondern insbesondere auch dann, wenn diverses Personal gemanagt, vielfältige Patient*innen und Student*innen angemessen adressiert und Organisationen entwickelt werden sollen.

Der Anti-Bias-Ansatz umfasst also drei Reflexions- und Handlungsebenen: die interaktionale, die institutionelle und die strukturelle beziehungsweise gesellschaftliche Ebene. Um den Zusammenhang dieser Ebenen zu verdeutlichen, greift das Seminar auf den Diskriminierungsbegriff der Antidiskriminierungsstelle des Bundes zurück, der das individuelle und institutionelle Handeln ebenso einschließt wie die gesellschaftliche Wissensproduktion und Repräsentation und „gesellschaftlich verfestigte Benachteiligungen aufgrund der asymmetrischen Verteilung von Anerkennung, Ressourcen und Chancen" und hervorhebt: „Entscheidend für eine Benachteiligung ist das Ergebnis, nicht jedoch das Motiv." [1] Im Seminar werden an dieser Stelle in Kleingruppen Definitionen und Beispiele von Diskriminierung gesammelt und anschließend mit dieser Definition verglichen. Der Diskriminierungsbegriff wird in diesem Kontext letztlich auch diskutiert, um die rechtliche Ebene und Grundlage von Diversity zu verdeutlichen, die durch das Allgemeine Gleichbehandlungsgesetz an Bedeutung gewonnen hat.

Insbesondere die Kontextualisierung von Diskriminierung und die Loslösung von der individuellen Absicht sind hier Diskussionspunkte, die beispielhaft an die Übung „In der Mitte der Gesellschaft" zurückgebunden werden können. Die in der Übung verdeutlichten unterschiedlichen Teilhabechancen liegen vor allem auf der strukturell-gesellschaftlichen Ebene. Diskriminierende Strukturen verhindern Teilhabe und Sichtbarkeit. Dass Personengruppen am Gesundheits- und Bildungswesen weniger teilnehmen oder hier nicht sichtbar zu sein scheinen, hat gesellschaftliche Gründe, kann aber durch institutionelle Maßnahmen adressiert werden, denen aber ein Bewusstsein für diese gesellschaftlichen Strukturen vorausgeht.

In dieser Weise wird in der an die Übung anschließenden Reflexionsphasen im Seminar der Fokus von den Rollen des Spiels auf Strukturen und Handlungsverantwortliche und letztlich auf die Seminarteilnehmenden selbst gelenkt. Es ist dieser zirkuläre Ansatz, der die Anti-Bias-Arbeit auszeichnet, und der verhindert, dass stets die Anderen als die Diversen von Interesse sind. Um diskriminierende Strukturen aufzubrechen, bedarf es der Arbeit an der Norm, an den Gegebenheiten und dem Selbstverständlichen.

Hierin aber zeigt sich auch eine Grenze, eine zumindest nicht einfach zu überwindende Grenze, des Ansatzes. „Der Zusammenhang von Vorurteil und Identität ist umso bedeutsamer für Debatten um Diversität, als feindliche Einstellungen vor allem in Prozessen des sozialen Wandels eine wichtige Rolle spielen", so Benz und Widmann, die konstatieren, dass Vorurteile genau die Funktion haben, den Kontakt zur abgelehnten Bevölkerungsgruppe zu verhindern [5]. Wenn Bias oder Unkenntnis in dieser Weise zum Vorurteil erstarren und mit der Aufrechterhaltung einer als bedroht wahrgenommenen Identität verbunden sind, ist die hier beschriebene Methode nicht mehr zielführend. Solche Formen des Vorurteils und die mit ihnen verbundenen gruppenbezogenen Menschenfeindlichkeit aber spielen eine relevante Rolle in der Gesellschaft [27]. Diese Erkenntnis in das Diversity Management zu integrieren, ist und bleibt eine wesentliche, aber noch zu selten beachtete Aufgabe.

11.5 Zusammenfassung und Ausblick

Diversity als Umgang mit einer sozialen Vielfalt, die einem steten gesellschaftlichen Wandel unterliegt, gewinnt in der Entwicklung von Organisationen auch des Gesundheits- und Bildungswesens an Bedeutung. Die Teilhabe möglichst vieler an Gütern wie Gesundheit und Bildung, ein rechtlicher zugesicherter Diskriminierungsschutz und das Potenzial von vielfältigen Mitarbeitenden oder auch akademischem Nachwuchs sind Schlagwörter und Ziele dieses Ansatzes, der sich zentral auf die Zugehörigkeit von Menschen zu gesellschaftlichen Gruppen, auf Identität und Lebensumstände bezieht. Wiewohl Diversity den Anspruch hat, die Vielfalt aller zu adressieren, fokussieren Maßnahmen doch immer wieder auf die Thematik der Benachteiligung und somit auf benachteiligte Gruppen. Wie oben aufgezeigt, stehen dabei Zielgruppenspezifik und das Überwinden kategorischen und stereotypen Denkens in einem inhärenten Spannungsverhältnis. Um innerhalb dessen angemessen handeln zu können, bedarf es einer Kenntnis erstens derjenigen gesellschaftlichen Strukturen und Prozesse, die Kategorien und Ungleichheit als genuin miteinander verbunden hervorbringen, und zweitens der eigenen Wahrnehmungsmuster, die in diesen gesellschaftlichen Kontext eingebunden sind. Der Anti-Bias-Ansatz zeigt sich am Beispiel eines Seminars für Lehrende in den Gesundheitswissenschaften als geeigneter Ansatz, um Kenntnisse und Kompetenzen in genau diesem Spannungsverhältnis zu entwickeln. Anti-Bias-Arbeit eröffnet Lern- und Reflexionsräume, um die eigene und institutionelle Verortung und Handlungsmöglichkeiten in einer gesamtgesellschaftlichen Diskriminierungsstruktur zu erkennen.

In einer detaillierten Darstellung des Seminars wurden hier die verschiedenen Reflexionswege aufgezeigt, die sich durch die Integration einer spezifischen Anti-Bias-Übung ergeben. Das Seminar selbst befindet sich weiterhin in Entwicklung und Erprobung. Angedacht war beispielsweise, als Abschluss an die Teilnehmenden nach 4,5 h die Frage zu stellen, was sich ändern muss, damit ihre anfangs in der Übung eingenommene Rolle mehr Teilhabemöglichkeiten erfährt. Aber auch andere und weitere Anti-Bias-Ansätze können hier oder in vergleichbaren Kontexten integriert werden. Die Übungen reichen von sehr individuellen, die eigene Person und das Team in den Vordergrund stellenden Übungen bis hin zu Erzählungen, an deren Beispiel diskutiert und gearbeitet werden kann. Menschen die Möglichkeit zu geben, an ihren Vorurteilen, aber auch an prägenden gesellschaftlichen Normen zu arbeiten, stellt hohe Anforderungen an den Raum und die Atmosphäre, in dem diese Reflexion stattfindet. Die Auswahl und Umsetzung solcher Übungen sollte dies und die jeweilige Lerngruppe berücksichtigen. Der Ertrag ist im besten Fall, Kenntnis und Kompetenz für einen Umgang mit Vielfalt zu entwickeln, der gesellschaftlichen Wandel nicht ignoriert oder bekämpft, sondern mitgestaltet.

Literatur

1. Antidiskriminierungsstelle des Bundes. (2013). Leitfaden Diskriminierungsschutz an Hochschulen. Ein Praxisleitfaden für Mitarbeitende im Hochschulbereich. Berlin. http://www.antidiskriminierungsstelle.de/SharedDocs/Downloads/DE/publikationen/Diskriminierungsfreie_Hochschule/Leitfaden-Diskriminierung-Hochschule-20130916.html. Zugegriffen: 10. Aug. 2018.
2. Auferkorte-Michaelis, N., & Linde, F. (Hrsg.). (2018). *Diversität lernen und lehren – Ein Hochschulbuch*. Opladen: Budrich.
3. Auferkorte-Michaelis, N., & Linde, F. (2018). Diversität im Lehr-Lern-Geschehen. In N. Auferkorte-Michaelis & F. Linde (Hrsg.), *Diversität lernen und lehren – Ein Hochschulbuch* (S. 17–30). Opladen: Budrich.
4. Bendl, R., Hanappi-Egger, E., & Hofmann, R. (Hrsg.). (2012). *Diversität und Diversitätsmanagement*. Wien: Facultas WUV.
5. Benz, W., & Widmann, P. (2007). Langlebige Feindschaften – Vom Nutzen der Vorurteilsforschung für den Umgang mit sozialer Vielfalt. In G. Krell et al. (Hrsg.), *Diversity Studies. Grundlagen und disziplinäre Ansätze* (S. 35–48). Frankfurt a. M.: Campus.
6. Chernivsky, M. (2011). Anti-Bias-Ansatz zum Umgang mit Differenz und Diskriminierung. In S. van Keuk et al. (Hrsg.), *Diversity. Transkulturelle Kompetenz in klinischen und sozialen Arbeitsfeldern* (S. 66–70). Stuttgart: Kohlhammer.
7. Deutsches Studentenwerk (Hrsg.). (2012). Beeinträchtigt studieren. Datenerhebung zur Situation Studierender mit Behinderung und chronischer Krankheit 2011. https://www.studentenwerke.de/de/content/best-beeintr%C3%A4chtigt-studieren-0. Zugegriffen: 10. Aug. 2018.
8. Dören, M. (2007). Gender, Diversity und Intersektionalität als Herausforderung für die Medizin. In G. Krell et al. (Hrsg.), *Diversity Studies. Grundlagen und disziplinäre Ansätze* (S. 109–122). Frankfurt a. M.: Campus.

9. Gerlach, H., & Schupp, M. (2018). *Eine Theorie der Anerkennung von Homosexualitäten in der Altenpflege*. Dissertation zur Erlangung der Doktorwürde durch den Promotionsausschuss Dr. phil. der Universität Bremen. Bremen. http://nbn-resolving.de/urn:nbn:de:gbv:46-000106258-178. Zugegriffen: 24. Juli 2018.
10. Gransee, C., Lorenz, J., Deneke, C., Seibt, A. C., & Weber, P. (Hrsg.). (2009). *Diversitymanagement in den Pflege- und Gesundheitswissenschaften*. Münster: LIT.
11. Hermann, E., & Kätker, S. (2007). *Diversity Management. Organisationale Vielfalt im Pflege- und Gesundheitsbereich erkennen und nutzen*. Bern: Huber.
12. Hermann, E., & Kätker, S. (2009). Aspekte der Einführung von Diversity Management als Querschnittsaufgabe in Gesundheitseinrichtungen. In C. Gransee, et al. (Hrsg.), *Diversitymanagement in den Pflege- und Gesundheitswissenschaften* (S. 31). Münster: LIT.
13. Hofman, R. (2012). In R. Bendl, et al. (Hrsg.), *Diversität und Diversitätsmanagement*. Wien: Facultas WUV.
14. Klammer, U., & Ganseuer, C. (2015). *Diversity Management. Kernaufgabe der künftigen Hochschulentwicklung*. Münster: Waxmann.
15. Klein, U., & Heitzmann, D. (2012). *Hochschule und Diversity. Theoretische Zugänge und empirische Bestandsaufnahme*. Weinheim: Beltz Juventa.
16. Krell, G., Riedmüller, B., Sieben, B., & Vinz, D. (Hrsg.). (2007). *Diversity Studies. Grundlagen und disziplinäre Ansätze*. Frankfurt a. M.: Campus.
17. Leichsenring, B., & Berthold, H. (Hrsg.). (2012). Diversity Report. Der Gesamtbericht. www.che-consult.de/services/diversity-report. 10. Aug. 2018.
18. Leiprecht, R. (2008). Eine diversitätsbewusste und subjektorientierte Sozialpädagogik, Begriffe und Konzepte einer sich wandelnden Disziplin. *Neue Praxis: Np: Zeitschrift für Sozialarbeit, Sozialpädagogik und Sozialpolitik, 38*(4), 427–439.
19. Middendorf, E., Apolinarski, B., Becker, K., Bornkessel, P., Brandt, T., Heißenberg, S., & Poskowsky, J. (2017). *Die wirtschaftliche und soziale Lage der Studierenden in Deutschland 2016*. 21. Sozialerhebung des Deutschen Studentenwerks durchgeführt vom Deutschen Zentrum für Hochschul- und Wissenschaftsforschung, BMBF, Bonn.
20. Pfannstiel, M. A. (2014). State of the Art von Maßnahmen und Instrumenten zum Management der Patienten- und Mitarbeiterdiversität im Krankenhaus. In R. B. Bouncken, et al. (Hrsg.), *Dienstleistungsmanagement im Krankenhaus I. Prozesse, Produktivität und Diversität* (S. 380–427). Wiesbaden: Springer Gabler.
21. Reindlmeier, K. (2010). create your space. Impulse für eine diversitätsbewusste internationale Jugendarbeit. Eine Handreichung für Teamer/innen der internationalen Jugendarbeit, Berlin. http://www.karinreindlmeier.de/aktuel.htm. Zugegriffen: 24. Juni 2018.
22. Schmidt, B. (2010). *Den Anti-Bias-Ansatz zur Diskussion stellen – Beitrag zur Klärung theoretischer Grundlagen in der Anti-Bias-Arbeit*. BIS: Oldenburg.
23. Schmidt, B., & Walter, C. (2014). Vom Allgemeinen Gleichbehandlungsgesetz zu Diversity Management im Gesundheitswesen. In R. B. Bouncken, et al. (Hrsg.), *Dienstleistungsmanagement im Krankenhaus II. Prozesse, Produktivität, Diversität*. Wiesbaden: Springer Gabler.
24. Trisch, O. (2013). *Der Anti-Bias-Ansatz – Beiträge zur theoretischen Fundierung und Professionalisierung der Praxis*. Stuttgart: ibidem.
25. Van Keuck, E., Ghaderi, C., Joksimovic, L., & David, D. M. (Hrsg.). (2011). *Diversity. Transkulturelle Kompetenz in klinischen und sozialen Arbeitsfeldern*. Stuttgart: Kohlhammer.
26. Vedder, G. (2013). Diversitätsmanagement als Zukunftsaufgabe für Krankenhäuser. In R. B. Bouncken, et al. (Hrsg.), *Dienstleistungsmanagement im Krankenhaus I. Prozesse, Produktivität und Diversität* (S. 409–420). Wiesbaden: Springer Gabler.
27. White, A. A., III, & Chanoff, D. (2011). *Seeing patients: Unconscious bias in health care*. Cambridge: Harvard University Press.

Weiterführende Literatur

28. Zick, A., & Klein, A. (2014). *Fragile Mitte – Feindselige Zustände. Rechtsextreme Einstellungen in Deutschland 2014*. Hrsg. für die Friedrich-Ebert-Stiftung von Ralf Melzer. Bonn: J.H.W. Dietz Nachf.

Dr. Jonathan Kohlrausch ist Referent für Chancengleichheit an der Universität zu Lübeck. Als Historiker waren seine Schwerpunkte die Geschichte von Migration, Geschlecht, Dis/ability und Wissen. Als Referent koordinert er das Diversity Management der Universität zu Lübeck. Hierzu zählen die Antidiskriminierungsarbeit und -beratung; Projektarbeit, Diversity Consulting sowie die Lehre in der Internen Weiterbildung und in Studiengängen der Gesundheitswissenschaften und in der Medizin.

Teil IV
Unternehmensbeispiele

12 Tradition, Präferenz oder Anforderung – Unconscious Biases im Recruiting vermeiden

Patricia Heufers und Eva Voß

Zusammenfassung

Unconscious Biases sind Teil unserer täglichen Entscheidungspraxis. Aufgrund der hohen Anzahl an Biases ist es illusorisch davon auszugehen, dass – durch welche Form auch immer – Möglichkeiten existieren, jemals frei und objektiv Entscheidungen zu treffen: „If you are human: you are biased" [6] bzw. präziser: „If you have a brain you are biased" [5]. Bei Personalentscheidungen hat dies bedeutsame Folgen, etwa fehlende Kompetenzen im Team oder eine erhöhte Fluktuation durch Fehlbesetzung. Daher wird in diesem Beitrag vorgestellt, wie die Personalauswahl gestaltet werden kann, um die Auswirkungen von Biases zu reduzieren. Den Schwerpunkt des Beitrags bildet ein Blick in die Praxis, auf das sogenannte „Hiring Manager Training", das bei EY regelmäßig durchgeführt wird. Nach einem Blick auf die Herausforderungen, die mit der Personalauswahl einhergehen und welche Rolle Trainings oder Schulungen dabei spielen können, wird das o. g. Training detailliert vorgestellt und erläutert.

P. Heufers (✉)
Ernst & Young GmbH Wirtschaftsprüfungsgesellschaft/Diversity & Inclusiveness, Hamburg, Deutschland
E-Mail: Patricia.Heufers@de.ey.com

E. Voß
Ernst & Young GmbH Wirtschaftsprüfungsgesellschaft/New Ways of Working, Eschborn, Deutschland
E-Mail: Eva.Voss@de.ey.com

M. E. Domsch et al. (Hrsg.), *Vorurteile im Arbeitsleben*,
https://doi.org/10.1007/978-3-662-59232-8_12

12.1 Heißt Rekrutieren vielfältiger Talente einfach „nur" das Richtige tun?

Nein, es ist vor allem eins: schlau. Denn vielfältig zusammen gesetzte Belegschaften erzielen deutlich bessere Ergebnisse als homogene Teams – sofern sie richtig gemanagt werden und die Organisation von einer Vielfalt wertschätzenden Kultur geprägt ist. Denn Vielfalt birgt durchaus Konflikte und führt nicht per se zu besseren Ergebnissen. Agieren diverse Teams aber in einer inklusiven Kultur, führen die unterschiedlichen Perspektiven, Erfahrungshintergründe und Kompetenzen eben zu vielfältigen Lösungen und Ideen, die bspw. innovativer sind als in homogenen Teams (Abb. 12.1) [2].

Gleichwohl ist das Finden eben dieser vielfältigen Talente alles andere als leichter geworden. Nicht selten werden die hehren Diversity-Rekrutierungsziele durch den innerbetrieblichen Druck untergraben, freie Stellen möglichst schnell zu besetzen. So ist es oftmals einfacher, in denselben vertrauten Pools zu fischen, als nach neuen zu suchen. Um diesem kurzfristig möglicherweise Erfolg sichernden Impuls nicht unmittelbar nachzugeben, aber dennoch trotz der Diversity-Ambitionen auch die Ressourcenbedürfnisse im Blick zu haben, bedarf es besserer und damit auch anderer Entscheidungsprozesse.

12.2 Ich konzentriere mich darauf, die Besten zu rekrutieren

Aber wer sind die Besten? Und was sind eigentlich die Kriterien für die „Besten"? Welche Annahmen treffen wir, was unter „die Besten" zu verstehen ist? Wenn wir nicht aktiv einen vielfältigen Pool von Kandidatinnen und Kandidaten rekrutieren, wie können wir

Abb. 12.1 Der Business Case für Diversity. (Eigene Darstellung)

dann eigentlich sicher wissen, dass wir die bestmöglichen Kandidatinnen und Kandidaten für eine Bewerbung gefunden haben?

Wir alle sollten uns darüber im Klaren sein, dass Qualität in verschiedenen Formen und Facetten auftritt. Dadurch muss mehr Bereitschaft gegeben sein, auch ein mögliches Risiko einzugehen, wenn die Kandidatin oder der Kandidat nicht den exakten Hintergrund für eine Rolle mitbringt, aber über die Kompetenzen verfügt, die Aufgabe dennoch erfolgreich auszuüben (im Sinne eines „hired for attitude, trained for skills"). Dazu braucht es begleitende Maßnahmen, um sowohl Fähigkeiten und Kompetenzen der Kandidatinnen und Kandidaten sicher zu erkennen und dennoch den im Prozess lauernden Wahrnehmungsverzerrungen möglichst keinen Raum zu geben.

12.3 Also noch mehr Diversity-Schulungen?

> *„Given the opportunity, our brain is quick to revert to whatever is most comfortable – our brains are cognitive misers, finding ways to save on time and effort."* [7]

Von Iris Bohnet (2017) wurde erstmals und tatsächlich im klaren Widerspruch zur gelebten Diversity-Praxis in vielen Unternehmen sehr deutlich herausgestellt, dass Schulungen oder Workshops zu Vielfalt und der Überwindung von stereotypen Entscheidungsmustern nicht den größten positiven Effekt zeigen [1]. Sprich: Die jahrelangen Überzeugungskämpfe, Sensibilisierungsmaßnahmen in den Weiterbildungskanon der jeweiligen Firma aufzunehmen, scheinen ein eher fruchtloses Unterfangen zu bleiben. Manche dieser stand-alone Maßnahmen sollen sogar einen gegenteiligen Effekt aufweisen. Damit ist nun aber keineswegs gesagt, dass Trainings überflüssig wären. Aus den genannten Gründen keine Trainings anzubieten, ist also keine Lösung. Stattdessen muss wie beim Erste-Hilfe-Kurs das Wissen um die wiederkehrenden Verzerrungen regelmäßig und idealerweise immer vor anstehenden Entscheidungsprozessen erneuert werden. Es ist aus unserer Erfahrung her zudem entscheidend, keine Einzelmaßnahmen anzubieten (etwa durch separate Diversity-Schulungen), sondern die relevanten Schulungsinhalte und Botschaften in bestehende Formate und Curricula einzubetten. Das hat den entscheidenden Vorteil, dass die Zusammenhänge zwischen Bewertungsmustern, Stereotypen und damit potenziell vielfaltshemmenden Entscheidungen deutlich klarere Bezüge zur konkreten Praxis aufweisen und damit größere Anschlussfähigkeit bei der späteren Umsetzung des Erlernten bieten.

12.4 Wenn Diversity-Trainings, dann richtig

Bei EY haben wir daher innerhalb des gesamten Mitarbeiterzyklus Instrumente und Formate entwickelt, die vom Employer Branding über Recruiting, HR Analytics und Vergütung bis hin zur Performance Beurteilung reichen und auf die unterschiedlich auftretenden Unconsious Biases eingehen, um bessere (Personal-)Entscheidungen zu ermöglichen. Diese Trainings werden sowohl virtuell als webbased learnings, als

Webcast in Form von Infosessions oder als Präsenztrainings vor Ort angeboten und variieren damit im Grad der Vertiefung: von kurzen Trainingseinheiten bei den Einsteigertagen bis hin zu beispielsweise vierstündigen Inclusive Leadership Angeboten für Führungskräfte. Führungskräfte sind eine relevante Zielgruppe dieser Trainings, da sie die Leistung und das Potenzial ihrer Teammitglieder beurteilen und damit maßgeblich über ihre weitere Karriere entscheiden. Diese Einschätzungen sind genauso anfällig für Beurteilungsfehler wie jene, die in Auswahlprozessen getroffen werden.

12.5 Hiring Manager Trainings bei EY

- EY ist einer der internationalen Marktführer in der Wirtschaftsprüfung, Steuer-, Transaktions- sowie Risiko- und Managementberatung.
- EY – dahinter stehen die Vielfalt und Fähigkeiten von 250.000 Mitarbeiterinnen und Mitarbeitern an 700 Standorten in 150 Ländern.
- EY Karriere: http://www.ey.com/DE/de/Careers.

Um die richtigen Talente mit genau den gefragten Kompetenzen für einen Einstieg bei EY zu begeistern, ist neben einer zielgruppenspezifischen Ansprache, etwa auf Messen (u. a. Sticks & Stones, WoMenpower), geschlechtergerecht formulierten Stellenausschreibungen oder Werbeanzeigen (selbstverständlich stets unter Beachtung der Vorgaben des Allgemeinen Gleichbehandlungsgesetzes), der eigentliche Auswahlprozess von erheblicher Relevanz. Dafür werden bei EY die am Auswahlprozess beteiligten Kolleginnen und Kollegen in so genannten Hiring Manager Trainings geschult. Diese Trainings werden von ebenfalls geschulten Recruitern in regelmäßigen Abständen an mehreren Standorten unseres Unternehmens angeboten. Durch die enge Zusammenarbeit mit den Fachbereichen ist das sehr konkrete und maximal praxisorientierte Konzept im Rahmen eines 3–4 stündigen Trainings gut in den Alltag der angesprochenen Kolleginnen und Kollegen integrierbar.

12.5.1 Vorstellung und Rolle der Hiring Manager – Tradition trifft Anforderung

Agenda des Hiring Manager Trainings

1. Vorstellungsrunde
2. EY Recruitment of the Future
3. EY Recruiting-Ansatz und die Hiring Manager Rolle
4. D&I
5. Interview-Simulation
6. Q&A

Das Training startet mit einer kurzen Vorstellungsrunde, wobei es neben dem Namen und zugehörigen Fachbereich vor allem von Interesse ist, ob und wenn ja welche Erfahrungen in der Rekrutierung bislang vorliegen, sei es als EY Hiring Manager oder an anderer Stelle, etwa bei vorherigen Arbeitgebern etc. Dieser „klassische" Part ist – neben dem persönlichen Kennenlernen weiterer Kolleginnen und Kollegen – besonders deshalb relevant, da sich hier oft unterschiedliche Vorerfahrungen manifestieren, die geprägt sein können von „das haben wir immer schon so gemacht"-Herangehensweisen (Tradition) oder „ich persönlich finde XYZ"-Bezügen (Präferenzen). Um sich auf die eigentlichen Anforderungen der Stelle oder Aufgabe zu konzentrieren und damit eine Loslösung von Traditionen oder Präferenzen zu ermöglichen, muss bereits an dieser Stelle eine Selbstreflexion in Gang gesetzt werden. Hier hilft ein Blick auf das „bigger picture", das verdeutlicht, wie sehr sich der Arbeitsmarkt selbst verändert hat (u. a. kleinerer verfügbarer Talentpool, Veränderung der Bedürfnisse potenzieller Kandidatinnen und Kandidaten, sinkende Attraktivität der Beratungsbranche). Dementsprechend kann es nicht allein um potenzielle Einsteiger/innen gehen, die zu uns passen, sondern vor allem um solche, die uns ergänzen. Was sich daher vielleicht in der Vergangenheit bei Auswahlverfahren bewährt hat oder als persönliche Vorliebe in Zusammenarbeit mit dem neuen Teamzuwachs möglicherweise gewünscht wird („Die Person muss – wie ich – Verkäufermentalität haben"), trifft auf einen veränderten Talentpool. Und das wiederum hat Auswirkungen auf das Vorgehen im Recruiting, indem wir

- potenziellen Mitarbeiter/inne/n noch stärker vermitteln, uns als attraktiven Arbeitgeber wahrzunehmen und damit die Entscheidung für uns zu treffen.
- Verständnis und Interesse für die Prioritäten der Kandidatinnen und Kandidaten zeigen und gemeinsam mit ihnen flexible Möglichkeiten ausloten, um sie in ihrer beruflichen Entwicklung zu unterstützen.
- den Fokus von der rein fachlichen Perspektive deutlicher auf persönliche Kompetenzen und Fähigkeiten erweitern.

Damit einher geht ein verändertes Rollenverständnis der Hiring Manager selbst. Sie sind längst nicht mehr nur Repräsentanten der Service Lines, um die fachliche Eignung zu überprüfen. Hiring Manager sind Visitenkarte, Aushängeschild und Multiplikator für EY in einem. Ihre Verantwortung bei der Einstellung ist erheblich, bilden diese doch die Grundlage für die nächsten Mitarbeitergenerationen und deren Haltung gegenüber Vielfalt und den Umgang damit (ausführlich zur Rolle des Recruitings siehe [8]).

Da die Rolle der Hiring Manager in der Regel einen gewissen Grad an Berufserfahrung erfordert, treffen diese Kolleginnen und Kollegen auch auf teilweise deutlich jüngere Hochschulabsolvent/inn/en. Trotz einer gewissen Skepsis gegenüber der unterschiedlichen Generationendefinitionen, die die Gefahr bergen, Stereotype zu betonen, müssen die Altersunterschiede von den an den Auswahlsituationen Beteiligten (Hiring Manager und Kandidat/inn/en) berücksichtigt und reflektiert werden.

12.5.2 Dein Stil, mein Stil – Präferenz trifft Anforderung

Im weiteren Trainingsverlauf werden neben dem zeitlichen und organisatorischen Ablauf der Auswahlprozesse selbst (dies unterscheidet sich je nach Zielgruppe von Praktikant/inn/en bis Berufserfahrenen), arbeitsrechtliche Rahmenbedingungen im Interview (Fragerechte und Offenbarungspflichten, Allgemeines Gleichbehandlungsgesetz) vorgestellt sowie in Übungen praktiziert und schließlich das Herzstück, die persönlichen Kompetenzen der Kandidatinnen und Kandidaten, die bei der Auswahl für EY eine Rolle spielen, vorgestellt und beispielhaft untermauert. Die acht Kompetenzen, die uns bei zukünftigen Kolleginnen und Kollegen wichtig sind, können in vier Bereiche zusammengefasst werden: Potentialtreiber, Handlungskompetenz, Soziale Kompetenz und Managementkompetenz (Abb. 12.2).

Das Verständnis dafür, was diese Kompetenzen im Allgemeinen und für den eigenen Fachbereich bedeuten, ist die Voraussetzung dafür, diese innerhalb des Recruitingprozesses konkret identifizieren zu können. Dafür werden die Teilnehmenden des Trainings in Kleingruppen eingeteilt, wobei jede Kleingruppe zwei EY Kompetenzen zugeteilt bekommt. Anschließend sollen in den Kleingruppen pro Kompetenz folgende Fragen diskutiert und Beispiele erarbeitet werden:

- In welchen Situationen ist diese Kompetenz in Ihrem Team wichtig? Haben Sie ein Beispiel aus der Praxis?
- Bitte formulieren Sie für jede Kompetenz zwei bis drei Fragen, die Ihnen helfen, bei Kandidat/inn/en diese Kompetenzen zu identifizieren.

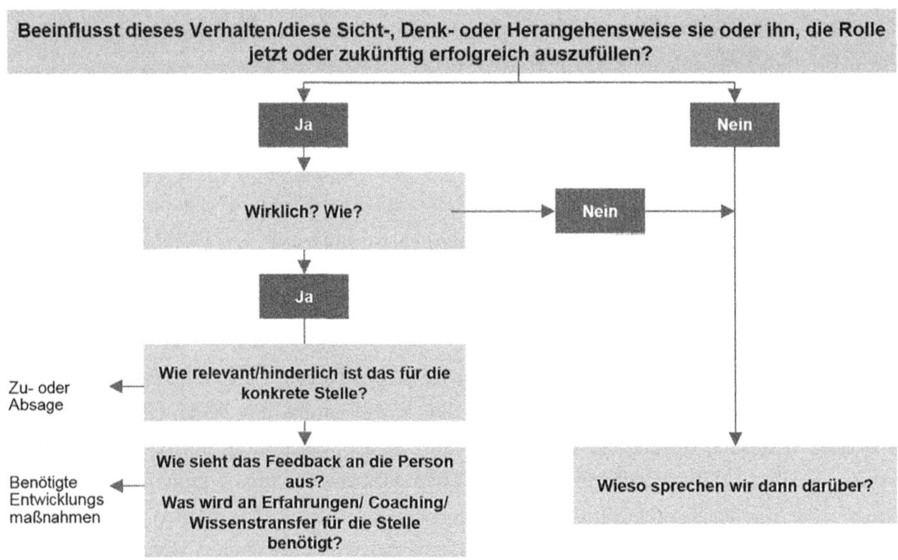

Abb. 12.2 Modell zur Reduktion von intuitiven Entscheidungen. (Eigene Darstellung EY)

In diesem Schritt wird bereits deutlich, wie unterschiedlich gewichtet die einzelnen der acht Kompetenzen für die Fachbereiche oder die sie vertretenden Teilnehmenden sind. Damit wird auch deutlich, dass nicht jede Kandidatin oder jeder Kandidat alle Kompetenzfelder bis ins letzte Detail erfüllt oder diese Fähigkeiten abrufen können muss. Viel wichtiger ist indessen, dass die für den Fachbereich relevanten Fähigkeiten vorhanden sind und sich auch tatsächlich am Beispiel belegen lassen. Dieser Aspekt ist deshalb so wichtig, damit nicht das trügerische Bauchgefühl die Entscheidung trifft, sondern eben die beobachtbaren Kompetenzen grundlegend sind. Die Abbildung verdeutlicht, welche Schritte gegangen bzw. welche Fragen gestellt werden müssen, um der Intuition weniger Raum zu lassen.

12.5.3 Typische Biases in Rekrutierungsverfahren

Obgleich das Thema Unconscious Biases implizit und explizit in den vorangegangen Modulen innerhalb des Trainings vermittelt wurde (z. B. Wertorientierung der Generationen, gemeinsames Verständnis von Kompetenzen), folgt im „offiziellen" Diversity-Part noch eine Schärfung für die unterschiedlichen Fähigkeiten und Kompetenzen der Bewerber/innen, die im Recruitingprozess aufgrund von stereotypen Einschätzungen überlagert werden können. Im Einzelnen werden häufige Fehler bei der Beurteilung von Kandidatinnen und Kandidaten aufgrund eigener individueller Wahrnehmungsmuster vorgestellt und die Konsequenzen, nämlich irreführende Urteile sowie schlechte und kostspielige Einstellungsentscheidungen für die Organisation, beispielhaft aufgezeigt:

- **Contrast Bias:** Sie bewerten eine Person besser als sie eigentlich ist, da Sie sie mit vorherigen Kandidat/inn/en vergleichen, die im Interview eine schlechtere Leistung gezeigt haben.
- **Anchoring und Adjustment Bias:** Verfügt eine Kandidatin oder ein Kandidat über einen hervorragenden Lebenslauf, fällt die Bewertung während des Interviews deutlich besser aus als die gezeigte Leistung eigentlich verdient.
- **Recency Effect:** Sie geben einer Kandidatin oder einem Kandidaten nach dem Gespräch eine sehr gute Bewertung, da sie/er bei der letzten Frage eine sehr gute Antwort gegeben hat, bei vorherigen Fragen allerdings nicht.
- **Primacy Bias:** Sie haben während der Begrüßung keinen guten Eindruck von einem Kandidaten oder einer Kandidatin und geben ihm/ihr daher am Ende eine schlechte Bewertung, obwohl er/sie das Verhalten während des Gesprächs geändert hat.
- **Similarity Bias:** Sie geben einer Person eine bessere Bewertung, da sie beispielsweise Ihrer Tochter oder Ihrem besten Freund ähnlich ist.

Diese kleine Auswahl an Biases zeigt, dass es einen großen Unterschied macht, wer mit welchem Bewusstsein welche (Personal-)Entscheidungen trifft. So belegt eine aktuell vom WZB veröffentlichte Studie zu Einstellungsverfahren wieder einmal, wie sehr „kulturelle Distanz" zu Benachteiligungen führen kann [4]. Menschen suchen soziale Nähe und favorisieren Personen, die ihnen sozial ähnlich sind – Gleich und Gleich gesellt sich eben immer noch gern. Diese homosoziale Kooptation führt dann dazu, dass diejenigen Kandidat/inn/en bevorzugt werden, die bspw. dem eigenen sozialen Milieu angehören, das gleiche Geschlecht haben usw. Ein ähnliches Phänomen wird auch mit „Othering" beschrieben, also die Distanzierung der Eigengruppe von einer Fremdgruppe, wobei damit auch die Abwertung der Fremdgruppe einhergeht. In jedem Fall führen diese Mechanismen dazu, dass die Personalauswahl durch Ähnlichkeiten bestimmt wird.

Abb. 12.3 zeigt, welchen Einfluss das Geschlecht bei der Zusammensetzung der Shortlist hat. Setzt sich die Shortlist jeweils zur Hälfte aus Männern und Frauen zusammen, liegt auch die Wahrscheinlichkeit, dass eine Frau die Stelle bekommt, bei 50 %; ist nur eine Frau neben drei Männern auf der Liste, wird sie allerhöchster Wahrscheinlichkeit nach nicht eingestellt [3].

12.5.4 Gelerntes richtig anwenden – Interview Simulation mit unterschiedlichen Kandidatinnen

Um das zuvor im Hiring Manager Training Erlernte anzuwenden, werden zum Abschluss drei Videos mit fiktiven Kandidatinnen gezeigt, die sich für eine Einstiegsposition bei EY beworben haben. In den von EY gedrehten Videos sind ein langjähriger EY-Partner aus der Wirtschaftsprüfung (vertretend für den Fachbereich) sowie eine noch relativ neue

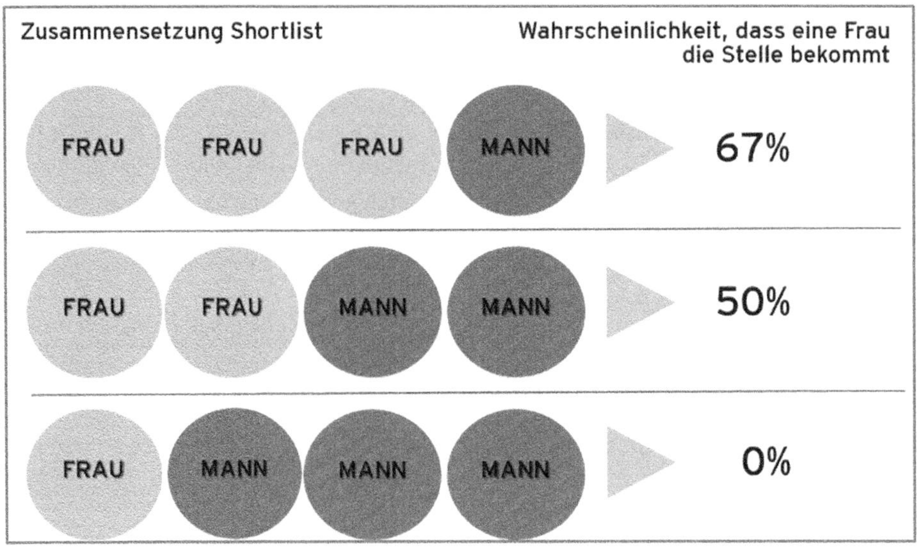

Abb. 12.3 Zusammensetzung der Shortlist und ihre Folgen für die Personaleinstellung. Johnson, S. K. u. a. (2016) [3]

Kollegin aus dem Recruiting zu sehen, die sich jeweils den ihnen gegenüber sitzenden Kandidatinnen vorstellen. In den jeweils knapp sechsminütigen Clips erfahren wir beispielsweise von den Kandidatinnen, was sie studiert und welche Erfahrungen sie bereits in der Wirtschaftsprüfung gesammelt haben, warum sie sich speziell bei EY beworben haben und was ihnen etwa im Team und bei ihrer Führungskraft wichtig ist (Abb. 12.4).

Die anschließende Aufgabe an die Seminarteilnehmenden lautet:

- Versuchen Sie die EY Kompetenzen, basierend auf den Antworten der Kandidatinnen, zu identifizieren.
- Legen Sie für sich eine Rangfolge der Kandidatinnen für eine Position bei EY fest.
- Verwenden Sie die vorliegenden Karten:
  - **1:** Ihre erste, bevorzugte Wahl
  - **2:** Ihre zweite Wahl
  - **3:** Ihre dritte Wahl

Die Ergebnisse sollen zunächst in der Kleingruppe besprochen werden, bevor sie dann im Plenum zusammen getragen werden.

Same same, but different: Obwohl der Ablauf der Interview-Simulation bei allen drei Videos gleich ist, d. h. auch sämtliche Fragen analog in allen drei Gesprächen gestellt werden, fallen die Antworten bei allen drei Kandidatinnen – wie im realen Leben auch – sehr unterschiedlich aus. Dementsprechend wird in der Gruppenarbeit – eben je nach Perspektive und Präferenz – meist auch sehr hitzig debattiert, welche der geforderten Eigenschaften an eine/n Wirtschaftsprüfer/in denn nun tatsächlich gezeigt wurden. In diesem Workshop-Beispiel fiel die Wahl dann auf Kandidatin 1, die dadurch überzeugte,

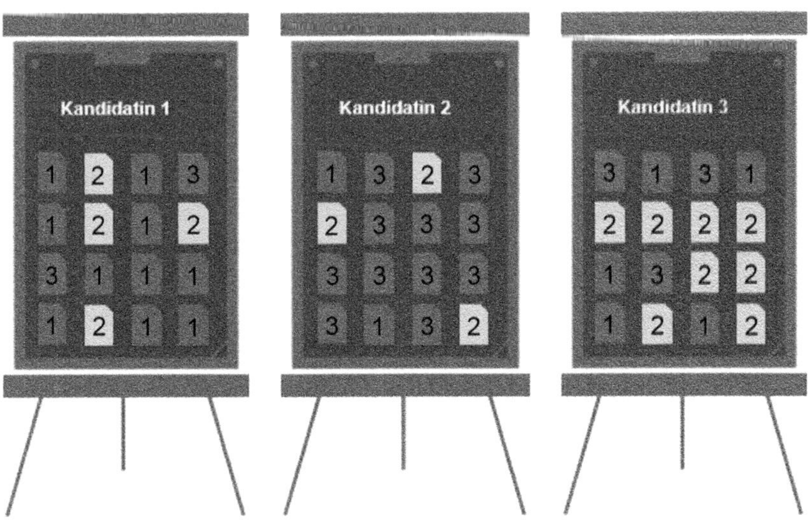

Abb. 12.4 Beispiel: Personalentscheidung in einem der Trainings (Eigene Darstellung EY)

dass sie bereits praktische Erfahrungen bei anderen Prüfungshäusern gesammelt hatte und ein entsprechend klares Bild von den Aufgaben und Erwartungen an ihre künftige Rolle mitbrachte.

Wenn alle Teilnehmenden dann gespannt auf die Auflösung dieser Übung warten, in der Hoffnung, die „richtige“ Entscheidung getroffen zu haben, ist die Überraschung am Ende immer groß, denn: tatsächlich wäre jede Kandidatin die richtige Wahl gewesen! So lassen sich nämlich bei jeder Kandidatin je nach Schwerpunktsetzung und Blickwinkel die geforderten EY-Kompetenzen ablesen – naturgemäß in unterschiedlicher Ausprägung, denn kein Mensch gleicht dem anderen und damit ist auch kein Erfahrungshintergrund identisch. Was der einen Kandidatin noch an Wissen über das Berufsbild der Wirtschaftsprüfer/innen fehlt, wird beispielsweise durch die gezeigte soziale Adaptionsfähigkeit in den gegebenen Antworten (Potenzialtreiber) und den klaren Blick auf die Bedarfe der Kundinnen und Kunden (Management Kompetenz) ausgeglichen. Für jede Kompetenz lassen sich also in den Videos jeweils genügend Beispiele finden. Damit ist auf sehr einfache, aber effektive Art belegt, dass es im strengen Sinne keine „objektive“ Personalauswahl gibt, sondern Parameter mit in die Entscheidungen spielen, die unbewusst an eigene Präferenzen und Erfahrungen knüpfen.

Aus diesem Grunde ist es so wichtig, die Bedeutung der Anforderungen an eine Stelle immer wieder in den Fokus der Auswahl zu rücken und die Entscheidung, bevor sie final getroffen wird, zu hinterfragen.

12.6 Fazit

Wir ziehen es vor, mit Menschen zu arbeiten, die uns ähnlich sind, ähnliche Arbeitsweisen haben und einen ähnlichen Hintergrund aufweisen, weil wir uns so besser verstanden und damit wohler fühlen. Wir alle haben unbewusste Präferenzen und Vorurteile, die unsere Entscheidungen beeinflussen können, ohne dass wir es wollen. Es kann schwierig sein, unsere eigenen Vorurteile zu erkennen. Deshalb ist es für die Entscheidungsfindung wichtig, andere Blickwinkel einzunehmen und die bisher verwendeten Kriterien zu hinterfragen. Eine bewusste Reflexion zu eigenen Präferenzen und Verhaltensweisen in der Vergangenheit kann die eigentlichen Anforderungen besser sichtbar machen. Sie kann außerdem den Einfluss persönlicher Vorlieben und Tendenzen (Präferenzen) sowie bisheriger Vorgehensweisen (Ausprägungen bestimmter Tradierungen) verringern, die unbewusst (und damit unbeabsichtigt) zu Entscheidungen und Ergebnissen führen, die nicht immer den Maßstäben der Transparenz und Fairness entsprechen. Trainings, die genau darauf abzielen, gerade beim Rekrutieren, neue und vielfältige Talente anzusprechen und einzustellen, sind daher ein erster wichtiger Schritt hin zu einem auch langfristig erfolgreichen Unternehmen.

Literatur

1. Bohnet, I. (2017). *What works. Wie Verhaltensdesign die Gleichstellung revolutionieren kann.* München: Beck.
2. Hewlett, S. A., Marshall, M., Sherbin, L., & Gonsalves, T. (2013). *Innovation, diversity & market growth.* New York: Center for Talent Innovation.
3. Johnson, S. K., Hekman, D. R., & Chan, E. T. (2016): If there's only one woman in your candidate pool, there's statistically no chance she'll be hired. https://hbr.org/2016/04/if-theres-only-one-woman-in-your-candidate-pool-theres-statistically-no-chance-shell-be-hired.
4. Koopmans, R., Veit, S., & Yemane, R. (2018). Ethnische Hierarchien in der Bewerberauswahl: Ein Feldexperiment zu den Ursachen von Arbeitsmarktdiskriminierung. Discussion Paper SP VI 2018-104, Mai 2018. https://bibliothek.wzb.eu/pdf/2018/vi18-104.pdf.
5. Rock, D. (2016). NeuroLeadership Summit/NeuroLeadership Institute. https://neuroleadership.com/scalable-learning-solutions/decide/.
6. Ross, H. J. (2014). *Everyday bias: Identifying and navigating unconscious judgments in our daily lives.* New York: Rowman & Littlefield.
7. Sweeny, C., & Bothwick, F. (2016). *Inclusive Leadership. The definitive guide to developing and executing an impactful diversity and inclusion strategy.* New York: FT Publishing.
8. Voß, E. (2014). Unconscious Bias im Recruiting – Wie sich vor allem bei Personalprozessen die Stereotypenfalle umgehen lässt. In Charta der Vielfalt (Hrsg.), *Vielfalt erkennen – Strategien für einen sensiblen Umgang mit unbewussten Vorurteilen* (S. 35–40). Berlin: Charta der Vielfalt.

Dr. Patricia Heufers, Dipl.-Pädagogin und Kauffrau, ist Senior Expert für Diversity & Inclusiveness bei EY (Ernst & Young). Zuvor war sie u. a. Personal- und Führungskräfteentwicklerin bei der LVM Versicherung, Leitung des Zentrums für Weiterbildung an der Universität Witten/Herdecke sowie Lehrbeauftragte an der FH Münster. Neben Diversity & Inclusiveness liegen ihre fachlichen Schwerpunkte im Bereich Lifelong Learning, Personalentwicklung & Coaching.

Dr. Eva Voß verantwortet als GSA Leader die Themen New Ways of Working bei EY (Ernst & Young). Sie ist Autorin und Herausgeberin zahlreicher Fachartikel und Bücher, u. a. mit Schwerpunkt auf Unconscious Bias in Personalentscheidungen und Demografie im Mittelstand. Nach dem Studium der Politikwissenschaften, Geschichte und Gender Studies wirkte sie anschließend mehrere Jahre als Leiterin der Stabsstelle Gender and Diversity an der Universität Freiburg und wechselte danach zur Bertelsmann SE, wo sie als Director Diversity Management arbeitete. Neben ihrem Engagement bei Prout@Work ist sie Vorstandsmitglied des Demografie Netzwerkes ddn e. V.

Unconscious Bias Erlebnis-Workshop – für unbewusste interkulturelle Denkmuster sensibilisieren

13

Albert Kehrer

Zusammenfassung

Unternehmen können mit der Förderung von Vielfalt umfangreiche Vorteile generieren. Ein ganzheitlicher Diversity Management Ansatz ist dabei eine wesentliche Voraussetzung. Aufgrund von unbewussten Stereotypen und Vorurteilen (Unconscious Bias) entscheiden Menschen irrational: Menschen fokussieren auf Äußerlichkeiten und betrachten nicht die Kompetenzen Ihres Gegenübers. Dadurch wird Vielfalt in Unternehmen verhindert. Der für die Robert Bosch Gruppe, einem internationalen Technologie- und Dienstleistungsunternehmen, entwickelte Unconscious Bias-Workshop, sowie eine kritische Betrachtung des Formats, ist in diesem Kapitel beschrieben. Ziel dieses zweistündigen Workshops für Mitarbeiter_innen aller Ebenen war, über die Sensibilisierung eine Reduzierung der Effekte von unbewussten Denkmustern in internationalen Teams zu erreichen, um hierdurch mittel- bis langfristig eine bessere Zusammenarbeit zu gewährleisten.

13.1 Einleitung: Diversity in Unternehmen

Das Konzept von Diversity Management mit seinen sechs Kerndimensionen ist vielfach bekannt. Ebenso ist der Mehrwert für Unternehmen bei dessen Umsetzung allgemein anerkannt. Mittlerweile ist man zu der Überzeugung gekommen, nicht mehr alleine einzelne Dimensionen zu fördern, sondern ein ganzheitliches Diversity Management umzusetzen. Dies bedeutet, dass man nicht nur Maßnahmen für einzelne Gruppen durchführt,

A. Kehrer (✉)
PERLS ANDERSON Change Advisors, München, Deutschland
E-Mail: ak@perlsanderson.com

M. E. Domsch et al. (Hrsg.), *Vorurteile im Arbeitsleben*,
https://doi.org/10.1007/978-3-662-59232-8_13

sondern unter Berücksichtigung der Intersektionalität Führungskräfte und Belegschaft sensibilisiert: Alle Menschen sind unterschiedlich und der Fokus des Ansatzes zielt auf soziale und fachliche Kompetenzen jedes Einzelnen ab, statt sich von Äußerlichkeiten und Hörensagen über Personen(-gruppen) leiten zu lassen. Parallel zu dieser Sensibilisierung werden strukturelle Maßnahmen eingeleitet, um die Chancengleichheit der verschiedenen Gruppen anzupassen.

Das Diversity Management begann historisch betrachtet in vielen Unternehmen mit der Förderung von Frauen in Führungspositionen. Oftmals legten Personal- oder Unternehmensverantwortliche zusätzlich persönliche Schwerpunkte oder das Unternehmen startete Initiativen aufgrund von öffentlichem Druck bei Themen wie „ältere Mitarbeiter", „Menschen mit Behinderung" oder zur „Integration von ausländischen Mitarbeitern". Bei all diesen Aktivitäten ging es nicht um Diversity und seine Dimensionen, sondern um die Förderung einzelner Gruppen, meist eben nur einem Pol einer Diversity-Dimension. Zu allem kam in der Regel noch ein unzureichendes Budget, um unterrepräsentierte Personengruppen im Unternehmen zu fördern und sichtbar zu machen sowie gleichzeitig eine breite und für alle wertschätzende Kommunikation und Veränderungsstrategie zu verfolgen.

Unternehmen, die ihr Engagement für mehr Frauen in Führung nicht zu einem ganzheitlichen Diversity Management weiterentwickeln konnten, tun sich schwer damit, dass Diversity im Unternehmen die Unterstützung erfährt, die erforderlich wäre. Zudem führte die steigende Internationalisierung der Belegschaft und Globalisierung der Märkte längst zur Notwendigkeit von weiteren Maßnahmen wie z. B. die Wertschätzung gegenüber Menschen anderer Herkunft und Religionen. Auch der gesellschaftliche Wandel erfordert zu dem die Einbindung der Diversity-Dimensionen Alter, sexuelle Orientierung und physischer und psychischer Fähigkeiten.

13.1.1 Unconscious Bias als Verhinderer von Diversity

Das Ziel von Diversity Management ist ein wertschätzendes Arbeitsumfeld, bei dem Menschen ungeachtet von Äußerlichkeiten oder Merkmalen wie z. B. Herkunft, Religion oder physischer sowie psychischer Fähigkeiten entsprechend ihrer fachlichen wie sozialen Kompetenzen beurteilt und eingesetzt werden.

Mittlerweile hat sich das Verständnis durchgesetzt, dass Diversity in der Regel nicht am bewussten Willen der agierenden Personen scheitert [1]. Es sind vielmehr unbewusste Denkmuster (Unconscious Bias), die einen wesentlichen Beitrag daran haben, wenn z. B. Frauen nicht gefördert werden oder geförderte Frauen keine Karriere machen. Das Erstaunliche und auch Entlastende dabei ist, dass die unbewussten Prozesse nicht nur bei einzelnen Personengruppen vorkommen, sondern über alle Menschen gleichverteilt vorhanden sind. Als ständiger Begleiter und Influencer sind sie gerade dann besonders kritisch, wenn es um personenbezogene Entscheidungen geht. Sicherlich machte es in der Evolutionsgeschichte Sinn, wenn unsere Vorfahren vor Urzeiten aufgrund der Unconscious Biases innerhalb sehr kurzer Zeit Gefahrensituationen erkennen und bewerten konnten. Auf das falsche Gegenüber damals zugegangen zu sein, war oftmals lebensgefährlich. In der heutigen Zeit jedoch alle seine Entscheidungen von unbewussten Prozessen beeinflussen zu lassen, macht insbesondere im Arbeitsalltag wenig Sinn. Es kann sogar dazu führen, nicht die richtigen Talente im Unternehmen zu haben oder Kunden falsch einzuschätzen.

13.1.2 Stereotype und Vorurteile in global agierenden Unternehmen

Vor dem Hintergrund steigender Internationalisierung der Belegschaft spielen mehr und mehr interkulturelle Aspekte eine Rolle. In der Zusammenarbeit in internationalen Teams, aber auch in Teams, die mit ausländischen oder im Ausland ansässigen Abteilungen zusammenarbeiten, treten sehr schnell zu den ohnehin schwer kalkulierbaren Effekten der Unconscious Biases zusätzlich noch bewusste Stereotype und Vorurteile über „die anderen" in den Vordergrund, die geschäftliche Entscheidungen teilweise nicht mehr rational erscheinen lassen. Die Vermischung von bewussten und unbewussten Stereotypen und der teilweise fließende Übergang lassen uns oftmals als Opfer dieser fühlen. Hilfreicher ist ein bewusster Umgang mit den Vorurteilen, bei dem über diese offen gesprochen wird. Damit kann jede_r Einzelne ihren_seinen Einfluss auf das Entscheidungsergebnis wahrnehmen.

Äußere Umstände wie Profitcenter, das Ausnutzen von Lohnunterschieden und bewusster Wettbewerb zwischen Standorten führen – wenn nicht gezielt entgegengesteuert wird – zum Aufbau und zur Verinnerlichung von Stereotypen gegenüber „den anderen". Um die Prozesse in einem global agierenden Unternehmen daher effizienter zu gestalten, gilt es Stereotype und unbewusste Denkmuster in interner Kommunikation sowie in Trainings zu thematisieren.

13.1.3 Diversity Kommunikationsinitiative bei der Robert Bosch Gruppe

Die Robert Bosch Gruppe hat eine langjährige Expertise im Diversity Management & Kulturentwicklung und setzt mit seinen Maßnahmen auf eine nachhaltige Veränderung der Arbeits- und Unternehmenskultur. 2016/2017 wurde weltweit die vierte Phase der Diversity Mindset-Kommunikationsinitiative von Bosch an 200 Standorten gestartet. Der Fokus hierbei lag auf dem Arbeitsalltag: Situationen, in denen das Einbeziehen verschiedener Blickwinkel Vorteile generiert, in denen aber auch unbewusste Denkmuster Einfluss auf die Entscheidung jede_s Einzelnen haben. In der Kampagne wurde dazu eingeladen, Situationen im eigenen Arbeitsalltag zu entdecken und die Perspektive darauf zu verändern. Ergänzend hierzu wurde ein kurzer interaktiver Workshop angeboten, um die eigenen Denkmuster zu erkennen.

Bosch als ein internationales Technologie- und Dienstleistungsunternehmen mit über 400.000 Mitarbeiter_innen in Regionalgesellschaften in 60 Ländern ist global aufgestellt. Forschung und Entwicklung wird nicht nur an Standorten in Deutschland betrieben. Die global vernetzten Einheiten erfordern eine Zusammenarbeit auf Augenhöhe über die Standorte und Kontinente hinweg. Damit verbessern sich nicht nur die Arbeitsergebnisse der unterschiedlichen Teams, sondern Bosch gewährleistet gleichzeitig für seine Kunden innovative Produkte und kreative Konzepte.

13.2 Workshop-Rahmenbedingungen

13.2.1 Ziele des Workshops

Auftraggeberin für den Workshop war das zentrale Diversity Projekt der Robert Bosch Gruppe. Ziel war im Wesentlichen die Sensibilisierung für das Thema „Unconscious Biases" anhand von beruflichen Alltagsituationen und damit einhergehend der Wunsch, Effekte von unbewussten Denkmustern, die sich negativ oder ungünstig auf die tägliche Zusammenarbeit im Unternehmen auswirken, zu reduzieren. Es ging darum Diversity bei Bosch sichtbar zu machen, sodass alle Mitarbeiter_innen Teil der Vielfalt bei Bosch sind. Denkanstöße und Impulse sollten helfen, um über die Vorteile und den Nutzen von Diversity in den Austausch zu kommen und die Vielfalt im Arbeitsalltag bewusster zu erleben.

Dies vorausgesetzt war man sich jedoch bewusst, dass ein einmaliger freiwilliger Workshop nicht bei allen Teilnehmer_innen eine dauerhafte Veränderung herbeiführen können wird.

13.2.2 Regionale Ausrichtung mit internationaler Adaption

Der Workshop wurde für einen deutschsprachigen Teilnehmer_innenkreis entwickelt, da bei Bosch in Deutschland, Österreich und der Schweiz der überwiegende Teil der Mitarbeiter_innen deutsch sprechen. Parallel war der Workshop auch auf Englisch verfügbar, was vor allem von Teams genutzt wurde, die diesen Workshop als Teil eines jährlichen Team-Meetings zur Verbesserung ihrer Zusammenarbeit nutzten.

Zusammen mit der Auftraggeberin wurde das Konzept um eine Train-the-Trainer-Session erweitert, die face2face wie virtuell global ausgerollt wurde. Die Workshopdokumentation wurde auf Deutsch wie auf Englisch zur Verfügung gestellt. Die weltweiten regionalen Diversity-Verantwortlichen wurden so in die Lage versetzt, mit lokalen Diversity Trainern Adaptionen für den jeweiligen kulturellen Kontext vorzunehmen. Insgesamt wurden im deutschsprachigen Raum über 180 Workshops gehalten, rund 20 Länder und Regionen haben das Konzept teilweise angepasst bereits ausgerollt.

13.2.3 Roll-out in Deutschland, Österreich und der Schweiz

Der Sensibilisierungs-Workshop war als niederschwelliges Angebot für alle Arbeitnehmer_innen im deutschsprachigen Raum geplant. An vielen Standorten sollten die Mitarbeiter_innen über kurze Wege und für eine kurze Dauer in einen proaktiven Austausch geführt werden. Um den Aufwand für die lokalen Diversity-Verantwortlichen möglichst gering zu halten, wurden sie mit einem „Rollout-Kit" unterstützt, in dem alle Informationen wie Buchungsmöglichkeiten, Inhalte und Ablaufplan beschrieben und benötigtes Kommunikationsmaterial zentral zur Verfügung gestellt wurde. Lediglich die notwendigen Räumlichkeiten mussten organisiert und die Veranstaltung beworben werden. Ob und wann es die Workshops an den jeweiligen Standorten gab, oblag den Standorten.

Die Niederschwelligkeit wurde auch bei der Finanzierung der Workshops derart fortgeführt, dass sie im Gegensatz zu vergleichbaren Trainings aus dem zentralen Diversity-Budget bezahlt wurden, um den Anreiz bei den Verantwortlichen vor Ort zu erhöhen und um möglichst viele Personen aus der Belegschaft zur Teilnahme zu motivieren.

13.2.4 Zeitlicher Umfang

Da nicht nur Führungskräfte und Mitarbeiter_innen aus Zentralabteilungen, die alle in der Regel weitgehend über freie Zeiteinteilung verfügen, an den Workshops teilnehmen sollten, wurde die Dauer der Veranstaltung bewusst auf 2 h festgelegt. Somit war es auch Arbeitnehmer_innen aus der Fertigung möglich, die Veranstaltungen zu besuchen.

13.2.5 Gruppengröße

Die Teilnahme an den Sensibilisierungsworkshops war grundsätzlich freiwillig. Um bei der Durchführung möglichst flexibel auf unterschiedliche Teilnehmer_innenzahlen reagieren zu können, war die Anforderung von Seiten der Auftraggeberin, dass das Workshop-Format für eine Gruppengröße zwischen 20 und 35 Personen durchführbar ist.

13.3 Veränderungswirksames Arbeiten

Es besteht der berechtigte Wunsch, dass sich nach einem Training Veränderung im Verhalten und in der Entscheidung der Teilnehmer_innen einstellt. Dies setzt voraus, dass sich die Trainer intensiv damit auseinandergesetzt haben, wie tatsächlich Veränderung beim Menschen erzielt werden kann.

13.3.1 Die Paradoxie des Anliegens

Unconscious Bias in einem Training zu thematisieren ist ein in sich paradoxes Anliegen. Unbewusste Denkmuster lassen sich nicht beeinflussen, solange sie unbewusst bleiben.

Grundsätzlich muss der Mensch ständig aus einer unendlichen Fülle an Reizen und Wahrnehmungen – überwiegend unbewusst – auswählen, worauf er achtet. Er kann nicht auf alles reagieren. Das dient der Reduktion von Komplexität und erhöht das Gefühl der Beherrschbarkeit von Situationen. Insofern muss man die meisten Informationen ignorieren. Der damit zusammenhängende Auswahlprozess kann natürlich nur punktuell bewusst stattfinden. Daher entwickelt jeder Mensch Muster, Gewohnheiten sowie affektive und kognitive Erwartungen (Bezugsrahmen, Schemata). Sie filtern, worauf man wie reagiert, welche Bedeutungen man bestimmten Ereignissen gibt und was man erst gar nicht zur Kenntnis nimmt. Diese Resonanzmuster sind über unsere Sozialisation und unser Umfeld erworben. Damit sind sie auch veränderbar. Gerade im Zusammenhang mit den Auswirkungen von Unconscious Bias können diese in vielen Fällen dysfunktional werden, wenn z. B. bestimmte Informationen gewohnheitsmäßig ignoriert oder missinterpretiert werden.

Wo man nicht weiß, was man unbewusst und damit automatisch denkt, fühlt, will, ausdrückt, akzeptiert oder wo man nicht weiß, worauf man in Resonanz geht, womit man sich identifiziert und wie man versteht, dort kann man keine bewussten Entscheidungen steuern. Man kann nur beeinflussen, wovon man weiß. Es geht also um das Bewusstmachen von automatisch ablaufenden Denk- und Handlungsmustern. Nicht-Wissen ist dysfunktional, wenn man unbewusst so handelt, denkt und fühlt, dass man sich selbst oder anderen damit schadet bzw. nicht das tut, was gut für eine_n ist oder für den Unternehmenserfolg nötig ist.

Eine rein kognitive Behandlung der Thematik in einem Training reicht daher nicht aus. Die eigenen Biases bewusst zu erleben und zu reflektieren, eröffnet einen wesentlichen effektiveren Zugang zu Veränderungsmöglichkeiten. Unser Ziel als Trainer war es, dass jede_r Teilnehmer_in im Training für sich die Erfahrung über ihre_seine unbewussten Denkprozesse und die damit verbundenen Denkfehler macht und versteht wie diese ihre Entscheidungen in der Rolle als Führungskraft oder Mitarbeiter_in beeinflussen. Damit sollten die Teilnehmer_innen von Bosch mit Kenntnis und Bewusstheit für die Bedeutung des Themas an den Arbeitsplatz zurückkehren.

13.3.2 Veränderungsverständnis

Menschen können bewusst oder unbewusst ihre Innen- und Außenwelten aktiv selber gestalten. Daher werden die Workshop-Teilnehmer_innen darin unterstützt, zu erkennen, wie sie ihre Probleme und Herausforderungen in der Zusammenarbeit aufgrund von unbewussten Denkmustern herbeiführen, welche Dynamiken aufgrund dieser in ihnen wie wirken und was sie deshalb (nicht) tun. Nachhaltig entwickeln und verändern kann sich nur, wer das Alte verstanden hat, d. h. es geht darum, sich und seine Verhaltensweisen zu reflektieren, nicht nur wahrzunehmen, dass etwas ist wie es ist, sondern sich auch hinterfragen, woher die Einstellung kommt und ob sie in der jeweiligen Situation Sinn ergibt. Als Trainer nur an der Änderung des Verhaltens zu arbeiten, wird nicht erfolgreich sein, weil die dahinterliegenden Bilder und Einstellungen der_des Teilnehmer_in noch nicht verstanden wurden.

Für die Veränderung braucht es Selbstwahrnehmung, Erleben, Verstehen, das selbständige Entwickeln neuer Handlungsoptionen und die Auseinandersetzung mit der Umwelt.

Menschen sind unterschiedlich und komplex und man kann ihnen nicht mit Patentrezepten begegnen [2]. Die Trainer_innen müssen sich auf jede Teilnehmergruppe neu einlassen, was bedeutet, dass die Seminare einen ähnlichen Rahmen, nie aber den gleichen Inhalt und Verlauf haben. Gegebenenfalls passen sie die Vorgehensweise und ihre Interventionen laufend entsprechend den Anliegen der Teilnehmer_innen und der Situation im Seminar an.

Über das Besprechen persönlicher Erfahrungen aus der Praxis stellen die Trainer_innen einen Bezug zur aktuellen Wirklichkeit und Situation der Teilnehmer_innen her. „Schwimmen lernt man, indem man schwimmt". Lernen ohne Kontext und ohne Kontakt zu anderen Menschen ist nicht nachhaltig.

13.3.3 Haltung und Atmosphäre

Für das Gelingen eines Seminars ist es grundlegend, einen wertfreien Raum und eine Atmosphäre zu schaffen, in der es möglich und erlaubt ist, sich mit seinen Stereotypen und Vorurteilen, seien sie bewusst oder eben noch unbewusst, zu zeigen. Jede Art von Biases, die im Workshop von Teilnehmer_innen ausgesprochen wird, darf nicht abgewertet werden, auch wenn sie noch so sehr gegen die Wertevorstellung der Trainer_innen, des Unternehmens oder Gesellschaft verstößt. Grundsätzlich sind im Workshop alle Vorurteile als berechtigt zugelassen. Daran anschließend werden sie im Plenum reflektiert.

Dies erfordert vonseiten der Trainer_innen ein hohes Maß an Authentizität und die Bereitschaft, sich wirklich auf die Teilnehmer_in einzulassen. Ebenso wird der Erfolg der Arbeit in diesen Workshops dadurch gesteigert, dass sie sich selbst als Person einbringen. Gemeint ist damit, dass die Trainer_innen ihre eigene Betroffenheit von Stereotypen und Vorurteilen preisgeben und so auf Augenhöhe mit den Teilnehmer_innen agieren. Weiter bedeutet das, keine_n Teilnehmer_in vor der Gruppe bloßzustellen, sondern unangenehme Biases in der gesamten Gruppe zu reflektieren.

Diese Haltung und Atmosphäre eines wertfreien Umfelds schafft Erlebnisräume, in denen sich die Teilnehmer_innen ihrer Innen- und Außenwelten bewusstwerden können. Dieses aktive Erleben ist Im Gegensatz zu „etwas aufnehmen", sich über etwas informieren oder über etwas reden die Voraussetzung für nachhaltiges Lernen.

13.4 Workshop-Design und Methoden

Die gewünschte Teilnehmerzahl sowie die zeitliche Restriktion brachten bei der Konzeption des Workshops die Herausforderung, dass die theoretischen Inhalte kurz genug und dennoch verständlich gewählt wurden und somit ausreichend Zeit zur Bewusstmachung und Reflexion der eigenen Stereotype und Vorurteile und die Erarbeitung von Handlungsoptionen vorhanden war.

13.4.1 Sanfter Einstieg

Da Menschen ungern zugeben, dass sie Stereotype gegenüber anderen Menschen haben, hat man sich darauf verständigt die Veranstaltung mit einem sanften Einstieg zu beginnen und nicht gleich mit theoretischen Inhalten zu starten. Die Anwesenden werden gebeten, -jede_r für sich- zu drei vom Trainer gestellten Fragen zu reflektieren. Die Fragen beziehen sich immer auf Zuschreibungen gegenüber den anderen anwesenden Personen, wobei die Teilnehmer_innen ausdrücklich gebeten werden keine Antworten zu den Fragen öffentlich werden zu lassen. Da alle Beteiligten auch Teil der Gedanken der anderen sind und gleichzeitig sich über die anderen Gedanken gemacht hatten, waren alle Opfer und Täter von Zuschreibungen, da die Fragen in der Regel so gewählt waren, dass man die Antworten nur wissen konnte, wenn man eine Person sehr gut kennt. Die Fragen sind hierbei so gewählt, dass es nicht um klassische stereotypisierende Kategorien geht, sondern um Zuschreibungen bzgl. des Alltagslebens wie z. B. das Spielen eines Musikinstruments oder die Vorliebe Wäsche zu bügeln. Die Auflösung der Übung wurde an das Ende des Trainings gestellt.

13.4.2 Vom Allgemeinen zum Beruflichen

Um die Erreichung der Ziele der Auftraggeberin zu unterstützen und um eine direkte Nutzbarkeit im Unternehmen zu erzielen, haben Weiterbildungsangebote im beruflichen Umfeld in der Regel immer einen Bezug zum Arbeitsalltag. Da das Workshop-Angebot ohne Verpflichtung für die Arbeitnehmer_innen ist, wird von vorne herein im Workshop kein Druck ausgeübt, dass die Teilnehmer_innen sich verändern müssen. In Fortführung zum sanften Einstieg ist der Workshop von der Idee her so aufgebaut, dass die ausschließliche Arbeitsplatzrelevanz gegen Ende hin zunimmt. Während zu Beginn über allgemeine Biases vor allem im privaten Umfeld und von persönlichen Erfahrungen allgemeiner Art gesprochen wird und nur hin und wieder die Relevanz für den Arbeitsalltag mit den Anwesenden diskutiert wird, haben die konkreten Beispiele von Biases einen direkten Bezug zu Situationen aus dem beruflichen Alltag. Die Diskussion am Ende, wie man Unconscious Bias begegnen kann, wird rein arbeitsplatzbezogen geführt.

13.4.3 Privatsphäre statt Öffentlichkeit

Um die Gefahr, dass Einzelne z. B. gegenüber direkten Kolleg_innen oder ihren Vorgesetzten bloßgestellt werden, zu reduzieren, wurden die Teile im Workshop, in denen von persönlichen Erfahrungen Zuschreibungen oder Abschreibungen von Eigenschaften anderen Gruppen gegenüber erzählt werden sollte, auf Kleingruppenarbeit verlegt.

Die Teilnehmer_innen können so im geschützten Raum einer Kleingruppe von eigenen Situationen berichten, in denen sie wegen eines Stereotyps gegenüber einer Personengruppe gehandelt haben. In der Gruppenarbeit haben alle Personen ausreichend Zeit, ein oder zwei eigene Erfahrungen zu benennen. Um eine Vertiefung einzelner Denkmuster zu vermeiden, wird der vorgegebene Zeitrahmen bewusst knappgehalten und zusätzlich noch die Beantwortung von drei Fragen für die Kleingruppe vorgegeben. So verringert sich die Angst bei Einzelnen, zu viel von sich preisgeben zu müssen.

Nach jeder Kleingruppenarbeit werden die Teilnehmer_innen aufgefordert, über die Diskussion in ihrer Gruppe zu sprechen. Ausdrücklich wird darum gebeten, dass eine Person die Highlights aus der Diskussion dem Plenum mitteilt. Dadurch wird vermieden, dass Personen sich dazu gezwungen fühlen, ihre eigenen Erfahrungen teilen zu müssen. Sie können dies jedoch jederzeit tun. Somit können sich Personen in der Anonymität verstecken, wenn ihnen die Benennung ihrer Stereotype unangenehm ist.

Im Plenum ist vor allem die positive Grundhaltung der_des Trainer_in und Wertschätzung jeder Person wichtiger Garant, dass Teilnehmer_innen ein Vorurteil öffentlich benennen. Zielführend ist nicht, durch Abwertung und generelles Infrage stellen des Vorurteils gesellschaftlich oder persönlich unerwünschte Themen zu beenden. Im Plenum leitet die_der Trainer_in daher eine Reflexion an, in die alle Anwesenden eingebunden sind. Der Fokus geht dadurch weg vom Einzelnen, hin zu einer Gruppendiskussion. Dies führt in der Regel zu den gleichen Reflexionsergebnissen, jedoch ohne die Bloßstellung einer einzelnen Person.

13.4.4 Stereotype, Vorurteile oder Unconscious Bias

Es bestand bei der Konzeption die Überzeugung, dass das Bewusstmachen von und Sprechen über Denkmuster zu mehr Achtsamkeit und einem Beginn in der Reflexion führen kann. Da die Aufgabe des Workshops die Sensibilisierung für die Thematik und die Ermächtigung zum bewussten Umgang mit unbewussten Denkmustern ist, wird während des Formats nicht dediziert, auf die Unterschiede zwischen Stereotypen, Vorurteilen und Unconscious Bias eingegangen.

Für das vorhandene Format werden diese Begriffe inhaltsgleich verwendet, obwohl wir uns als Trainer_in der Unterscheidung zwischen bewussten und unbewussten Denkmustern gewahr sind. Eine Unterscheidung wurde als nicht relevant angesehen und erwies sich in den Workshop als nicht notwendig. Für den Fall, dass Nachfragen zu den Unterschieden in einer Gruppe aufkommen, wird auf die Definition in Abb. 13.1 verwiesen.

Stereotyp

- ein weit verbreitetes, aber festgelegtes und übervereinfachtes Bild oder eine Vorstellung von einer bestimmten Art von Person/ Gruppe oder Sache
- kann positiv oder negativ sein

Vorurteil

- unvernünftige, oft unbegründete Gefühle, Meinungen oder Einstellungen, insbesondere von feindseliger Natur, z.B. in Bezug auf eine ethnische, soziale oder religiöse Gruppe
- eine negative Meinung oder ein Gefühl, das vorher oder ohne Wissen, Gedanke oder Grund gebildet wurde.
- jede vorgefasste Meinung oder Gefühl, entweder günstig oder ungünstig.

unbewusstes Denkmuster (Unconscious Bias)

- Einstellung, wie wir über andere Menschen/ Gruppen denken, die wir anders wahrnehmen.
- Es ist ein Glaube oder eine Einstellung in unseren Köpfen.
- nicht absichtlich gemacht, es ist unbewusst
- Aufgrund von Sozialisierung und Erziehung unbewusst erlernt

Abb. 13.1 Abgrenzung Stereotyp, Vorurteil, unbewusste Denkmuster

13.4.5 Benennung und Reflexion

Die Gratwanderung in einem Workshop von diesem Format ist es, Teilnehmer_innen, die sich in ihrer eigenen Welt sicher fühlen und sich der Effekte ihrer Denkmuster nicht bewusst sind, dazu zu bringen, ihre Erlebniswelt preiszugeben und darüber zu sprechen. Die Trainer_innen sind überzeugt, dass man nur über die Aussprache und zugehörige Diskussion mit anderen die Menschen dazu bringt, ihre Biases wahrzunehmen und ggf. zu hinterfragen.

Da das Benennen besonders in Kleingruppen dazu führt, dass Gruppenmitglieder_innen diese für sich bestätigen bzw. durch weitere Beispiele bekräftigen, besteht die Gefahr, dass Stereotype und Vorurteile manifestiert werden. Die Erfahrung in den Workshops hat gezeigt, dass in kleineren Gruppen andere Meinungen mit geringerer Wahrscheinlichkeit bekannt werden (Ingroup Bias). Im Plenum besteht die Chance, dass die_der Trainer_in bei der Benennung eines Stereotyps in die Gruppe fragen kann, ob die anderen dies so bestätigen können oder ob jemand eine gegenteilige Erfahrung gemacht hat. Meist kommt hierbei schnell zutage, dass eine Gruppe nicht so oder so ist, sondern, dass die Erfahrungen über alle Gruppen äußerst unterschiedlich sind.

Aus diesem Grund sind die Teilnehmer_innen in den Kleingruppen nicht nur gebeten, Stereotype, Vorurteile und Denkmuster zu benennen, sondern werden zudem aufgefordert zu diskutieren, wozu diese jeweils gut sind und welche Bedeutung sie im privaten wie beruflichen Alltag haben.

13.4.6 Theorie und Kognitive Wahrnehmungsstörungen

Auch wenn der Erlebnisteil eine zentrale Rolle spielt, müssen wichtige theoretische Inhalte vermittelt werden. Vor dem Hintergrund der Dauer der Veranstaltung sind diese kurz gehalten. Dadurch, dass die Teilnehmer_innen durchweg über Fragen und Einschätzungen und der Bitte eigene Erfahrungen mitzuteilen eingebunden sind, wurde der Theorieteil als kurzweilig erlebt.

Da Biases auf eine Verzerrung der Wahrnehmung hinweisen, sind kognitive Täuschungen allgemein ein guter und für die Teilnehmer_innen ein leichter Einstieg, das Thema verständlich und konkret zu machen, besonders, wenn auch die_der Trainer_in erwähnt, dass sie_er ebenso hereingefallen ist bzw. Probleme hat, das „Richtige" zu sehen. Hier haben sich Bilder wie Rubins Vase, die geometrischen Illusionen von Akiyoshi Kitaoka oder Adelsons „Schachbrett-Schatten" als sehr geeignet erwiesen. In Verbindung mit der Erklärung von Daniel Kahnemanns [3] System 1 und System 2 anhand von praktischen Beispielen werden die Effekte von unbewussten Entscheidungen greifbar. Diese werden im Anschluss dann über konkrete Beispiele von Biases, die eine Arbeitsplatzrelevanz haben, ergänzt.

13.4.7 Unbewusste Denkmuster im interkulturellen Kontext

In einem Training alle Biases aufzuzeigen, die bislang nachgewiesen wurden, ist nicht möglich. Zudem ist es schwer, die Biases in einem Training vorzustellen, die die höchste Relevanz für die anwesenden Personen haben, da man im Vorhinein nicht weiß, wie die Gruppen zusammengesetzt sind. In der arbeitsplatzrelevanten Literatur sind sehr viele Beispiele für Effekte durch Unconcious Bias bei den Geschlechtern zu finden. Die Auftraggeberin wollte neben der Genderthematik jedoch aufgrund der Internationalität des eigenen Unternehmens auch einen Fokus auf den interkulturellen Kontext legen. Dadurch soll die Zusammenarbeit in internationalen Teams vor Ort aber auch die mit Standorten in der Welt verbessert werden.

Daher wurde neben klassischen Gender Biases auch Biases aufgezeigt, die einen direkten Bezug zu einem international agierenden Unternehmen haben. So spielen hier z. B. die Körpergröße (Europa – Asien), der Language Bias (Deutsch vs. Englisch vs. Andere Sprachen), Zu- und Abschreibungen von Eigenschaften aufgrund von Hautfarbe, Namensbias und Biases aufgrund von sichtbarer oder angenommener Religionszugehörigkeit eine Rolle. Darüber hinaus z. B. auch der Backfire Effect, wodurch die Neigung besteht, Fakten zu ignorieren, wenn sie der eigenen Überzeugung widersprechen.

Da sich bis zu diesem Punkt viele Teilnehmer_innen nur in ganz wenigen Biases selber wiederfinden und sich für vorurteilsfrei halten, hat sich bewährt, dass noch konkret auf den Like-me Bias und den Blind Spot Bias eingegangen wird. Da durch beide aufgezeigt werden kann, dass alle Menschen von Biases betroffen sind.

13.4.8 Tipps zum Umgang mit Unconscious Bias

Neben dem Aufzeigen vom Bestehen, den Ursachen und Wirkungen von bewussten und unbewussten Stereotypen und Vorurteilen wird den Anwesenden im Workshop auch ein

Werkzeug an die Hand (Abb. 13.2) gegeben, mit dem jede_r persönlich die Effekte von Biases reduzieren kann. Diese Tipps werden von der_dem Trainer_in kurz erläutert und in einen Kontext gebracht [4].

Im Workshop erarbeiten dann die Teilnehmer_innen in Kleingruppen, wie sie diese Tipps konkret umsetzen können. Die Aufgabenstellung sieht vor, dass die Selbstverantwortung aller angesprochen wird: „Was kann jede_r Einzelne in seinem Arbeitsumfeld durch ihre_seine Handlungen für ein vorurteilsfreies Miteinander beitragen?" Das Ergebnis der Gruppenarbeit zielt daher nicht darauf, Maßnahmen zu strukturellen Änderungen in den Personaleinstellungs-, Beurteilungs- und Beförderungsprozsessen zu identifizieren, die in der Verantwortung der_des Arbeitgeber_in liegen. Dies wurde bewusst so gewählt, weil die Auftraggeberin aus dem Diversity Management heraus über Modifizierungen von Personal- und Unternehmensprozessen die Chancengleichheit von allen unterrepräsentierten Gruppen im Unternehmen bereits umfassend verbessert hat und weiter daran arbeitet. Zudem ist die Zielgruppe der Workshops so unterschiedlich und die Dauer der Workshop zu kurz, um einen nennenswerten Beitrag zusätzlich zu den persönlichen Umsetzungsmöglichkeiten aus den Kleingruppen erwarten zu können.

Wie in Abschn. 13.3.2 beschrieben, sind die Trainer_innen davon überzeugt, dass das Erleben und Reflektieren von Biases veränderungswirksam ist. Zusätzlich ist es notwendig, dass die Teilnehmer_innen im Nachgang zum Workshop regelmäßig mit dem Thema konfrontiert bzw. daran erinnert werden. Nur so kann sich nachhaltiger Erfolg einstellen. Aus diesem Grunde wurde zusammen mit der Auftraggeberin entschieden, die fünf Tipps zum Umgang mit Unbewussten Denkmustern den Teilnehmer_innen als Postkarte mitzugeben mit der Einladung, sie sichtbar im Arbeitsbereich für sich zu platzieren. Dadurch soll die Möglichkeit aufgezeigt werden, sich eigenverantwortlich regelmäßig mit dem Unconscious Bias zu beschäftigen.

Abb. 13.2 Tipps zum Umgang mit Unconscious Bias

13.5 Kritik am Konzept

Wie viel Veränderung kann durch ein zweistündiges Training herbeigeführt werden? Unternehmen müssen immer abwägen, wie viele Personen in welcher Tiefe bei einem bestimmten Budget erreicht werden können. Auf den ersten Blick erscheint es wenig Sinn zu machen, Unconscious Bias in einem zweistündigen Training anzubieten. Viele persönlichkeitsbildende Trainings sollten aus Sicht der Personalentwicklung tiefgehender sein. Nicht alle Mitarbeiter_innen sind jedoch für einen ganzen Tag oder mehr abkömmlich. Zudem müssen nicht alle Arbeitnehmer_innen zu Experten ausgebildet werden. Das Ziel der Auftraggeberin, ein niederschwelliges Format in Form eines Erlebnisworkshops zum Thema Unconscious Bias anzubieten, wurde erreicht. Mit 180 Workshops an 37 Standorten wurden mit einem möglichst geringem Aufwand für die Teilnehmer_innen über 4000 Multiplikatoren ausgebildet.

Es wurde versucht, alle Workshops über Feedbackfragebögen zu evaluieren. Die Ergebnisse hierzu waren durchwegs positiv. Immer wieder erreichen die Auftraggeberin, wie auch die Trainer_innen Anekdoten von Teilnehmer_innen, die aufgrund der Postkarten mit den 5 Tipps regelmäßig sich selber reflektieren oder mit Kolleg_innen über das Thema ins Gespräch kommen. Aus diesem Grund kann von einem nachhaltigen Erfolg der Workshops gesprochen werden.

Vereinzelt kamen von Teilnehmer_innen Rückmeldungen, dass in dem Training „nichts Neues" zu erfahren ist. Dem ist zu entgegnen, dass gerade bei Veränderungsthemen eine stete Wiederholung des zu Lernenden notwendig ist. Da die meisten dieser Prozesse unbewusst ablaufen, macht es Sinn, sich regelmäßig mit der Thematik zu beschäftigen und in Erinnerung zu rufen, dass die vorhandenen Stereotype und Vorurteile ins Bewusstsein geholt und erst damit reflektiert werden können.

13.6 Resümee

Ungeachtet der in Abschn. 13.5 genannten Kritik am Konzept sehen die Trainer_innen und die Auftraggeberin das entwickelte Workshopkonzept als eine ideale Ergänzung an, ein Verständnis für Diversity und Inclusion im allgemeinen und eine Sensibilisierung für die Effekte von Unconscious Bias in der breiten Belegschaft zu schaffen. Der zweistündige Workshop wurden von den Teilnehmer_innen so gut angenommen, dass Empfehlungen an Kolleg_innen ausgesprochen wurden, wodurch weitere Multiplikatoren für das Thema gewonnen werden konnten. Die Atmosphäre in den Trainings war so gelungen, dass sich die gemischten Gruppen unterschiedlicher Hierarchien und Menschen jeglicher Diversity-Dimensionen schnell geöffnet und von ihren Stereotypen und Vorurteilen berichtet hatten. Zusammenarbeit auf Augenhöhe führte zu mehr Verständnis nicht nur der Kulturen, sondern auch Hierarchien und zwischen den Fertigungs- und administrativen Bereichen. Unconscious Bias Trainings in diesem Format waren die Basis, dass die Auftraggeberin weitere Trainings für HR-Verantwortliche und Führungskräfte entwickelt hat. Dadurch sollen weitere Zielgruppen mit für ihren Bedarf speziellem Wissen ausgestattet werden.

Literatur

1. Charta der Vielfalt. (2014). Vielfalt erkennen – Strategien für einen sensiblen Umgang mit unbewussten Vorurteilen. https://www.charta-der-vielfalt.de/fileadmin/user_upload/Studien_Publikationen_Charta/Vielfalt_erkennen_BF.pdf. Zugegriffen: 1. Juli 2018.
2. Eidenschink, K. (2016). Veränderung verstehen: Skizze einer Metatheorie der Psychodynamik. https://metatheorie-der-veraenderung.info/wp-content/uploads/2016/02/Veraenderung-verstehen.pdf. Zugegriffen: 1. Juli 2018.
3. Kahnemann, D. (2015). *Schnelles Denken, langsames Denken*. München: Siedler Verlag.
4. Kandola, B. (2009). *The value of difference: Elimination bias in organisations*. Oxford: Pern Kandola.

Albert Kehrer Albert Kehrer ist Inhaber von PERLS ANDERSON CHANGE ADVISORS. Dort bietet er Beratung und Unterstützung zu Diversity- und Veränderungsthemen alleine sowie auch in Kombination mit exzellenten Personen aus seinem Netzwerk an. Zudem unterstützt er als Coach Führungskräfte. Er bringt mehrjährige Consulting-Erfahrung mit, darunter mehr als fünfzehn Jahre im Diversity Management und sieben Jahre auf Führungs- und Managementebene. Seinen Erfahrungsschatz hat Albert Kehrer 20 Jahre lang in verschiedenen Branchen (Banken, Versicherung, IT, Beratung) und Positionen gesammelt. Beispielsweise entwickelte er für einen globalen Technologiekonzern als Business Development Executive eine Diversity-Sales-Strategie; in einem internationalen Beratungsunternehmen hat er als „Head of Diversity“ die Weichen für personelle Vielfalt gestellt.

Unter seinen Kunden finden sich Großkonzerne, die öffentliche Hand sowie mittelständische Unternehmen. Er ist als Diversity-Experte weit über Deutschland hinaus bekannt, hält regelmäßig Vorträge und veröffentlicht Artikel. Albert Kehrer hat Betriebswirtschaftslehre an der Universität Augsburg und Economics an der University of Wales, Aberystwyth, studiert. Mit einer Coaching-Ausbildung, verschiedenen Trainerweiterbildungen, einer Ausbildung zum Organisationsberater und einer Psychotherapieweiterbildung hat Albert Kehrer seine Kompetenzen erweitert.

14 Perspektivenwechsel: das Unbewusste bewusst machen! Eine empirische Untersuchung zu beruflichen Geschlechterstereotypen

Beatrix Dietz und Frauke Prott

Zusammenfassung

Das Thema Gender Diversity hat in den vergangenen Jahren mehr Aufmerksamkeit in den Unternehmen erhalten und auch im politischen Diskurs seinen festen Platz gefunden. Eine Barriere für eine höhere Repräsentation von Frauen in Führungspositionen stellt das Denken in Klischees und Stereotypen dar. Lange schien sich an den tradierten Rollenzuschreibungen und den Erwartungen an die Verhaltensweisen und -muster von Frauen und Männern wenig zu ändern. Da jedoch gerade die Überwindung dieser Zuschreibungen und Erwartungen für eine Veränderung in Organisationen wichtig ist, war es Ziel der vorliegenden Studie herauszufinden, ob die Gleichung „Manager = Frau" heute bereits aufgeht.

14.1 Hintergrund

Die langjährig erfolgreiche Abteilungsleiterin eines international agierenden Unternehmens Petra ist alleinerziehend und kommt nach einjähriger Elternzeit wieder zurück ins Büro. Ihre Assistentin begrüßt sie herzlich mit: „Hallo Mama". Unbewusst wird ihr nun als Mutter eine neue Rolle – im Unternehmen wie auch in der Gesellschaft – zugeschrieben. Als Folge wird Petra in ihrem alten Job nicht mehr Fuß fassen, da nicht

B. Dietz (✉)
Fachbereich Wirtschaftswissenschaften, Hochschule für Wirtschaft und Recht Berlin, Berlin, Deutschland
E-Mail: beatrix.dietz@hwr-berlin.de

F. Prott
Fachbereich Wirtschaft, Informatik, Recht, TH Wildau, Wildau, Deutschland
E-Mail: frauke.prott@th-wildau.de

M. E. Domsch et al. (Hrsg.), *Vorurteile im Arbeitsleben*,
https://doi.org/10.1007/978-3-662-59232-8_14

nur ihre Assistentin, sondern auch Kolleginnen und Kollegen sowie Vorgesetzte implizit davon ausgehen, dass Petra nicht mehr 24 h 7 Tage die Woche flexibel sei und somit auch nicht mehr uneingeschränkt reisen könne. Das Resultat eines sogenannten Unconscious Bias.

Die Gesellschaft weist Individuen eine soziale Rolle zu, womit Erwartungen verbunden sind, wie sich das Individuum zu verhalten hat bzw. wie es sich verhalten sollte – nämlich gemäß den Normen, Werten, Annahmen sowie dem tradierten kulturellen Kontext einer sozialen Gemeinschaft. Durch den Prozess der Sozialisierung werden Normen und Werte von Kindheit gelernt und verinnerlicht. Dadurch wird das Individuum zu einem funktionierenden Teil der Gesellschaft. In erster Linie wirken das familiäre Umfeld und die Erziehung auf die Sozialisierung ein; im Weiteren wird der Prozess maßgeblich durch Freundinnen und Freunde sowie Medien beeinflusst [12]. Menschen werden somit nicht mit bestimmten Annahmen, Meinungen und Einstellungen geboren, sondern diese sind das Produkt der Sozialisierung sowie des persönlichen Hintergrunds und der eigenen Erfahrungen und Erwartungen [37].

Auch Stereotype werden durch den Prozess der Sozialisierung beeinflusst. Um die komplexe Welt beherrschbar zu machen, tendieren Menschen dazu, Verallgemeinerungen vorzunehmen und Personen in Schubladen einzuordnen. Solche Verallgemeinerungen nennt man Stereotype. Personen werden daher aufgrund ihrer Zugehörigkeit zu einer sozialen Gruppe beurteilt und nicht auf Grund ihrer Persönlichkeit oder ihrer Fähigkeiten und Kompetenzen. Geschlechterstereotype sind verallgemeinerte Annahmen und Ansichten hinsichtlich der Eigenschaften von Männern und Frauen [14]. So werden Männer beispielsweise als dominant, durchsetzungsstark und logisch, Frauen hingegen als emotional, sanft und hilfsbereit charakterisiert [5]. In der Führungsliteratur wird dieser Gegensatz als „Agency-Communication-Paradigma" bezeichnet [22]. Studien zeigen, dass Stereotype weltweit gleich [38] und zeitlich stabil sind [14]. Wenn Emotionen mit der Beurteilung einer Person verbunden sind, spricht man von Vorurteilen. Diskriminierung liegt vor, wenn sich Vorurteile gegenüber einer Person aufgrund ihrer Gruppenzugehörigkeit in einem bestimmten (negativen oder positiven) Verhalten niederschlagen [6].

Der englische Begriff „bias" bezeichnet eine Verzerrung. Dies bedeutet, dass die subjektive Wahrnehmung einer Person, z. B. hinsichtlich eines Menschen, nicht mit der objektiven Realität übereinstimmt – also verzerrt ist. Durch diese Verzerrung kann es infolge zu einer voreingenommenen Beurteilung kommen. Mit dem Phänomen des Unconscious Bias oder auch Implicit Bias wird darauf hingewiesen, dass unbewusste persönliche Präferenzen und Neigungen ein vorurteilsfreies objektives Bewerten verhindern [29]. In der deutschen Literatur werden häufig auch die Begriffe „unbewusste Vorurteile" und „implizite Annahmen" als Synonyme für Unconscious Bias verwendet.

Das Verdienst der aktuellen impliziten Führungsforschung ist es, auf das Unbewusste in der menschlichen Urteils- und Entscheidungsfindung aufmerksam zu machen, womit die Unterrepräsentation von Frauen in Führungspositionen erklärt werden kann [25]. So gibt es gesellschaftlich-politische, organisationale sowie persönliche Barrieren, welche verhindern, dass Frauen einen höheren Anteil an Führungspositionen begleiten [4]. Da Unternehmen sowie Individuen Teil einer Gesellschaft sind, wirken die in einer Gesellschaft herrschenden Denkweisen und impliziten Annahmen nicht nur auf Individuen, sondern auch in die Unternehmen hinein. Daher sind Unternehmensstrukturen und -kulturen auch nicht geschlechtsneutral [4]. Da implizite Annahmen und Vorurteile jedoch für alle Beteiligten nicht offensichtlich sind, ist es schwer, Denkmuster einzureißen. So war es der Assistentin sicher nicht bewusst, dass sie wie auch ihre Kolleginnen und Kollegen der früheren Abteilungsleiterin Petra eine neue Rolle im Unternehmen sowie in der Gesellschaft zugewiesen haben. Daher sollten Unternehmen zukünftig darauf achten, das Unbewusste bewusst zu machen, um faire Beurteilungen und Entscheidungen zu ermöglichen. Welche Konsequenzen sich aus impliziten Annahmen für Unternehmen wie auch deren Mitglieder ergeben, ist Gegenstand des nächsten Abschnitts.

14.2 Folgen von Unconscious Bias für Unternehmen

In erster Linie hat Unconscious Bias für Unternehmen Auswirkungen auf der Personalebene. Hier sind, wie in Abb. 14.1 dargestellt, vor allem die vier Bereiche: Recruiting, Führung von Mitarbeiterinnen und Mitarbeitern, Entwicklung von Führungskräften sowie Unternehmenskultur zu nennen, die allerdings nicht überschneidungsfrei sind und im Folgenden ausgeführt werden. Im Weiteren kann Unconscious Bias aber auch Auswirkungen auf den Markterfolg eines Unternehmens haben [21] – was in diesem Artikel aber nicht weiter betrachtet wird.

Abb. 14.1 Von Unconscious Bias betroffene Bereiche in Unternehmen

14.2.1 Recruiting

In Personalsuch-, Selektions- und Einstellungsverfahren werden das Urteilsvermögen und folglich die Auswahlentscheidung von Personalverantwortlichen unbewusst von Stereotypen und impliziten Annahmen gegenüber unterschiedlichen sozialen Gruppen beeinflusst. Willemsen [38] zeigt beispielsweise, dass Frauen stereotypisch weibliche Eigenschaften zugeschrieben werden, auch wenn sie genau den gleichen beruflichen Hintergrund wie Männer aufweisen.

Als Erklärung für eine solche Zuschreibung kann die Theorie der sozialen Identität (Social Identity Theory [34]) herangezogen werden. Gemäß dieser ordnen Individuen sich selbst und andere Personen Gruppen zu – oftmals anhand von gut beobachtbaren demografischen Merkmalen wie Geschlecht oder Alter – und definieren dadurch ihre soziale Identität und Selbstwahrnehmung. Als Folge werden Personen als Teil der eigenen Gruppe (in-group) oder als Mitglied einer anderen Gruppe (out-group) wahrgenommen und beurteilt. Um die eigene soziale Identität aufrechtzuerhalten bzw. zu verbessern, neigen Individuen unbewusst dazu, Mitglieder der eigenen sozialen Gruppe besser zu bewerten.

Demzufolge lässt sich erklären, dass ein und derselbe Lebenslauf allein bei Berücksichtigung des Merkmals Geschlecht unterschiedliche Beurteilungen erhalten kann: Zum einen macht es einen Unterschied, ob der Lebenslauf von einer Frau oder einem Mann stammt. Zum anderen macht es einen Unterschied, ob eine Frau oder ein Mann darüber entscheidet, wer zu einem Vorstellungsgespräch eingeladen – und wer für den ausgeschriebenen Job ausgewählt wird.

Ein prominentes Beispiel, wie unbewusste Annahmen das Urteilsvermögen beeinflussen, wenn es um die Auswahl und die Einstellung von neuen Mitarbeiterinnen und Mitarbeitern geht, zeigt die Welt der klassischen Musik: In den Orchestern der Spitzenhäuser saßen in erster Linie Männer; Frauen gelang es bei den traditionellen Vorspielen nicht, die Auswahlkommission von ihren Leistungen zu überzeugen. Deren Leistung wurde erst dann honoriert, als das Boston Symphony Orchestra damit begann, die Bewerberinnen und Bewerber hinter einem Vorhang vorspielen zu lassen. Der Frauenanteil stieg dadurch zwischen 25 und 50 % [11]. Viele Orchester folgten dem Beispiel des Boston Symphony Orchestra.

Die Darstellung verdeutlicht eindrucksvoll, wie Personalauswahlprozesse eine bestimmte Gruppe diskriminieren können, ohne dass sich Personalverantwortliche darüber bewusst sind, dass eine Diskriminierung vorliegt. Vielmehr meinen viele, ihre Entscheidungen seien objektiv [14]. Unconscious bias verringert aber nicht nur die Chancengleichheit für Minderheiten, sondern kann auch nachteilig für Unternehmen sein [21]. Denn wenngleich sich Unternehmen Vielfalt und eine inklusive Unternehmenskultur auf die Fahnen schreiben, kann es durch implizite Vorurteile zu Monokulturen kommen, die mit negativen Folgen verbunden sein können, wie z. B. die Entwicklung weniger innovativer Produkte und somit dem Verlust von Marktanteilen [3]. Ziel muss es daher sein, den Einfluss von eingefahrenen Denkmustern und Stereotypen durch maximale Standardisierung im Recruiting-Prozess zu minimieren.

14.2.2 Führung von Mitarbeiterinnen und Mitarbeitern

Ist eine Bewerberin oder ein Bewerber eingestellt, geht es für Unternehmen im Weiteren darum, Aufgaben zuzuweisen, Teams zu bilden, Feedback zu geben und Mitarbeitergespräche zu führen sowie Fort- und Weiterbildungen zu organisieren. Auch im Rahmen dieser Entscheidungen können unbewusste Vorurteile einen wesentlichen Einfluss auf die berufliche Entwicklung einer Mitarbeiterin oder eines Mitarbeiters haben.

Denn unbewusste Vorurteile entscheiden darüber, wen man sympathisch findet und mit wem man im Flur redet, Kaffee trinkt und Essen geht. Neben diesen informellen Aspekten erklärt die Theorie der sozialen Identität und das Similarity-Attraction-Paradigma [1], dass Personen, die einem ähnlich sind und somit der in-group zugerechnet werden, unbewusst wichtige Ressourcen und Aufgaben erhalten. Auch das Similarity-Attraction-Paradigma geht davon aus, dass wahrgenommene Ähnlichkeit zu Sympathie führt. Somit werden Menschen von solchen Personen angezogen und umgeben sich mit diesen gern, die ihnen ähnlich sind, da sie erwarten, dass dadurch ihre eigenen Werte, Einstellungen und Meinungen eine Bestätigung erfahren.

Da Führungspositionen vornehmlich von Männern begleitet werden und diese über einflussreiche informelle unternehmensinterne Kontakte und Netzwerke verfügen (Old-Boys-Networks) [18], ist die Wahrscheinlichkeit höher, dass ein Mann statt einer Frau eine prestigeträchtige Aufgabe erhält oder in ein wichtiges Team berufen wird.

Auch lässt sich die Segregation von Tätigkeiten innerhalb von Unternehmen – und auch von Berufsfeldern – auf tradierte Rollenzuschreibungen und Rollenerwartungen an die Gruppen Frauen und Männer zurückführen. So arbeiten Frauen häufiger in pflegenden, sorgenden, organisierenden sowie vermeintlich weicheren Bereichen wie Personal- oder Public-Relations-Abteilungen und können sich dadurch nicht für General-Management-Aufgaben qualifizieren [4].

14.2.3 Entwicklung von Führungskräften

Gleichwohl Frauen heute genauso gut wie Männer ausgebildet sind, erhalten jedoch weiterhin vornehmlich Männer Beförderungen [24], sodass Führungspositionen hauptsächlich von Männern besetzt sind. Als Grund kann angeführt werden, dass stereotypisch männliche Eigenschaften als relevant für die Ausübung von Führungspositionen erachtet werden. Demnach wird die erfolgreiche Ausübung einer Führungsposition eher Männern zugetraut [28], was als „Think Manager-Think Male"-Phänomen bekannt ist [31]. So halten auch Mai et al. [25] in ihrem Artikel „Think Manager-Consider Female" fest, dass „implizite Führungsvorstellungen nicht geschlechtsneutral" sind, weshalb Koenig et al. 2011 [22] resümieren: „Stereotpyes often are a potent barrier to women's advancement to positions of leadership". Somit führen die Erwartungen an die Eigenschaften einer Führungskraft dazu, dass Frauen systematisch von Managementpositionen ausgeschlossen werden. In Abschn. 14.3 werden diesbezüglich Ergebnisse beispielhafter empirischer Untersuchungen vorgestellt.

In der Literatur bezeichnet man die Nicht-Übereinstimmung von weiblichen Stereotypen mit den Vorstellungen an die Rolle einer Führungskraft als Rolleninkongruenz (Role Congruity Theory [8]). Heilmann [13, 14] benennt dieses Phänomen als „Lack of fit“ – also dass Frauen qua ihres Geschlechts nicht als Führungskraft geeignet sind und nicht in die männerdominierten Top-Gremien eines Unternehmens „reinpassen“.

Für Frauen ergibt sich aus den impliziten Vorurteilen in zweierlei Hinsicht ein Problem: Erstens werden Frauen Führungsqualitäten abgesprochen. Sollten es Frauen jedoch in die obere Führungsriege geschafft haben, ergibt sich zweitens für sie das Problem, wie sie sich als Führungskraft verhalten sollen. Denn zeigen Frauen die für eine Führungsposition als wichtig erachteten stereotypisch männlichen Persönlichkeitseigenschaften, laufen sie Gefahr, als unsympathisch, unweiblich, gezwungen männlich und nicht-authentisch wahrgenommen zu werden, da sie die Rollenerwartungen verletzen. Verhalten sie sich jedoch eher weiblich, werden sie als wenig kompetent und nicht führungsstark bewertet [4, 8, 16].

Zuletzt greifen unbewusste Zuschreibungen und Vorurteile nicht nur dann, wenn es um Bewertungen und Beförderungen [24], sondern auch wenn es um eine adäquate Belohnung geht. So betrug der Gender Pay Gap bei vollzeitbeschäftigen Führungskräften in den Jahren zwischen 2010 und 2016 30 % [15].

14.2.4 Unternehmenskultur

Letztlich haben unbewusste Annahmen und Vorurteile auch Auswirkungen auf die Unternehmenskultur, da Mitarbeiterinnen und Mitarbeiter auch immer Teil der Gesellschaft sind. Mit der Kultur eines Unternehmens sind die in einem Unternehmen vorherrschenden Verhaltensweisen, Artefakte, Werte, Normen und Grundannahmen gemeint, welche durch die Vorgesetzten vorgelebt und durch die Beschäftigten gelebt werden [30]. So definiert die Art und Weise, wie Mitglieder des Unternehmens miteinander interagieren und kommunizieren, die soziale Realität eines Unternehmens, die ständig produziert und reproduziert wird.

Wenn Mitglieder des Unternehmens lernen und verinnerlichen, dass Frauen in Unternehmen nicht gleichberechtigt an Entscheidungen mitwirken und sie nicht fair behandelt, geschätzt sowie befördert werden, ist dies eine Grundeinstellung, welche als Signal an aktuelle sowie potenzielle Mitarbeiterinnen und Mitarbeiter des Unternehmens gesendet wird. Diese patriarchalische Unternehmenskultur entspricht nicht der heute geforderten inklusiven Unternehmenskultur [26] und wird mit großer Wahrscheinlichkeit nicht dazu beitragen, hochqualifizierte Mitarbeiterinnen an das Unternehmen zu binden [35] und langfristig am Markt erfolgreich zu sein. So zeigen Studien, dass durch eine diverse Belegschaft unterschiedliche Perspektiven, Erfahrungen und Kenntnisse im Unternehmen vorliegen, die zu besseren Problemlösungen und Entscheidungen sowie zu kreativeren und innovativeren Produkten führen [2, 3].

14.3 Ausgewählte Forschungsergebnisse zu Stereotypen und Unconscious Bias

Blickt man auf fast 50 Jahre Forschung zu den Themen Management, Führung sowie Stereotype und aktuell auf die impliziten Führungstheorien, scheint sich die Vorstellung „Manager = Mann", also die Annahme, eine Führungskraft besitze ausschließlich stereotypisch männliche Eigenschaften, zu verändern.

Als Pionierin in der Führungsforschung zu Stereotypen gilt Schein mit einem Artikel aus dem Jahre 1973, der Pate für das Paradigma „Think Manager-Think Male" steht [31]. Sie ließ 300 männliche Manager anhand von 92 Eigenschaften Frauen im Allgemeinen, Männer im Allgemeinen sowie erfolgreiche Manager der mittleren Führungsebene beschreiben. Managern und Männern wurden im Vergleich zu Frauen eher folgende Eigenschaften zugeschrieben: führungsfähig; offensiv; direkt; gern bereit, Verantwortung zu übernehmen; objektiv. So hätten Frauen beispielsweise in Krisensituationen nicht die notwendige Härte, seien nicht ausreichend stressresistent und in Verhandlungen nicht aggressiv genug [25]. Dies lässt Schein resümieren, dass „successful middle managers are perceived to possess characteristics, attitudes, and temperaments more commonly ascribed to men in general than to women in general" [31]. Auch Mai et al. [25] halten in ihrem Artikel „Think-male-Consider-Female" fest, dass Scheins Ansatz „sinnbildlich für die stereotypische Divergenz zwischen männlichen und weiblichen Führungskräften steht. Innerhalb der stereotypischen Sichtweise allgemein werden Männer durch Kompetenz-Eigenschaften und Frauen durch Emotionalitäts-Eigenschaften beschreiben, was sich wiederum auf die Ansichten von Führungskräften überträgt". 1996 bestätigten Schein et al. [33], insbesondere für Männer, die internationale Gültigkeit der Gleichung „Manager = Mann".

Seit den 90er Jahren wird mit einem größeren Fokus zu dem Thema Geschlecht und Leadership geforscht [23] – auch in Deutschland. So kam Gmür 2004 [10] zu dem Ergebnis, dass Frauen nicht dem idealen Bild einer Führungskraft entsprechen. Interessant ist die Studie von Wippermann aus dem Jahr 2010 mit 200 männlichen Führungskräften in Deutschland, welche empirisch den „Lack of fit" und die damit verbundenen impliziten Annahmen in qualitativen Interviews bestätigt [39]. Die Studie identifiziert drei Mentalitätsmuster der befragten Manager: „Konservative Exklusion", „Emanzipierte Grundhaltung" und „Radikaler Individualismus". Nach dem ersten Mentalitätsmuster werden Frauen aufgrund ihres Geschlechts grundsätzlich für Führungspositionen abgelehnt. Auch sehen Männer Frauen als Störfaktor in den eingespielten männlichen Netzwerken und Teams. Dies wird in der Literatur mit dem Begriff „homosoziale Reproduktion" bezeichnet [20] und bedeutet, dass Führungskräfte solche Personen in das Top-Management befördern, die dasselbe Geschlecht, ein vergleichbares Alter sowie einen ähnlichen sozialen Hintergrund und eine identische Ausbildung haben – nicht zuletzt, um ihre eigene Identität aufrechtzuerhalten.

Manager, die eine „Emanzipierte Grundhaltung“ aufweisen, halten Frauen zwar grundsätzlich für geeignet, eine Führungsposition zu übernehmen. Sie sind aber letztlich doch der Meinung, dass Frauen aufgrund ihrer gesellschaftlichen Rolle sowie ihrer Charaktereigenschaften die Härte fehle, um den männlichen Machtritualen die Stirn bieten zu können. Nach dem dritten Mentalitätsmuster des „Radikaler Individualismus“ spiele das Geschlecht zwar prinzipiell für Führungskräfte keine Rolle, jedoch sind diese Manager der Meinung, dass es zu wenige authentische, ambitionierte und flexible Frauen gebe, welche eine Führungsrolle übernehmen könnten. Diese implizite Annahme stellt eine sogenannte „statistische Diskriminierung“ [16] dar. Dies bedeutet, dass Frauen in einem bestimmten Alter unterstellt wird, dass sie Kinder bekommen und sich stärker der Familie statt der Karriere widmen würden. Allerdings wird dies für alle Frauen angenommen – unbesehen, ob sie eine Familie gründen oder nicht oder für die Familiengründung eine Auszeit nehmen oder nicht. Dies zeigt deutlich, dass die Chancen für eine berufliche Weiterentwicklung nicht geschlechtsneutral sind [4]. Noch 2015 weist Fay [9] in einer Studie in Deutschland nach, dass Kompetenzzuschreibungen nach wie vor nach traditionellen Rollenbildern erfolgen.

Allerdings deuten ältere und aktuelle empirische Studien aus dem angelsächsischen Sprachraum auf eine Abnahme der männlichen Stereotypisierung von Führungskräften hin. Sie stellen fest, dass Führungskräften zunehmend neben männlichen auch weibliche Eigenschaften zugeschrieben werden [17, 27]. 1989 wiederholte Schein mit Kollegen [32] ihre oben erwähnte Studie aus dem Jahr 1973 mit Studierenden. Während männliche Studierende der idealen Führungskraft weiterhin männliche Eigenschaften zuschrieben und somit das Paradigma „Think Manager-Think Male“ bestätigten, veränderten sich die unbewussten Rollenzuschreibungen von Studentinnen: diese attestierten erfolgreichen Führungskräften auch weibliche Attribute und bewerteten somit Führung als geschlechtsneutral.

Eine Meta-Analyse aus dem Jahr 2011 von Koenig und Kollegen [22] untersuchte, ob Stereotype von Führungskräften männlich belegt sind. Während die Studie diese Annahme nachweisen kann, wird jedoch herausgestellt, dass „this masculine construal of leadership has decreased over time and was greater for male than female research participants“ [22]. Auch Ward und Kollegen [36] legen dar, dass Frauen Beharrlichkeit und Wettbewerbsorientierung attestiert werden.

Als Gründe für diese Veränderung können die höhere Präsenz von Frauen in politischen Ämtern und – wenngleich langsam – in Organisationen angeführt werden [22, 23]. Wood und Eagly [40] nehmen sogar an, dass die zunehmende Teilnahme von Frauen in der Arbeitswelt zum einen und in Führungspositionen zum anderen dazu führen kann, dass sich weibliche Stereotype verändern werden. Aber auch soziale und technische Veränderungen sowie die zunehmende Komplexität der Unternehmenswelt verlangen aktuell nach einem demokratischen, partizipativen und team-orientierten Führungsstil [22]. Da Studien zufolge eher Frauen als Männer solch einen demokratischen und kollaborativen Führungsstil praktizieren [7, 23], erhöhen sich die Chancen, dass die Gleichung in Zukunft auch „Manager = Frau und Mann“ lauten könnte.

14.4 Darstellung der Ergebnisse der empirischen Untersuchung und Diskussion

Um der Frage nachzugehen, ob die Gleichung „Manager = Frau und Mann" heutzutage bereits in Deutschland aufgeht, führten wir eine standardisierte schriftliche Befragung mit 1025 in Deutschland lebenden Personen durch. Die Teilnehmenden waren mehrheitlich weiblich (69 %) und jünger als 26 Jahre (53 %). Um herauszufinden, ob typische Führungseigenschaften heutzutage noch eher mit Männern oder bereits gleichermaßen auch mit Frauen assoziiert werden, sollten die Probandinnen und Probanden sechs Eigenschaften danach beurteilen, ob sie diese eher Frauen, Frauen und Männer gleichermaßen oder eher Männern im Hinblick auf berufliche Tätigkeiten zuschreiben. Als typische Führungseigenschaften wurden „führungsfähig", „gern bereit, Verantwortung zu übernehmen", „offensiv" und „objektiv" [30] sowie „durchsetzungsstark" [19] und „belastbar" ausgewählt. Die Antwortskala reichte von 1 = ausschließlich Frauen, 2 = insbesondere Frauen, 3 = eher Frauen, über 4 = Frauen und Männer gleichermaßen, bis 5 = eher Männer, 6 = insbesondere Männer, 7 = ausschließlich Männer.

Zunächst ist festzuhalten, dass für alle erfragten Eigenschaften sich die Bewertungen im Mittel zwischen 3,89 und 4,52 bewegten. Die Mehrheit der Teilnehmenden schreibt fünf der untersuchten Führungseigenschaften demnach gleichermaßen Frauen und Männern zu (Abb. 14.2). Lediglich für „offensiv" erhält der Skalenwert 4 nur 45 % der Antworten. Dieses Ergebnis ergänzt die oben zitierten Studien, die eine Abnahme der männlichen Stereotypisierung von Führungskräften feststellen [17, 27]. Denn nicht nur gehören nun auch weibliche Eigenschaften zu einer erfolgreichen Führungskraft, sondern werden auch Frauen typische, vormals stereotypisch männliche, Führungseigenschaften zugesprochen.

Gleichwohl gibt es Eigenschaften, die von einem weitaus höheren Anteil der Befragten „eher bis ausschließlich" Männern als „eher bis ausschließlich" Frauen zuerkannt werden: Nahezu die Hälfte der Teilnehmenden (49 %) hält „eher bis ausschließlich" Männer für

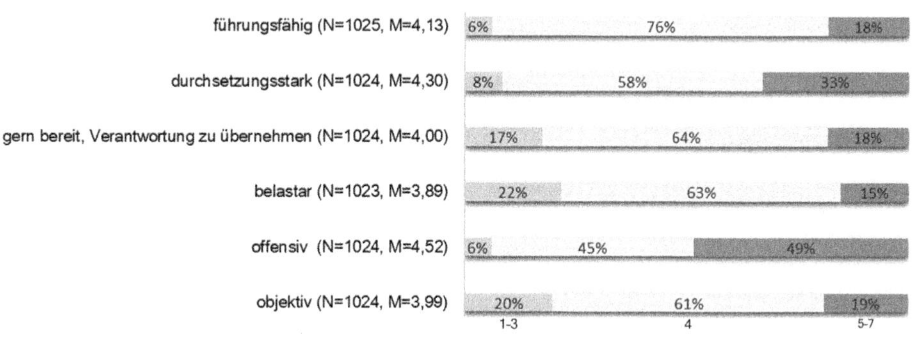

Abb. 14.2 Antworten aller Teilnehmenden (Skala-Beschriftung: 1–3 = „eher bis ausschließlich" Frauen, 4 = „Frauen und Männer gleichermaßen", 5–7 = „eher bis ausschließlich" Männer)

„offensiv" und ungefähr ein Drittel sieht das so für „durchsetzungsstark". Auch „führungsfähig" ist nach der Meinung von 18 % der Befragten „eher bis ausschließlich" eine Eigenschaft von Männern. Umgekehrt verhält es sich mit „belastbar". Diese Eigenschaft zeichnet nach Meinung von 22 % der Probandinnen und Probanden „eher bis ausschließlich" Frauen aus. Für „gern bereit, Verantwortung zu übernehmen" und „objektiv" hält sich der Anteil der Personen, die diese Eigenschaft „eher bis ausschließlich" bei Frauen oder Männern beobachten, die Waage.

Betrachtet man die Ergebnisse in Abhängigkeit bestimmter soziodemografischer Merkmale der Teilnehmenden, ergeben sich signifikante Unterschiede zwischen Frauen und Männern, älteren und jüngeren Probandinnen und Probanden, berufstätigen und nicht-berufstätigen Personen sowie zwischen Teilnehmenden mit und ohne Kinder in der Beurteilung, ob eher Frauen oder eher Männer die erfragten Führungseigenschaften aufweisen.

So unterscheiden sich die Antworten von Frauen und Männern im Mittelwert in Bezug auf alle betrachteten Eigenschaften – untersucht mit einer Varianzanalyse – signifikant (Abb. 14.3).

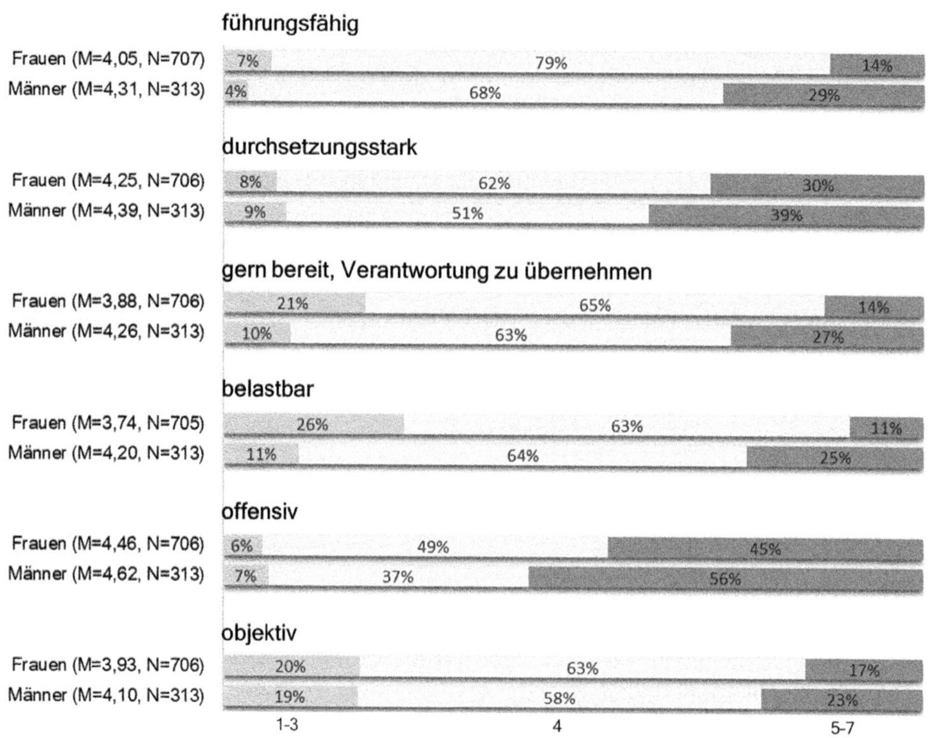

Abb. 14.3 Signifikante Unterschiede in der Beurteilung der Eigenschaften durch Frauen und Männer

Dabei fällt auf, dass alle Eigenschaften bis auf „offensiv“ von mehr als die Hälfte der befragten Frauen und Männer sowohl „Frauen und Männer gleichermaßen“ zugeschrieben werden. Interessant ist dabei, dass Frauen die Eigenschaften beiden Geschlechtern zu einem höheren Anteil zusprechen als Männer – bis auf die Eigenschaft „belastbar“, welche mit einem Prozent Unterschied von mehr Männern „Frauen und Männer gleichermaßen“ zugeschrieben wird. Somit scheinen Frauen weniger stereotype Vorstellungen zu besitzen und Veränderungen offen gegenüber zu stehen, weshalb es wichtig ist, dass Frauen mehr weibliche Vorbilder bzw. „role models“ in Führungspositionen sehen. Dies scheint insbesondere für die nächste Erkenntnis von Bedeutung zu sein:

Betrachtet man die Antworten der Skalenwerte 1–3 („eher bis ausschließlich“ Frauen) bzw. 5–7 („eher bis ausschließlich Männer“), so schreiben weibliche Probandinnen die betrachteten Eigenschaften zu einem geringen Maße „eher bis ausschließlich“ Frauen zu. Lediglich die Eigenschaften „belastbar“, „gern bereit, Verantwortung zu übernehmen“ sowie „objektiv“ werden mit Zustimmungen zwischen 20 und 26 % „eher bis ausschließlich“ Frauen zugeschrieben.

Männer hingegen schreiben alle Führungseigenschaften in einem höheren Maße „eher bis ausschließlich“ Männern zu, was insbesondere bei den Eigenschaften „offensiv“ (56 %), „durchsetzungsstark“ (39 %) sowie „führungsfähig“ (29 %) auffallend ist. Dies sind gerade jene Eigenschaften, die sowohl von Frauen wie auch von Männern weniger mit den Ankerpunkten „eher bis ausschließlich“ Frauen zugeschrieben werden.

Da diese Führungseigenschaften nach wie vor bei Männern stark verankert zu sein scheinen und Männer nach wie vor mehr Führungspositionen als Frauen begleiten, besteht die Gefahr, dass diese impliziten Annahmen Frauen bei der Besetzung von Führungspositionen benachteiligen. Daher sollten Unternehmen weiter daran arbeiten, das Unbewusste in den Entscheidungen von Führungskräften bewusst zu machen.

Interessant ist ferner die Betrachtung verschiedener Altersgruppen. Teilt man die Probandinnen und Probanden in

- „bis einschließlich 24 Jahre“ (N = 490) – Personen in der Ausbildung –,
- „25 bis 34 Jährige“ (N = 317) – Personen in der beruflichen Orientierung mit ersten Berufs- und Karriereerfahrungen –,
- „35 bis 50 Jährige“ (N = 112) – Personen mit sowohl beruflichen als auch gegebenenfalls familiären Verpflichtungen – sowie
- „50+ Jährige“ (N = 99) – Personen, die im Berufsleben gefestigt sind bzw. dieses bereits hinter sich haben und deren Kinder, sofern vorhanden, bereits jugendlich oder erwachsen sind –

ergeben sich für drei der erfragten Führungseigenschaften signifikante Mittelwertunterschiede zwischen den drei jüngeren und der ältesten Gruppe (Abb. 14.4). Für „führungsfähig“, „belastbar“ und „offensiv“ gibt es in der Altersgruppe 50+ jeweils mehr Personen, die diese Eigenschaften auch Frauen zusprechen, als in den jüngeren Altersgruppen. So wurden in der „Think manager-Think male“-Studie [30] von Frauen über 49

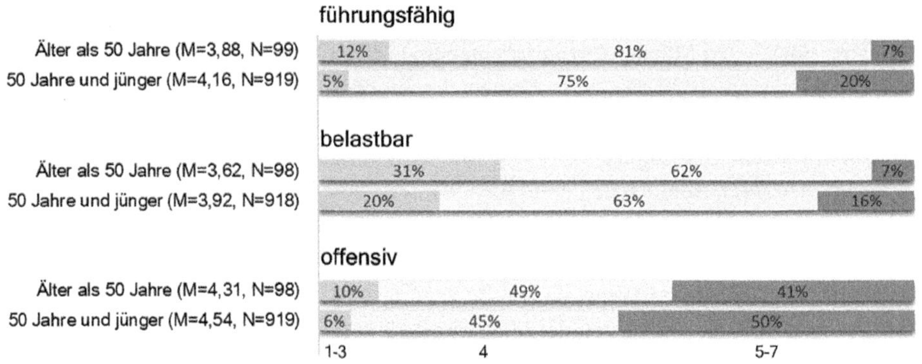

Abb. 14.4 Signifikante Unterschiede in der Beurteilung der Eigenschaften durch ältere und jüngere Teilnehmende

Jahren ebenfalls Frauen einige Managereigenschaften zugeschrieben. Es lässt sich daher annehmen, dass Personen über 50 Jahre bereits weibliche Führungskräfte erlebt haben bzw. als Frau bereits selbst Führungspositionen innehatten, so dass sie gegebenenfalls mehr Möglichkeiten hatten, diese Eigenschaften bei Frauen zu beobachten.

Eigene Erfahrungen können zum Abbau von Stereotypen beitragen [37]. Da der Frauenanteil in Unternehmen auf allen Ebenen und auch in der Führungsebene steigt, interessierte uns, ob sich die Meinungen von berufstätigen und nicht-berufstätigen Personen unterscheiden. Tatsächlich konnten wir einen signifikanten Mittelwertunterschied für „führungsfähig" nachweisen (Abb. 14.5). Nicht-berufstätige Personen schreiben diese Eigenschaft mit 21 % eher bis ausschließlich Männern zu – im Vergleich zu 14 % der Berufstätigen.

Für Personen mit und ohne Kinder zeigten sich ebenfalls für drei der untersuchten Führungseigenschaften signifikante Unterschiede im Mittel (Abb. 14.6). Personen mit Kindern halten zu einem größeren Anteil als Personen ohne Kinder „Frauen und Männer gleichermaßen" für „führungsfähig" und „durchsetzungsstark". Wenngleich sowohl Personen mit Kindern als auch ohne Kinder eher Frauen als Männer die Eigenschaft „belastbar" zuschreiben, ist der Anteil bei Personen mit Kindern noch höher (27 % im Vergleich zu 20 %). Die durchschnittlich bessere Beurteilung von Frauen in der Gruppe der Personen mit Kindern könnte dadurch erklärt werden, dass Eltern vergleichbare Fähigkeiten wie eine Führungskraft benötigen und dies Eltern bewusst ist. Darauf hat das Unter-

Abb. 14.5 Signifikante Unterschiede in der Beurteilung der Eigenschaft „führungsfähig" durch berufstätige und nicht-berufstätige Personen

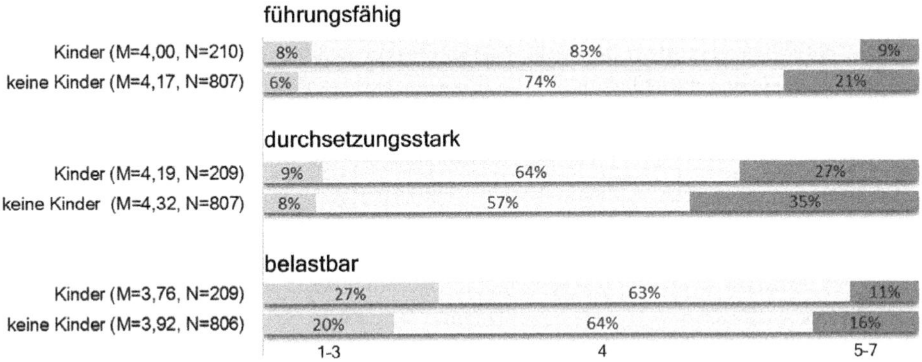

Abb. 14.6 Signifikante Unterschiede in der Beurteilung der Eigenschaften durch Teilnehmende mit und ohne Kinder

nehmen Bosch reagiert und erkennt seit 2012 Eltern- und Pflegezeit genauso wie z. B. Auslandserfahrung, Geschäftsbereichs- und Funktionswechsel als Karrierebaustein für die oberen Führungsebenen an [19].

14.5 Zusammenfassung

Unconscious Bias oder implizite Annahmen können einen Beitrag leisten, die fehlende Repräsentation von Frauen in Führungspositionen zu erklären. Denn implizite Annahmen können ein objektives Beurteilen verhindern, da voreingenommene Denkmuster die Beurteilung überlagern. Die Gleichung „Think manager-think male" ist eine solche implizite Annahme, welche Frauen wie Männer im Zuge ihrer Sozialisierung über Jahre verinnerlicht haben. Dadurch kann es zu einer Diskriminierung bestimmter Bewerbergruppen wie Frauen kommen.

Stereotype verändern sich nur langsam. Dennoch konnten Studien in den vergangenen Jahren festhalten, dass sich die Vorstellung über eine ideale Führungskraft verändert hat und einer Führungskraft nicht mehr ausschließlich männliche, sondern auch weibliche Eigenschaften zugeschrieben werden. Auch in der vorliegenden Untersuchung attestieren über die Hälfte der Studienteilnehmenden „Frauen wie Männern gleichermaßen" die Eigenschaften „führungsfähig", „gern bereit, Verantwortung zu übernehmen", „belastbar", „objektiv" und „durchsetzungsstark". Lediglich "offensive" sieht fast die Hälfte der Probandinnen und Probanden als eine „eher bis ausschließlich" männliche Eigenschaft. Die Ergebnisse lassen daher vermuten, dass die Gleichung „Manager = Frau und Mann" in unserer heutigen Gesellschaft aufzugehen scheint.

Betrachtet man jedoch die Antworten von Frauen und Männern getrennt, so ist auffallend, dass männliche Studienteilnehmer die Eigenschaften „offensiv", „durchsetzungsstark" sowie „führungsfähig" „eher bis ausschließlich" Männern zuschreiben. Da diese impliziten Annahmen Frauen bei der Besetzung von Führungspositionen benachteiligen können, sollten Unternehmen weiter daran arbeiten, insbesondere bei männlichen Führungskräften das Unbewusste bewusst zu machen, um Chancengleichheit in Unternehmen zu verwirklichen.

Literatur

1. Bryne, D. (1971). *The attraction paradigm*. New York: Academic Press.
2. Cox, T., & Blake, S. (1991). Managing cultural diversity: Implications for organizational competitiveness. *Academy of Management Executive, 5*(3), 45–56.
3. Dezsö, C. L., & Ross, D. G. (2012). Does female representation in top management improve firm performance? A panel data investigation. *Strategic Management Journal, 33*(9), 1072–1089.
4. Dietz, B., Fuhrmann, F., & Kasten, S. (2017). Frauenförderung durch Cross-Mentoring – Auswirkungen auf Selbstwirksamkeit und berufliche Entwicklung von Mentees. In M. Domsch, D. Ladwig, & F. Weber (Hrsg.), *Cross Mentoring. Ein erfolgreiches Instrument organisationsübergreifender Personalentwicklung* (S. 321–345). Wiesbaden: Gabler.
5. Drake, C. E., Primeaux, S., & Thomas, J. (2018). Comparing implicit gender stereotypes between women and men with the implicit relational assessment procedure. *Gender Issues, 35*(1), 3–20.
6. Eagly, A. H., & Diekman, A. B. (2005). What is the problem? Prejudice as an attitude-in-context. In J. F. Dovidio, P. Glick, & L. Rudman (Hrsg.), *On the nature of prejudice: Fifty years after Allport* (S. 19–35). Malden: Blackwell.
7. Eagly, A. H., & Johnson, B. T. (1990). Gender and leadership style: A meta-analysis. *Psychological Bulletin, 108*, 233–256.
8. Eagly, A. H., & Karau, S. J. (2002). Role congruity theory of prejudice toward female leaders. *Psychological Review, 109*, 573–598.
9. Fay, D. (2015). *Wer kann was? Geschlechtsbezogene Kompetenzzuschreibung und ihre Bedeutung für die Zufriedenheit von NachwuchswissenschaftlerInnen*. Vortrag im Rahmen der Tagung „Frauen an die Spitze", BMBF, Berlin.
10. Gmür, M. (2004). Was ist ein ‚idealer Manager' und was eine ‚ideale Managerin'? Geschlechtsrollenstereotypen und ihre Bedeutung für die Eignungsbeurteilung von Männern und Frauen in Führungspositionen. *Zeitschrift für Personalforschung, 18*(4), 396–417.
11. Goldin, C., & Rouse, C. (2000). Orchestrating impartiality: The impact of „Blind" auditions on female musicians. *The American Economic Review, 99*(4), 715–741.
12. Gupta, V. K., Turban, D. B., & Pareek, A. (2013). Differences between men and women in opportunity evaluation as a function of gender stereotypes and stereotype activation. *Entrepreneurship: Theory & Practice, 4*, 771–788.
13. Heilman, M. E. (2001). Description and prescription: How gender stereotypes prevent women's ascent up the organizational ladder. *Journal of Social Issues, 57*, 657–674.
14. Heilmann, M. E. (2012). Gender stereotypes and workplace bias. *Research in Organizational Behavior, 32*, 113–135.
15. Holst, E., & Marquardt, A. (2018). Die Berufserfahrung in Vollzeit erklärt den Gender Pay Gap bei Führungskräften maßgeblich. *DIW Wochenbericht, 85*(30+31), 669–678.
16. Holst, E., & Wiemer, A. (2010). *Zur Unterrepräsentanz von Frauen in Spitzengremien der Wirtschaft – Ursachen und Handlungsansätze*. Discussion Paper 1001, Berlin: DIW.
17. Hoyt, C., & Burnette, J. L. (2013). Gender bias in leader evaluations. Merging implicit theories and role congruity perspectives. *Personality and Social Psychology Bulletin, 39*, 1306–1319.

18. Ibarra, H., Carter, N., & Silva, C. (2010). Why men still get more promotions than women. Your high-potential females need more than just well-meaning mentors. *Harvard Business Review, 88*(9), 80–85.
19. Kaiser, S., Hochfeld, K., Gertje, E., & Schraudner, M. (2012). *Unternehmenskulturen verändern – Karrierebrüche vermeiden.* Stuttgart: Frauenhofer Verlag.
20. Kanter, R. M. (1977). *Men and women of the corporation.* New York: Basic Books.
21. Kimmel, M. (2018). How Unconscious Bias Hurts Men – And the Companies they Work for. In M. Welpe, P. Brosi, L. Ritzenhöfer, & T. Schwarzmüller (Hrsg.), *Auswahl von Männern und Frauen als Führungskräfte, Perspektiven aus Wirtschaft, Wissenschaft, Medien und Politik* (S. 85–89). Wiesbaden: Springer Fachmedien.
22. Koenig, A. M., Eagly, A. H., Mitchell, A. A., & Ristikari, T. (2011). Are leader stereotypes masculine? A meta-analysis of three research paradigms. *Psychological Bulletin, 137*(4), 616–642.
23. Lord, R. G., Day, D. V., Zaccaro, S. J., Avolio, B. J., & Eagly, A. H. (2017). Leadership in applied psychology: Three waves of theory and research. *Journal of Applied Psychology, 102*(3), 434–451.
24. Lyness, K. S., & Heilman, M. E. (2006). When fit is fundamental: Performance evaluations and promotions of upper-level female and male managers. *Journal of Applied Psychology, 91,* 777–783.
25. Mai, C., Büttgen, M., & Schwarzinger, D. (2017). „Think-male-Consider-Female": Eine Analyse stereotypischer Ansichten über weibliche Führungskräfte und die empirische Überprüfung ihrer realen Persönlichkeit anhand der Big Five und Dunklen Triade. *Schmalenbachs Zeitschrift der betriebswirtschaftlichen Forschung, 69,* 119–152.
26. Nishii, L. H. (2013). The benefits of climate for inclusion for gender-diverse groups. *Academy of Management Journal, 56*(6), 1754–1774.
27. Ryan, M. K., Haslam, S. A., Hersby, M. D., & Bongiorno, R. (2011). Think crisis-think female. The glass cliff and contextual variation in the think manager-think male stereotype. *Journal of Applied Psychology, 96,* 470–484.
28. Rybnikova, I. (2014). Führung und Frauen. In R. Lang & I. Rybnikova (Hrsg.), *Aktuelle Führungstheorien und -konzepte* (S. 387–418). Wiesbaden: Gabler.
29. Sarine, S. E. (2012). Regulating the social pollution of systematic discrimination caused by implicit bias. *California Law Review, 100*(5), 1359–1399.
30. Schein, E. H. (1985). *Organizational culture and leadership. A dynamic view.* San Francisco: Jossey-Bass.
31. Schein, V. E. (1973). The relationship between sex role stereotypes and requisite management characteristics. *Journal of Applied Psychology, 57*(2), 95–100.
32. Schein, V. E., Mueller, R., & Jacobson, C. (1989). The relationship between sex role stereotypes and requisite management characteristics among college students. *Sex Roles, 20*(1–2), 103–110.
33. Schein, V. E., Mueller, R., Lituchy, T., & Liu, J. (1996). Think manager-think male: A global phenomenon? *Journal of Organizational Behaviour, 17*(1), 33–41.
34. Tajfel, H., & Turner, J. (1979). An integrative theory of intergroup conflict. In W. G. Austin & S. Worchel (Hrsg.), *The social psychology of intergroup relations* (S. 33–47). Monterey: Brooks/Cole.
35. Terjesen, S., Sealy, R., & Singh, V. (2009). Women directors on corporate boards: A review and research agenda. *Corporate Governance: An International Review, 17*(3), 320–337.
36. Ward, R. M., Halle, C. P., & diPaolo, D. G. (2010). Defining the alpha female. A female leadership measure. *Journal of Leadership & Organizational Studies, 17,* 309–320.
37. Weisgram, E. S. (2017). The cognitive construction of gender stereotypes: Evidence for the dual pathways model of gender differentiation. *Sex Roles, 75,* 301–331.

38. Willemsen, T. M. (2002). Gender typing of the successful manager. A stereotype reconsidered. *Sex Roles, 46*(11–12), 385–391.
39. Wippermann, C. (2010). Frauen in Führungspositionen – Barrieren und Brücken. Bundesministerium für Familie, Senioren, Frauen und Jugend (Hrsg.), Berlin.
40. Wood, W., & Eagly, A. H. (2010). Masculinity of leader stereotypes. In S. T. Fiske, D. T. Gilbert, & G. Lindzey (Hrsg.), *Handbook of Social Psychology* (2. Aufl., S. 629–667). New York: Wiley.

Beatrix Dietz ist Professorin für Marketing an der Hochschule für Wirtschaft und Recht Berlin. Zu ihren Forschungsschwerpunkten zählen u. a. Diversity- und Produkt-Management. Sie arbeitete mehrere Jahre erfolgreich bei international tätigen Konzernen im Marketing sowie im strategischen Management.

Frauke Prott arbeitet als wissenschaftliche Mitarbeiterin im Fachbereich Wirtschaft, Informatik, Recht an der Technischen Hochschule Wildau und promoviert im Bereich Marketing.

Interview – Der Umgang mit Unconcsious Bias beim TÜV Rheinland

15

Sabine Hager

Zusammenfassung

Diversity ist ein zentraler Schlüssel für unternehmerischen Erfolg und die Zufriedenheit der Beschäftigten. Nur in einer offenen, vorurteilsfreien Unternehmenskultur können alle Mitarbeiter*innen ihr Potenzial voll entfalten. Damit das gelingt, muss Diversity alltagstauglich werden und in der Belegschaft ankommen. Wir haben dazu eine interne Kampagne gestartet, an der sich alle Beschäftigten beteiligen konnten.

15.1 Wie lässt sich das Unternehmen TÜV Rheinland beschreiben?

TÜV Rheinland ist ein international arbeitendes Unternehmen mit deutschen Wurzeln. Seit 1872 vertrauen uns Menschen und Unternehmen rund um den Globus. Mit neuen Ideen, Fachwissen und einem starken, weltumspannenden Netzwerk trägt TÜV Rheinland dazu bei, Produkte, Dienstleistungen, Systeme und Personen von Anfang an weiter zu entwickeln und wettbewerbsfähiger zu machen. So bauen wir mit an einer Zukunft, die den Anforderungen von Mensch und Umwelt dauerhaft gerecht wird. Begleiten, entwickeln, fördern, prüfen und zertifizieren: Als weltweit tätiger Prüfdienstleister für Qualität und Sicherheit arbeiten bei TÜV Rheinland Menschen aus weit über 80 Nationen rund um den Globus auf allen Kontinenten. Die mehr als 20.000 Mitarbeiterinnen

S. Hager (✉)
TÜV Rheinland, Köln, Deutschland
E-Mail: sabine.hager@de.tuv.com

M. E. Domsch et al. (Hrsg.), *Vorurteile im Arbeitsleben*,
https://doi.org/10.1007/978-3-662-59232-8_15

und Mitarbeiter bringen sehr unterschiedliche Kulturen und Qualifikationen in das Unternehmen ein. Diversity anzuerkennen und zu fördern ist deshalb wesentlich für TÜV Rheinland.

15.2 Warum beschäftigt sich TÜV Rheinland mit dem Thema „Unbewusste Denkmuster"?

Unbewusste Denkmuster sind immer noch ein Hindernis, wenn es darum geht Vielfalt im Unternehmen stärker einzubeziehen und zu nutzen. Dabei ist gerade Diversität in einem zunehmend komplexen Geschäftsumfeld der Schlüssel zum Erfolg, besonders für die Arbeit im Team. Nicht nur bezogen auf die fachliche Expertise, sondern auch auf die Persönlichkeiten und die individuellen Hintergründe der Teammitglieder. Studien etwa des Beratungsunternehmens BCG zeigen, dass Unternehmen mit einem hohen Diversity-Index mit innovativen Produkten erfolgreicher am Markt sind als Wettbewerber mit niedrigem Diversity-Index. Nicht zuletzt deshalb zählt *Vielfältigkeit* zu den Kompetenzen, die wir insbesondere von Führungskräften erwarten.

15.3 Ist das Vorgehen Teil einer Gesamtstrategie?

Die Sensibilisierung für unbewusste Denkmuster, die Unconcsious Bias, ist Teil des Diversity Managements bei TÜV Rheinland. Diversity zu verfolgen ist zum einen Teil der Unternehmens- und Nachhaltigkeitsstrategie, aber auch Teil des Corporate Culture Framework und ein Baustein des Kompetenzmodells, das die Anforderungen unseres Unternehmens an seine Belegschaft darstellt. Es beschreibt, welche Fähigkeiten, Eigenschaften und Einstellungen Beschäftigte mitbringen sollen, um optimal zum Erfolg der Organisation beizutragen.

15.4 Wer ist für das Thema verantwortlich?

Diversity Management und damit die Sensibilisierung für Unconscious Bias, sind bei TÜV Rheinland dem Bereich Global HR Development & Diversity zugeordnet, der direkt an den Personalvorstand berichtet.

15.5 Welche Zielgruppen wurden berücksichtigt und einbezogen?

Unser Diversity Management basiert auf dem Verständnis der Charta der Vielfalt. Gemeinsamkeiten und Unterschiede lassen sich anhand bestimmter Merkmale, den Diversity Dimensionen festmachen: Alter, Geschlecht, sexuelle Orientierung, physische Fähigkeiten, ethnische Herkunft und Nationalität und Religion & Weltanschauung. In unserer Arbeit wollen wir unsere Beschäftigten in diesen Dimensionen für unbewusste Denkmuster und Stereotypen sensibilisieren. Das Gehirn arbeitet nach dem Effizienzprinzip und nutzt bestimmte Muster, um kognitive Ressourcen zu sparen. Wir präferieren die Dinge so wahrzunehmen, wie wir es gewohnt sind. So verfestigen sich allerdings auch stetig unsere (unbewussten) Denkmuster, die sogenannten Unconscious Bias. Uns geht es darum, zusammen mit unseren Mitarbeiterinnen und Mitarbeitern, mehr Achtsamkeit für dieses Phänomen zu entwickeln. Führungskräften und HR Verantwortliche kommt dabei eine besondere Verantwortung zu. Daher setzen wir hier besonders an und informieren gezielt über Online Trainings bzw. Videos zu Unconscious Bias in HR Prozessen.

15.6 Wer sind die besonderen Promotoren bei TÜV Rheinland?

Chief Officer Human Ressourses und Head of Global HR Development & Diversity sind überzeugte Promotorinnen für Diversity.

15.7 Welche Maßnahmen, Aktionen und Programme wurden konkret durchgeführt?

Die Themen *Diversity* und *Unbewusste Vorurteile* lassen sich nicht immer einfach im Unternehmen integrieren. Informationsveranstaltungen sind nicht mehr das erste Mittel der Wahl, zu viele haben bereits stattgefunden. Manche Beschäftigte blocken auch ab, nach dem Motto „Wieder ein Thema aus dem Elfenbeinturm – was hat das mit mir zu tun?“ oder „Dafür habe ich keine Zeit“. Auch wir haben bei TÜV Rheinland schon vieles unternommen, haben die Charta der Vielfalt unterschrieben, sind der Initiative Chefsache beigetreten. Wir haben konkrete Angebote für die Belegschaft initiiert, unter anderem Kinder- und Notfallbetreuung ermöglicht, ein LGBT Netzwerk gegründet und Workshops und Mentoring Programme für Frauen etabliert. Diversity Kennzahlen sind in der Unternehmensstrategie verankert. Aber wie verändert man die Unternehmenskultur, das Mindset der handelnden Menschen?

15.7.1 Lösungsansatz. Diversity wird alltagstauglich

Ende 2016 war klar, wir brauchen eine Kampagne, die alle erreicht, alle verstehen, Emotionen hervorruft, bei der alle mitmachen wollen und die zu Diversity und unbewussten Vorurteilen informiert, aber nicht belehrend wirkt. Kurzweilig, locker und humorvoll sollte sie zu unserem Unternehmen passen und wie so oft, nicht viel kosten.

Die Diversity Kampagne „Alle unterschiedlich. Alle Genau. Richtig." wurde ins Leben gerufen.

In Anlehnung an unseren Unternehmens-Claim „TÜV Rheinland. Genau. Richtig." haben wir den Slogan der Kampagne entwickelt. Wie bereits beschrieben, war und ist es uns wichtig, unsere Beschäftigten auf unterschiedlichen Kanälen zu erreichen, Visuell, emotional, aber auch kognitiv und als Team. Daraus wurde eine Postkartenaktion (Abb. 15.1, 15.2 und 15.3), bei der ein Team Event zu gewinnen war. Um die Nachhaltigkeit zu gewährleisten ist seitdem eine App im Intranet des Unternehmens integriert, die Informationen, Tools und Videos zu den Diversity Dimensionen und zu Unconscious Bias bereithält.

Abb. 15.1 Postkartenaktion TÜV Rheinland (Beispiel 1)

Abb. 15.2 Postkartenaktion TÜV Rheinland (Beispiel 2)

Abb. 15.3 Postkartenaktion TÜV Rheinland (Beispiel 3)

15.7.2 Wie war die Vorgehensweise?

Am Anfang standen die Ankündigung der Kampagne in der Mitarbeiterinnenzeitung und die erste Vorstellung der Diversity Postkarten im April 2017. Zwei Wochen später wurden die sechs verschiedenen Postkarten zu den Diversity Dimensionen einzeln mit den Gehaltsbriefen an alle Beschäftigten in Deutschland verteilt. Darauf ein Spruch der augenzwinkernd mögliche Vorurteile und Stereotypen zu einer Dimension thematisiert. Gekoppelt war das mit einer Mitmachaktion. Jede Mitarbeiterin, jeder Mitarbeiter die oder der eine Karte erhalten hatte, sollte die fünf weiteren Diversity Karten finden und mit den Kolleginnen und Kollegen richtig zusammenlegen. In diesem Fall sollte das TÜV Rheinland Logo erscheinen. Fotografieren, einsenden und so an der Verlosung eines Teamevents teilnehmen, so die Idee.

Gleichzeitig wurde im Intranet die Diversity App mit weiterführenden Informationen und online Trainings frei geschaltet und unter den Hot-Topics platziert. Im Juni fand ein Diversity Day bei TÜV Rheinland statt, mit Vorträgen und Diskussionsrunden zu den Themen „Sexuelle Identität, (Anti-) Diskriminierung und Diversity am Arbeitsplatz", „Partnerschaftliche Arbeits- und Familienmodelle für Mütter und Väter", „Berufliche Teilhabe von Menschen mit Behinderungen gestalten" und „Interkulturelle Kompetenz im Unternehmen". Alle Veranstaltungen wurden immer mit den Icons der Postkarten zu den jeweiligen Diversity Dimensionen beworben, um den Wiedererkennungswert und die Nachhaltigkeit zu steigern. Das Diversity Spiel der Charta der Vielfalt wurde und wird in Teammeetings eingesetzt. Im November 2017 ging unser Diversity Video zur Kampagne mit Statements unserer Beschäftigten sowohl intern als auch extern online. Seit Anfang 2018 werden Diversity Workshops über das interne Weiterbildungsprogramm angeboten. Die Postkarten werden, wie der Film regelmäßig genutzt, um das Thema Vielfalt und mögliche unbewusste Vorurteile gegenüber einzelnen Zielgruppen weiter im Bewusstsein zu halten.

15.8 Gibt es Rückmeldungen und Erfolgsergebnisse?

Mit der Postkartenaktion haben wir 90 % unserer deutschen Mitarbeiterinnen und Mitarbeiter erreicht, 500 Personen haben sich direkt beteiligt. 1200 Mitarbeiter*innen haben in den ersten zwei Wochen der Kampagne die interne Diversity App besucht und sich weitergehend informiert. Seitdem haben wir konstante Besucher*innenzahlen auf der App und auch die nachhaltige Kommunikation funktioniert anhand der Icons der Postkarten sehr gut. Das persönliche Feedback in den Kommentarfunktionen des Intranets zeigt, ein höheres Verständnis für Diversity und auch viele Führungskräfte haben die Aktion unterstützt. Nicht zuletzt durch die persönliche Teilnahme an dem Diversity Video.

Bei unserer letzten weltweiten Mitarbeiterbefragung Ende 2017 wurde das Item Diversity, in Form einer Frage nach der Gleichbehandlung und Akzeptanz, um 0,3 Punkte besser bewertet als noch zwei Jahre davor und konnte damit die größte Steigerung insgesamt verbuchen.

15.9 Gab es Unterstützung von externer Seite?

Seit 2016 ist TÜV Rheinland Mitglied der Initiative Chefsache, ein Netzwerk von Führungskräften aus Wirtschaft, Wissenschaft, öffentlichem Sektor und Medien, das sich der Chancengerechtigkeit von Frauen und Männern persönlich verpflichtet fühlt. Anspruch und Ziel von „Chefsache" ist es, als Initiative mit Vorbildcharakter den notwendigen gesellschaftlichen Wandel mit neuen Konzepten und Ansätzen zu unterstützen. Im Rahmen der Initiative arbeiten wir ebenfalls am Thema Unconsious Bias und wie sie HR Prozesse beeinflussen können. Im Best Practice Sharing der Mitglieder haben wir uns gegenseitig unterstützt und konnten eine Videoreihe entwickeln, die Tipps für HR Verantwortliche enthält und über unbewusste Denkmuster aufklärt. Diese ist dauerhaft in unserem Intranet integriert.

15.10 Gibt es weitere Planungen/Next Steps?

Ein globales E-Learning zum Thema „Unconscious Bias".

Sabine Hager, Pädagogin, Projektmanagerin und Personalreferentin, seit 2012 bei TÜV Rheinland Diversity Manager im Bereich Global HR Development & Diversity.

Umgang mit unbewussten Vorurteilen – ein wichtiger Bestandteil der Diversity & Inclusion Strategie bei Vattenfall

16

Sabine Wilken und Johannes Richtberg-Nohl

Zusammenfassung

Unbewusste Vorurteile zu erkennen und dort, wo sie uns negativ beeinflussen, zu neutralisieren ist ein zentrales Thema, das uns bei Vattenfall immer dann beschäftigt, wenn es um Diversity & Inclusion geht. Und es ist sozusagen ein Einstieg ins Thema – ein Einstieg, wenn es um nachhaltige D&I Arbeit geht – und ist daher fest in Vattenfall's Diversity & Inclusion Strategie verankert.

16.1 Einleitung

Am Anfang steht wie immer die Frage nach dem Warum – warum sollte sich jede/r mit unbewussten Vorurteilen auseinandersetzen oder größer gefragt, warum sollte sich jede/r mit dem Thema Diversity & Inclusion beschäftigen?

Bei Vattenfall sind wir davon überzeugt, dass es sehr wertvoll ist, dass Menschen mit vielfältigen Sichtweisen miteinander arbeiten. Denn das bedeutet, die Welt so abzubilden, wie sie ist. Es führt zu einer toleranterem Arbeitskultur und schafft damit die Voraussetzungen für Freude an der Arbeit. Daher ist das Thema bei Vattenfall sowohl Chefsache wie auch Sache jeder einzelnen Mitarbeiterin, jedes einzelnen Mitarbeiters.

Unbewusste Vorurteile zu erkennen und dort, wo sie uns negativ beeinflussen, zu neutralisieren ist ein zentrales Thema, das uns bei Vattenfall immer dann beschäftigt, wenn

S. Wilken (✉)
Vattenfall, Hamburg, Deutschland
E-Mail: sabine.wilken@vattenfall.de

J. Richtberg-Nohl
Vattenfall, Berlin, Deutschland
E-Mail: johannes.richtbergnohl@vattenfall.de

M. E. Domsch et al. (Hrsg.), *Vorurteile im Arbeitsleben*,
https://doi.org/10.1007/978-3-662-59232-8_16

es um Diversity & Inclusion geht. Und es ist sozusagen ein Einstieg ins Thema – ein Einstieg, wenn es um nachhaltige D&I Arbeit geht.

Wir wollen unbewusste Vorurteile nicht abschaffen. Das geht auch gar nicht, denn unterbewusste Denkprozesse helfen uns, die Informationsflut um uns herum zu bewältigen. Unser Gehirn muss in jeder Sekunde mehrere Millionen Bits an Informationen verarbeiten. Das geht nur, wenn es mentale Abkürzungen benutzt und auf Assoziationen und „Vor-Urteile" aus dem Unterbewusstsein zurückgreift. Das ist an sich nichts Schlechtes.

Problematisch wird es erst, wenn wir der Überzeugung sind, dass alle unsere Entscheidungen auf bewussten Abwägungen und rationalen Schlussfolgerungen basieren. Das bedeutet, wir müssen uns im Klaren sein, etwa bei Vorstellungsgesprächen, welch hohen Anteil hier unsere unbewussten Vorurteile spielen. Entsprechend reflektiert müssen wir uns selbst immer wieder infrage stellen und solche unbewussten Vorurteile, dort wo sie eine objektive Entscheidungsfindung beeinträchtigen, erkennen und neutralisieren. Eines ist klar – und man kann es gar nicht oft genug sagen: Es beginnt mit jeder und jedem von uns.

Und gleich danach kommen wir zu dem „Wie" – wie schaffen wir das Bewusstsein für dieses wichtige Thema und wie können wir insgesamt bei Vattenfall das Erkennen von unbewussten Vorurteilen und ihren Einfluss auf unsere Entscheidungen minimieren?

Die folgenden Kapitel möchten Sie mitnehmen in das, wie Diversity & Inclusion bei Vattenfall verankert ist, was uns wichtig ist und wie wir es umsetzen. Aber zunächst einmal – wer ist Vattenfall eigentlich und wofür steht das Unternehmen?

16.2 Wer ist Vattenfall

Die Wurzeln von Vattenfall liegen in Schweden. Seit über 100 Jahren versorgen wir Unternehmen und Privathaushalte mit Energie und Wärme. Auch heute noch, als führender europäischer Energiedienstleister mit Aktivitäten in ganz Europa, sind wir ein schwedisches Staatsunternehmen. Dies formt auch unser Selbstverständnis als innovativer und verantwortungsvoller Player im Energiemarkt. Vattenfalls Ziel ist es, innerhalb einer Generation ein Leben frei von fossilen Brennstoffen zu ermöglichen. Aus diesem Grund treiben wir den Übergang zu einem nachhaltigeren Energiesystem durch verstärktes Wachstum bei der Erzeugung erneuerbarer Energien sowie klimafreundlichere Energielösungen für unsere Kunden voran. Wir beschäftigen rund 20.000 Mitarbeiterinnen und Mitarbeiter und sind in Schweden, Deutschland, den Niederlanden, Dänemark, Großbritannien, Finnland und Frankreich tätig.

Vielfalt und Inklusion sind für uns ein ganz wesentlicher Bestandteil unseres Handelns. Deshalb haben wir es auch in unserer Unternehmensstrategie verankert.

Im Rahmen unserer Unternehmensausrichtung: ‚Power Climate Smarter Living' und damit des Übergangs zu einem nachhaltigerem Verbrauch, nachhaltiger Erzeugung sowie einer nachhaltigen Ertrags- und Finanzleistung hat Vattenfall sieben Nachhaltigkeitskonzepte in vier zentralen Bereichen definiert, in denen wir kontinuierliche Verbesserungen anstreben (Abb. 16.1).

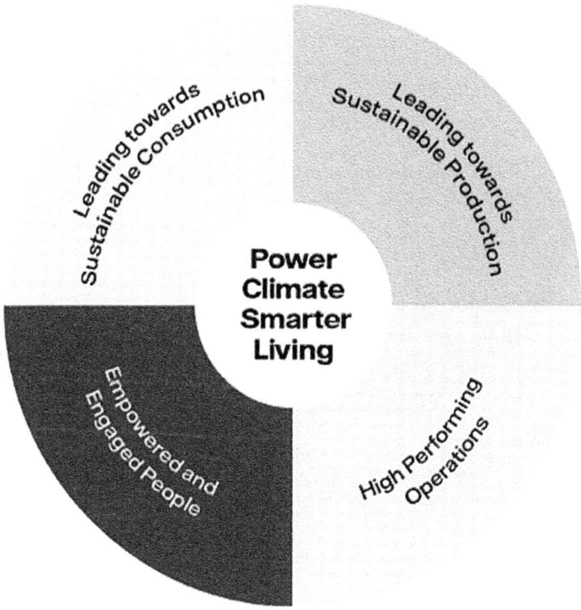

Abb. 16.1 Power Climate Smarter Living. (Quelle: Vattenfall)

Motivierte und engagierte Mitarbeiterinnen und Mitarbeiter zu haben, ist einer dieser vier zentralen Bereiche: Wir möchten ein attraktiver Arbeitgeber mit einer motivierenden Unternehmenskultur sein und mit einem bunten Mix aus den richtigen Kompetenzen die Diversität der Gesellschaft als Ganzes fördern.

16.3 Vattenfalls Vielfalt & Inklusions Strategie

Sie haben vielleicht bemerkt, dass ich Inklusion auch immer im gleichen Atemzug wie Vielfalt nenne. Das ist ganz bewusst so, denn sie sind zwei Seiten der gleichen Medaille. Vielfalt ist ohne Inklusion bedeutungslos und nur für die Statistik. Das betonen wir immer wieder. Wir definieren Inklusion viel weiter als das in Deutschland oft üblich ist. Es bedarf daher immer wieder einer Erläuterung. Dieses ist unsere Definition von Vielfalt und Inklusion (Abb. 16.2):

Vattenfalls CEO, Magnus Hall

> ‚Unterschiedliche Mitarbeiterinnen und Mitarbeiter mit vielfältigen Sichtweisen zu haben, schafft die Voraussetzungen für eine bessere Geschäftstätigkeit. Es bedeutet, verschiedene Ansätze für die Aufgaben zu suchen, die wir zu bewältigen haben, die Welt um uns herum so abzubilden, wie sie ist, und bei Einstellungen aus einer Vielzahl von Kandidatinnen und Kandidaten auszuwählen. Außerdem bin ich davon überzeugt, dass es zu einem toleranteren Klima an unseren Arbeitsplätzen und zu mehr Freude bei der Arbeit führt.'

Abb. 16.2 Definition von Vielfalt und Inklusion. (Quelle: Vattenfall)

Und Vattenfalls Deutschlandchef und Diversity & Inclusion Officer Tuomo Hatakka ergänzt

> ‚Wir sind nur dann in der Lage, das Potenzial von Vielfalt zu erschließen, wenn wir eine inklusive Kultur haben bei der wir einander respektieren und unsere Unterschiede als wertvolle Bereicherung empfinden'

Im Frühjahr 2015 waren wir Gastgeber für einen Workshop der NGO Catalyst zum Thema D&I Strategie – und erst im Nachhinein haben wir festgestellt, dass dies quasi ein Wendepunkt – eine Art erneuter Startschuss für unsere D&I Arbeit war. Wir hatten eine Reihe von Aktivitäten, aber eine Strategie, die den Rahmen und die Ausrichtung definiert, das hatte bis dato gefehlt. Das war die wichtige Erkenntnis am Ende dieses Workshop-Tages. Und so haben wir in den folgenden Monaten intensiv an unserer D&I Strategie gearbeitet und daran, wie man sie implementiert.

Die Diversity & Inclusion Strategie lebt natürlich – unsere aktuelle Version ist nicht die erste. Im Zuge unserer neuen Unternehmensausrichtung ‚Power Climate Smarter Living' haben wir 2017 unsere bisherigen Kernwerte durch ‚Experience Principles' ersetzt: Aktiv, Offen und Positiv sind unsere 3 Experience Principles und Sicherheit ist dabei als 4. – als ‚fundamental Principle' – die Basis.

Auf der Grundlage dieser 4 Prinzipien haben wir unsere Diversity & Inclusion Strategie aktualisiert, die ich Ihnen im Folgenden vorstellen möchte. Kernpunkt ist dabei Vattenfalls Business Rational, das die Zielausrichtung von Diversity & Inclusion bei Vattenfall formuliert:

Wir sind davon überzeugt, dass

- ... wir durch vielfältige Teams ein breiteres Spektrum von Sichtweisen erlangen, um so eine Hochleistungskultur zu fördern, unsere Fähigkeiten und Kenntnisse optimal zu nutzen und noch mehr Innovationen und bessere Ergebnisse zu erzielen.
- ... unser Personal die Vielfalt der Gesellschaft widerspiegeln sollte, denn so können wir die unterschiedlichen Bedürfnisse besser verstehen, die Kundenerwartungen besser erfüllen und besser mit den Gemeinden zusammenarbeiten, in denen wir tätig sind.
- ... Inklusion maßgeblich ist, wenn man das volle Potenzial der Vielfalt entfalten möchte. Eine Umgebung, in der wir alle für unsere Unterschiede wertgeschätzt werden, ist dynamischer, kreativer und motivierender.
- ... unbewusste Vorurteile die Schaffung einer inklusiven Kultur verhindern und wir daher unsere Vorurteile angehen müssen, damit wir bei der Rekrutierung sowie Leistungs- und Kompetenzentwicklung erfolgreich sein können.
- ...Vielfalt und Inklusion bedeuten, dass wir das attraktive Unternehmen sind, das wir sein wollen, und eines, auf das wir stolz sind.

Wenn man Veränderungen erreichen möchte, muss man sich natürlich Ziele setzen. Und so enthält die D&I Strategie Ziele, die die Bereiche Vielfalt bei Stellenbesetzungen und Inklusive Kultur umfasst:

Stellenbesetzungen
- Die Lücke zwischen weiblichen und männlichen Vertretern im Management und Gremien der Vattenfall Unternehmen zu schließen.
- Den Anteil der weiblichen Beschäftigten zu steigern.
- Sicherstellen, dass Ethnizität und kulturelles Erbe unserer Belegschaft die Bevölkerung reflektieren.

Inklusive Kultur
- Eine Willkommens- und offene Kultur zu schaffen, in der wir persönliche Unterschiede wertschätzen und die Menschen in der Lage sind ihr volles Potenzial auszuleben – unabhängig von Geschlecht, Geschlechtsidentität oder -ausdruck, Ethnizität, Religion oder Glauben, sexuelle Orientierung, Behinderung, Alter, Bildungsstand, Erfahrungen, Familienstatus usw.
- Das Bewusstsein über die Wichtigkeit von Vielfalt & Inklusion auf jeder Ebene der Organisation zu steigern.
- Unbewusste Vorurteile als das wichtigste Hindernis einer offenen und inklusiven Kultur zu adressieren.

Und so haben wir diese Schritte erarbeitet, um unsere Ziele zu erreichen (Abb. 16.3).

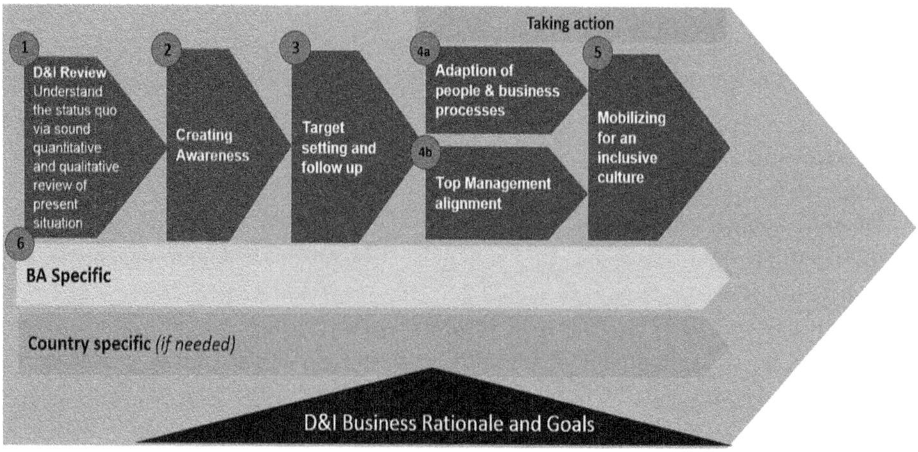

Abb. 16.3 D&I Strategie. (Quelle: Vattenfall)

Das Arbeiten mit diesen 4 Schritten ist eine kontinuierliche Aufgabe. Ich möchte aber, vor dem Hintergrund, hier speziell den Umgang mit unbewussten Vorurteilen beleuchten, über die Arbeit mit Schritt 2 der Strategie, dem Schaffen von Bewusstsein zu Vielfalt & Inklusion, schreiben.

16.4 Bewusstsein schaffen

Parallel zu der Entwicklung der Diversity & Inclusion Strategie haben wir bei Vattenfall die Rolle eines Diversity & Inclusion Officers etabliert. Es ist eine Funktion, die jeweils ein EGM (Executive Group Management) Mitglied als zusätzliche Aufgabe für einen Zeitraum von jeweils 2 Jahren übernimmt und dann an ein anderes EGM Mitglied weitergibt – ganz bewusst mit Ausnahme des HR Vorstandes. Zurzeit hat der Senior Vice President unserer Business Area Heat und gleichzeitig Deutschlandchef Tuomo Hatakka diese Rolle inne. Für ihn ist es eine bekannte Tatsache, dass heterogene Teams bessere Leistungen erzielen als homogene Teams:

> ‚Wir können nur dann das volle Potenzial der Vielfalt freisetzen und ausschöpfen, wenn wir dafür sorgen, dass sich jeder mit einbezogen fühlt. Ich habe in vielen Ländern mit unterschiedlichen Kulturen zusammengearbeitet und war überall beeindruckt von den Talenten und dem Engagement, die die Menschen haben. Jeder sollte die Möglichkeiten für eine professionelle Entwicklung haben – das empfinde ich nur als fair. Ich werde alles unternehmen, sicherzustellen, dass wir bei Vattenfall eine Kultur haben, die von Vielfalt und Inklusion geprägt ist.‘

Die Etablierung der D&I Officer Rolle und das Engagement mit dem sich die beiden bisherigen D&I Officer, Annika Viklund (Business Area Head Distribution) und Tuomo

Hatakka für Vielfalt und die Schaffung einer inklusiven Kultur bei Vattenfall einsetzen – sowohl Vattenfall-intern aber auch bei externen Veranstaltungen und Initiativen spielen eine sehr große Rolle dabei, ein Bewusstsein für Diversity & Inclusion als sehr wichtiges Anliegen von Vattenfall zu schaffen.

Das zweite Standbein, um die Wahrnehmung für Vielfalt und Inklusion zu intensivieren, sind die sogenannten Diversity & Inclusion Labs: es sind Trainingseinheiten/Workshops, die aus drei Teilen bestehen:

- Erläuterung der Strategie – Was bedeutet Diversity & Inclusion für uns?
- Bewusstsein schaffen – Unbewusste Vorurteile: Wahrnehmung, Akzeptanz und Handeln.
- Der Business Rahmen – Erstellung des D&I Business Rationale, Zielsetzungen und Aktivitäten.

Der Zweck der D&I Labs ist es, die Wahrnehmung zu steigern, aber auch die Verantwortung für Vielfalt und Inklusion in die einzelnen Unternehmensbereiche und Teams herunterzubrechen. Wir versuchen, das Unbewusste bewusst zu machen, zu diskutieren was Vielfalt und Inklusion in der täglichen Arbeit bedeuten und den Rahmen für einen Diversity & Inclusion Business Plan zu setzen.

Das Konzept der D&I Labs wurde 2016 entwickelt und zunächst in allen Business Area Management Teams durchgeführt. In diesen Labs haben dann die Business Areas ihr Business Rational für Diversity & Inclusion entwickelt.

Mittlerweile wurden die Labs tiefer in die Organisation von Vattenfall hineingetragen und es gibt die Möglichkeit, die Labs sowohl mit Führungskräften als auch mit Mitarbeiterinnen und Mitarbeitern als Zielgruppe durchzuführen. Dazu wurden interne Moderatorinnen und Moderatoren ausgebildet.

16.5 Unbewusste Vorurteile: Wahrnehmung, Akzeptanz, Handeln

Nicht immer läuft man offene Türen ein, wenn man zu einem Lab einlädt. Manche/r sagt zunächst leise oder auch lauter, dass Wichtigeres zu tun sein: Termine einzuhalten, Besprechungen durchzuführen, Entscheidungen zu treffen, das Team zu führen etc., denn schließlich sei doch die Performance und der Unternehmenserfolg entscheidend. Was dann manchmal noch hinzufügt oder auch nur gedacht wird: …anstatt mit ‚so einem Thema' die Zeit zu verplempern.

Sehr spannend und schön ist es zu erleben, wie viele dieser Personen doch das Lab mit einer ganz anderen Wahrnehmung verlassen. Was sich sehr oft dann zeigt, wenn es um den Einstieg in das Thema der unbewussten Vorurteile geht, ist, dass so manche Teilnehmerin/so mancher Teilnehmer zunächst den Eindruck hatte, sie bzw. er müssten sich irgendwie schuldig dafür fühlen, Vorurteile zu haben. Oft ist schon eine große Erleichterung zu spüren, wenn erklärt wird, dass es ganz menschlich ist, dass dies genau der Weg ist, wie unser Gehirn Informationen verarbeitet und dass es nur darum geht, sich seiner Vorurteile bewusst zu sein und sie situationsadäquat zu beherrschen bzw. zu minimieren. Manche/r wird sich erst im Lab bewusst, was sie/er sich selbst bisher nicht eingestehen mochte: auch selber unbewusste Vorurteile zu haben.

Prima, wenn es so läuft, denn das ist der Türöffner für Diskussionen und persönliche Erlebnisse, die dann geteilt werden. Auch zu erfahren, dass Vielfalt & Inklusion sehr viel mit Performance und sehr viel mit Unternehmenserfolg und Innovation zu tun haben, führt dann gerade bei zahlen- und performanceorientierten Personen zu dem Aha-Effekt, dass Diversity & Inclusion doch nicht das ‚Weichspüler-Thema' ist, für das es gehalten wurde (Abb. 16.4).

Wenn das geschafft, die unbewussten Vorurteile erkannt und akzeptiert sind, kann man den nächsten Schritt gehen und jeder kann daran arbeiten, die eigenen unbewussten Vorurteile zu neutralisieren. Immer auch in dem realistischen Bewusstsein, dass man nicht alle Vorurteile und auch schon nicht sofort und dauerhaft neutralisieren kann.

Es ist auch wichtig, dass man gerne ein bisschen nachsichtig mit sich selbst sein darf. Und vielleicht geht es Ihnen genauso wie mir: manchmal bemerke ich, dass ich gerade einem unbewussten Vorurteil aufgesessen bin und muss innerlich schmunzeln. Das wäre mir früher wahrscheinlich gar nicht aufgefallen… und das ist doch ein gutes Zeichen.

Was also im Einzelnen in den Labs zu den unbewussten Vorurteilen vermittelt und diskutiert wird, ist:

- Eigenwahrnehmung: die eigenen Vorurteile kennen und einen Einblick in die verschiedenen Formen der Vorurteile bekommen
- Wissen, was die eigene Ausrichtung ist und was einen antreibt

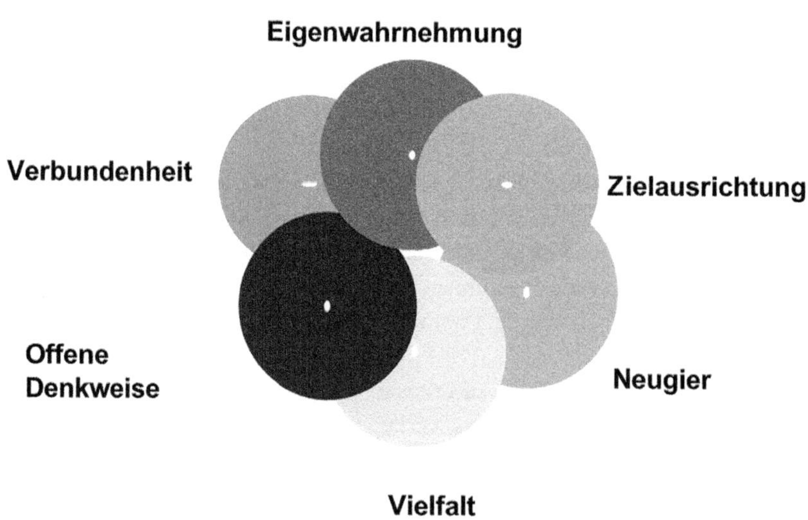

Abb. 16.4 Die Schlüssel zu inklusivem Führungsstil. (Quelle: Vattenfall)

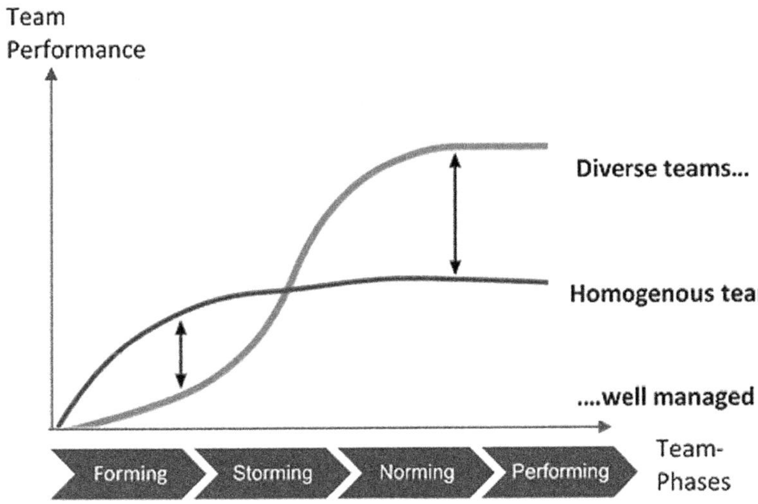

Abb. 16.5 Team Performance & Team Phases. (Quelle: Vattenfall)

- Neugier: weil unterschiedliche Ideen und Erfahrungen Wachstum ermöglichen. Nicht jeder sieht die Welt durch den eigenen kulturellen Blickwinkel
- Offene Denkweise: Offen sein um zu lernen und sich zu entwickeln und auch Veränderungen gegenüber offen zu sein.

Besonders bedeutsam ist das Thema für Führungskräfte – denn ein inklusiver Führungsstil ist sehr wichtig für den Erfolg des Teams – eines vielfältigen Teams, dessen Produktivität, wie man in der Grafik (Abb. 16.5) gut sehen kann, über die Produktiv eines homogenen Teams weit hinaus gehen kann – wenn es entsprechend geführt wird.

Häufig wird bei Vielfalt an die Themen wie Geschlecht, Herkunft, Religion usw. gedacht. Bei der Zusammensetzung eines Teams auch an die unterschiedlichen Charaktere im Team zu denken – an Kreativität, Zuverlässigkeit, Zusammenarbeit, Organisationstalent, Impulsivität, um nur einige Eigenschaften zu nennen – und sie wertzuschätzen, das bringt noch wieder eine neue Dimension in die ‚Orchestrierung' eines Teams und zeigt wie ungeheuer vielfältig das Thema Vielfalt & Inklusion ist.

Wir bei Vattenfall haben es uns zum Ziel gesetzt, die Labs mit allen Mitarbeiterinnen und Mitarbeitern durchzuführen und Vielfalt & Inklusion als Teil unseres täglichen Geschäfts zu etablieren – mit Allem was wir tun.

Sabine Wilken (Jahrgang 1961) hat in Hamburg Betriebswirtschaftslehre studiert und ist seit vielen Jahren bei dem schwedischen Energieversorger Vattenfall in verschiedenen Positionen auf Konzernebene tätig. Als Expertin für Mitarbeiterengagement ist sie sehr vertraut mit dem Zusammenhang zwischen Engagement und der Arbeitskultur. Dass jede Person auch im Arbeitsleben so sein kann wie sie ist, ist ihr ein wichtiges Anliegen. Und so ist die Beschäftigung mit unbewussten Vorurteilen für Sabine Wilken ein Kern der Diversity und Inclusion Arbeit.

Johannes Richtberg-Nohl (Jahrgang 1966) studierte an der Berliner Universität der Künste Gesellschafts- und Wirtschaftskommunikation und ist, nach verschiedenen Stationen in der Werbe- und TV-Branche, in der Konzernkommunikation beim schwedischen Energieversorger Vattenfall tätig. Bei Vattenfall gründete er 2017 das Vattenfall Rainbow Network für LGBT*-Beschäftigte und heterosexuelle Unterstützer (Straight Allies) und leitet u. a. Workshops zum Thema Diversity & Inclusion.

Generationenvielfalt aktiv gestalten! – Auf dem Wege zu einem neuen Verständnis von Arbeit und Alter

17

Sonja Lambert

Zusammenfassung

Alle Altersgruppen verfügen über besondere Talente, Befähigungen und Erfahrungen, die es wertzuschätzen und zu nutzen gilt. Im Zuge des demografischen Wandels erhält die optimale Potenzialnutzung eine immer größere Bedeutung. Zukunftsweisende Personalstrategien müssen weit über die Fragen der Personalplanung und des Wissens- und Erfahrungstransfers hinausgehen. Um treffsichere Strategien und Maßnahmen konzipieren zu können, bedarf es des Wissens, wie die Beschäftigten denken und fühlen, wonach sie streben und was sie ablehnen. Die AOK Hessen hat eine interne Analyse zu den vorhandenen Altersbildern durchgeführt. Die Ergebnisse zeigen, dass insbesondere Innovation und Veränderungsfähigkeit als professionelle Domänen der jüngeren Beschäftigten wahrgenommen werden, während älteren Beschäftigten vor allem Erfahrung als personale Auszeichnung zugeschrieben wird. Stereotype Altersbilder können den Blick auf individuelle Kompetenzen verstellen. Arbeit und Alter ist daher als Thema der Unternehmenskultur aktiv zu bearbeiten. Hierzu hat die AOK Hessen entsprechende Maßnahmen ergriffen.

17.1 Generationenvielfalt, kein neues Thema für die AOK Hessen

Die AOK Hessen beschäftigt gegenwärtig rund 3800 Mitarbeiterinnen und Mitarbeiter. In 53 regionalen Beratungscentern sowie durch 3 Callcenter werden die über 1.600.000 Versicherten und etwa 100.000 Firmenkunden betreut. Seit dem Jahr 2002 setzt die AOK

S. Lambert (✉)
AOK- Die Gesundheitskasse in Hessen, Offenbach, Deutschland
E-Mail: sonja.lambert@he.aok.de

M. E. Domsch et al. (Hrsg.), *Vorurteile im Arbeitsleben*,
https://doi.org/10.1007/978-3-662-59232-8_17

Hessen ein systematisches Diversity Management um, das integraler Teilbereich der Unternehmensstrategie ist.

Grundsatz der Diversity Aktivitäten war es von Anfang an, Veränderungen und Vielfalt als Chance zu begreifen und die Diversity Management Politik flexibel an neue Erfordernisse anzupassen. Das verlangt, grundlegende Trends frühzeitig zu erkennen und mit konkreten Maßnahmen in entsprechende Denk- und Handlungsweisen umzusetzen. Aufgrund von Datenanalysen und Trendfortschreibungen hat die AOK Hessen stets zeitnah Veränderungen erkannt. Altersstrukturanalysen machten deutlich, dass der demografische Wandel eine aktive Age-Diversity Strategie erfordert. Wie bei vielen Arbeitgebern bestimmen sogenannten Baby-Boomer Jahrgänge die Entwicklung der Altersstruktur der kommenden Jahre.

17.1.1 Das Konzept „Generationenvielfalt der AOK Hessen"

Im Jahre 2007 wurde mit dem „Generationenvielfalt bei der AOK Hessen – Chancen für die Zukunft" (GeVi) ein umfassendes Altersdiversity-Management Konzept erarbeitet. Zielsetzung des GeVi-Konzeptes war es, Antworten auf die Frage zu finden, wie der demografische Wandel so bewältigt werden kann, dass die AOK Hessen ihr Leistungsangebot attraktiv gestalten kann und sich als innovatives Unternehmen anforderungsgerecht weiterentwickelt und auch zukünftig für alle Mitarbeitergenerationen ein attraktiver Arbeitgeber bleibt.

Das **GeVi-Konzept** wurde in fünf Handlungsfelder unterteilt, die im Folgenden kurz skizziert werden.

Verschiedenheit als Chance
Das übergeordnete Ziel dieses Handlungsfeldes ist es, die unterschiedlichen Erfahrungen der Beschäftigten optimal zu nutzen. Hervorzuheben sind das Mentoring-Programm der AOK Hessen, das den Wissens- und Erfahrungstransfer sicherstellt, aber auch die Maßnahmen zur Gewinnung und Bindung von Nachwuchskräften an das Unternehmen. Ein richtungsweisendes, leistungsstarkes Personalprognosemodell unterstützt das Kapazitätsmanagement.

Arbeitsorganisation
Die betrieblichen Belange hinsichtlich der Arbeitsorganisation sollten noch besser mit den lebensphasenbezogenen und individuellen Bedarfen der Mitarbeiterinnen und Mitarbeiter vereinbar sein. Unter anderem zielen die Maßnahmen dieses Handlungsfeldes darauf ab, die Möglichkeiten des flexiblen Arbeitens hinsichtlich der Zeit und des Ortes auszuweiten.

Berufliche Entwicklung aller Altersgruppen
Die AOK Hessen will die Potenziale aller Altersgruppen optimal nutzen. Das Lernen Erfahrener sollte zukünftig im Fokus der Personalentwicklung stehen. Darüber hinaus sollten Entwicklungschancen für alle Altersgruppen deutlicher als bisher aufgezeigt werden.

Vereinbarkeit von Beruf, Familie, Pflege und Privatleben

Als Spezialist in Sachen Gesundheit ist für die AOK Hessen die Gesunderhaltung ihrer Beschäftigten ein wichtiges Anliegen. Das Gesundheitsförderkonzept wurde zum betrieblichen Gesundheitsmanagement weiterentwickelt und die lebensphasenorientierten Serviceleistungen um den Service „Beruf und Pflege" erweitert. Er unterstützt die Vereinbarkeit von Beruf und Pflegeaufgaben und richtet sich explizit an alle Altersgruppen.

Umsetzungsunterstützung

Der nachhaltige Transfer des Konzepts in die Praxis der AOK Hessen wurde gewährleistet durch Trainingsmodule für verschiedene Zielgruppen, z. B. neue Führungskräfte, Auszubildende, Studierende sowie durch die regelmäßige Information und Kommunikation über Ziele und Maßnahmen des Konzepts.

Die in der Zwischenzeit umgesetzten Maßnahmen haben Benchmarkcharakter.

Im GeVi-Konzept wurde die Unterschiedlichkeit von Wissen und Erfahrung von Anfang an nicht an das Lebensalter, sondern an das „Job-Alter" gebunden.

Im Rahmen der Umsetzungsunterstützung stehen unter anderem Stereotype und Vorurteile im Fokus, bezogen auf alle Diversity Handlungsfelder der AOK Hessen. Auswahlverantwortliche werden entsprechend geschult, Fragen, Fallbeispiele und Simulationen für die Auswahlverfahren entsprechend geprüft. Das Thema ist in zielgruppenbezogene Diversity Module, zum Beispiel für neue Führungskräfte oder Bachelor-Studierende der AOK Hessen, integriert.

17.1.2 Neue Diversity-Aspekte der Geschäftsbereichsstrategie „Personal und Ressourcen"

In die Geschäftsbereichsstrategie 2020 der Hauptabteilung „Personal, Finanzen und Infrastruktur" wurde das Zielfeld „Kultur, Vielfalt und Zusammenarbeit" aufgenommen. „Unternehmenskultur & Diversity Kompetenz" gehören seither zum Kern der Strategie der Vielfalt der AOK Hessen.

Während der demografischen Wandel inzwischen in Bezug auf die Veränderung der personalwirtschaftlichen Rahmenbedingungen von vielen Arbeitgebern verstanden und auf dieser Ebenen umgesetzt wird, ist die „Kulturdimension" noch nicht in gleichem Maße bearbeitet.

17.2 Die Projektidee – Arbeit und Alter der AOK Hessen

Ausgangsthese für das Projekt „Arbeit und Alter" war die Annahme, dass individuelle und kollektive Altersbilder die Wahrnehmung bestimmen. Kolleginnen und Kollegen sowie Führungskräfte sehen einander auch durch die von stereotypen Erfahrungsbildern gefärbte subjektive Brille. Das kann eine positive und negative Sichtweise sein. Ein Ziel des Projektes war es, der Belegschaft bewusst zu machen, inwiefern das althergebrachte „Defizitmodell des Alters und des Alterns" einen unbefangenen Blick auf Personen unterschiedlichen Alters verstellt und als Folge davon, Zuschreibungen für Personen vorgenommen werden, die der jeweiligen Person so nicht gerecht werden.

Die Zusammenhänge von Alter und Altern, von individuell und kollektiv dominierenden Altersbildern wurde in einem internen Projekt der AOK Hessen systematisch überprüft. Auf der Grundlage eines erprobten Designs (wissenschaftliches Fundament, zielgerechte Methodenwahl, werturteilsfreie Durchführung und erhebungsgebundene Auswertung) wurden Erkenntnisse gesammelt.

Die Projektidee zur Erhebung von Altersbildern erreichte im Rahmen des Ideenwettbewerbs „Arbeit und Alter" der berufundfamilie gGmbH – die Finalistenrunde. Mit dem Wettbewerb wurden Konzepte ausgezeichnet, die den demografischen Veränderungen aktiv begegnen und kreative Ansätze realisieren.

17.3 Erhebung von Altersbildern

17.3.1 Konzeption und Projektdesign

Die Konzeption des Projektes zur Erhebung von Altersbildern beruht auf einem Forschungsansatz, der an der Universität Halle-Wittenberg wissenschaftlich erarbeitet und mit Piloterhebungen getestet wurde [3]. Im Zuge der zunehmenden Bedeutung handlungsorientierter Forschung wurden die bisher vorherrschenden repräsentativen Erhebungen um eine gezielte Fokusgruppenforschung ergänzt [2]. Die eo ipso personal- und organisationsberatung GmbH Mainz hat unter der wissenschaftlichen Leitung von M. Becker ein Tool zur Erhebung von Altersbildern entwickelt. Das Design des Erhebungstools verbindet schriftliche Erhebungen und eine hypothesengeleitete Diskussion zur Erfassung von Altersstereotypen und Altersvorurteilen[1]. Diese Designstruktur wurde im Wesentlichen für die Erhebung der AOK-Hessen genutzt. Die Fokusgruppenforschung zielt ganz konkret auf differenzierte Erkenntnisse zu folgenden Fragen:

- Wie sehen sich die Jüngeren selbst?
- Wie sehen die Jüngeren die Älteren?
- Wie sehen die Älteren sich selbst
- Wie sehen die Älteren die Jüngeren?

Mit einer Fokusgruppenbefragung unterschiedlicher Alterskohorten und aus allen Unternehmensbereichen zu ihren Altersbildern sollten Erkenntnisse darüber gewonnen werden,

[1]Das Forschungskonzept ist praxiserprobt; das wissenschaftliche Konzept und das Forschungsdesign haben sich bewährt. Informationen sind erhältlich über https://www.eoipso-beratung.de/.

ob das Defizitbild des Alterns in der Belegschaft (noch) vorherrscht oder ob bereits ein liberaler und pluraler Blick auf das Lebensalter etabliert ist. Konkret sollte identifiziert werden, welche kollektiven Unternehmensbilder im Hinblick auf Arbeit und Alter vorhanden sind und welche Unterschiede zwischen den Generationen beziehungsweise zwischen den Fokusgruppen vorhanden sind.

Insgesamt wurden bei der AOK Hessen fünf Fokusgruppen mit insgesamt 66 Mitarbeiterinnen und Mitarbeitern in einem jeweils halbtägigen Workshop getrennt voneinander befragt: 1) Eine altersgemischte Pilotgruppe 2) Beschäftigte der sogenannten Generation Y, 3) Beschäftigte der mittleren Generation, 4) Langjährig Beschäftigte 5) Führungskräfte altersgemischt (Abb. 17.1).

Übersicht über das Projektdesign

Die besondere Herausforderung zeigte sich bereits bei der Abfassung des Einladungsschreibens an die Fokusgruppen. Der Text sollte erklären, um welchen Aspekt es in der Erhebung geht. Gleichzeitig musste darauf geachtet werden, dass der Text frei von Stereotypen gestaltet wurde. Wenn „sogenannte" ältere Beschäftigte befragt werden sollen, dann generiert man mit der Alterszuschreibung leicht neue Stereotype. Deshalb wurde auf das im Unternehmen bekannte Konzept Generationenvielfalt und dessen Generationenbegriff Bezug genommen.

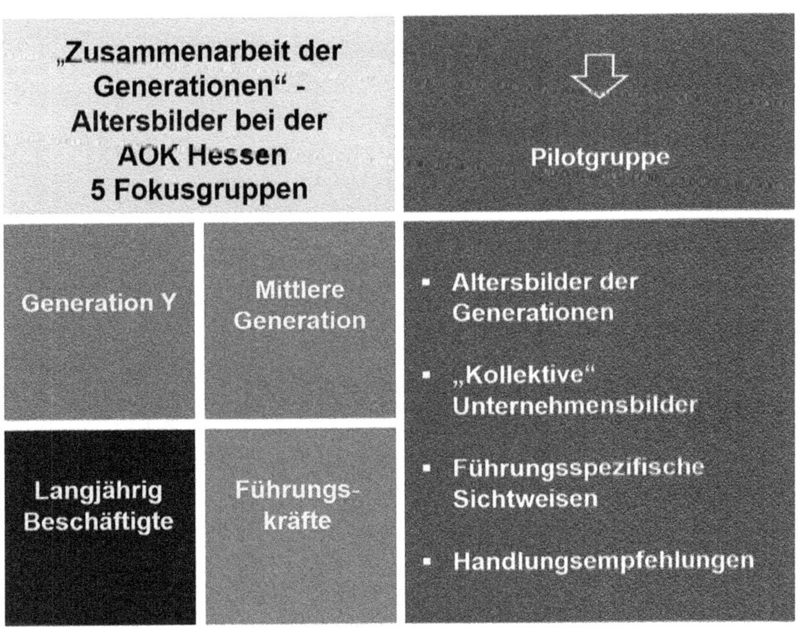

Abb. 17.1 Befragte Gruppen

Für die Erhebung der Altersbilder wurden vier unterschiedliche methodische Ansätze gewählt:

- Vignettenübung
- Semantisches Differenzial
- Fragebogen
- Hypothesengeleitete Diskussion

Die Vignettenübung erfasst ganz konkrete Ausschnitte, lenkt die Befragten konsequent auf ein Erhebungsmerkmal: Die Befragten wurden mit einer „Entscheidungsübung" auf das Kriterium „Alter" und „Geschlecht" als Prädiktor für die persönliche Einstellung im Umgang mit Kolleginnen und Kollegen gelenkt.

Das Semantische Differential dient der Datenerhebung, indem die Befragten gebeten werden, Begriffspaare bipolar einzustufen. Die Begriffspaare beziehen sich insgesamt auf das übergeordnete Kriterium Alter.

Die Alterseinschätzung erhebt das individuelle Kriterium „Wer zählt zu den älteren Mitarbeiterinnen oder Mitarbeitern im Unternehmen".

Der Fragebogen zu Arbeit und Alter fragt die individuellen Einstellungen zu den Ausprägungen „älter" und „jünger" mit dem Ziel ab, Stereotype aufzudecken, Zuschreibungsmuster zu erkennen und gegebenenfalls gezielte Maßnahmen im Bedarfsfalle abzuleiten.

Die Leitthesen-Diskussion wurde als geeignete Methode zur Erhebung von Meinungen, Befürchtungen, Hoffnungen, Zielen und Gestaltungshinweisen zu konkreten Handlungsfeldern eingesetzt.

17.3.2 Wichtigste Ergebnisse

Neben den Hinweisen auf die generationsspezifische Selbst- und Fremdwahrnehmung konnten „kollektive Altersbilder" und deren Wirkung identifiziert werden. Die Ergebnisse zeigen, dass die Befragten den jeweiligen Altersgruppen unterschiedliche Altersbilder zuweisen. Vor allem die Kriterien Innovationfähigkeit, Kreativität, Veränderungswille, Veränderungsbereitschaft und Motivation werden eindeutig als Auszeichnung der jüngeren Beschäftigten apostrophiert. Älteren Beschäftigten wird in erster Linie Erfahrung zugeschrieben. Die durchgängige Eindeutigkeit dieser Zuschreibung und der Grundtenor der Alterszuschreibungen sowohl bei den „unbewussten Erhebungselementen", wie der Vignettenübung als auch bei den bewussten Erhebungsaspekten, wie dem Fragebogen, waren überraschend. Abb. 17.2 gibt typische Fragebogenergebnisse zu einzelnen Aspekten wieder, die sich in vergleichbarer Form in den Ergebnissen der anderen Tools wiederfinden.

Das trifft zu auf:	Jüngere	Ältere
Altersspezifische Zuschreibungen	**Anteil der Top-Box-Antworten: „trifft eher zu", trifft völlig zu" in %**	
...fällt es nicht schwer mit dem technischen Fortschritt mitzuhalten	88 %	17 %
...sind an beruflichen Herausforderungen interessiert	73 %	15 %
... sind loyal gegenüber der AOK Hessen	20 %	85 %
... sind zuverlässig	48 %	79 %
Altersneutrale Zuschreibungen	**Anteil der Top-Box-Antworten: „trifft eher zu", trifft völlig zu" in %**	
....sind bei der Arbeit kooperativ	64 %	61 %
...übernehmen gerne verantwortungsvolle Aufgaben	53 %	45 %
...haben oft sehr gute Arbeitsergebnisse	45 %	47 %

Abb. 17.2 Beispiele für altersspezifische und altersneutrale Zuschreibungen. Auszug aus den Ergebnissen des Fragebogens

Einige Originalzitate aus der Fokusgruppendiskussion verdeutlichen die Altersbilder, die bei jüngeren und älteren Beschäftigten immer noch wirken:

- Ich denke, die meisten haben einen Plan im Kopf, den sie mit 50/55 umgesetzt haben.
- Es ist natürlich, dass Ältere weniger veränderungsfähig sind.
- Jüngere haben Verbesserungswünsche, Ältere wollen eher beibehalten.

Positive Alterszuschreibungen an ältere Beschäftigte beziehen sich auf Fleiß, Fachkompetenz, Loyalität und Zuverlässigkeit. Die prinzipielle Leistungsfähigkeit wird älteren Beschäftigten ebenfalls bescheinigt. Die Einschätzung des Krankheitsrisikos weist für ältere und jüngere Beschäftigte übrigens keine bedeutsamen Unterschiede auf.

Wenn also Erfahrung gefragt ist, ist das Altersbild bezogen auf die älteren Beschäftigten positiv. Ist Innovation und Veränderung gefragt, sinken die positiven Zuschreibungen in Bezug auf dieses Kriterium auch in der Quantität. Die Dynamik der Veränderungen der Tätigkeiten und Anforderungen verstärken das negative Bild auf Ältere und auf ihre Erfahrung.

Interessant sind in diesem Zusammenhang auch die Ergebnisse zu den alterstypischen Erwartungen an die berufliche Entwicklung. Hier weichen das Selbst- und das Fremdbild bezogen auf die älteren Beschäftigten voneinander ab. Während nur 15 % der Befragten insgesamt annehmen, dass ältere Beschäftigte an beruflichen Herausforderungen interessiert sind, erwarten drei Viertel der älteren Mitarbeiterinnen und Mitarbeiter dies vom Unternehmen.

Die Personalpolitik wird diesbezüglich insgesamt als eher jugendzentriert empfunden, eine altersspezifische Aufgabenzuteilung gemäß dem dargestellten Altersbild wird von den Befragten teilweise wahrgenommen.

Gemischte Teams sind das gewünschte kollektive Ideal der Zusammenarbeit. Dass gemischte Team für das Unternehmen und die Zusammenarbeit am besten sind, wird von allen Generationen als erstrebenswertes Ziel genannt.

Beispielhafte Originalzitate sind:

- Gemischte Gruppen finde ich besser, man kann auch von den Älteren etwas lernen.
- Die Mischung macht es – ältere und jüngere Mitarbeiterinnen und Mitarbeiter, das ist für mich sehr wichtig.
- Ältere müssen auch von Jüngeren lernen.

17.3.3 Fazit

Die Analyse der Altersbilder bei der AOK Hessen hat ein „gefühltes" Thema explizit auf den Punkt gebracht: Insgesamt sind eine hohe gegenseitige Wertschätzung und ein gutes Miteinander der Generationen als Ergebnis hervorzuheben. Als problematisch erweist sich die Zuschreibung von „jung = innovativ" und „alt = erfahren" als ein Aspekt des Altersbilds im Hinblick auf den demografischen Wandel. Gleiches gilt für die Zuschreibungen der Loyalität und Zuverlässigkeit nach den Kategorien „Alt" und „Jung". Diese Zuschreibungen sind nicht AOK Hessen spezifisch, sondern entsprechen dem Bild von Jüngeren und Älteren im Allgemeinen. Sie verstellen in bestimmten Situationen möglicherweise den Blick auf die tatsächlichen Potenziale und können im negativen Fall sogar zu einer Selbstzuschreibung führen. Von den spezifischen Stärken Jüngerer und Älterer zu sprechen und sie entsprechenden Altersrollen zuzuweisen, unterstützt das Denkmuster der „Stärken-Schwächen-Logik" [4]. Positive Signale und Unternehmensbeispiele, die negative Stereotypen infrage stellen, aufbrechen und abbauen, sind daher wichtig. Insgesamt sind die individuellen Kompetenzen in den Vordergrund zu stellen, nicht das Lebensalter. Führung, aber auch Entwicklung muss individuell und unabhängig vom Lebensalter kompetenzorientiert erfolgen. Bisher bewusst keine expliziten oder impliziten Ü-50 Angebote oder ähnliches aufzulegen, hat sich vor dem Hintergrund der Ergebnisse als die richtige Entscheidung erwiesen. Informelle Altersgrenzen, auch die eigene Schere in den Köpfen, sind zugunsten einer offenen Unternehmenskultur weiter aufzubrechen. Führungskräfte müssen befähigt werden, Mitarbeiterinnen und Mitarbeiter altersunabhängig an Routinetätigkeiten und an innovative Tätigkeiten gleichermaßen heranzuführen.

17.4 Weiterdenken – Neues wagen – Erfolge sichern

Mit dem Analyseprojekt „Altersbilder bei der AOK Hessen" ist eine gute Ausgangsbasis vorhanden, um den individuellen Blick auf das Thema Alter zu stärken. Durch die empirische Erhebung ist es gelungen, eine besondere Aufmerksamkeit auf Stereotype zu lenken und Bewusstsein zu schaffen. Mit dem Projekt und der Kommunikation der Ergebnisse sind Altersbilder als Fokusthema individualisierter Personalpolitik strategisch verankert und sichtbar gemacht worden. Entsprechende Maßnahmen wurden initiiert und umgesetzt. Darüber hinaus wird das Thema auch in Zukunft nachhaltig im Rahmen des Diversity Managements weiterentwickelt.

17.4.1 Kommunikation und Signale in das Unternehmen

Es wurde eine breite Kommunikation und Diskussion initiiert, um Bewusstsein zu schaffen, Altersbilder konstruktiv zu verändern und zu verdeutlichen:

- Es stehen die individuellen Kompetenzen im Vordergrund, nicht das Alter einer Person.

Der Gesamtvorstand hat das Thema aufgenommen und in die strategische Positionierung der AOK Hessen integriert. Damit wurde das Signal gesetzt, Alters-Diversity Management ist Sache des Top-Managements. Es wurden Veranstaltungen für verschiedene Funktionsgruppen durchgeführt, zum Beispiel mit dem Personalmanagement und dem Personalrat. Interne Mitarbeiterbeispiele wurden kommuniziert, die den Stereotypen widersprechen und die Kompetenzen der Altersgruppen sichtbar machen. Insgesamt wird in der Kommunikation darauf geachtet, Altersstereotype nicht zu reproduzieren. Das bezieht sich insbesondere auch auf die Kommunikationsträger, Bilder und Texte. So finden sich im CSR-Bericht der AOK Hessen alle Mitarbeitergenerationen in der Bilderwelt wieder sowie ein entsprechendes Statement des Hauptabteilungsleiters Personal.

> „Musterkarrieren gibt es keine mehr. Heute kann man mit sechzig Jahren seinem Leben eine gänzlich neue Wendung geben. Ich sehe eine unserer Aufgaben darin, unsere Mitarbeiterinnen und Mitarbeiter darin zu bestärken, sich zu verändern, Kontakte zu knüpfen, optimistisch in die Zukunft zu blicken. Dafür brauchen wir kritisches Feedback, Partizipation sowie eine gut austarierte Balance zwischen Beruf, Familie und Privatleben. Für diesen Kulturwandel haben wir die Weichen gestellt."
> (Karlheinz Löw, Leiter der Hauptabteilung Personal, Finanzen und Infrastruktur) [1]

17.4.2 Talent kennt kein Alter- überzeugend ist die gelebte Praxis!

Kommunizieren ist wichtig, überzeugend ist jedoch die gelebte Praxis. Deshalb wurde die Thematik in das Talentmanagement integriert. Im Rahmen des Talentmanagements der AOK Hessen entscheidet sich der Zugang in den vorangegangenen Zielfördergesprächen, ob die Führungskraft das Potenzial für höherwertigere Aufgaben erkennt und die Person über eine unternehmensweite Talenterhebung meldet. In den Talentkonferenzen wird die passende Fördermaßnahme für jede Kandidatin bzw. jeden Kandidaten besprochen und festgelegt. Selbstverständlich gab es bei der AOK Hessen nie Altersgrenzen für eine Potenzialmeldung. Dennoch werden im Verhältnis immer noch mehr jüngere Beschäftigte gemeldet. Mögliche informelle Barrieren, die berühmte „Schere im Kopf", wirken unter Umständen bei den Beteiligten unbewusst. Führungskräfte werden daher sowohl im Vorfeld der Potenzialmeldung als auch in der Talentkonferenz informiert. Die positiven Beispiele und die konsequente Fortführung der Praxis, den Fokus auf alle Altersgruppen zu legen führen zunehmend zu altersgemischten Talentpools. Dadurch ist es gelungen eine 60jährige Potenzialkandidatin erstmals neu in eine Führungsposition zu bringen, aber auch davon zu überzeugen, dass sehr junge Führungskräfte ebenfalls über die entsprechende Führungskompetenz verfügen.

17.4.3 Zukünftige Maßnahmen – wie geht es weiter?

Das Thema Alter und Talententwicklung findet Aufnahme in das interne Kennzahlensystem zum Diversity Performance Monitoring. So bleibt die laufende systematische Entwicklung aller Mitarbeitergenerationen anhand von Kennzahlen im Blick.

Die Kommunikation wird kontinuierlich weitergeführt. Einerseits hinsichtlich der Best Practice Beispiele, in internen und externen Veröffentlichungen sowie im Rahmen von Veranstaltungen, andererseits aber auch bezogen auf Kooperationen mit anderen Arbeitgebern.

Das Thema Unconscious Bias wird nicht nur in der breit angelegten Führungskräfteentwicklung für alle Führungskräfte verankert, d. h. auch die erfahrenen Führungskräfte werden einbezogen, sondern für weitere Zielgruppen, z. B. Auszubildende auf Basis der aktuellen Ergebnisse weiterentwickelt.

Im Jahr 2018 und 2019 ist der umfassende Relaunch des Konzepts Generationenvielfalt mit einer Neubewertung aller Maßnahmen geplant. Unter anderem wird resultierend aus dem Projekt Altersbilder ein unternehmensübergreifendes Diversity-Netzwerk der Generationen gegründet: „Innovation und Veränderung – ich bin dabei! Mit A L L E N Generationen in die Zukunft!" Durch das Netzwerk erhält die AOK Hessen Impulse für die Weiterentwicklung des Themas Generationenvielfalt und vielfältige Perspektiven aus der Belegschaft zur Arbeitswelt 4.0. Das Netzwerk bietet ein bereichsübergreifendes Austauschforum der Generationen und macht die Zusammenarbeit sichtbar. Der Wunsch des Miteinanders wurde im Projekt deutlich formuliert. Multiplikatoren werden entwickelt und die nach innen erlebte Markenführung unterstützt. Die dauerhaft angelegte Maßnahme setzt ein weiteres Signal, dass die Zukunft der Arbeit mit allen Generationen gestaltet wird.

17.5 Zum Schluss

Das Projekt Alter und Altern der AOK Hessen kann bezüglich des Designs und der Ergebnisse als wichtige Grundlage für eine humane und wirtschaftliche Bewältigung von Alterung und Schrumpfung in Wirtschaft und Verwaltung sein. Eine jeweils unternehmensspezifische Analyse ist zu empfehlen. Sie schafft eine gute Ausgangsbasis zur Initiierung und Entwicklung von Maßnahmen, die auch auf die Kulturdimension „Arbeit und Alter" mitaufgreifen. Wie beantworten Sie die nachfolgenden Fragen?

- Unser Unternehmen bleibt voll leistungsfähig, auch wenn der Altersdurchschnitt in den nächsten 10 Jahren weiter steigt.
- In unserem Unternehmen werden ältere Beschäftigte auch wegen ihrer Innovationsfähigkeit und ihrer hohen Motivation geschätzt.
- In unserem Unternehmen kann man auch mit 55 Jahren noch Führungsnachwuchskraft werden.
- In unserem Unternehmen „alt zu werden", ist eine attraktive Perspektive.

Literatur

1. AOK Hessen. (2018). Verantwortung und Vielfalt. S. 13. www.hessen.aok.de/fileadmin/user_upload/AOK-Hessen/05-Content-PDF/AOK_Hessen_Verantwortung-und-Vielfalt.pdf.
2. Becker, M. (2011). Altersstereotype und Altersvorurteile. In WZW (Hrsg.), *Schriftenreihe des Lebensqualität entwickeln in schrumpfenden Regionen* (Heft 11, S. 140–143). Wittenberg.
3. Becker, M. (2008). *Optimistisch altern. Theoretische Grundlagen und empirische Befunde demographiefester Personalarbeit für altersgemischte Belegschaften*. München: Hampp.
4. Grewer, H. G., Matthäi, I., & Reindl, J. (2006). *Der innovative Ältere*. Institut für Sozialforschung und Sozialwirtschaft e. V., Studie im Auftrag des BMBF, S. 122. www.tu-chemnitz.de/wirtschaft/bwl9/forschung/fprojekte/reflex/kompReflex/ergebnisse/pdf/Grewer_Matthaei_Reindl_Der_innovative_Aeltere.pdf.

Sonja Lambert Diplom- Verwaltungswirtin. Von 1982 bis 1993 in leitenden Funktionen zunächst bei der AOK Wiesbaden-Rheingau-Taunus, ab 1993 bei der AOK Hessen tätig. Berufliche Stationen: Leiterin der Abteilung Personalservice und Personalentwicklung der AOK Wiesbaden-Rheingau-Taunus, seit 2003 Leiterin der Stabsstelle Diversity Management, „Kultur, Vielfalt und Zusammenarbeit" der AOK Hessen. Arbeitsschwerpunkte: Demografie, Gender, Work-Life-Balance, organisationale und kulturelle Vielfalt. Mehrere Kooperationsprojekte mit Ministerien und Arbeitgebern, u. a. Mitinitiatorin des Projekts „Beruf und Pflege- die hessische Initiative" sowie Beteiligung an „Wir Zusammen". Frau Lambert ist Mitglied im Prüfungsausschuss des Weiterbildungsstudiums Diversity Management WSDM®, Lehrbeauftragte für Human Resources Management im Masterstudiengang der Technischen Hochschule Mittelhessen; mehrere Buchbeiträge und Zeitschriftenartikel zum Thema Diversity Management.

Teil V
Dienstleistungen/Beratungen/Verbände

Das neue Erfolgsrezept? Oder nur heiße Luft? Was Unconscious-Bias-Workshops bewirken können – und was eben auch nicht

18

Jessica Gedamu und Kathrin Mahler Walther

Zusammenfassung

„Wir möchten unser Team für Vielfalt sensibilisieren und würden gern mit einem Unconscious-Bias-Training starten". Solche Anfragen erhalten wir häufig. Seit drei Jahren bietet die EAF Berlin Unconscious-Bias-Workshops an und die Nachfrage aus Unternehmen und aus Wissenschaftsorganisationen wächst kontinuierlich. Sie hat das zuvor verbreitete Interesse an Trainings zu Diversity Management inzwischen fast vollständig abgelöst.

18.1 Warum ist das Interesse am Ansatz „Unconscious Bias" so groß?

Inhaltlich schließen Unconscious Bias Workshops eng an Diversity Trainings an. Was sich unterscheidet, ist der Zugang: Die Wirkungsweise unseres Gehirns und die Art und Weise, wie wir Entscheidungen treffen, dient als Einstieg, um über unbewusste Denkmuster, Stereotype und deren Einfluss auf Vielfalt in Organisationen ins Gespräch zu gehen. Die Hirnforschung hat dazu in jüngster Zeit viele neue Ergebnisse hervorgebracht und mit alten Glaubenssätzen aufgeräumt. Wir wissen heute, dass Umwelteinflüsse eine starke Wirkung auf unser Gehirn haben, dass wir bis ins hohe Alter lernfähig sind und dass wir die Leistungsfähigkeit unseres Gehirns durch Training erweitern können. Unser

J. Gedamu (✉) · K. Mahler Walther
EAF Berlin, Berlin, Deutschland
E-Mail: gedamu@eaf-berlin.de

K. Mahler Walther
E-Mail: mahler-walther@eaf-berlin.de

M. E. Domsch et al. (Hrsg.), *Vorurteile im Arbeitsleben*,
https://doi.org/10.1007/978-3-662-59232-8_18

Gehirn kann in der Neurogenese neue Nervenzellen bilden und es besitzt die Fähigkeit, neurokognitive Netzwerke neu zu organisieren. Diese Forschungen erzeugen allgemein hohes Interesse. Etwas über unsere physische Konstitution, über Möglichkeiten und Limitierungen zu lernen, ist für viele Menschen von großem Interesse.

Der wesentliche Vorteil des Unconscious-Bias-Ansatzes ist seine Inklusivität. Wenn wir davon ausgehen, dass alle Menschen Vorurteile haben und diese zudem häufig unbewusst sind, befreien wir die Diskussion um Vielfalt von der Frage nach Schuld. Alle und jede*r haben Unconscious Bias, einschließlich die Trainer*innen. Unsere Erfahrung ist, dass dadurch wesentlich mehr Offenheit besteht und es weniger Widerstand gibt, als dies im Vergleich in klassischen Diversity-Workshops der Fall ist. Das bedeutet nicht, dass im Workshop neben dem Business Case für Vielfalt nicht auch Fragen von Macht und Diskriminierung diskutiert werden. Bestehende gesellschaftliche und organisationale Strukturen bestimmen nach wie vor den Zugang zu Ressourcen und haben Einfluss auf Vielfalt und Inklusion in Organisationen. Durch unser eigenes Verhalten können wir dazu beitragen, solche Strukturen mehr oder weniger durchlässig zu machen. Die Auseinandersetzung mit Unconscious Bias kann das Bewusstsein dafür schärfen und sichtbar machen, dass unser Verhalten in Zusammenhang mit organisationaler Vielfalt steht.

Hinzu kommt, dass der Unconscious Bias-Ansatz einen breiten Fokus hat. Wahrnehmungsverzerrungen betreffen im Grunde alle Themen des Lebens und konzentrieren sich nicht nur auf Geschlechterstereotype oder bestimmte Vielfaltsdimensionen. Unconscious Bias wirkt in diesem Sinne unvorbelastet und bedient zunächst keine Schubkästen wie z. B. die Frauenförderung. Das minimiert Widerstände und macht es sowohl für die Teilnehmenden als auch für die Organisationen besonders attraktiv: Wer sich mit Unconscious Bias beschäftigt, wird sensibel für Denkmuster und Vorurteile in einer Bandbreite von Situationen und Themen und lernt, diese zu hinterfragen. Damit geht Unconscious Bias über die klassischen Dimensionen des Diversity-Ansatzes hinaus.

18.2 Wie sind die Unconscious Bias Workshops aufgebaut?

Die EAF Berlin passt ihre Unconscious Bias Workshops immer an den individuellen Unternehmenskontext an, um die Bedürfnisse und Themen der Organisation abzubilden. Dennoch gibt es natürlich inhaltliche und methodische Schwerpunkte, die unsere Herangehensweise in Unconscious Bias Workshops kennzeichnen.

Dabei verbinden wir Erkenntnisse der Sozialpsychologie und der Verhaltensökonomie über menschliches Verhalten und Stereotype [1, 3–5, 8] mit methodischen Ansätzen aus der Anti-Bias Arbeit und Handlungsansätzen aus der Forschung zu Nudging [9]. Letztere kommen insbesondere dann zum Einsatz, wenn wir über einzelne Workshops hinaus strategisch mit einer Organisation zusammenarbeiten, um Bias-reduzierende Prozesse längerfristig zu verankern.

Wie tief die Auseinandersetzung mit Biases bis hin zu strukturellen (Macht)Fragen geht, hängt auch von der Dauer der Workshops ab. In den meisten Fällen handelt es sich um Halbtages-Workshops von 3,5 bis 4 h. In einigen Fällen bieten wir kürzere Workshops von ca. 2,5 h an; hierbei handelt es sich meistens um einen interaktiven Vortrag und eine daran anschließende Gruppenarbeit, in der dazu angeregt wird, das Gehörte auf den eigenen Arbeitskontext zu übertragen und für kritische Situationen alternative Handlungsoptionen zu diskutieren. In anderen Fällen werden wir für Ganztagesworkshops engagiert; sie erlauben ein tieferes Einsteigen auch jenseits der kognitiven Ebene und eine intensivere Auseinandersetzung und Reflexion eigener Erfahrungen. Wenngleich dies sicher vorteilhaft ist und wir deswegen längere Workshops empfehlen, sind insbesondere für Führungskräfte kürzere Formate jedoch üblicher. Deswegen verwenden wir das Halbtagsformat in der Folge als Beispiel. Je nach Organisationskontext und gewünschten inhaltlichen Schwerpunkten wählen wir unterschiedliche Übungen aus und passen sie dem Organisationskontext entsprechend an. Nachfolgend einige Beispiele, die wir in Workshops in dieser Kombination in der Vergangenheit umgesetzt haben.

In unseren Workshops verbinden wir grundsätzlich vier Bausteine: 1) kognitive Informationsvermittlung durch einen interaktiven Vortrag, 2) eigenes Erleben durch interaktive und selbst-reflexive Übungen und Diskussion, 3) Transfer in die Organisationspraxis, z. B. Fallstudien, Gruppenarbeit zur Analyse des eigenen Arbeitskontexts und 4) eine Phase der Lösungsentwicklung von alternativen Handlungsoptionen und Strategien. Wie in anderen Themen auch, ist die methodisch interaktive und abwechslungsreiche Gestaltung des Workshops zentral. Wenn es um Unconscious Bias geht, kommen noch zwei Elemente hinzu: Humor und ein wenig Selbstironie.

In unserem Erleben ist es hilfreich, zu Beginn des Workshops ruhig mit etwas Humor von einer eigenen Erfahrung zu berichten, in der man sich eigener Denkmuster bewusst geworden ist oder sich bei Vorurteilen „erwischt" hat. Es lockert die Atmosphäre und macht deutlich, dass Unconscious Bias menschlich ist – und dass selbst Menschen, die sich tagtäglich mit Vielfalt und Inklusion beschäftigen, davor nicht gefeit sind. In einer anschließenden Vorstellungsrunde kann man, wenn der Zeitrahmen es erlaubt, die Frage beantworten lassen, an welche konkrete Situation sich die Teilnehmenden erinnern, in der sie mit Unconscious Bias oder Stereotypen konfrontiert waren. Dabei können sie sowohl von Situationen berichten, in denen sie selbst negativ davon betroffen waren als auch von Situationen, in denen ihnen bewusst wurde, dass sie anderen Menschen Vorurteile entgegen gebracht haben. Diese Runden haben den Vorteil, dass sie in der Regel eine breite Menge an Beispielen aus dem beruflichen und privaten Kontext zusammentragen. Dadurch wird das Thema greifbarer und es wird deutlich, wie konstant wir eigentlich mit Vorannahmen durch die Welt gehen.

Um solche Aha-Effekte zu verstärken, führen wir interaktive selbst-reflexive Übungen durch. Sie haben zum Ziel, dass die Teilnehmenden im Workshop selbst erleben können, wie sehr wir Menschen anhand äußerer Merkmale einschätzen, kategorisieren, Annahmen über sie treffen und welche Rolle unser intuitives Empfinden von Sympathie und Kompetenz dafür spielt. Dafür bietet sich eine leicht abgewandelte Übung aus der Anti-Bias Arbeit an: Auf einem Arbeitsblatt sind die Fotos von vier realen Personen abgebildet, in unserem Beispiel von Rodney Alcala, einem verurteilten Massenmörder,

Valentina Sampaio, dem ersten Trans-Model auf dem Cover der Pariser Vogue, Ursula Burns, ehemals Chairman und CEO von Xerox sowie Bobak Ferdowsi, Systems Engineer bei der NASA und beteiligt an der Landung des Mars Rovers Curiosity. In der Regel erkennen die Teilnehmenden die Personen auf den Fotos nicht und bekommen auch keine Informationen über sie. Im Gegenteil, sie werden gebeten, ihrer Fantasie freien Lauf zu lassen und allein basierend auf Äußerlichkeiten schriftlich eine Reihe von Fragen über die Personen auf ihrem Arbeitsblatt zu beantworten. Zum Beispiel wie die Person heißt, was sie beruflich macht oder in welcher familiären Situation sie lebt. Darüber hinaus sollen die Teilnehmenden beurteilen, wie sympathisch ihnen die Person ist und wie kompetent sie erscheint. Nach der Beantwortung der Fragen vergleichen sie ihre Vorstellungen in der Kleingruppe miteinander. Dabei ist immer wieder erstaunlich, wie sehr sich die Einschätzungen über die abgebildeten Personen ähneln, manchmal bis hin zum (ausgedachten) Namen.

Diese oft mit Humor aber auch Erstaunen wahrgenommene Erkenntnis bietet eine gute Ausgangsbasis für eine Diskussion über gesellschaftliche Bilder, die wir durch unsere Sozialisation von Kind auf lernen. In der Auflösung der Personen zeigt sich, dass einige Merkmale korrekt zugeschrieben wurden (z. B. bestimmte Kleidung mit gesellschaftlichem Status) und andere wenig über die Person aussagen (z. B. dass sich hinter dem jugendlichen Haarschnitt geballte Ingenieurskompetenz verbirgt). Es wird deutlich, wie schnell und häufig wir unbewusst Menschen bestimmte Fähigkeiten oder Kompetenzen zuschreiben oder absprechen. Oft bringen die Teilnehmenden an dieser Stelle auch eigene Erfahrungen solch intuitiver Einschätzungen ein, über die sich auch deren Auswirkungen im beruflichen und privaten Umfeld gut thematisieren lassen.

Teilweise wird von Teilnehmenden an dieser Stelle eingewandt, dass der Aufbau der Übung sie dazu aufgefordert habe, in Schubkästen zu denken und damit genau das zu tun, was die Auseinandersetzung mit Unconscious Bias doch eben verhindern wolle. Dies weist auf eine methodische Herausforderung dieser Workshops hin, welche wir aus der Auseinandersetzung mit Vielfalts-Themen gut kennen: Verifiziert man durch die Workshops Denkmuster, anstatt Perspektiven zu erweitern? Wir denken nein. Denn der Unconscious Bias-Ansatz will auf das aufmerksam machen, was ist. Er geht nicht davon aus, dass sich ein Zustand erlangen ließe, in dem Menschen frei von Unconscious Bias wären. Insofern zielt die Übung darauf ab, Unconscious Bias zu erkunden und offen zu legen – nicht mit dem Ziel ihrer Abschaffung, sondern mit dem Ziel der Sensibilisierung für die Notwendigkeit der Einführung von Prozessen und Systemen, welche die Wirkung von Unconscious Bias eindämmen. Dies muss auf der strukturellen Ebene der Organisation erfolgen (s. u.).

An diese Übung schließt sich in der Regel ein interaktiver Vortrag an, welcher wissenschaftliche Hintergründe zu Unconscious Bias vermittelt: Wie unser Gehirn funktioniert und wie der Filter aus Erfahrungen, gelernten Bildern und Kultur unsere Entscheidungen fast unmerkbar beeinflusst. Durch die interaktive Herangehensweise sind die Teilnehmenden aufgefordert, aktiv über ihre eigene Rolle nachzudenken: So kann beispielsweise ein „Thesenbarometer" zu Beginn die Teilnehmenden auffordern, sich zu verschiedenen Aussagen wie „Frauen führen kommunikativer“ oder „Menschen mit einer tiefen Stimme sind durchsetzungsstärker“ zu positionieren und darüber in den Austausch zu gehen. Die nachfolgende Auflösung anhand wissenschaftlicher Studien macht deutlich, dass unsere Entscheidungen häufig von Kriterien beeinflusst werden, welche für die Entscheidung eigentlich irrelevant sind (wie bspw. Stimmlage oder Körpergröße).

Anhand von Beispielen und Studienergebnisse werden gängige für den Arbeitskontext relevante Biases diskutiert, z. B. Ingroup Bias, Halo Effekt, Group Think, Mikroaffirmationen und – aggressionen, Confirmation Bias sowie Stereotype gegenüber verschiedenen sozialen Gruppen. Der Vortrag regt an, darüber nachzudenken, in welchen Situationen in der eigenen Unternehmenspraxis potenziell „verzerrte“ Entscheidungen getroffen werden und bietet Ansätze, wie wir diesen begegnen können.

Nach diesem theoretischen Impuls lässt sich der Transfer in die Praxis gut mit Fallstudien umsetzen. Dabei blicken die Teilnehmenden aus der Außenperspektive auf Situationen aus einem verwandten Arbeitskontext. Sie analysieren, welche Denkmuster, Stereotype und Biases im Spiel sind und wie sich diese auswirken. Daraus entstehen teils intensive Diskussionen darüber, inwiefern die fiktiven Situationen im eigenen Arbeitsumfeld ebenfalls vorkommen, wie man als Individuum damit umgehen kann, wo Verantwortlichkeiten als Führungskraft liegen und wo die Organisation strukturelle Lösungen umsetzen sollte. Hier werden häufig auch Brücken zu anderen Führungsthemen wie Change Management, Steuerung vielfältiger Teams, Arbeitgeberattraktivität oder einer inklusiven Unternehmenskultur geschlagen.

Daran kann sich organisch die Arbeit in der Kleingruppe anschließen, in der die Teilnehmenden die Diskussion vertiefen, Situationen und Handlungsfelder im eigenen Organisationskontext benennen (z. B. Personalgewinnung, Talentmanagement oder Führungs- und Teamkultur) und gemeinsam Lösungsansätze entwickeln. Es wird herausgearbeitet, wie die Teilnehmenden das Thema als Multiplikator*innen im Unternehmen vorantreiben können und an welchen Stellen veränderte Strukturen und Prozesse Menschen zu Verhaltensänderungen anstoßen („nudgen“) und zu objektiveren Entscheidungen beitragen können. Es folgt das gegenseitige Vorstellen der Gruppenergebnisse und Diskussion. Je nach Gruppe wird teils noch im Workshop eine Priorisierung vorgenommen und nächste Schritte festgelegt. Insgesamt gilt, je mehr Zeit zur Verfügung steht, desto mehr Raum gibt es zur inhaltlichen Vertiefung, für das Erleben von Vielfalt und die Entwicklung von Tools für den eigenen Arbeitskontext.

18.3 Was bewirken die Workshops?

Die Reaktionen der Teilnehmenden auf die Workshops sind mehrheitlich sehr positiv. Anders, als es manchmal in klassischen Diversity-Trainings der Fall ist, können sich viele Menschen durch den Zugang über das Kognitive besser auf das Thema einlassen. Unsere Herangehensweise, viel mit Humor, Offenheit und Storytelling zu arbeiten, hat sich ebenfalls positiv bewährt und die Akzeptanz gefördert. Hinzu kommt, dass fast alle

Menschen schon einmal die Erfahrung gemacht haben, aufgrund der Zugehörigkeit zu einer sozialen Gruppe unfair behandelt worden zu sein. Diese Erfahrungen kommen in Unconscious Bias Workshops oft an die Oberfläche und erhöhen das Mitgefühl und die Fähigkeit zum Perspektivwechsel.

Das bedeutet nicht, dass es nicht auch in Unconscious Bias Workshops Widerstände von Seiten der Teilnehmenden gibt (s. auch oben). Dazu gehört zum Beispiel das Beharren, dass bestimmte Personengruppen doch mehrheitlich den Stereotypen über sie entsprechen würden. Teilweise erleben wir auch ein generelles infrage stellen, ob Vielfalt für eine Organisation tatsächlich erstrebenswert sei. Ein Aspekt, der hier nicht unerwähnt bleiben soll, ist dabei, dass die aktuellen politischen Entwicklungen, die Diskussionen um Öffnung oder Schließung der Gesellschaft, vor Organisationen nicht Halt machen. Die Haltungen der Menschen als Bürgerinnen und Bürger unsers Landes nehmen sie mit in ihren Arbeitskontext und dies kann gelegentlich zu eher unsachlich geäußerten Widerständen und destruktiven Debatten führen.

Es macht zudem einen Unterschied, ob die Teilnehmenden freiwillig am Workshop teilnehmen oder ob es sich um einen Pflicht-Workshop, z. B. im Rahmen der Führungskräfteentwicklung handelt. In verpflichtenden Workshops kann es mehr Skepsis dem Thema gegenüber geben, verbunden mit der Frage, ob man dem wirklich „so viel wertvolle Arbeitszeit" widmen wolle. Insgesamt ist unsere Erfahrung jedoch, dass Unconscious Bias Workshops im Vergleich überdurchschnittlich gut angenommen und bewertet werden.

Nichtsdestotrotz bleibt die Frage, ob Unconscious Bias Workshops tatsächlich Verhaltensveränderungen und Wandel in der Organisation herbeiführen. Die Forschung zu Diversity-Trainings insgesamt ist diesbezüglich eher pessimistisch [2] und auch wir sind davon überzeugt, dass ein Unconscious Bias Workshop nur ein Impuls sein kann, der zur Sensibilisierung beiträgt.

18.4 Wie kann die Auseinandersetzung mit Unconscious Bias Veränderungen bewirken?

Der Nobelpreisträger Daniel Kahnemann (2012) hat in seinen Forschungen gezeigt, dass unser Gehirn durchaus nicht so rational und wohlüberlegt funktioniert, wie es die Ideen der Aufklärung versprachen und die Theorie vom Homo oeconomicus behauptet [5]. Die großen Denker der Aufklärung waren überzeugt, dass der Gebrauch des Verstands zum „Ausgang des Menschen aus seiner selbstverschuldeten Unmündigkeit" führen werde (Kant). Kahnemann ergänzt diese Annahme durch seine Forschungen und zeigt, dass der Mensch zu objektiven Entscheidungen nicht in der Lage ist. Eine Erkenntnis, die uns auch die Theorien des Konstruktivismus lehren (vgl. Piaget). Menschen müssen – um im Duktus der Aufklärung zu bleiben – ihren Verstand nutzen, um diese Begrenzung zunächst anzuerkennen. Daran anschließend müssen Prozesse und Institutionen installiert werden, die gleichsam aus einer dritten (Beobachter-)Position heraus (vgl. Luhmann) die Vorgänge und Entscheidungen kritisch hinterfragen und weitere Perspektiven einbringen. Erst damit lässt sich das Versprechen der Aufklärung einlösen.

Um tatsächlich Wandel herbeizuführen, braucht es daher strukturelle Veränderungen und smartes Prozessdesign, das es Menschen und Organisationen einfacher macht, bewusste Entscheidungen für Vielfalt zu treffen. Da ein wesentlicher Teil unserer vorurteilsgeprägten Entscheidungen unbewusst abläuft, müssen Unternehmen über individuelle Sensibilisierung hinaus auch strukturelle Veränderungen anstoßen und umsetzen. Diese Herausforderung thematisieren wir auch in unseren Workshops und erarbeiten gemeinsam Lösungsansätze, die nicht nur das Individuum, sondern auch die Organisation im Blick haben.

Zentrale Handlungsfelder liegen in der Personalgewinnung, dem Talentmanagement, der Vergütung, der Arbeitsorganisation und der Vereinbarkeit [6, 7]. Dazu gehört zum Beispiel, Zahlen zu erheben und Situationen zu identifizieren, in denen Biases eine Rolle spielen. Darunter fallen u. a. Einstellungs- und Beförderungsentscheidungen. Zudem gibt es Faktoren, die „Autopilot"-Entscheidungen begünstigen, wie Stress, Multitasking, kognitive Belastung oder eine Anhäufung von Macht in unhinterfragten Einzelentscheidungen. Hier kann die Organisation bewusst gegensteuern. Standardisierte Prozesse unterstützen dabei: Dazu gehören beispielsweise ein vorab definiertes Anforderungsprofil für offene Stellen, anonymisierte Bewerbungsverfahren, kompetenzbasierte Interviewleitfäden, vielfältig besetzte Gremien (die statt einzelner Führungskräfte Leistungsbewertungen vornehmen) Stereotypen-Erinnerungsmails vor Bewertungsrunden, Beurteilungen begründen zu müssen oder in Gruppensituationen eine Person gezielt als „kritischer Hinterfrager" zu bestimmen. Mit diesen und weiteren Maßnahmen schafft man eine Entscheidungsarchitektur, in welcher der Autopilot im Gehirn öfter herausgefordert wird.

18.5 Best Practice: Page Group

Die Page Group ist ein gutes Beispiel für ein Unternehmen, das dabei ist, die Brücke von der Sensibilisierung für Unconscious Bias hin zu konkreten Prozessveränderungen zu schlagen. Im Jahr 2017 hat die Page Group in Deutschland Unconscious Bias Workshops für all ihre Führungskräfte durchgeführt, angefangen mit dem Management Board. Die Workshops dienten als erster Schritt zur Sensibilisierung und als Einführung in das Thema. Hier wurden sowohl Herausforderungen und Schwierigkeiten identifiziert als auch erste Handlungsansätze erarbeitet. Diese wurden im Nachgang zu einer Unconscious Bias Toolbox zusammengefasst, die allen Beschäftigten als Ressource zur Verfügung steht.

Als Personalberatung steht das Unternehmen vor einer besonderen Herausforderung in Hinblick auf Unconscious Bias: Kund*innen kommen häufig mit einer genauen Vorstellung, mit welchem „Profil" sie eine Position besetzen möchten und erhoffen sich von Page eine entsprechende Auswahl von Kandidat*innen. Dabei spielen Vorurteile durchaus eine Rolle: Z. B. wenn ein*e Kund*in für eine Führungsposition keine Frau will, aus Sorge, sie könne schwanger werden; oder deutlich macht, er/sie wolle keine Ausländer*innen im Team. Als Unternehmen macht Page natürlich nur dann Umsatz, wenn diesen Wünschen Folge geleistet und eine vorgeschlagene Kandidatin oder

Kandidat eingestellt wird. Die Kundenberater*innen verdienen entsprechend auch nur in diesem Fall eine Provision. In der Konsequenz begünstigt diese Struktur also vorurteilsbehaftete Entscheidungen in der Personalauswahl, was auch in den Workshops als Herausforderung identifiziert wurde.

Als Konsequenz entwickelt das Unternehmen derzeit mehrere Maßnahmen: Zum einen ein Anti-Diskriminierungstraining, in dem in Rollenspielen mögliche Argumentationslinien trainiert werden, um Kund*innen zu sensibilisieren und die Vorteile vielfältiger Kandidat*innen deutlich zu machen, ohne die Beziehung zu beschädigen. Diese Art von Skill-Building unterstützt Berater*innen und kommuniziert zugleich Page's Commitment zu Vielfalt nach innen und nach außen.

Darüber hinaus will die Page Group jedoch auch strukturelle Veränderungen umsetzen, um dem Dilemma, das Berater*innen bei diskriminierenden Anfragen begegnet, einen „Worst Case" Handlungsansatz entgegenzusetzen. Nach einem klar umrissenen Eskalationsprozess können Berater*innen eine diskriminierende Anfrage dann auch ablehnen – und erhalten vom Unternehmen trotzdem ihren variablen Gehaltsanteil. In Frankreich ist dieses System schon installiert und soll in Zukunft auch in Deutschland umgesetzt werden.

18.6 Ausblick

Page hat also zunächst seine Führungskräfte im Rahmen von Unconscious Bias Workshops sensibilisiert und dann die Erkenntnisse aus den Workshops dafür genutzt, Prozesse zu verändern. Darin sehen wir das große Potenzial von Unconscious Bias Workshops: Sie sind ein Weg, um mit relativ wenig Widerstand über Vielfalt und Inklusion ins Gespräch zu kommen. Sie können als Türöffner fungieren, um Menschen für Vielfalt und Inklusion zu sensibilisieren und für Change Projekte zu gewinnen. Unternehmen dürfen aber nicht den Fehler machen, auf der Basis des Workshops grundlegende Verhaltensänderungen der Teilnehmenden zu erwarten, die zum organisationalen Wandel führen. Nicht der/die einzelne Mitarbeiter*in kann das schaffen, sondern die Organisation ist gefordert: Aufbauend auf den Workshops müssen in den o. g. Handlungsfeldern passende Instrumente entwickelt und Prozessveränderungen vorgenommen werden, um Unconscious Bias in der Praxis zu begegnen. Erfolgt das nicht, verraucht der Ansatz tatsächlich als heiße Luft und es bleibt alles beim Alten.

Literatur

1. Bohnet, I. (2016). *What works: Gender equality by design*. Harvard University Press.
2. Dobbin, F., & Kalev, A. (2016). *Why diversity programs fail*. Harvard Business Review.
3. Eckes, T. (2010). Geschlechterstereotype: Von Rollen, Identitäten und Vorurteilen. In R. Becker & B. Kortendiek (Hrsg.), *Handbuch Frauen- und Geschlechterforschung: Theorie, Methoden, Empirie* (3. Aufl., S. 178–189). Wiesbaden: VS Verlag.

4. Fiske, S. T., Cuddy, A. J. C., & Glick, P. (2007). Universal dimensions of social perception: Warmth and competence. *Trends in Cognitive Science, 11,* 77–83.
5. Kahnemann, D. (2012). *Schnelles Denken. Langsames Denken.* München: Siedler.
6. Lukoschat, H., Gedamu, J., Hüttemann, S., & Tietze, C.-M. (2015). *Zielsicher. Mehr Frauen in Führung. Praxisleitfaden zum Gesetz.* EAF Berlin & KPMG AG: Berlin.
7. Mahler Walther, K., & Bessing, N. (2015). Fix the women or fix the workplace? Nachhaltiger Wandel erfordert die Verzahnung von individueller und struktureller Ebene. In I. M. Welpe, et al. (Hrsg.), *Auswahl von Männern und Frauen als Führungskräfte. Perspektiven aus Wirtschaft, Wissenschaft, Medien und Politik* (S. 419–428). Wiesbaden: Springer Gabler.
8. Mlodinow, L. (2012). *Subliminal: How your unconscious mind rules your behavior.* New York: Pantheon Books.
9. Thaler, R., & Sunstein, C. (2008). *Nudge: Improving decisions about health, wealth and happiness.* New Haven: Yale University Press.

Jessica Gedamu arbeitet als Global Director Diversity and Inclusion für Springer Nature. Sie entwickelt und implementiert die globale D&I Strategie des führenden globalen Wissenschafts-, Bildungs- und Fachverlags. Von 2011 bis 2017 war Jessica Gedamu für die EAF Berlin tätig, 2018 wurde sie in den Vorstand gewählt. Jessica Gedamu ist ausgebildete Diversity Trainerin (Eine Welt der Vielfalt®). Nach ihrem internationalen Business Administration und Kommunikationsstudium in Rotterdam (Niederlande) und einem Master in International Business hat sie ein berufsbegleitendes interdisziplinäres Masterstudium in Gender- und Diversity-Kompetenz an der Freien Universität Berlin absolviert.

Kathrin Mahler Walther ist Geschäftsführerin und Vorstandsmitglied der EAF Berlin. Sie berät Organisationen in Wirtschaft, Politik und Wissenschaft zur Förderung von Vielfalt in Führung. Sie leitete verschiedene Careerbuilding- und Mentoring-Programme, Change-Projekte und Studien über Erfolgsstrategien von Fach- und Führungskräften. Für die EAF ist sie vielfach als Rednerin und Trainerin – u. a. zu Unconscious Bias – tätig. Kathrin Mahler Walther studierte Sozialwissenschaften in Jena, Berlin und New York mit einem Stipendium der Hans-Böckler-Stiftung und absolvierte eine Ausbildung zur Systemischen Beraterin.

Im Vorbeigehen für Unconscious Biases sensibilisieren – erfahrungsorientiertes und selbstgesteuertes Lernen mit dem DiversityParcours®

19

Kathrin S. Trump und Ulrich F. Schübel

Zusammenfassung

Der bisherige Goldstandard unter den Ansätzen zur Sensibilisierung für Diversity und Reduzierung von Unsconscious Biases sind klassische Diversity und Unconscious Bias Trainings. Allerdings zeigt der aktuelle Stand der Forschung, dass ihre gewünschten Effekte sehr fragil und die Bedingungen, die ihre Wirksamkeit erhöhen könnten, sehr anspruchsvoll und komplex sind. Zur Steigerung der Effekte bietet sich eine Kombination mit erfahrungsorientierten Methoden an, doch es ist fraglich, ob selbst auf diese Weise alle Potenziale für die Vermittlung eines kompetenten Umgangs mit Diversity und Unconscious Bias ausgeschöpft werden können. Der Diversity-Parcours® als interaktive Wanderausstellung stellt daher eine erfahrungsorientierte Alternative mit hohem Lernpotenzial dar. Der Beitrag gibt einen Überblick über die fünf Stationen des DiversityParcours®, erläutert die konzeptionellen Hintergründe und zeigt auf, wie durch die Kombination von ausgewählten Inhalten, Strategien zur Reduzierung von Unconscious Biases und erfahrungsorientierten Methoden ein Instrument entstanden ist, das nun seit fast fünf Jahren Menschen in den verschiedensten Organisationen für Diversity begeistert und ihnen durch Aha-Momente und Spaß am Entdecken einen kompetenteren Umgang mit den eigenen Unconscious Biases vermittelt.

K. S. Trump (✉) · U. F. Schübel
Institut für Diversity Management, Nürnberg, Deutschland
E-Mail: kst@diversity-institut.de

U. F. Schübel
E-Mail: ufs@diversity-institut.de

M. E. Domsch et al. (Hrsg.), *Vorurteile im Arbeitsleben*,
https://doi.org/10.1007/978-3-662-59232-8_19

19.1 Möglichkeiten und Grenzen klassischer Diversity und Unconscious Bias Trainings

Wie bringt man einen erfolgreichen Topmanager dazu, sich mit den Karrierechancen seiner kürzlich Mutter gewordenen Mitarbeiterin auseinanderzusetzen? Was muss passieren, damit sich ein gestandener Staplerfahrer Gedanken macht, wie es wohl einem homosexuellen Kollegen gehen könnte, der aus Angst vor den Reaktionen in der Firma nichts über sein Privatleben erzählen kann? Und welche Mittel gibt es, damit Teams, Abteilungen und die ganze Organisation ihr Schubladendenken unter die Lupe nehmen, Klischees hinterfragen und das Thema Unconscious Biases auf ihre Agenda setzen?

Fragen wie diese waren der Ausgangspunkt unserer Suche nach einem Instrument, das neben der rein kognitiven Vermittlung von Wissen eine erfahrungsorientierte, humorvolle und interaktive Herangehensweise an die komplexen und manchmal etwas sperrigen Themen „Diversity" und „Unconscious Biases" ermöglicht, Aha-Momente mit Spaßfaktor schafft und in Organisationen aller Art einsetzbar ist.

Diese Suche war herausfordernd, denn Maßnahmen zur Sensibilisierung für und Verringerung von Unconscious Biases im Arbeitsalltag unterliegen zurecht einem sehr hohen Anspruch: Sie sollen wirksam sein und Veränderungen sowohl in den Einstellungen wie auch im Verhalten der jeweiligen Zielgruppe herbeiführen. Im besten Fall machen sie aus den Teilnehmer*innen Menschen, die Vielfalt offen gegenüberstehen, professionell mit ihrem eigenen Schubladendenken umgehen und die davon überzeugt sind, dass sich mit gut gesteuerter Vielfalt, die Chancengleichheit für alle gewährleistet, bessere Ergebnisse erzielen lassen.

Um diese Ziele zu erreichen, nutzen Organisationen meist verschiedene Arten von Diversity bzw. Unconscious Bias Trainings. Ob sich damit jedoch die gewünschten Effekte tatsächlich erzielen lassen, war bis vor Kurzem noch eine offene Frage und der Stand der Forschung dazu eher widersprüchlich bis ernüchternd. Zahlreiche Studien haben den Nutzen und die Effektivität von Diversity und Unconscious Bias Trainings hinterfragt und teilweise sogar auf negative Effekte hingedeutet, etwa dass sie reaktantes Verhalten hervorrufen und dadurch Biases auch verstärken können [1, 10].

Erkenntnisse zur Wirksamkeit von Diversity und Unconscious Bias Trainings
Mittlerweile existieren jedoch neuere Studien zur Frage, ob bzw. inwieweit Diversity bzw. Unconscious Bias Trainings gewünschte Effekte erzielen. So sind in den letzten Jahren drei Meta-Analysen erschienen (zwei zu Diversity Trainings sowie eine zu Unconscious Bias Trainings [1, 13, 14]), die insgesamt mehr als 300 Einzelstudien betrachtet haben. Sie kommen zum Ergebnis, dass sowohl Unconscious Bias- als auch Diversity Trainings (die häufig ebenfalls darauf zielen, Stereotype und Vorurteile zu verringern [14]) grundsätzlich wirksam sind und positive Effekte haben – wenn auch mit Einschränkungen.

Diversity Trainings wirken auf drei Ebenen: Auf kognitiver Ebene führen sie dazu, dass die Teilnehmenden einen Wissenszuwachs erfahren, das heißt, sie wissen nach dem Training mehr über Diversity oder können die Vorteile von Diversity für das Unternehmen aufzeigen [14]. Dieser Effekt bleibt gemäß der Metanalysen auch langfristig stabil oder nimmt sogar in einigen Fällen über die Zeit noch zu, da ein Diversity Training die Aufmerksamkeit und das Interesse für Diversity-Themen verstärkt und somit auch im Nachgang die Wissensbasis noch erweitert wird [14]. Auch auf der Ebene des Verhaltens zeigen Diversity Trainings Wirksamkeit – wenn auch mit kleinerer Effektstärke – und können zu Verhaltensänderungen führen, etwa wenn Führungskräfte nach dem Training diversity-bewusste Führung aktiv umsetzen [2, 14]. Die kleinsten Effekte weisen Diversity Trainings auf der Eben der Einstellungen auf. Es existieren zwar Studien, in denen die Teilnehmenden beispielsweise nach dem Training eine signifikant positivere Einstellung gegenüber Minderheitengruppen hatten, dieser Effekt nahm jedoch mit der Zeit wieder ab [2, 14]. Insgesamt ist die Wirkung von Diversity Trainings also positiv, auch wenn Einzelstudien widersprüchliche Resultate produzieren und die Effekte teilweise eher gering sind.

Unconscious Bias Trainings sind in der Lage, einerseits für (eigene) Biases zu sensibilisieren (beispielsweise anhand der Durchführung eines Impliziten Assoziationstests [IAT] mit anschließendem Debriefing zur Identifikation stereotyper Assoziationen mit einer bestimmten sozialen Gruppe). Andererseits können Unconscious Bias Trainings implizite Assoziationen durchaus auch reduzieren, d. h. stereotype Annahmen über bestimmte soziale Gruppen werden durch sie abgeschwächt. Bedingt durch die Art der menschlichen Informationsverarbeitung können sie Biases jedoch nicht komplett eliminieren. Belege dafür, dass Unconscious Bias Trainings auch zu einer Verhaltensänderung führen, sind hingegen nur begrenzt vorhanden. Insgesamt kommt die Meta-Analyse zu Unconscious Bias Trainings jedoch zu dem Schluss, dass durch Trainings Unconscious Biases verringert werden können – gemessen acht Wochen nach Durchlaufen des Trainings [1].

Voraussetzungen für eine hohe Wirksamkeit von Diversity- und Unconscious Bias Trainings

Da beide Trainingstypen nur eingeschränkt wirksam sind, stellt sich die Frage, unter welchen Bedingungen sie die größten Effekte erzielen.

Für die **Diversity Trainings** zeigte sich, dass ihre Effekte umso größer sind, wenn [2, 14] …

- … sie sowohl das Ziel verfolgen, Sensibilität für Diversity zu fördern als auch das Verhalten im Umgang mit Diversity zu verändern.
- … genug Zeit für das Training zur Verfügung steht. Die Literatur deutet darauf hin, dass ein Training unter vier Stunden wenig wirksam ist, zumindest nicht, wenn damit Einstellungen verändert werden sollen.
- … die Teilnehmenden die Gelegenheit bekommen, möglichst viel miteinander zu interagieren.

- … sowohl aktive als auch passive Lernmethoden eingesetzt werden (z. B. Rollenspiele kombiniert mit Videos).
- … in Folgetrainings die in der Zwischenzeit gemachten Erfahrungen reflektiert werden.

Flankierend zu den Trainings sollte eine Organisation auch noch weitere Maßnahmen im Rahmen des Diversity Managements durchführen, damit diese als ein Baustein eines umfassenderen Veränderungskonzeptes ihre Wirkung entfalten können [14].

Die Effekte der **Unconsicous Bias Trainings** sind am größten, wenn [1, 6]…

- … genug Zeit für das Training zur Verfügung steht. Auch hier zeigt sich, dass längere Trainings eine höhere Erfolgswahrscheinlichkeit haben.
- … zur Sensibilisierung ein IAT eingesetzt wird, gefolgt von einer Reflektion zum Debriefing, um das Bewusstsein für Unconscious Biases zu erhöhen und Veränderungen in den impliziten Assoziationen messen zu können.
- … den Teilnehmenden auch Wissen über die Funktion, die Entstehung und die Wirkweise von Unconscious Biases vermittelt wird, statt nur statistisch darstellbarer Auswirkungen der Biases (beispielsweise in Form des geringen Frauenanteils).
- … evidenzbasierte Strategien zur Verringerung der Biases eingesetzt werden [1, 6], z. B.
  - Arbeit mit Counterstereotypen, d. h. Vorstellungen und Bilder, die gängige Stereotype widerlegen und gleichzeitig positive Beispiele hervorheben und zugänglich machen.
  - Evaluative Konditionierung, d. h. die wiederholte Darstellung von Mitgliedern einer stereotypisierten Gruppe zusammen mit positiv besetzten Bildern, Konzepten oder Begriffen.
  - Kontakt und positive Interaktionen zwischen unterschiedlichen sozialen Gruppen, um das mögliche Bedrohungsgefühl durch Mitglieder der „anderen" Gruppe zu verringern („Kontakthypothese") und die kognitive Repräsentation der sozialen Gruppe sowie ihre Bewertung positiv zu verändern.
  - Anwendung kognitiver Strategien wie Bildung konkreter Handlungsabsichten (so genannte Wenn-Dann-Pläne) oder angemessener Erklärungsmuster für das Verhalten von Personen, die nicht der eigenen Gruppe angehören.
  - Vermeidung von auf Stereotypen basierender Bewertung einer Person („Individuation") durch Erfragen detaillierter Informationen, um die Person auf Basis ihrer individuellen Eigenschaften bewerten zu können.
  - Perspektivwechsel hin zur Sicht eines Mitglieds einer stereotypisierten Gruppe, um psychologische Nähe zu schaffen und die gruppenbasierte Bewertung positiv zu verändern.

Auch für Unconscious Bias Trainings zeigt die Forschung, dass ihre Wirksamkeit ohne flankierende Maßnahmen und einen entsprechenden Kontext, der Veränderungen im Verhalten überhaupt erst möglich macht, geringer ist. Nur durch parallel umgesetzte Veränderungen in der Team- und Organisationskultur entwickeln die Teilnehmenden das

Vertrauen in ihre Fähigkeit, nach dem Training Unconscious Biases erfolgreich steuern zu können. Dementsprechend sind auch Anpassungen von (Personal-)Prozessen vonnöten, um die Anfälligkeit für durch Biases verzerrte Beurteilungen zu verringern, beispielsweise durch den konsequenten Einsatz von strukturierten Bewerbungsgesprächen oder von Bewertungsleitfäden in Assessment Centern. Genauso wichtig ist der Trainingskontext: Der Transfer des Gelernten in den Arbeitsalltag wird maßgeblich erleichtert, wenn das Umfeld, d. h. Teammitglieder und Führungskräfte, die Verhaltensänderung unterstützt. Daher bietet es sich an, das Training gemeinschaftlich als Team zu absolvieren [1].

Einsatz erfahrungsorientierter Methoden zur Intensivierung von Lerneffekten
Diversity- und Unconscious Bias Trainings können also wirkungsvoll sein, die Ergebnisse scheinen jedoch sehr fragil: Verhaltensänderungen konnten nur bedingt nachgewiesen werden, ob die Effekte – außer eines Wissenszuwachses, der sich über die Zeit noch verstärkt – länger als acht Wochen nach dem Training noch nachweisbar sind, ist nicht überprüft und erzielte Einstellungsänderungen lassen nach einer Weile wieder nach. Gibt es also alternative Ansätze, mit deren Hilfe sich die Effekte weiter verstärken und nachhaltiger verankern lassen? Das Konzept des erfahrungsorientierten Lernens liefert hier eine mögliche Antwort.

Erfahrungsorientiertes Lernen zielt darauf ab, sich selbst als Mensch in Interaktion zu erfahren, d. h. miteinander zu gestalten, zu kommunizieren, nachzudenken, zu erleben, zu fühlen [29]. Eine Erfahrung entsteht dabei in Folge eines individuell wahrgenommenen Erlebnisses. Dieses wird auf kognitiver, affektiver und somatisch-motorischer Ebene subjektiv bewertet und auf dieser Basis in das eigene Selbstverständnis sowie die persönliche Beurteilung der Welt integriert. Besonders wichtig ist dabei die emotionale Bewertung. Im limbischen System, der „emotionalen Bewertungsstelle des Gehirns", wird der bislang nur kognitiv-faktischen Einsicht eine emotionale Bedeutung verliehen, wodurch das Erlebte Bedeutsamkeit erlangt und sich fester in entsprechend neuronalen Netzwerken verankert [18].

Erfahrungen zeichnen sich dadurch aus, dass sie die Aufmerksamkeit besonders erregen, dadurch die Wahrnehmungsleistung erhöhen und das Gedächtnis stärker aktivieren. Nur wenn das Gehirn etwas als „überraschend", „anders" oder „besser als erwartet" wahrnimmt, verarbeitet es diese Erfahrungen mit einer höheren Priorität weiter und schaltet seinen „Autopiloten-Modus" ab, der das Wahrgenommene selbstgesteuert verarbeitet [18, 29].

Da Erfahrungen mehrere Wahrnehmungskanäle ansprechen, unterstützen sie auch auf diese Weise nachhaltiges Lernen. Erfahrungsorientiertes Lernen aktiviert nicht nur (z. B. über Sprache) eher sprachlich-logische Zentren, sondern gleichermaßen auch Hirnregionen, die über Bilder und haptische Elemente oder motorische Impulse aus der Bewegung aktiviert werden [29]. So entsteht ein höchstmöglicher Grad an Vernetzung. Darüber hinaus schafft es eine deutlich bessere Grundvoraussetzung für eine intendierte Einstellungsänderung, die sich über selbstgesteuertes, entdeckendes Lernen leichter einstellt. Erfahrungsorientiertes

Lernen schafft ausreichend Raum, um durch Ausprobieren und ein breites Angebot von möglichen Erkenntnissen eigenständig Schlussfolgerungen zu ziehen und zu neuen Einsichten zu gelangen. Kognitive Widerstände oder reaktantes Verhalten sind so weniger zu erwarten [24].

Je nach Reizstärke werden Erfahrungen über diese Mechanismen mit bewussten sowie nicht bewussten Gedächtnisinhalten verknüpft [18]. Wirksames erfahrungsorientiertes Lernen sollte also, dem aktuellen Stand der neurobiologischen Forschung zufolge, bei den Teilnehmenden eine hohe Aufmerksamkeit erzeugen, Emotionen wachrufen und Inhalte möglichst ganzheitlich, interaktiv und erlebnisreich darstellen. Zusammen mit einer kognitiven Reflektion in der Vor- aber vor allem in der Nachbereitung der Erfahrung wird diese vielschichtiger und stärker in neuronalen Netzwerken verarbeitet und verankert als durch jeweils einzeln auf kognitive oder emotionale Effekte zielende Lernansätze [18].

Die bisherigen Ausführungen zeigen, dass die Arbeit mit erfahrungsorientierten Lernmethoden die Wahrscheinlichkeit erhöht, dass Diversity- und Unconscious Bias Trainings nachhaltiger wirken und sich die Lerneffekte dadurch verstärken. Allerdings haben die einschlägigen Meta-Analysen auch gezeigt, dass die inhaltlich-konzeptionellen Voraussetzungen für eine hohe Wirksamkeit sehr vielfältig und herausfordernd sind: Es bedarf eines intensiven, interaktiven und den Dialog fördernden, außerordentlich gut durchdachten Trainingskonzeptes, das nachhaltig Gewohnheiten durchbricht und die Teilnehmenden nicht nur sensibilisiert, sondern ihnen auch Strategien zur Einstellungs- und Verhaltensänderung an die Hand gibt [1, 14]. Daher drängt sich letztlich die Frage auf, ob ein klassisches Trainings-Setting hierfür überhaupt das am besten geeignete oder zumindest das einzig denkbare Instrument ist – selbst wenn didaktisch hochwertig und mit erfahrungsorientierten Ansätzen gearbeitet wird. Die Herausforderung besteht daher darin, alle oder möglichst viele der genannten Strategien zur Sensibilisierung für Diversity und Reduzierung von Unconscious Biases in einem Instrument zu vereinen, um damit eine möglichst intensive Wirkung zu erzielen.

Mit dem DiversityParcours® haben wir ein Instrument entwickelt, dass genau darauf abzielt. Als Angebot zum selbstgesteuerten, entdeckenden Lernen schafft er methodisch vielfältige, erfahrungsorientierte Zugänge zu den Themen Diversity und Unconscious Biases, greift verschiedene Strategien zur Bias-Reduzierung auf, ermöglicht Austausch und Dialog und all das auch noch persönlich emotional berührend sowie mit einer gehörigen Portion Spaß und Humor.

19.2 Der DiversityParcours® als erfahrungsorientierte Alternative mit hohem Lernpotenzial

Der DiversityParcours® ist am ehesten zu beschreiben als eine interaktive Wanderausstellung, bestehend aus mehreren thematisch eigenständigen Stationen. Organisationen aller Branchen und Größen können den Parcours mieten und für einen beliebigen Zeitraum in ihren Räumlichkeiten als Lernangebot nutzen – mehrere Monate lang, einige Wochen, wenige Tage, mit allen Stationen oder auch nur mit wenigen oder einer einzigen.

Die „Grundausstattung" umfasst fünf Stationen. Jede bildet eine kleine Welt für sich und vertieft einen spezifischen Themenschwerpunkt. In der Zusammenschau schaffen sie ein Grundverständnis von „Diversity", ihren Auswirkungen, ihrer Bedeutsamkeit und ihrem direkten Bezug zur eigenen Lebenswirklichkeit:

- Station 1 sensibilisiert für die Mechanismen des Schubladendenkens
- Station 2 zeigt mit einem Augenzwinkern, in welche Schubladen man selbst gesteckt werden könnte und regt gleichzeitig zur Reflektion der eigenen Vielfältigkeit jenseits der projizierten Stereotype an
- Station 3 vermittelt Zahlen, Daten, Fakten, Erkenntnisse aktueller Studien und wissenschaftliche Zusammenhänge zu den wichtigsten Diversity-Dimensionen
- Station 4 deckt die unterschiedlichen Wirkungen von Vielfalt in Teams auf
- Station 5 regt dazu an, mit Menschen anderer Gruppen in Kontakt zu kommen, sie besser kennenzulernen und Gemeinsamkeiten zu entdecken

In der Tradition des „Stationenlernens" oder auch des „Zirkeltrainings" ist der Parcours so konzipiert, dass er eigenständig und ohne persönliche Anleitung durchlaufen werden kann. Möglich macht dies ein Faltplan, der an jeder Station ausliegt. Er nimmt die Nutzer*innen als „Ihre Begleitung durch den DiversityParcours®" an die Hand, gibt Hintergrundinformationen und weist den Weg zur nächsten Station, sollten diese auf unterschiedliche Räume im Gebäude verteilt sein. Die vorgeschlagene Reihenfolge ist jedoch nicht verpflichtend. Grundsätzlich kann mit jeder Station begonnen werden und die Stationen müssen auch nicht zusammenhängend durchlaufen werden. Im Gegenteil: Es ist durchaus wünschenswert, dass die Eindrücke und Erkenntnisse einer Station zunächst wieder mit an den Arbeitsplatz genommen oder während der Mittagspause im Gespräch mit Kolleg*innen reflektiert werden, bevor eine weitere Station besucht wird.

Um die Kernbotschaften in einen größeren Zusammenhang zu bringen und den Besucher*innen vertiefende Erklärungen mitzugeben, haben sich kurze Führungen durch die einzelnen Parcours-Stationen als sehr wirksames Instrument herausgestellt. Je nach Zielgruppe (Teams, Führungskräfte, Arbeitnehmervertreter*innen, Mitarbeitende aus dem Personalbereich oder ganz heterogen zusammengesetzte Gruppen) lässt sich die Parcours-Erfahrung auf diese Weise optimal an den eigenen Arbeitskontext „andocken". Im Anschluss an die circa halbstündige Einführung haben die Teilnehmenden die Möglichkeit, ganz nach individuellen Interessenschwerpunkten den Parcours noch weiter zu erkunden und die Erfahrungen miteinander zu teilen.

Noch intensiver wird die Lernerfahrung in speziell für den Parcours konzipierten Auswertungsworkshops von ungefähr zwei bis vier Stunden Dauer. Hier können im gemeinsamen Austausch Erkenntnisse diskutiert, spezielle Aspekte wie beispielsweise Unconscious Biases vertieft oder individuelle genauso wie organisationsübergreifende Aktionspläne erarbeitet werden.

Wird genug Zeit eingeplant, den Parcours in Ruhe durchlaufen zu können, eignet er sich auch als Rahmen oder konzeptioneller Bestandteil im Programm einer Tagung oder Konferenz. Das bisher am häufigsten gewählte Einsatzszenario besteht jedoch aus einer bis drei Wochen Ausstellungszeit in einer Organisation, kombiniert mit Parcours-Führungen für Führungskräfte mit ihren Teams sowie ergänzenden Workshops für ausgewählte Zielgruppen.

19.2.1 Station 1: Schubladendenken – Stereotypisierungsmechanismen verstehen

Als Ausgangspunkt für die Beschäftigung mit Diversity und Unconscious Biases sensibilisiert Station 1 für das Zusammenspiel der Mechanismen von Wahrnehmung, Kategorisierung und Stereotypisierung. Die Besucher*innen bekommen daher die Aufgabe, herauszufinden, wie „gut" sie im Schubladendenken sind (Abb. 19.1).

Sechs lebensgroße Figuren, die die schemenhaften Umrisse unterschiedliche Menschen zeigen, verleiten förmlich zum Abrufen von Stereotypen: Die Person im Rollstuhl – wie bedauernswert! So hilflos und eingeschränkt… Wie kann man nur damit klarkommen, immer auf andere angewiesen zu sein? Die Frau im Kostüm, wohl sehr auf Äußerlichkeiten bedacht – und hat sie nicht auch was von Angela Merkel? Womöglich ist die auch so ein Mutti-Typ …? Und der Gangster-Rapper – dem und seiner Gang will man ja nicht nachts alleine begegnen. Wahrscheinlich hängt der nur mit seinen Jungs ab, finanziert sich

Abb. 19.1 Schubladendenken

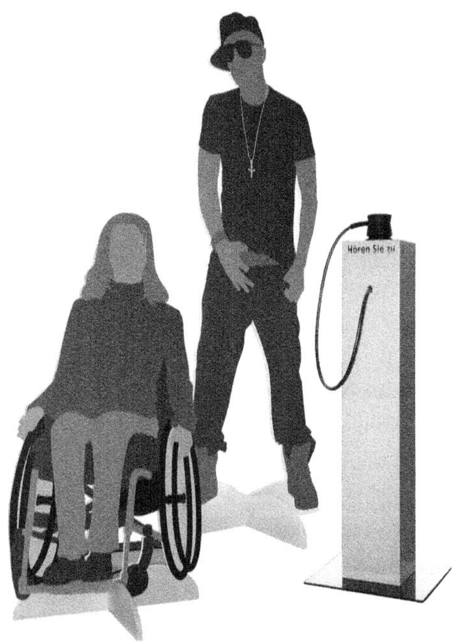

mit Drogengeschäften sein getuntes Auto und fährt damit leicht bekleidete Frauen mit viel Bling Bling von Party zu Party.

Sofort und ganz automatisch startet der innere Monolog inklusive wilder Spekulationen über mögliche Eigenschaften der Personen. Um diese Bilder im Kopf entstehen zu lassen, reichen wenige Sekunden. Denn schon nach dieser kurzen Zeit sind die meisten Besucher*innen höchst überrascht, wenn sie dann an einer Hörsäule die tatsächliche, wahre Geschichte der Figur kennenlernen – die so gar nicht ins gängige Klischee passt.

Ist der Mechanismus deutlich geworden, kann man sich selbst förmlich beim Schubladendenken „zuhören“ und erfährt so, wie wichtig es ist, trotz dieses nur bedingt kontrollierbaren Prozesses ein Gegenüber auch wieder aus seiner Schublade „herauszulassen“, genau hinzusehen oder zuzuhören und sich in der weiteren Interaktion bewusst wieder von den vorschnell entstandenen Bildern im Kopf zu lösen.

Theoretischer Hintergrund und mögliche Lerneffekte Bei der Konzeption von „Schubladendenken“ war uns wichtig, den psychologischen Prozess von sozialer Kategorisierung und dem darauf aufbauenden – automatischen und teilweise unbewussten – Abrufen von stereotypen Eigenschaften möglichst deutlich und intensiv persönlich erfahrbar sowie gleichermaßen analysierbar zu machen. Es sollte deutlich werden, dass Kategorisierungsprozesse ein grundlegendes Phänomen der menschlichen Wahrnehmung darstellen, mit dessen Hilfe Dinge oder Menschen in Gruppen oder Kategorien zusammengefasst werden, um die Komplexität unserer sozialen Umwelt zu reduzieren [28]. In welche Gruppe man sich selbst oder andere einteilt, hängt entscheidend davon ab, wie ähnlich die individuellen Charakteristika dem „Prototypen“ der Gruppe sind. Je größer diese Ähnlichkeit ist, desto wahrscheinlicher ist auch die Zuordnung [19]. Obwohl also Menschen individuell verschieden sind, tendieren wir sehr stark dazu, unsere soziale Welt durch die Einteilung in Kategorien kognitiv zu vereinfachen [5].

Die Besucher*innen des Parcours nehmen nur sehr wenige Informationen über die Figuren wahr – im Falle des „Rappers“ beispielsweise die Umrisse eines Mannes in lässiger Körperhaltung, mit weiter Hose, T-Shirt, Sonnenbrille und schräg sitzendem Baseball-Cap. Einerseits reichen diese wenigen Attribute, um die Person der Kategorie „Rapper“ zuzuordnen. Andererseits ist die Kategorie (oder Schublade) Rapper auch reichlich mit möglichen Eigenschaften gefüllt, die problemlos abgerufen werden können und – auch das ist erstaunlich – sich sehr häufig ähneln, vor allem wenn die Parcours-Besucher*innen nicht gerade aus dem Hip-Hop-Milieu stammen (was nur sehr selten der Fall ist).

Genau dieser Stereotypisierungsmechanismus ist als möglicher Ansatzpunkt für das Aufbrechen von Unconscious Biases zentral. Denn die „typischen“ Eigenschaften und Verhaltensweisen, die wir den Mitgliedern einer Kategorie automatisch und unbewusst zuschreiben, weil es sich bei Stereotypen auch um „sozial geteilte Wissensstrukturen handelt“, haben wiederum Auswirkungen darauf, wie wir die kategorisierten Personen wahrnehmen, beurteilen und behandeln. Stereotype sind daher „kognitive Schemata, die Hand in Hand mit vereinfachenden Verarbeitens- und Urteilsschemata – Biases – gehen“ [20].

Die Parcours-Besucher*innen können auf diese Weise selbst überprüfen, welche Stereotype sie den Figuren zuordnen und wie schwer oder leicht es ihnen fällt, sich kognitiv von diesem Bild wieder zu lösen, sobald sie die „wahre Geschichte" kennen. Neben dem Bewusstwerden über den Prozess – dem Kennenlernen des Phänomens „Stereotypisierung" – ist es so auch möglich, für sich selbst festzustellen, welche Kategorien mit besonders starken impliziten Assoziationen verknüpft und welche eher „lose verbunden" sind. Was traue ich der Mutter mit Kind auf dem Arm zu? Was vermute ich über den smarten, selbstbewussten jungen Mann? Wie sehr passen ihre Geschichten in mein Bild von dieser Gruppe? Dadurch wird auch noch einmal besonders deutlich, wie sehr wir dazu neigen, die generellen Annahmen über bestimmte Gruppen unhinterfragt und vorschnell auch auf ein Individuum nur aufgrund seiner Zugehörigkeit zu dieser Gruppe zu übertragen, ohne dies hinreichend zu überprüfen [7].

Die größte Stärke dieser ersten Parcours-Station ist ihre entwaffnende Unaufdringlichkeit. Die Besucher*innen werden sich ihrer offensichtlichen, stereotypen-geleiteten Fehlurteile über Andere bewusst, ohne von irgendjemandem darauf gestoßen zu werden. Es wird klar „Ich habe Biases und denke in Schubladen" – und das ohne erhobenen Zeigefinger, was eine diesbezügliche Einstellungsänderung erleichtert [17]. Denn meist „verleitet" alleine schon die persönliche, pure Neugierde dazu, an die Hörstation zu treten und sich die Geschichte der Figur erzählen zu lassen. Da die Texte von professionellen Schauspieler*innen eingesprochen wurden und dadurch sehr lebendig sind, entsteht auch sofort eine gewisse Nähe (fast wie in einer echten persönlichen Begegnung), so dass die emotionale Involviertheit und damit möglicherweise auch die Betroffenheit aufgrund des Fehlurteils größer ist. Die Erfahrung wird dadurch stärker und die Erkenntnis nachhaltiger verankert.

Gleichzeitig werden über die Geschichten sehr greifbare, lebendige und real existierende Counterstereotype als Beispiele gebracht. Diese Auseinandersetzung mit Menschen, die dem Stereotyp ihrer sozialen Gruppe nicht entsprechen, hat sich als wirkungsvolles Vorgehen erwiesen, um die Haltung gegenüber einer sozialen Gruppe zu verändern und stereotype Annahmen zu reduzieren [22]. Und möglicherweise vermittelt die „Begegnung" mit den Figuren auch, dass es kein großer Schritt sein muss, auf eine Person, die fremd und anders erscheint, zuzugehen, ihr einfach nur zuzuhören und dadurch ein anderes Bild von ihr zu erlangen.

19.2.2 Station 2: Entdecke die Vielfalt in Dir – Die eigene soziale Identität reflektieren

Die zweite Station des DiversityParcours® knüpft inhaltlich an Station 1 an und vermittelt die Botschaft „Jeder Mensch ist vielfältig – auch Du" (Abb. 19.2).

Die Besucher*innen werden mit Hilfe einer App in einem ersten Schritt zunächst gebeten, die sozialen Gruppen auszuwählen, denen sie qua demografischer Merkmale oder Lebenssituation angehören – von der Generationenzugehörigkeit über den Beruf bis

Abb. 19.2 Entdecke die Vielfalt in Dir

hin zum äußeren Erscheinungsbild, möglichen Handicaps oder der Lebensweise. Schritt zwei listet zu allen gewählten Kategorien entsprechende Stereotype auf und hält damit den Spiegel vor: „So könnten Sie von anderen gesehen werden" – mit einem Augenzwinkern zwar, aber eben durchaus auch nicht immer ganz schmeichelhaft, denn wie im wahren Leben ist auch diese „Datenbank der Stereotype" häufig eher negativ gefärbt.

Möglicherweise lesen sie dann:

Weil Sie in Teilzeit arbeiten, … werden Sie von den Vollzeitkräften nicht ernst genommen … haben Sie keine Karriereambitionen … sind Sie immer schon weg, wenn die Kolleg*innen etwas Wichtiges brauchen … ist Ihnen das Privatleben wichtiger als die Arbeit.

Weil Sie polnische Wurzeln haben, … ist Pilzesammeln im Spätsommer für Sie der größte Familienspaß … kommt bei Ihnen nur polnisches Bier ins Glas … sind Sie ein Reparaturgenie mit einem Händchen für Improvisation … schlägt Ihr Herz für die polnische Fußballnationalmannschaft … geraten die Leute bei der Aussprache Ihres Namens immer ins Stottern … sahnen Sie auch zum Namenstag Geschenke ab … ist Wodka-O für Sie Rohstoffverschwendung … decken Sie sich beim Polen-Besuch mit Essen von Oma und Schokoriegeln ein.

Weil Sie im IT-Bereich arbeiten … sind Sie schüchtern und können nur online flirten … brauchen Sie für jedes Problem zuerst einen Algorithmus … ernähren Sie sich vor allem von Pizza und Energydrinks … sitzen Sie den ganzen Tag und auch die ganze Nacht vor dem Bildschirm … sind natürliches Licht und frische Luft Ihre größten Feinde … sind Sie permanent genervt von den Anfragen Ihrer inkompetenten Kolleg*innen … halten Verwandte Sie für einen gratis Helpdesk und Reparaturservice.

Spätestens an dieser Stelle wird deutlich, dass Stereotype nur in den seltensten Fällen der Realität entsprechen, und auch unser Bild von uns selbst stimmt möglicherweise nur wenig damit überein, welchen sozialen Gruppen uns andere zuordnen, sondern ist vielmehr davon geprägt, welchen Gruppen wir uns zugehörig fühlen. Dies zu reflektieren, lädt der nächste Schritt der App ein. Durch das Hinzufügen weiterer Gruppenzugehörigkeiten kristallisiert sich die eigene Selbstdefinition heraus. Indem jede Gruppenzugehörigkeit nach ihrer persönlichen Bedeutsamkeit gewichtet wird, entsteht Schritt für Schritt ein Profil der eigenen Vielfältigkeit und der Aspekte, die die Besucher*innen wirklich ausmachen.

Theoretischer Hintergrund und mögliche Lerneffekte
Theoretischer Hintergrund der App „Entdecke die Vielfalt in Dir" ist die aus der Sozialpsychologie stammende Theorie der sozialen Identität. Ihre Kernthese lautet, dass sich das Selbstkonzept eines Menschen zum Teil durch verschiedene Mitgliedschaften in sozialen Gruppen definiert [25]. Über den Prozess der sozialen Kategorisierung schließen wir nicht nur andere, sondern auch uns selbst in einige soziale Kategorien ein- und aus anderen aus – wir bilden Ingroups und Outgroups. Damit fühlen wir uns einigen Gruppen mehr, anderen weniger zugehörig [16].

Die Kombination dieser unterschiedlichen Gruppenzugehörigen sowie die Bedeutsamkeit, die wir ihnen zu einem bestimmten Zeitpunkt zumessen, machen demnach unsere Einzigartigkeit aus [23]. Insofern lässt sich „Diversity" auf individueller Ebene auch definieren als „die Vielfalt von Aspekten der Identität im Selbstkonzept eines Individuums, die sich durch die Kombination der sich situativ ändernden und in Interaktion miteinander stehenden Gruppenzugehörigkeiten ergeben, welche aus der sozialen wie der personalen Identität resultieren" [27].

Dieses Konzept selbst erfahrbar und verständlich zu machen, war uns ein wichtiges Anliegen in der konzeptionellen Gestaltung dieser Station. Denn über diesen ganz persönlichen Zugang wird deutlich, dass jeder Mensch vielfältig ist und dass Diversity-Themen alle betreffen – nicht nur vermeintliche Minderheitengruppen. Gleichzeitig vermittelt die Datenbank der Stereotype, dass jede*r bei Stereotypisierung und damit auch in Bezug auf Unconscious Biases immer sowohl Täter als auch Opfer ist – zwar je nach Gruppenzugehörigkeit des Gegenübers mit unterschiedlichen „Schubladeninhalten", aber grundsätzlich immer dann, wenn man unterschiedlichen Gruppen angehört oder nur über wenig differenziertes Wissen zu den Gruppen verfügt, die für das Gegenüber relevant sind.

Die zweite Station des DiversityParcours® hat das Potenzial, durchaus starke emotionale Wirkungen zu erzeugen. Einerseits durch den intensiven persönlichen Bezug, der durch die Auswahl „meiner" Kategorien aus der Datenbank erfolgt. Mit einer hohen Wahrscheinlichkeit sind in der Liste der Stereotype auch Zuschreibungen dabei, die so oder ähnlich schon einmal in Bezug auf die eigene Person gehört wurden, so dass damit an vergangene Erfahrungen angeknüpft werden kann. Andererseits durch die Reflektion der individuellen Vielfältigkeit in Form der eigenen sozialen Identität. Da es sich hierbei um keinen alltäglichen Reflexionsprozess handelt, kann dies durchaus einen neuen Blick auf die eigene Person erzeugen. Gleichzeitig verändert es auch den Blick auf andere Menschen, die man möglicherweise bis dato noch nicht in ihrer Vielfältigkeit erkannt, sondern auf einige wenige Gruppenzugehörigkeiten reduziert und sie damit vielleicht in ihrer Vielschichtigkeit, ihren Talenten und ihren Erfahrungshintergründen unterschätzt hat.

Emotional wirkt die App jedoch manchmal auch über einen anderen Weg: Humor. Denn obwohl sie als Station konzipiert wurde, die bewusst nur von einer Person bedient werden kann und für die es etwas Muße zur Reflektion braucht, wird sie auch immer wieder von Zweier- oder Dreiergruppen durchgespielt, die sich meist köstlich über die geballte Ladung an Klischees und Stereotypen amüsieren. Wenn dies die Augen dafür öffnet, wie allgegenwärtig Stereotype sind – in den Medien, in Gesprächsthemen, im Urteil über andere – ist das Lernziel damit jedoch mindestens genauso erreicht.

19.2.3 Station 3: DiverSophia – Welt des Wissens über Vielfalt: Stereotype durch Wissen verändern

Die dritte Station des DiversityParcours® trägt den Namen „DiverSophia – Welt des Wissens über Vielfalt". Auf sechs Themenwänden finden sich in Form von Infografiken Zahlen, Daten, Fakten, Erkenntnisse aus aktuellen Studien und wissenschaftliche Zusammenhänge zu verschiedenen Diversity-Dimensionen: Alter und Generationen, Geschlecht und Geschlechterrollen, Kultur und Weltanschauung, Lebensentwürfe, sexuelle Orientierung sowie körperliche und geistige Fähigkeiten.

Auf den ersten Blick sind die einzelnen Themen dabei voneinander abgegrenzt, aber es wird schnell deutlich, dass es hierbei Überschneidungen und Verschränkungen gibt: wie der Migrationshintergrund in Kombination mit einer Behinderung die Chancen auf dem Arbeitsmarkt beeinflusst, wie sich die Religionszugehörigkeit auf Geschlechterrollenbilder auswirkt, wie die sexuelle Orientierung den Lebensentwurf und die Organisation des Zusammenlebens prägt, wie Behinderung und Alter korreliert sind oder der Lebensentwurf mit dem Geschlecht.

DiverSophia (Abb. 19.3) zeigt Zusammenhänge auf, die erstens einen Pespektivwechsel ermöglichen, indem sie die Sichtweisen spezifischer sozialer Gruppen in grafisch anschaulicher Weise darstellen: Was ist jungen Menschen für den Beruf wichtig? Welche Gründe führen dazu, dass Männer meist nicht lange in Elternzeit gehen? Wie gut fühlen sich Migrant*innen in Deutschland anerkannt und integriert? Welche Diskriminierungserfahrungen machen homo- und bisexuelle Beschäftigte? Wie empfinden pflegende Angehörige ihre Situation?

Zum Zweiten räumt DiverSophia mit vielen gängigen Klischees und Mythen auf, welche die Basis vieler Stereotype bilden: Der Mythos vom großen Unterschied zwischen Männern und Frauen, die Fehlannahme, dass die Leistungsfähigkeit im Alter grundsätzlich abnimmt, die Vorstellung, dass mit einer Behinderung nicht viel möglich sei, die vielfach zitierten, aber wissenschaftlich unbelegten massiven Unterschiede zwischen den Generationen oder das „Phantom" der „neuen Väter".

Abb. 19.3 DiverSophia

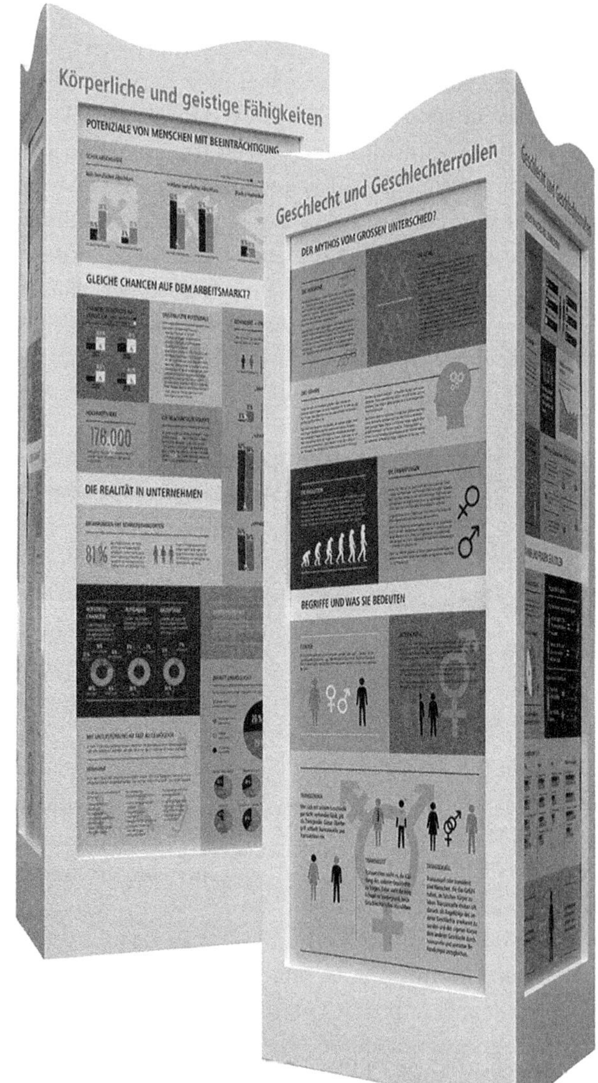

Drittens sind in DiverSophia Daten so dargestellt, dass sie eine Differenzierung innerhalb von sozialen Gruppen ermöglichen und aufzeigen, dass diese in sich weitaus weniger homogen sind als weithin angenommen: Unterschiede, die sich entlang der ersten und zweiten Generation von Türkeistämmigen in Deutschland ergeben, verschiedene Erfahrungen von homo- und bisexuellen Beschäftigten oder Erwartungen, die davon abhängen, ob junge Menschen ein Studium oder eine Ausbildung anstreben.

Schließlich ermöglicht DiverSophia auch einen Blick auf das große Ganze und macht unverkennbar deutlich, welche Auswirkungen und Folgen Unconscious Biases auf gesellschaftlicher Ebene haben: Die geringe Anzahl von Frauen in Führungspositionen und die entlarvenden Zahlen, die die Ursachen dafür erkennbar werden lassen. Die Diskrepanz zwischen einem emanzipierten Rollenbild bei jungen Paaren, insbesondere Vätern, dem jedoch mit Eintritt in die Familienphase ein Rückschritt in die klassische Rollenverteilung zwischen Frauen und Männern entgegensteht. Die Schieflage in der Arbeitslosenstatistik bei Menschen mit Behinderung.

DiverSophia bietet einerseits eine große Menge an Informationen an, macht es den Besucher*innen auf der anderen Seite durch ihre Gestaltung jedoch leicht, die Inhalte schnell und ohne Anstrengung zu erfassen.

Theoretischer Hintergrund und mögliche Lerneffekte

DiverSophia schließt Wissenslücken, die einem offeneren Umgang mit dem Thema Diversity sowie einem Bewusstsein für die Existenz sowie die Folgen von Unconscious Biases oftmals noch entgegengestanden waren. Dies ist zumindest eine häufige Rückmeldung von Besucher*innen: Sie wussten bisher zu wenig über die verschiedenen Facetten von Diversity, um sich überhaupt ein (realistisches bzw. positives) Bild davon machen zu können. Existieren jedoch Wissenslücken, bleibt dem Gehirn keine andere Möglichkeit, als auf Stereotype zurückzugreifen [4]. Die Darstellung von Fakten, die Stereotype widerlegen oder zu einem Wissenszuwachs über stereotypisierte Gruppen führt, verringern daher diesen Effekt [9, 21].

In DiverSophia erfolgt das Lernen tatsächlich „im Vorbeigehen". Wir beobachten regelmäßig, wie Menschen zunächst auf dem Weg zu ihrem Arbeitsplatz oder einem Termin an den Themenwänden vorbeilaufen – und dann doch mit ihrem Blick an einer Überschrift, Grafik oder einem Thema, das sie in diesem Moment anspricht, „hängenbleiben" und eine zeitlang lesend und teilweise auch staunend – verweilen. Dies ist genau der Moment, in dem das Gehirn seinen „Autopiloten-Modus" verlässt und auf erhöhte Aufnahmebereitschaft umschaltet. Durch die Darstellung in Grafiken und Bildern, das Lesen und Betrachten im Stehen oder langsam durch den „Infowald" wandelnd sowie den ein oder anderen eingestreuten „Fun-Fact" werden die Inhalte über verschiedene Kanäle vermittelt und immer wieder neu miteinander vernetzt. Gleichzeitig sorgt der Überraschungseffekt für eine hohe Aufmerksamkeitsfokussierung nach dem Motto „Oh, ich hätte gar nicht gedacht, dass es hier eine Schieflage gibt, weil es in meinem persönlichen Umfeld anders aussieht, aber die Zahlen zeigen mir jetzt das große Bild." oder „Ach – da hatte ich bisher ein anderes Bild vom Altern".

Und selbst bei dieser auf den ersten Blick am wenigsten interaktiven Station des Parcours entstehen genauso auch Interaktion und Dialog. Die Besucher*innen kommen sehr häufig auch mit anderen an den Infowänden ins Gespräch, diskutieren und vertiefen so gemeinsam ihr Wissen oder hinterfragen eigene Annahmen.

19.2.4 Station 4: DiversityTeamComposer – Wirkungen von Vielfalt in Teams erfahren

Die Wirkungen von Vielfalt in Teams sind das Thema der vierten Station des DiversityParcours®. Aufgabe der Parcours-Besucher*innen ist es, unterschiedliche Teamkonstellationen auszuprobieren und die in ihren Ohren harmonischste Kombination bzw. Komposition zu finden, denn der DiversityTeamComposer gibt hierzu eine akustische Rückmeldung. Die möglichen Teammitglieder sind dabei durch Spielsteine symbolisiert, die sich jeweils hinsichtlich Farbe, Form und Größe unterscheiden. Je nach Zusammenstellung des Teams verändert sich der Klang: Zu viele Ähnlichkeiten klingen eintönig, zu viele Unterschiede schaffen ein musikalisches Durcheinander. Das optimale heterogene Team besteht daher in einer harmonischen Balance zwischen Unterschieden und Gemeinsamkeiten, um letztlich den besten „Zusammenklang" zu erzielen.

Oft finden sich mehrere Besucher*innen des Parcours am DiversityTeamComposer (Abb. 19.4) zusammen und probieren ihn gemeinsam aus. Dabei entstehen häufig Diskussionen zu den weiteren Voraussetzungen für eine erfolgreiche Zusammenarbeit in heterogenen Teams, und es wird schnell deutlich, dass Unconscious Biases dabei „Störtöne in der Harmonie" bilden, die jedoch gerade in heterogenen Teams kaum vermeidbar sind. Anhand der TeamComposer-Metapher lässt sich daher jedoch auch leicht verdeutlichen, dass für den optimalen Zusammenklang die folgenden Punkte ebenso relevant sind: gemeinsame Teamziele (sozusagen der Wunsch, gemeinsam ein großartiges Musikstück auf die Beine zu stellen), eine bias-bewusste und diversity-kompetente Führungskraft, die in der Lage ist, alle auf einen gemeinsamen „Groove" einzuschwingen sowie Teammitglieder, die gut mit Unterschieden umgehen können, also auch kleinere Disharmonien eher als musikalische Farbtupfer anstatt als Fehlklänge empfinden.

Abb. 19.4 DiversityTeamComposer

Theoretischer Hintergrund und mögliche Lerneffekte

Der DiversityTeamComposer ist die „akustische Essenz" der sozialpsychologischen Forschung zu den Wirkungen von Diversity in Teams, deren Fazit lautet, dass die Auswirkungen auf Zusammenarbeit und Teamleistung sowohl positiv als auch negativ sein können [26]. Werden heterogene Teams jedoch gut gemanagt und erfährt Vielfalt Wertschätzung, überwiegen die positiven Aspekte [8].

Negative Auswirkungen sind dabei vorrangig durch Unconscious Biases und ihre Folgen bedingt – die „Fliehkräfte" in heterogenen Teams. Der bereits erwähnte Prozess der sozialen Kategorisierung, die Bildung von In- und Outgroups innerhalb des Teams sowie daraus resultierende Stereotypisierungen und Vorurteile beeinflussen die Interaktion der Teammitglieder. Sie begünstigen Konflikte, Rivalitäten und Misstrauen und erschweren Kommunikation und Kooperation. Dadurch wird die Entwicklung einer gemeinsamen Identität erschwert, was sich negativ auf den Gruppenzusammenhalt auswirkt. Dadurch ist es wahrscheinlich, dass heterogene Teams hinsichtlich ihrer Leistung (zunächst) schlechter abschneiden [3, 12, 23].

Im Gegensatz dazu lassen sich jedoch auch mögliche positive Effekte von Vielfalt in Teams ausmachen: Mehr Perspektiven und Erfahrungshintergründe führen zu einem größeren Vorrat an kognitiven Ressourcen und in der Folge zu mehr Ideen, die auch in der Umsetzung besser bestehen. Heterogene Teams haben ein geringeres Risiko für Gruppendenken (Groupthink) und können sich besser an sich wandelnde Situationen anpassen. So lässt sich erklären, dass sie insbesondere bei Aufgaben und in Situationen, die hohe Flexibilität und innovative Lösungen erfordern, bessere Leistungen vollbringen [3, 11, 12, 26].

Beide Wirkrichtungen von Vielfalt in Teams sind über den DiversityTeamComposer akustisch leicht nachvollziehbar. Die negativen Auswirkungen symbolisiert das „musikalische Durcheinander", das entsteht, wenn Spielsteine mit zu vielen „Verschiedenheitsparametern" kombiniert werden: Bei vielen Objekten unterschiedlicher Farbe, Form und Größe ist die klare Linie nicht mehr erkennbar. Das notwendige Maß an Gemeinsamkeiten, das in realen Teams für „emotionale Kohäsion" sorgt, ist zu gering und die gemeinsame emotionale Basis für ein Wohlfühlen im Team fehlt. Wählt man jedoch beispielsweise ausschließlich grüne Objekte in Sternform, die sich lediglich hinsichtlich der Größe unterscheiden, harmonieren diese akustisch zwar gut, allerdings wird dieser „Gleichklang auch schnell eintönig – der „Drive" und die Spannungen fehlen und es wird schnell deutlich: Hier entsteht nichts kreatives Neues".

Der DiversityTeamComposer vermittelt zunächst die Botschaft „Vielfalt ist positiv und man kann sie nutzen". Gleichermaßen zeigt er, wie wichtig es ist, sich mit Vorannahmen gegenüber Teammitgliedern und den sie bedingenden Stereotypen und Biases in heterogenen Teams zu befassen und dies auch auf der Teamebene zu reflektieren. Beides ist zunächst eine abstrakte kognitive Erkenntnis, wird jedoch über den multisensorischen Zugang (Haptik, Akustik, Optik) greifbarer gemacht.

Darüber hinaus gehen viele Teams, wenn sie den Parcours zusammen durchlaufen, mit Hilfe des DiversityTeamComposers in die gemeinsame Reflektion darüber, wie sie selbst mit Vielfalt umgehen. Dieser Dialog verankert die Erkenntnisse und regt zu unmittelbaren Veränderungen im Umgang miteinander an.

19.2.5 Station 5: DiversityLab – Vorbehalte und Vorurteile durch Begegnungen reduzieren

Das DiversityLab (Abb. 19.5) ist ein Experimentierfeld, um innerhalb einer Organisation die Menschen zusammenzubringen, die sich im beruflichen Alltag persönlich kaum begegnen würden, weil sie nur wenig gemeinsam haben. Ziel es ist, bei einem „Blind Date" mit Menschen anderer Gruppen in Kontakt zu kommen, aufeinander zugehen, sie besser kennenzulernen – vielleicht sogar Gemeinsamkeiten zu entdecken – und auf dieser Basis gegenseitige Vorbehalte und Vorurteile abzubauen.

Nachdem die Besucher*innen das DiversityLab betreten haben, werden sie Schritt für Schritt durch ihr „Experiment" geführt. Im ersten Schritt schreiben sie ihre Kontaktdaten auf einen kleinen Zettel und verschließen ihn in einer Kugel. Der zweite Schritt besteht darin, die Kugel in eines der stilisierten Reagenzgläser, zu werfen, das stellvertretend für die Gruppe steht, bei der das Zugehörigkeitsgefühl am größten ist. Jede Organisation, bei der der Parcours zu Gast ist, wählt hierfür andere, besonders passende Gruppen aus, zum Beispiel: Alte Hasen: wenn Sie schon lange in Ihrer Organisation arbeiten//Junge Wilde: wenn Sie der jüngeren Generation angehören//Leading Mum: wenn Sie als Frau Ihr Team und die Familie im Griff haben//Zuagroaste: wenn Sie außerhalb Bayerns oder im Ausland aufgewachsen sind//Bücherwürmer: wenn für Sie der perfekte Abend mit einem guten Buch endet und Sie jede Buchhandlung in Umkreis kennen//Tüftler*innen: wenn

Abb. 19.5 DiversityLab

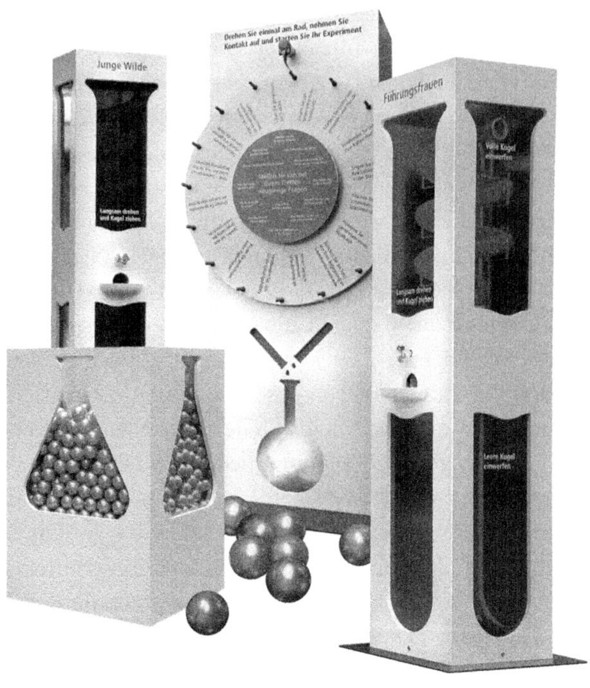

Sie gerne basteln und für die verrücktesten Probleme scheinbar unmögliche Lösungen möglich machen.

Bei Schritt 3 sind die Besucher*innen aufgefordert, sich zu überlegen, mit welcher der übrigen Gruppen sie normalerweise am wenigsten Kontakt haben bzw. aus welcher Gruppe sie gerne einmal jemanden kennenlernen würden. Aus diesem Reagenzglas ziehen sie dann eine Kugel, entnehmen die Kontaktdaten und werfen die leere Kugel in den unteren Teil des Reagenzglases. Anschließend wählen sie im vierten Schritt mit dem „Aktions-Glücksrad" eine Aktion, die sie mit der Person, deren Kontaktdaten gerade gezogen wurden, gemeinsam ausführen können. Von „Bauen Sie gemeinsam einen Papierflieger" über „Drehen Sie gemeinsam ein lustiges Handyvideo" oder „Zeigen Sie sich gegenseitig Ihren Arbeitsplatz" gibt es vielfältige Vorschläge. Der letzte Schritt sieht vor, den Partner oder die Partnerin für das Experiment zu kontaktieren, sich von der gemeinsamen Aktion inspirieren zu lassen und dabei Spaß zu haben. Selbstverständlich können die Besucher*innen auch eine Kugel ziehen, wenn Sie sich selbst keiner Gruppe zugeordnet haben. Gleichzeitig können sie auch mehrere Kugeln einwerfen oder ziehen und so möglicherweise mehrere Menschen kennenlernen.

Haben sich nach einiger Zeit die Reagenzgläser mit Kugeln gefüllt, wird im DiversityLab auch sichtbar, wie viele Menschen sich jeweils welcher Gruppe zugehörig fühlen. Die vermeintliche „Minderheitengruppe" ist dann vielleicht plötzlich recht zahlreich oder er zeigt sich überraschenderweise, dass sich kaum jemand einer als groß vermuteten Gruppe zugehörig fühlt.

Theoretischer Hintergrund und mögliche Lerneffekte

Theoretischer Ausgangspunkt für das DiversityLab ist die Kontakthypothese, eine mittlerweile breit untersuchte und vielfach bestätigte Theorie aus der Sozialpsychologie. Sie erläutert, dass und wie positive gemeinsame Erlebnisse mit Mitgliedern anderer Gruppen wirkungsvoll Biases und Vorurteile reduzieren können [1, 9]. Ihre Wirksamkeit ergibt sich aus verschiedenen Variablen.

Die drei meist untersuchten sind:

- Wissensaufbau, d. h. Vorurteile verringern sich bereits dadurch, mehr über andere soziale Gruppen zu erfahren und zu wissen.
- Abbau von Angst vor Intergruppenkontakt, d. h. der Angst, mit einer Person einer anderen sozialen Gruppe in Kontakt zu treten.
- Aufbau von Empathie und Förderung von Perspektivübernahme, d. h. sich in die Lage eines Mitglieds einer anderen Gruppe hineinversetzen zu können [21].

Die Forschung zur Kontakthypothese zeigt, dass neben dem Kontakt zwischen Mitgliedern unterschiedlicher sozialer Gruppen weitere Bedingungen notwendig oder zumindest förderlich sind, um Biases wirkungsvoll zu reduzieren. So sollten nach Möglichkeit keine Hierarchieunterschiede zwischen den Personen existieren, sie sollten in einer nicht-kompetitiven Umgebung miteinander kooperieren, ein gemeinsames

Ziel mit hoher Erfolgswahrscheinlichkeit verfolgen und eine institutionelle Autorität sollte den Kontakt fördern und unterstützen [15]. Daher haben wir die Aktivitäten, die das „Glücksrad“ vorschlägt, bewusst nach diesen Kriterien gestaltet, um das erste Treffen möglichst niederschwellig zu gestalten, schnell das Eis zu brechen und eine erste Gemeinsamkeit zu schaffen.

Auch der konkrete Perspektivwechsel wird angeregt, indem das Glücksrad neben der gemeinsamen Aktion auch Gesprächsthemen vorschlägt. Selbst kurze Gespräche können hier, wenn die Themen richtig gewählt werden, Vorbehalte abbauen und zu mehr Verständnis füreinander führen [6].

Das DiversityLab schafft eine echte Erfahrung im ursprünglichsten Sinne, nämlich in Form einer Begegnung, bei der alles neu und man ganzheitlich involviert ist und die unter „realen Bedingungen“ stattfindet. Für die „Einsteiger*innen ins Thema“, die vielleicht bislang nur wenige Erfahrungen im Umgang mit Menschen haben, die anders als sie selbst sind, kann das DiversityLab die Erkenntnis vermitteln, dass ein Zugehen auf Menschen anderer Gruppen bereichernd ist, dass sich trotz vordergründiger Unterschiedlichkeit immer auch Gemeinsamkeiten finden oder bilden lassen und dass ein Mensch auch ganz anders sein kann, als es aufgrund seiner Gruppenzugehörigkeit zu erwarten wäre.

Wer bereits stärker sensibilisiert ist, kann diese Begegnung auch als „Praxisübung“ nutzen und sich bereits im Vorfeld mögliche Biases gegenüber der anderen Gruppe bewusstmachen sowie Strategien entwickeln, mit diesen professionell umzugehen. Beispielsweise könnte man sich vornehmen, durch gezielte Fragen herauszufinden, was diese Person einzigartig und besonders macht und wie man sie schnell wieder aus ihrer Schublade herauslässt. Man könnte sich auch vor der Begegnung über diese Gruppe informieren oder den Vorsatz fassen, bewusst nach Gemeinsamkeiten zu suchen. Ein klassisches Training bietet all diese Möglichkeiten nur bedingt. Meist ist die Gruppe der Teilnehmenden eher homogen zusammengesetzt und es gibt nur wenig (zeitlichen) Raum für Begegnungen, die darauf abzielen, über den persönlichen Kontakt Biases zu verringern und unter den genannten Bedingungen stattfinden.

19.3 Praxiserfahrungen und Erkenntnisse aus fünf Jahren „auf Tour“ mit dem DiversityParcours®

Seit seiner Entwicklung im Jahr 2014 wurde der DiversityParcours® von ca. 10.000 Personen durchlaufen. Die wissenschaftliche Überprüfung seiner Wirksamkeit steht allerdings noch aus. Die Erfahrungen im Kontakt mit den Parcours-Besucher*innen, die persönlichen Rückmeldungen sowie das Feedback der Organisationen, die sich für den Einsatz des DiversityParcours® entschieden haben, sind jedoch sehr positiv und lassen darauf schließen, dass er tatsächlich nachhaltige Eindrücke hinterlässt – so wurde beispielsweise von einem Unternehmen berichtet, dass selbst noch 2 Jahre später darüber gesprochen werde und er definitiv im Gedächtnis geblieben sei.

Grundsätzlich ist der Parcours ein Türöffner für eine erste Auseinandersetzung mit Diversity und Unconscious Biases, selbst wenn sich eine Organisation mit diesen Themen noch nie bewusst befasst hat oder Menschen diesen Themen sogar skeptisch gegenüberstehen. Durch seine bloße Anwesenheit ist er ein Angebot, das zu nichts zwingt, sondern einlädt und die erste Berührung mit dem Thema erleichtert. Die Besucher*innen haben viele Möglichkeiten, mit ihrer Aufmerksamkeit im Vorbeigehen „hängenzubleiben" – sei es an den DiverSophia-Infowänden, an den Klängen des DiversityTeam-Composers oder auch nur an einer witzigen Gruppenbezeichnung eines Reagenzglases im DiversityLab – was es mit den Reigschmeckten, den Zuagroasten, den Münchner Kindl oder den Strandurlaubern auf sich hat, möchte man vielleicht doch wissen. Der Zustand dieser neugierig-offenen Aufnahmebereitschaft ist dann ein optimaler Startpunkt, um sich auf weitere Entdeckungsreise durch den Parcours zu begeben.

Welche Effekte der DiversityParcours® tatsächlich erzielen kann, hängt natürlich – das zeigen die Erkenntnisse aus den Metaanalysen zu Diversity und Unconscious Bias Trainings – davon ab, wie intensiv er letztlich genutzt und begleitet wird. Den Parcours einmal am Stück oder in Sequenzen komplett zu durchlaufen (was je nach persönlicher Geschwindigkeit einem Zeitbudget von 3–4 h entspricht) führt in jedem Fall dazu, ein besseres Verständnis und eine erste Sensibilität für Diversity und Unconscious Biases zu entwickeln. Der erste Kommentar von Besucher*innen ist daher häufig: „Jetzt verstehe ich endlich, was Diversity eigentlich bedeutet und wie wichtig dieses Thema ist!" Lässt man sich vom Faltblatt „Ihre Begleitung durch den DiversityParcours®" an die Hand nehmen, kann dieses auch noch einige „Take-Home-Messages" beinhalten und beispielsweise Tipps mit auf den Weg geben, wie mit Unconscious Biases möglichst gut umgegangen werden kann. Noch wirksamer jedoch, dies zeigen viele Gespräche mit den Teilnehmenden, sind die einleitenden Führungen durch den Parcours. Auf diese Weise ist es einfacher, die Gruppen persönlich „abzuholen", an ihre vorherigen Erfahrungen zum Thema Diversity und Unconscious Bias anzudocken und auch immer wieder den direkten Transfer zu ihrem individuellen Arbeitskontext herzustellen. Die intensivste Auseinandersetzung ist schließlich möglich, wenn sich nach der Einleitung im Rahmen einer Führung und dem danach eigenständigen Erkunden des Parcours auch noch ein Debriefing-Workshop anschließt. Hier können zum einen die gemachten Erfahrungen reflektiert und verfestigt werden, und zum anderen individuelle Handlungsstrategien für eine Verhaltensänderung entwickelt und eingeübt sowie die dafür erforderlichen Rahmenbedingungen in der Organisation diskutiert werden.

Neben dieser möglichst tiefen und auch zeitlich umfassenderen Auseinandersetzung konnten wir nach mehreren Jahren „auf Tour mit dem Parcours" noch weitere Erfolgsfaktoren für eine nachhaltige Wirkung des DiversityParcours® identifizieren. Zum einen ist es hilfreich, wenn er mindestens eine Woche in einer Organisation zu Gast ist, da sich erst dann durch seine Präsenz und das „immer wieder gesehen werden" vertiefende Gespräche und Diskussionen zu Diversity und Unconscious Biases entwickeln. Wird die Woche dann von einer hochrangigen Führungskraft aus Vorstand oder Geschäftsführung eröffnet, signalisiert dies „Das Thema ist für uns bedeutsam" und setzt vielleicht auch

Anreize, selbst dabei zu sein – wer möchte nicht im DiversityLab aus dem Reagenzglas „Tüftler*in" die Kontaktdaten der Arbeitsdirektorin ziehen und sie beim gemeinsamen Bau eines Papierfliegers von einer anderen Seite kennenlernen? Der Parcours-Einsatz war auch immer dann besonders nachhaltig, wenn gleichzeitig das interne Diversity-Team präsent war, um mit den Besucher*innen ins Gespräch zu kommen und über weitere Diversity-Aktivitäten in der Organisation zu informieren.

Betrachtet man nun noch einmal den aktuellen Stand der Forschung zu den Voraussetzungen für eine wirksame Sensibilisierung für Diversity und Verringerung von Unconscious Biases, erfüllt der DiversityParcours® diese – je nach Einsatzszenario – in vielfältiger Weise. Im Gesamtpaket ist er eine Mischung aus „Sensibilisierungstool" und „Instrument zur Verhaltensänderung", das diese Themen methodisch sehr vielfältig im Wortsinn „begreifbar" macht. Er schafft – indem er schlichtweg neugierig macht – eine sehr hohe Aufmerksamkeitsfokussierung und damit optimale Ausgangsbedingungen für das Abspeichern der neuen Gedächtnisinhalte. Dabei ermöglicht er echte Erfahrungen – einerseits durch die Beschäftigung mit den einzelnen Stationen, andererseits durch die Gespräche mit anderen Besucher*innen, denn wir beobachten häufig, dass Menschen, die sich bei der Erkundung des Parcours zufällig begegnen, oft zwanglos miteinander ins Gespräch kommen und sich zu ihren frischen Erkenntnissen austauschen. Der möglicherweise jedoch vielleicht wichtigste Aspekt: Er vermittelt Spaß an Vielfalt und weckt positive Emotionen – von Schmunzeln oder Kichern bis hin zu Staunen und totaler Verblüffung.

Der DiversityParcours® wirkt somit tatsächlich nachhaltig: Er begeistert, ruft Aha-Momente hervor und schafft eine unvergessliche Erfahrung – ein echter Lernkraftverstärker [29].

Literatur

1. Atewologun, D., Cornish, T., & Tresh, F. (2018). *Unconscious bias training: An assessment of the evidence for effectiveness* (Research report No. 113). Manchester.
2. Bezrukova, K., Spell, C. S., Perry, J. L., & Jehn, K. A. (2016). A meta-analytical integration of over 40 years of research on diversity training evaluation. *Psychological Bulletin, 142*(11), 1227–1274.
3. Bissels, S., Sackmann, S., & Bissels, T. (2001). Kulturelle Vielfalt in Organisationen. Ein blinder Fleck muß sehen lernen. *Soziale Welt, 52*(4), 403–426.
4. Bosak, J., & Sczesny, S. (2011). Exploring the dynamics of incongruent beliefs about women and leaders. *British Journal of Management, 22*(2), 254–269.
5. Brewer, M. B. (1996). Managing diversity: The role of social identities. In S. E. Jackson & M. N. Ruderman (Hrsg.), *APA science volumes. Diversity in work teams: Research paradigms for a changing workplace* (S. 47–68). Washington, DC: American Psychological Association.
6. Broockman, D., & Kalla, J. (2016). Durably reducing transphobia: A field experiment on door-to-door canvassing. *Science, 352*(6282), 220–224.
7. Cox, T. (1993). *Cultural diversity in organizations: Theory, research, and practice* (1. Aufl.). San Francisco: Berrett-Koehler.

8. DiStefano, J. J., & Maznevski, M. L. (2000). Creating value with diverse teams in global management. *Organizational Dynamics, 29*(1), 45–63.
9. Devine, P. G., Forscher, P. S., Austin, A. J., & Cox, W. T. L. (2012). Long-term reduction in implicit race bias: A prejudice habit-breaking intervention. *Journal of Experimental Social Psychology, 48*(6), 1267–1278.
10. Dobbin, F., & Alexandra, K. (2016). Why diversity programs fail. *Harvard Business Review, 94* (Juli–August), 52–61.
11. Gebert, D. (2004). Durch Diversity zu mehr Teaminnovativität? *Die Betriebswirtschaft: DBW, 4*(64), 412–430.
12. Jans, M. (2004). Empirische Effekte organisationaler Diversität in Organisationen: Ergebnisse und Erkenntnisse einer Metaanalyse. *Essener Beiträge Zur Personalforschung, 3.*
13. Kalinoski, Z. T., Steele-Johnson, D., Peyton, E. J., Leas, K. A., Steinke, J., & Bowling, N. A. (2013). A meta-analytic evaluation of diversity training outcomes. *Journal of Organizational Behavior, 34*(8), 1076–1104.
14. Krings, F., & Kaufmann, M. C. (2016). Diversity Kompetenz trainieren. In T. Ringeisen (Hrsg.), *Handbuch Diversity Kompetenz. Band 1: Perspektiven und Anwendungsfelder* (S. 37–349). Wiesbaden: Springer (Springer Reference Psychologie).
15. Landis, D., Hope, R. O., & Day, H. R. (1984). Training for desegregation in the military. In N. Miller & M. B. Brewer (Hrsg.), *Groups in contact: The psychology of desegregation* (S. 257–278). Orlando: Academic Press.
16. Maier, C. (2002). *Leading Diversity: A conceptual framework* (Dissertation). Universität St. Gallen, St. Gallen, Bamberg.
17. Martens, J. U. (2009). *Einstellungen erkennen, beeinflussen und nachhaltig verändern: Von der Kunst, das Leben aktiv zu gestalten* (1. Aufl.). Stuttgart: Kohlhammer.
18. Mehl, K. (Hrsg.). (2017). *Erfahrungsorientierte Therapie: Integrative Psychotherapie und moderne Psychosomatik.* Berlin: Springer.
19. Northcraft, G. B., Polzer, J. T., Neale, M. A., & Kramer, R. M. (1996). Diversity, social identity, and performance: emergent social dynamics in cross-functional teams. In S. E. Jackson (Hrsg.), *APA science volumes. Diversity in work teams: Research paradigms for a changing workplace* (S. 69–95). Washington, DC: American Psychological Association.
20. Petersen, L.-E., & Six, B. (Hrsg.). (2008). *Stereotype, Vorurteile und soziale Diskriminierung: Theorien, Befunde und Interventionen* (1. Aufl.). Basel: Beltz PVU.
21. Pettigrew, T. F., & Tropp, L. R. (2008). How does intergroup contact reduce prejudice? Meta-analytic tests of three mediators. *European Journal of Social Psychology, 38*(6), 922–934.
22. Ramasubramanian, S. (2011). The impact of stereotypical versus counterstereotypical media exemplars on racial attitudes, causal attributions, and support for affirmative action. *Communication Research, 38*(4), 497–516.
23. Sackmann, S., Bissels, S., & Bissels, T. (2002). Kulturelle Vielfalt in Organisationen: Ansätze zum Umgang mit einem vernachlässigten Thema der Organisationswissenschaften. *Die Betriebswirtschaft: DBW 62,* 43–58.
24. Stroebe, W. (2014). Strategien zur Einstellungs- und Verhaltensänderung. In K. Jonas, W. Stroebe, & M. Hewstone (Hrsg.), *Sozialpsychologie* (6. Aufl., S. 231–268). Berlin: Springer.
25. Tajfel, H. (1978). The psychological structure of intergroup relations. In H. Tajfel (Hrsg.), *Differentiation between social groups: Studies in the social psychology of intergroup relations.* London: Academic Press.
26. Triandis, H. C., Kurowski, L. L., & Gelfand, M. J. (1994). Workplace Diversity. In H. C. Triandis, M. D. Dunnette, & L. M. Hough (Hrsg.), *Handbook of industrial and organizational psychology.* Palo Alto: Consulting Psychologists Press.

27. Trump, K. (2006). *Erfolgsstrategie Vielfalt: Handlungsnotwendigkeiten und Gestaltungsvorschläge für ein Diversity Management am Beispiel der Fraport AG*. Diplomarbeit, Universität Passau, Passau.
28. Turner, J. C. (1982). Toward a cognitive redefinition of the social group. In H. Tajfel (Hrsg.), *Social identity and intergroup relations* (S. 15–40). Cambridge: Cambridge University Press; Paris Editions de la Maison des sciences de l'homme (European studies in social psychology).
29. Voss, T. (2011). *Die Metalog-Methode: Hypnosystemisches Arbeiten mit Interaktionsaufgaben*. Berlin: Schilling.

Kathrin S. Trump ist Leiterin und Gründerin des Instituts für Diversity Management. Mit ihrem Team begleitet sie große und mittelständische Unternehmen, sozialwirtschaftliche Einrichtungen, Hochschulen und öffentliche Verwaltungen bei ihrer Entwicklung zu einer diversity-bewussten Organisation. Zuvor hat die Diplom-Kulturwirtin im strategischen HR-Management eines Automobilzulieferers Projekte zu den Themen „Neue Arbeitswelt" und „Vereinbarkeit von Beruf und Familie" verantwortet und in einer Beratung Veränderungsprozesse gestaltet. Ihr momentaner Fokus liegt auf der Entwicklung neuer Konzepte und innovativer Methoden, die dabei unterstützen, personelle Vielfalt wirkungsvoll zu managen.

E-Mail Kathrin S. Trump: kst@diversity-institut.de

Ulrich F. Schübel ist Gründer und Leiter des Instituts für Veränderungsmanagement, Unternehmensentwicklung und Training sowie des Instituts für Diversity Management, das große und mittelständische Unternehmen, sozialwirtschaftliche Einrichtungen, Hochschulen und öffentliche Verwaltungen bei ihrer Entwicklung zu einer diversity-bewussten Organisation begleitet. Zuvor hat der Diplom-Psychologe in einer mittelständischen Beratungsgesellschaft und einem betriebswirtschaftlichen Forschungsinstitut Unternehmen bei Veränderungsprozessen und im Personalmanagement beraten. Neben seinem Engagement für die Entwicklung neuer, auf Erkenntnissen der Psychologie basierender Produkte rund um das Thema Diversity Management liegt sein aktueller Fokus auf Veränderungsprozessen hin zu einer diversity-bewussten und Vielfalt wertschätzenden Organisationskultur.

E-Mail Ulrich F. Schübel: ufs@diversity-institut.de

Printed by Printforce, the Netherlands